윤쌤의
고양이 상담소

윤샘의 고양이 상담소

1판 1쇄 인쇄 2026. 4. 3.
1판 1쇄 발행 2026. 4. 15.

지은이 윤샘(윤홍준)

발행인 박강휘
편집 구예원 | 디자인 지은혜 | 마케팅 김나연, 정희윤 | 홍보 박상연
발행처 김영사
등록 1979년 5월 17일(제406-2003-036호)
주소 경기도 파주시 문발로 197(문발동) 우편번호 10881
전화 마케팅부 031)955-3100, 편집부 031)955-3200 | 팩스 031)955-3111

값은 뒤표지에 있습니다.
ISBN 979-11-7332-576-2 13490

홈페이지 www.gimmyoung.com   블로그 blog.naver.com/gybook
인스타그램 instagram.com/gimmyoung   이메일 bestbook@gimmyoung.com

좋은 독자가 좋은 책을 만듭니다.
김영사는 독자 여러분의 의견에 항상 귀 기울이고 있습니다.

윤샘의
고양이 상담소

한 권으로 평생 보는 **고양이 양육 바이블**

윤샘 지음

김영사

고양이와 조금 더
행복하게 지내기 위하여

고양이와 함께 살아가고 있는 보호자 여러분, 그리고 이제 막 설레는 동행을 시작하려는 분들 모두 반갑습니다. 수의사 윤샘입니다.

저는 동물병원 진료실에서 수많은 고양이와 보호자분들을 만나왔습니다. 유튜브 〈윤샘의 마이펫 상담소〉를 통해서도 집사분들의 질문을 많이 받아왔고요. 상담을 하다 보면 비슷한 질문을 정말 많이 받습니다. "이럴 땐 어떻게 해야 하나요?" "제가 잘하고 있는 걸까요?" 그 질문들에 답하면서 늘 느꼈던 것이 있습니다. 고양이와 함께 살아가는 데 필요한 이야기들을 차근히 정리해보면 좋겠다는 생각이었습니다. 그래서 오랜 시간 쌓아온 1,500여 개 영상의 강의 내용과 진료실에서의 경험을 정리해 이 책에 담았습니다. 필요할 때마다 꺼내 볼 수 있는 집사 안내서 같은 책이 되었으면 하는 마음입니다.

우리는 고양이를 정말 이해하고 있을까요?
그리고 고양이와 조금 더 행복하게 지낼 수 있는 방법은 무엇일까요?

이 책은 아주 단순한 질문에서 시작했습니다.
고양이에 대해 이야기하고 있지만, 결국은 함께 살아가는 사람에 대한 이야기이기도 합니다. 고양이를 이해하는 일은 나의 태도를 돌아보는 일이기도 하고, 우리가 함께 보내는 시간을 더 건강하고 따뜻하게 만드는 일이기도 하니까요.
고양이를 키우게 되는 이유는 저마다 다릅니다. 행복해지고 싶어서일 수도 있고, 외로워서일 수도 있고, 구조하게 되어서일 수도 있습니다. 어떤 경우에는 정말 우연한 인연으로 시작되기도 하지요. 하지만 이유가 무엇이든, 고양이와 함께 살아가기로 한 순간부터 우리는 한 생명을 책임지게 됩니다.

물론 그 과정이 언제나 쉽지만은 않습니다. 고양이는 사람과 전혀 다른 방식으로 세상을 살아가는 동물입니다. 그래서 처음에는 이해하기 어려운 행동도 많고, 예상하지 못한 일들도 종종 생깁니다. 고양이와 함께하는 시간이 길게는 15년, 20년 이상 이어진다는 것을 생각하면 이런 일들은 어쩌면 자연스러운 과정일지도 모릅니다.

이 책에는 고양이를 처음 맞이하는 순간부터 노령묘와의 시간, 그리고 언젠가 마주하게 될 이별까지 고양이와 함께 살아가며 필요한 이야기들을 단계별로 담았습니다. '집사 입문반'부터 '집사 마스터반'까지 고양이와 함께하는 전 과정을 차근차근 안내합니다.

1장 '집사 입문반'에서는 입양을 준비하는 과정부터 첫 만남, 초기 적응, 합사, 실내 환경 조성, 화장실과 식사 관리까지 고양이와의 생활을 시작하는 데 필요한 기본적인 준비를 다룹니다.

2장 '집사 중급반'에서는 고양이와 더 잘 지내기 위해 알아두면 좋은 고양이의 언어와 행동을 이야기합니다. 울음, 몸짓, 꼬리, 표정 등 고양이가 보내는 신호를 이해하는 방법을 담았습니다.

3장 '집사 고급반'에서는 교육과 문제 행동 교정 방법을 다룹니다. 물거나 긁는 행동, 분리불안, 과도한 그루밍 같은 행동 문제부터 위생 관리와 비만 관리까지 실제 생활 속에서 자주 마주하게 되는 고민들을 정리했습니다.

4장 '집사 심화반'에서는 건강 관리와 질병에 대해 이야기합니다. 건강검진, 자가검진, 질병의 신호를 알아채는 방법, 응급 상황 대처 등 고양이의 건강을 지키기 위해 보호자가 알아두면 좋은 내용들을 담았습니다.

5장 '집사 마스터반'에서는 노령묘와의 삶, 그리고 이별까지 함께 생각해봅니다. 고양이와 함께 나이 드는 시간, 마지막을 준비하는 마음, 펫로스까지 보호자가 겪게 되는 시간에 대해서도 이야기합니다.

또한 각 장에는 연계된 유튜브 영상을 함께 수록했습니다. 실내 환경 조성이나 행동 교정, 질병 증상처럼 글로만 이해하기 어려운 내용은 QR코드를 통해 바로 확인하실 수 있습니다.

집사가 된다는 것은 한 생명을 오랜 시간 책임지는 일입니다. 대부분의 날은 따뜻하고 행복하겠지만, 고양이가 아플 때는 밤을 지새우며 걱정하게 되는 순간도 있을 것입니다. 그럴 때 이 책이 여러분 곁에서 조용한 길잡이가 되어주기를 바랍니다. 완벽한 집사가 되려고 애쓰지 않아도 괜찮습니다. 다만 고양이와 조금 더 행복하게 지낼 수 있기를 바랍니다. 이 책의 마지막 장을 덮을 때쯤, 곁에 있는 고양이가 이전보다 조금 더 편안하고 가깝게 느껴진다면 그것으로 저는 충분히 보람을 느낄 것 같습니다.

고양이와 함께하는 여러분의 하루하루가 늘 평안하고 행복하기를 바랍니다.

수의사 윤샘 드림

차례

1

집사 입문반
설레는 첫 만남 준비하기

② 집사 중급반
"냐옹냐옹" 고양이 말이 들린다면

③ 집사 고급반
문제 행동 이렇게 바꿉니다

집사 심화반
4 건강검진부터 119 응급 처치까지

사랑하는 내 고양이, 건강 지키기

5 집사 마스터반
끝까지 함께하기 위한 이야기

집사 입문반

설레는
첫 만남
준비하기

**처음 고양이를 맞이하는 설렘과
기본 준비**

입양 가이드
A to Z

1

어떤 고양이를 키울까

새끼 고양이 vs 어른 고양이

새끼 고양이 | 작고 사랑스럽지만 몸이 약해서 생후 2~3개월까지는 특히 세심한 관리가 필요해요. 하루 4~5회 이상 수유와 온도 관리, 화장실 교육 등을 해주어야 하죠. 다른 고양이나 강아지를 이미 키우고 있다면 새끼 고양이가 더 잘 적응하는 경우가 많습니다.

어른 고양이 | 이미 성장했기 때문에 건강 상태가 비교적 안정적이며, 크기나 털의 길이, 생김새를 확인할 수 있다는 장점이 있어요. 단, 성격과 생활 습관이 어느 정도 정해져 있으므로 활발한지, 겁이 많은지, 애교가 많은지, 나의 생활 방식과 잘 맞는지 등 확인이 중요해요.

암컷 고양이 vs 수컷 고양이

입양 후 중성화수술을 전제로 하기 때문에 성별에 따른 큰 차이는 없지만, 유전적으로 성격에서 약간의 차이는 있을 수 있어요.

암컷 고양이 | 독립적이고 경계심이 강한 편이에요. 낯선 상황에 더 민감하게 반응할 수 있어요. 먹는 것에 있어서도 조심스러워 식탐이 적고, 고집이 있는 편이에요.

🐾 암컷

🐾 수컷

수컷 고양이 | 더 유순하고 사람에게 의지하는 성향이 강해요. 부르면 잘 오고, 애교도 많아요. 다만 식탐이 많고 외출 욕구(탈출 시도)가 강할 수 있어요.

> 🐾 중성화 전 수컷은 볼살과 턱이 발달해 얼굴이 둥글고 크며, 암컷은 얼굴이 작고 이목구비가 도드라져요. 수컷은 꼬리를 들었을 때 약간 튀어나온 음낭이 보이고, 암컷은 생식기와 항문 사이에 세로로 긴 작은 틈이 있습니다.

어떤 고양이를 키울까? 암컷과 수컷 고양이의 차이

나와 맞는 고양이 품종 가이드

코리안쇼트헤어(코숏)

우리나라에서 가장 많이 키우는 코숏은 성격이 밝고 매우 활동적인 고양이예요. 운동신경이 뛰어나며 특히 점프력이 대단하답니다. 특별히 알려진 유전질환은 없지만 실내 생활을 힘들어하는 경우도 있으니 실외 생활과 큰 차이가 없도록 환경을 잘 꾸며주세요. 높은 캣타워, 다양한 장난감, 커다란 스크래처, 터널 등을 만들어주면 좋아요.

코숏 포함 도메스틱쇼트헤어종은 뱅갈과 더불어 가장 놀이 활동이 왕성한 품종이에요. 점프하여 새를 잡는 사냥 활동성은 뱅갈을 능가하지요. 이 둘은 사람으로 치면 체육특기생에 해당하는 운동 능력 보유자입니다. 코숏은 다른 고양이보다 두 배로 놀아줘야 하기 때문에 집사의 체력이 중요해요.

아비시니안

우아한 고양이의 대명사로 지금의 에티오피아 지역인 아비시니아에서 자연 발생된 고대 품종이에요. 장난을 좋아하고 우호적이지만 낯선 사람에게는 배타적인 면도 있어요. 광택 나는 단모, 우아한 체형에 성격도 좋아서 매우 인기 있는 품종입니다. 호기심이 많고 수다스러운 편이에요. 비만 소인은 없는 편이나 신장의 기능 이상인 다낭포성신장질환과 고양이심장병, 진행성망막위축증의 유전적 소인이 발견됩니다.

아메리칸쇼트헤어

운동신경이 좋고 활발하며 낙천적이고 호기심이 강합니다. 다른 고양이들과도 잘 지내서 다묘 사육 가정에서 키우기 좋아요. 대항해시대에 배 안의 쥐를 잡을 목적으로 유럽에서 태워 와 미 대륙에 정착한 터라 쥐나 작은 동물 사냥에 매우 능숙해요. 유전질환으로 고양이심장병인 확장성심근증과 다낭포성신장질환이라는 신부전 소인이 있으니 7세가 넘으면 정기적으로 건강검진을 해주세요.

코리안
쇼트헤어의
특징

우리나라에서
많이 키우는
고양이 10종

윤샘의
고양이 상담소
016

메인쿤

최근 국내에서 인기가 높은 메인쿤은 이름에서 보듯 미국 메인 주에서 발생한 품종이에요. 덩치가 크고 뼈대가 강인한 중대형 장모종으로 완전히 자랄 때까지 3~4년 정도 걸려요. 몸집은 크지만 운동량은 많은 편이며 온순하고 느긋해 다른 고양이들과 잘 어울려요. 고양이심장병과 고관절형성부전, 갑자기 실명에 이르는 진행성망막위축증, 척수성근위축증이 유전질환으로 알려져 있습니다.

먼치킨

'고양이계의 닥스훈트' 먼치킨은 미국에서 자연 발생한 돌연변이 품종이에요. 짧은 다리와 몸통, 작고 귀여운 외모로 인기가 많아요. 쾌활하고 호기심이 강하며 다정하고 사람에게 의존적인 성향이에요. 외로움을 잘 타는 품종이라 오랫동안 집을 비우는 1인 가구는 키우지 않는 편이 좋아요. 유전적으로 관절에 문제가 생기는 연골이형성증과 고양이심장병, 다낭포성신장질환의 소인이 있어요.

노르웨이숲

북유럽에서 자연 발생한 품종으로 눈비에 강한 방수 능력을 가진 장모가 특징입니다. 야성미가 강하고 운동 신경이 뛰어나죠. 탄탄한 근육질에 귀 끝에는 길고 아름다운 털이 뻗어 나와 있어요. 기름진 장모종이라 잘 빗어주지 않으면 털이 쉽게 뭉쳐버려요. 똑똑하고 자기 영역 의식이 강하며 높은 곳을 잘 올라가지요. 사람을 좋아하고 외로움을 잘 타기 때문에 같이 오래 있어 주세요. 심장병과 다낭포성신장질환, 진행성망막위축증의 유전질환 소인이 있어요.

랙돌

안기는 것을 좋아하는 차분하고 온화한 고양이에요. 1960년대 미국에서 만들어진 품종으로, 안아 올리면 몸에 힘을 빼고 축 늘어져 사람에게 몸을 기대어 '봉제 인형'이라는 뜻의 랙돌ragdoll이라고 불리지요. 매우 느긋한 성격에 풍성하고 아름다운 털, 귀여운 용모로 최근 큰 인기랍니다. 사회적이며 사람을 좋아하고 혼자 장난감을 갖고 놀거나 어린아이와 노는 것을 좋아해요. 공격 성향이 매우 낮고 순종적이어서 집고양이로 적합합니다. 유전질환 소인으로는 고양이심장병과 다낭포성신장질환이 있어요.

인기 있는
고양이
12종

품종별
평균
수명

정식으로
등록된
품종

페르시안

푹신푹신한 장모에 눌린 얼굴, 살짝 짧은 다리가 귀여운 페르시안은 고양이계의 원조 아이돌 1세대라고 할 수 있지요. 붙임성 있고 사교적이며 얌전하지만 운동신경은 좀 떨어지는 편이에요. 사람을 잘 따르고 주인 옆에서 자는 걸 좋아하죠. 눈물로 인해 눈 주위 습진이 잘 생기며 기름진 장모와 느긋한 성격 탓에 털이 잘 뭉치고 빠지니까 자주 빗어 줘야 해요.

다낭포성신장질환, 진행성망막위축증, 고양이심장병, 방광염 등의 유전질환 소인이 있어요. 특히 신장이 약한 품종이니 7세가 넘으면 종합검진 시 초음파검사를 꼭 받아야 해요.

스코티시폴드

스코틀랜드에서 자연 발생한 돌연변이 품종이에요. 접힌 귀가 특징인 동그란 얼굴이 무척 귀엽지요. 사람을 잘 따르며 사랑스러운 성격이라 국내에서도 많은 사랑을 받고 있어요. 태어날 때는 귀가 평범한 모양이지만 1개월이 지나면 귀가 접힐지 안 접힐지 결정됩니다. 3개월 때 접힌 귀 모양이 평생 가죠. 귀가 완전히 접힌 형태는 매우 희귀합니다. 접힌 귀를 가진 고양이끼리 교배하면 관절 기형을 유발할 수 있으니 부모 중 한쪽은 귀가 접히지 않은 스트레이트여야 해요.

유전질환 소인인 연골이형성증은 발현을 막을 수 없는 질병입니다. 나이 들면서 운동성이 떨어지거나 걷는 모습이 불편해 보이면 검진을 받아야 합니다.

러시안블루

벨벳처럼 반들반들한 회색 단모종 고양이입니다. 늘씬하면서 다부진 외모는 마치 제복을 입은 옛 러시아의 귀족 같지요. 태어난 직후에는 회색이었던 눈이 2개월령 쯤에 호박색으로 바뀌었다가 5~6개월 전후에는 에메랄드빛으로 다시 바뀌는 신비로운 품종입니다.

고양이계에선 드물게 회색 즉 블루 컬러 하나만 있는 품종으로 애정이 넘치며 사람을 잘 따르는 수다쟁이입니다. 강박증 정도 외에 별다른 유전질환 소인은 없어요

> 🐾 고양이 세계에서 말하는 '블루'는 파란색이 아니라 은빛이 도는 청회색이에요. 러시안블루는 이름 그대로 러시아의 회색 고양이라고 이해하면 됩니다.

 **윤샘 TIP** 고양이를 처음 키운다면 새끼 고양이 입양을 추천해요. 서로 알아가며 천천히 관계를 쌓아갈 수 있거든요.

2

입양 전 체크리스트

새끼 고양이 입양 시 점검 사항

체크 항목	체크
엄마의 성격을 살펴본다 신체적 특징과 성격은 유전이 됩니다. 엄마 고양이가 공격적인 성향이면 아기 고양이도 경계심이 강하거나 공격적일 확률이 높아요.	
생후 2개월 이상인지 확인한다 8주(약 2개월) 미만의 고양이는 엄마와 형제들과 더 오래 있어야 해요. 사회성과 정서 발달에 큰 도움이 되니까요. 물론 엄마가 없는 아이라면 바로 돌보는 게 필요하겠지요.	
나와 친해지려는지 확인한다 명랑하고 장난을 치는 등 처음 본 여러분에게 호기심을 보이고 친해지려 한다면 데려오세요. 정신적으로 건강하고 평생을 여러분 곁에서 별다른 문제없이 지낼 가능성이 큽니다.	
경계심이 심한지 확인한다 2개월 전후 사회화 시기의 고양이가 하악질을 하거나 숨으려고만 하고 심하게 겁을 먹는다면 집에 와서도 아주 오랫동안 그런 상태일 수 있어요. 심하면 평생을 경계하며 살아갈 수도 있습니다.	
예방접종과 구충 상태를 확인한다 2개월 전후 고양이는 1차 접종과 기본적인 구충이 되어 있어야 해요. 확인이 안 된다면 곧바로 동물병원에 데려가 접종과 구충을 실시해야 안전합니다.	
설사를 하는지 확인한다 변이 단단하지 않고 무르면 한동안 병원에 다니며 치료해야 할 수 있어요. 입양한다면 반드시 기본 건강검진을 받은 후 집에 데려가세요.	
눈동자가 맑고 눈곱이 없는지 확인한다 가장 중요한 항목이에요. 결막염이 원인일 때도 있지만 몸 상태가 나쁘면(열이 나거나 탈수가 생기고 잠을 못 자는 등) 눈이 흐리거나 눈곱이 끼기도 해요. 눈곱이 있다면 건강 상태를 의심해봐야 합니다.	

아기 고양이
입양 전
준비 사항

길냥이
입양 시
알아야 할 것

입양
첫날
해야 할 일

콧물을 흘리거나 귀지가 많은지 확인한다
건강 상태를 평가하는 중요한 항목이에요. 몸 상태가 나쁘면 콧물을 흘리거나 귀지가 많아요.

털의 상태는 깨끗하고 윤기가 나는지 확인한다
스스로 그루밍을 하는지, 영양 상태는 어떤지 알아볼 수 있어요. 아픈 아이들은 스스로 그루밍을 못해서 털이 윤기가 없고 지저분합니다. 가장 간편하고 빠르게 건강 상태를 파악할 수 있는 방법입니다.

호흡이 규칙적인지, 기침을 하거나 숨소리가 거슬리지 않는지 확인한다
호흡기계나 심혈관계의 건강을 판단하는 중요한 근거가 됩니다.

윤쌤 TIP 체크리스트는 고양이의 건강 상태 등 기본정보를 확인하려는 목적일 뿐 한두 가지가 맞지 않는다고 입양을 주저할 필요는 없어요. 아픈 고양이는 치료를 전제로 입양하면 되고, 성격이 좋지 않다면 키울 때 피해야 할 것, 조심해야 할 것을 미리 확인할 수 있지요. 입양 후에는 반드시 전염병 예방접종, 구충 등의 건강검진을 받아야 합니다. 이미 키우고 있는 고양이나 강아지가 있다면 추가 입양은 정말 신중히 고려하세요. 기존 아이들의 행복도 중요합니다.

길냥이
입양 시
주의 사항

입양 전
체크리스트

윤쌤의
고양이 상담소
020

3

키우는 비용은 얼마나 들까

초기 비용 | 처음 5~6개월 동안 필요한 비용은 선택에 따라 천차만별이지만 대략 55~137만 원으로 예상할 수 있어요.

사료 · 3만 원
모래 · 1~4만 원
화장실 · 1~5만 원
캣타워 · 10~50만 원
이동장 · 2~15만 원
장난감 · 2만 원
밥그릇 · 1~3만 원
접종비용(3차까지) · 15만 원
중성화수술(성별에 따라) · 약 20~40만 원

고정비용 | 7개월령부터는 매달 고정비용이 들어가요. KB금융그룹의 〈2021 한국 반려동물 보고서〉에 따르면, 의료비를 제외한 순수 양육비는 매월 약 10만 원이에요. 그중 약 40%는 사료, 17%는

간식, 나머지는 모래나 관리 용품 구입에 쓰인다고 해요. 하지만 실제로는 더 많은 지출이 발생해요. 양질의 사료, 프리미엄 벤토 모래, 간식류, 캔류, 장난감, 각종 위생용품 등을 고려하면 매월 약 12만 원, 연간 약 140만 원 정도 예상할 수 있어요.

의료 비용 | 같은 보고서에 따르면, 1년 평균 23만 원 정도가 의료비로 들어가요. 주로 피부질환과 정기 건강검진이 많고, 그다음은 소화기질환과 치과질환 순이에요. 6세가 넘으면 매년 스케일링이나 종합 건강검진이 필요해요. 이때 드는 비용은 약 25만 원 정도예요. 정기적인 구충과 접종비도 매년 약 18만 원이고, 예상치 못한 질병이나 사고로 의료비가 급증할 수도 있어요. 보험비용을 기준으로 계산하면 고양이의 평균 의료보험 비용은 매월 5만 원이며 매년 약 100만 원, 매월 약 8.3만 원이 의료비로 지출됩니다.

 **윤쌤 TIP** "가슴으로 낳아 지갑으로 키운다"는 말이 실감 나지요. 고양이가 15년을 산다고 가정하면, 초기 비용을 제외하고도 약 3,600만 원이 들어요. 엄청나지요? 물론 그 고양이는 15년 동안 수많은 기쁨과 충족감, 행복과 추억을 선물해줄 거예요. 한 생명과 인연을 맺고 가족이 된다는 건 막중한 시간적·금전적 책임이 따르는 일이에요. 마음만으로는 부족하다는 사실, 꼭 기억하세요.

양육비 얼마나 들까? 보험을 들까? 적금을 들까?  펫 보험 가입 전 확인할 것들

4

필수 준비물

☙ 브리짓독
세라믹 식기

☙ 보물보물
세라믹 식기

☙ 스튜디오얼라이브 식기

식기

밥그릇과 물그릇은 세라믹이나 유리가 좋습니다. 플라스틱이나 스테인리스 식기는 쉽게 흠집이 생겨 세균 오염 등으로 턱드름 같은 알레르기질환을 유발할 수 있어요. 고양이가 아직 어리면 바닥에 두고, 성묘라면 받침대를 사용하여 바닥에서 10cm 이상 높이에 식기를 놓아주세요.

☙ 로알캐닌 사료

사료

이전에 먹던 사료를 알면 그대로 먹여도 좋아요. 처음 구입한다면 큰 회사의 베스트셀러 사료를 추천합니다. 대부분의 고양이에게 소화 흡수 문제를 일으키지 않고 기호성도 좋거든요. 로알캐닌, 힐스, 내추럴초이스, 퓨리나 등의 회사 제품을 추천해요.

☙ 페스룸 티저토이

장난감

고양이와 친해지기 위한 필수품이에요. 고양이용 낚싯대나 오뎅꼬치 같은 다양한 장난감으로 사냥 연습의 일종인 사냥 놀이를 시작하면 좋아요. 15분을 한 세트로 하루 4회 정도 놀아주세요. 깃털, 소리 나는 비닐 재질, 작은 모피 조각으로 만들어진 털 달린 장난감 등을 준비하고 어떤 사냥물에 더 집중하고 더 흥분하는지 파악합니다. 장난감은 놀 때만 꺼내고 평소에는 서랍 등에 숨겨두어야 금세 싫증 내지 않고 오래 놀아요.

초보 집사
필수템
best 7

일본에서
유행하는
고양이 용품

꼭
필요한
준비물

🐾 스튜디오얼라이브   🐾 디어캣 캣폴
캣타워

캣타워

한번 설치하면 오래 사용하니 장소와 주변 인테리어 등을 고려해서 구입하세요. 거실의 제일 큰 창가가 이상적인 위치이지만 고양이의 주 생활권 한 귀퉁이에 설치해야 하며 지갑이 허용하는 한 좋은 것을 사주면 후회가 없을 거예요. 캣타워는 타워형과 캣폴 형태가 있는데, 타워형은 바닥에 놓는 탑형 구조로 안정성이 높고, 캣폴은 천장과 바닥을 지지봉으로 잇는 수직형 구조로 공간 효율이 좋아요.

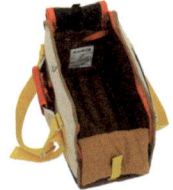 

🐾 아이캔더 아이백   🐾 아이캔더 지게백

이동장

오래 사용하는 물품이니 가능한 한 좋은 것을 구비하세요. 윗부분이 완전히 개방되는 형태가 진료 시 편합니다. 플라스틱보다는 천 재질에 플라스틱이 보강된 복합 소재가 소음이 적고 폭신해요. 집에서는 숨숨집으로 활용이 가능하고 이동 중에는 고양이의 안전을 보장하며 병원에서는 내부에서 간단한 치료나 처치를 받을 수 있는, 다용도로 활용 가능한 필수품이지요. 가격대는 있지만 오랜 시간 활용하기 좋고 튼튼한 슬리피파드를 추천합니다.

🐾 캣츠태그 화장실

화장실

많이 비싸지 않고 큰 것이 좋아요. 고양이가 용변 후 모래를 묻고 한 바퀴 돌아서 나올 수 있도록 긴 쪽의 길이가 70cm 이상이어야 해요. 잦은 사용과 청소로 인한 미세 흠집이 많이 발생하고 코팅도 조금씩 벗겨지는데, 그 틈새로 세균이 번식하고 냄새가 올라오니까 2년 주기로 교체해주세요. 입구가 너무 위에 있거나 위로 들어가는 형태보다는 고양이가 들어가기 편한 형태를 고려하세요. 묘래박스나 강집사화장실 등에서 합리적인 가격의 좋은 화장실을 찾을 수 있어요. 임시 화장실이 필요하면 저렴한 이케아의 삼라수납박스도 괜찮아요.

🐾 페스룸
벤토나이트 모래

모래

여러 종류가 있지만 고양이가 가장 선호하는 자연 모래에 가까운 벤토나이트가 좋아요. 잘 굳고, 먼지 안 나고, 입자가 곱고 냄새를 잘 잡는 모래가 최고지요. 거기에 가격까지 착하면 더욱 좋아요. 바른벤토, 블랙홀, 페스룸, 컨트리캣 모래 등을 추천합니다.

2025
궁디팡팡
캣페스타

수의사가
추천하는
고양이 용품

사막화 방지 매트

고양이가 화장실에서 나올 때 발에 묻은 모래가 집 안 여기저기 퍼지지 않도록 막아주는 매트입니다. 자극적이지 않은 부드러운 재질에 포집 능력이 좋아야 유용해요. 페스룸 클린업매트와 스튜디오얼라이브나 페스룸의 사막화 방지 매트 등을 추천합니다.

🐾 페스룸 클린업매트

🐾 피도레일
스크래처

스크래처

발톱 갈기는 고양이가 사냥을 준비하는 행동이며 불안이나 흥분을 가라앉히려는 중요한 의식이기도 해요. 2층 이상의 캣타워에 붙어 있는 기둥 형태를 추천합니다. 고양이는 높은 데서 발톱 가는 것을 좋아하거든요. 종이 재질보다는 삼줄이나 카펫 재질을, 바닥에 있는 수평형보다 수직 혹은 기둥형을 더 선호해요. 크고 좋은 캣타워에는 대개 좋은 스크래처가 포함되어 있어요.

테이프클리너

고양이를 키우면 날리는 털은 어쩔 수 없지요. 고양이 털은 천 등에 박히면 쉽게 제거하기 힘들어요. 소파나 침구류 근처, 현관 앞에 테이프클리너를 하나씩 걸어두고 수시로 사용하세요. 고로고로 제품이 털 제거 능력이 가장 좋아요.

고양이를 위한
추천템
12가지

수의사가
추천하지 않는
7가지 용품

윤샘의
고양이 상담소
024

초보 집사의 마음가짐

고양이 언어를 이해하려는 마음

강아지와 고양이는 사용하는 언어가 달라요. 강아지는 사람의 눈치를 살피며 조르고, 애원하고, 요구하고, 거부하는 식으로 직관적인 표현을 해요. 사람에게 자신을 이해시키려 하죠. 반면 고양이는 사람을 '큰 고양이'로 인식해 자신의 언어를 사용해요. 그래서 우리는 고양이의 몸짓, 행동, 표정, 소리를 읽고 이해해야 해요. 고양이가 나를 좋아하고 사랑하는데 그 마음을 못 알아듣거나, 아프다고 말하는데 알아채지 못한다면 속상하고 안타깝잖아요? 그래서 고양이 언어를 이해하려는 노력이 꼭 필요해요.

고양이와 함께하는 공간을 꾸리려는 마음

고양이는 '내가 키우는 동물'이라기보다는 '함께 사는 동반자'예요. 단순히 화장실이나 캣타워만 놓는 게 아니라, 고양이와 내가 함께 안락하게 생활하는 공간을 만든다고 생각해야 해요. 고양이가 다니는 길은 사람과 다르고, 창문, 책장, 소파 위 등 모든 공간의 용도와 사용 방식도 달라요. 고양이와의 행복한 동거를 위해서는 공간 구성과 가구 배치에 대한 현명한 고민이 필요해요.

생활의 변화를 받아들이는 마음

누군가와 함께 산다는 건 많은 것을 포기하는 일이기도 해요. 자신만을 위한 시간, 공간, 여가 활동의 상당 부분을 고양이에게 양보해야 해요. 수입과 생활공간도 나눠야 하고, 좋아하던 꽃이나 디퓨저, 향수, 담배도 포기해야 해요. 회식이나 여행, 친구들과의 만남도 줄어들고, 여름에도 창문을 마음대로 열 수 없어요. 장기 출장이나 해외여행도 당분간은 어렵죠. 검은색 정장이나 깔끔한 인테리어도 어느 정도는 포기해야 해요. 삶의 방식 전체가 달라진다는 사실을 받아들여야 해요.

처음 키울 때
알아야 하는
6가지

고양이와
행복하게 살기 위한
7가지 규칙

공부하려는 마음

고양이는 사람과는 전혀 다른 동물이에요. 언어, 사고방식, 에너지 소비, 식사 패턴, 영양 체계까지 전부 다르죠. 고양이가 어떻게 생각하고, 먹고, 움직이고, 말하는지 이해해야 함께하는 삶이 더 원만하고 행복해져요. 그래서 고양이에 대해 꾸준히 공부해야 해요.

큰 비용을 감수하는 마음

한 생명을 책임지는 데에는 생각보다 많은 돈이 들어요. 사료, 화장실 모래, 정기적인 구충 비용은 기본이고 나이가 들수록 검진비나 병원비도 만만치 않아요. 생명을 키운다는 건 내 삶의 무게가 달라지는 일이라는 점을 꼭 기억하세요.

오랜 시간 함께할 마음

고양이의 수명은 길면 20년까지도 돼요. 고등학생 때 입양한 고양이와는 대학 진학, 결혼, 출산, 아이의 초등학교 입학까지도 함께할 수 있어요. 그래서 고양이를 입양할 때는 앞으로 20년간 어떤 일이 생기더라도 함께하겠다는 결심이 필요해요.

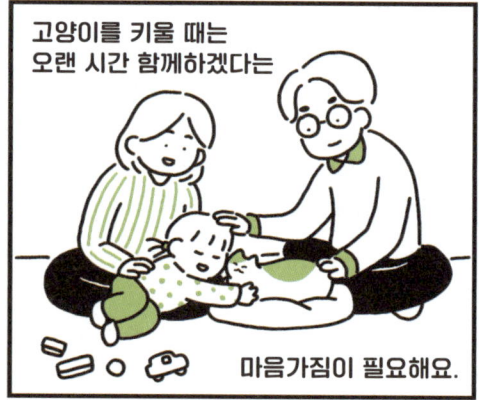

6

입양하는 다양한 방법

임보(임시보호)

보호소나 개인을 통해 잠시 고양이를 맡아주는 임시보호는 보통 입양 가정이 정해질 때까지만 이루어져요. 많은 사람들이 임보 중 고양이와 정이 들어 입양을 결정하기도 하며, 일부 단체나 보호소는 애초에 입양을 전제로 임보를 진행하기도 해요. 미리 고양이를 데리고 있으면서 성격이나 기질을 파악할 수 있다는 점이 큰 장점이에요. 다만 파양이나 사건 사고를 방지하기 위해 복잡한 심사 과정을 거치기도 해요.

보호소 1대1 결연

일부 보호소에서는 일대일 결연을 통해 보호 중인 고양이와 예비 집사를 연결해주기도 해요. 수시로 보호소를 방문해 아이가 잘 지내는지 확인하고 놀아줄 수도 있고, 간식이나 사료, 필요한 물품을 보내는 것도 가능해요. 이 경우 소정의 후원금을 정기적으로 보내야 하며, 후원금은 아이들의 치료비나 사료, 운영비 등에 사용돼요. 보호소에 봉사하러 갔다가 아련한 눈빛으로 쳐다보는 아이를 만나 발길이 떨어지지 않았다면, 대모·대부 신청을 고려해보는 것도 좋아요.

보호소
소개와
사료 기부

카라에서
고양이
입양법

나비야사랑해
보호소
방문

블루엔젤
봉사단
보호소 방문

첫 만남은
이렇게

집까지 안전하게 데려오기

이동 요령

고양이를 데려올 때는 위가 넓게 열리는 슬리피 파드 같은 이동장이 좋아요. 다른 고양이의 냄새가 배어 있지 않고, 내부가 좁고 어두워야 낯선 이동에 대한 불안을 줄일 수 있어요. 이동장 안에는 이전 환경의 냄새가 묻은 담요나 수건을 깔고, 위에는 담요를 덮어 외부가 보이지 않게 해요.

건강 상태 확인하기

건강 상태가 확인되지 않았다면 먼저 동물병원에 들러 간단한 건강검진과 구충 같은 기본 예방조치를 받은 뒤 집으로 데려오세요.

집에 도착했다면

이동장은 미리 준비한 격리 방 한쪽에 놓고 입구를 열어둡니다. 한쪽에는 화장실을, 다른 한쪽에는 밥그릇을 두세요. 절대 억지로 꺼내지 마세요. 스스로 한 발 내딛는 것이 중요한 적응 과정입니다. 며칠간 격리 공간에 잘 머문다면 방문만 열어두고 스스로 나올 때까지 기다리세요. 금방 집 안을 둘러보는 고양이도 있지만, 성묘나 길고양이는 시간이 더 걸릴 수 있습니다. 소파나 침대 밑에 숨더라도 억지로 끌어내지 마세요. 그곳을 안전한 은신처로 인식하며 적응하는 과정입니다. 앞에 음식을 두면 밤에 몰래 나와 먹기도 할 거예요. 다만 일주일 이상 숨어 지내며 먹거나 배변을 하지 않는다면 수의사 상담이 필요합니다.

적응을 시작했다면

격리 공간에서 지내던 물건들을 거실로 천천히 옮기고, 화장실은 완전히 적응한 뒤에 옮기세요. 갑작스런 화장실 이동은 실수를 유발할 수 있어요.

이제 고양이와 신뢰 쌓기를 시작할 시간입니다. 낚싯대나 오뎅꼬치처럼 거리를 두고 놀 수 있는 장난감으로 천천히 다가가세요. 억지로 안거나 만지지 말고, 고양이가 먼저 다가올 때까지 기다리세요. 첫 단계 원칙은 "먼저 다가가지 않는다" "함부로 만지지 않는다"입니다.

입양 전
알아야 할
꿀팁

길냥이
입양 시
주의 사항

숨어버렸다면 어떻게 할까

일단 기다리세요

절대 먼저 다가가지 말고, 물과 밥만 조용히 챙겨주세요. 고양이가 스스로 영역을 탐색하며 적응할 시간을 줘야 해요. 대부분은 일주일 안에 영역을 인지하고 사람과 관계를 맺기 시작합니다.

1개월이 지났는데도 안 나온다면

이 경우는 단순한 적응이 아닌 불안장애일 수 있어요. 유전적으로도 영향을 많이 받으며, 특히 아빠 고양이의 성격을 닮는다고 알려져 있어요.

치료가 필요할 수도 있어요

1개월 이상 숨어 지내고, 밥도 잘 먹지 않고 화장실 사용도 불안정하다면 고양이의 삶의 질에 문제가 생긴 거예요. 이때는 약물 치료를 포함한 전문 상담이 필요합니다.

숨을 공간, 화장실, 캣타워, 페로몬 제제 등 안정된 환경을 조성한 뒤에도 변화가 없다면, 수의사와 함께 치료를 논의해보세요.

입양한 고양이가
숨어서
안 나온다면

겁이
많은 것도
병이다

낯선 집에 적응시키기

절대 밖으로 내보내지 않기

밖에서 활발하게 지내던 고양이라고 해서, 하루아침에 실내 생활에 익숙해지진 않아요. 처음에는 문 앞에서 울거나, 따라다니며 문이 열리기만을 기다리는 등 계속 탈출을 시도할 수 있습니다. 하지만 이것은 자유를 원해서가 아니라, 아직 실내 환경이 낯설고 불안하기 때문입니다.

실내 생활에 적응하려면 시간이 필요해요. 고양이의 관심을 문에서 멀어지게 하세요. 집에 들어와 인사할 때는 문 앞이 아닌, 집 안쪽으로 들어와서 하세요. 문 앞에서 인사하면 고양이는 문 소리에 반응해 늘 그곳에서 기다리게 됩니다. 나갈 때도 마찬가지로 문 앞이 아니라 캣타워나 거실 한쪽에서 작별 인사를 하세요. 문 앞에 머무르려 한다면 퍼즐 먹이통이나 사냥 놀이로 주의를 돌려주세요. 방충망, 방묘문은 필수이며, 탈출 시도가 잦다면 현관에 펜스를 설치하는 것도 방법입니다.

실내 환경을 외부처럼 만들어주기

고양이는 원래 밖에서 사냥하고, 나무에 오르며, 모래에 용변을 봤던 동물이에요. 실내에서도 그 습성을 충족시켜 줄 환경이 필요해요. 나무를 타는 느낌이 들 수 있도록 복잡한 형태의 캣타워를 준비해주세요. 햇살이 잘 드는 창가에 설치하면 더 좋아요. 몸을 쭉 펴고 발톱을 갈 수 있는 튼튼한 스크래처도 필요합니다. 모래 질감이 실제 흙과 비슷한 화장실 모래를 사용하면 좋아요.

사냥 놀이 자주 하기

오뎅꼬치나 낚싯대를 이용한 사냥 놀이(상호작용 놀이)는 고양이에게 실외 사냥의 기분을 느끼게 해주며, 에너지를 건강하게 발산하도록 도와줍니다. 활동량을 늘리고, 사냥 본능이 충족되지 않아 생기는 공격적인 행동도 예방할 수 있어요.

뿐만 아니라 식욕을 자극하고 소화를 돕는 데에도 효과적이며, 집사와의 신뢰와 유대감 형성에도 중요한 역할을 합니다. 실내 적응을 도와주는 데 있어 상호작용 놀이는 빼놓을 수 없는 핵심이에요.

길냥이
실내 적응
꿀팁

새로운
환경으로
이사했다면

자꾸
나가려
한다면

고양이와
이사하는
요령

4

이름 짓기

고양이에게 부르기 쉽고 친숙한 이름을 지어주세요. 자주 불러주면 고양이는 그 이름이 자신을 가리킨다는 걸 인식하고, 집사와의 유대감도 자연스럽게 깊어집니다.

이름에 특별한 의미를 담는 것도 좋지만, 고양이가 혼동하지 않고 쉽게 기억할 수 있는 이름으로 짓는 게 더 중요해요. 부정적인 상황에서 자주 쓰이는 '쉬'나 '야' 같은 음절은 피하고, 2~3글자의 짧은 이름이 좋아요.

경험상 이름의 마지막 음절이 'ㅣ'로 끝나면 고양이가 잘 반응해요. 예를 들어 나비, 보리, 구름이, 까미, 몽이, 별이, 토리 등이 있어요.

참고로 고양이는 소리, 몸짓, 냄새로 주로 의사소통하지만, 사람의 목소리와 어조는 잘 인식합니다. 이름은 고양이와 사람 사이의 교감을 위한 좋은 도구가 될 수 있어요.

국내 집사가 많이 짓는 고양이 이름 순위

1위 코코	2위 보리
3위 모모	4위 까미
5위 하루	6위 미미
7위 모찌	7위 나비
9위 치즈	10위 두부

• 출처: KB경영연구소, 〈2021 한국 반려동물보고서〉

에옹이~

길고양이
입양의 정석

입양 후 바로 해야 할 것들

일주일간 실내 생활 관찰하기

모든 길고양이가 실내 생활에 적응하는 것은 아니에요. 일단 일주일 정도 실내에서 지내게 하며 반응을 살펴보세요. 계속 숨거나 두려워하고, 나가려고 안간힘을 쓴다면 실내 적응이 어려울 수도 있습니다.

중성화수술하기

실내에 잘 적응하던 고양이라도, 발정기나 성페로몬에 노출되면 다시 야생 본능이 깨어날 수 있어요. 신체적·정신적으로 큰 스트레스를 겪기 전에 입양 즉시 중성화수술을 해주세요.

건강검진과 접종, 구충 실시하기

입양과 동시에 벼룩·진드기 같은 외부기생충과 회충 등 내부기생충에 대한 구충을 해주세요. 사람에게 전염될 수 있는 피부사상균증 등 피부병 유무도 검진을 통해 확인하고, 건강 상태가 괜찮다면 기본 예방접종도 함께 진행하세요.

윤쌤 TIP 밖에서 살다 좁은 집에 들어온 고양이가 불쌍하다고 생각할 수 있지만, 야생은 결코 낭만적인 공간이 아니에요. 늘 먹이를 구하고 위험을 피해야 하는 치열한 생존의 공간이죠. 집고양이는 평균 수명이 15~20년, 길고양이는 4년 남짓이라는 조사 결과가 있어요. 따뜻하고 안정된 공간에서 안심하고 자는 삶이 훨씬 행복한 삶이라는 걸 기억해주세요.

길냥이가 정말 자유로울까?

구조 시기별 키우는 요령

새끼 고양이를 구조했다면 어떻게 해야 할까?

새끼를 구조했다면

구조가 필요한 상황인지 확인하기

길에서 새끼 고양이를 발견해도 무조건 구조하지 말고 먼저 상황을 지켜보세요. 노출된 곳에 있다면 어미가 자리를 옮기는 중일 수 있고, 외진 장소에 있다면 사냥 중일 수도 있어요. 어미는 하루에 2~3번 젖만 먹이고 자리를 비우기도 하고, 사람의 시선을 의식해 접근하지 못하고 멀리서 지켜보고 있을 수도 있습니다.

날이 추워지거나 젖은 상태라면
체온부터 올리기

새끼 고양이의 가장 흔한 사망 원인은 저체온증입니다. 물기가 있다면 부드러운 수건으로 잘 닦아 충분히 말린 뒤, 따뜻한 수건으로 감싸 체온을 올려주세요. 탕파(온수 주머니)나 온수를 넣은 페트병을 수건이나 담요에 감싸 박스 안에 함께 넣어주면 체온 유지에 도움이 됩니다.

인공포유 시키기

우유는 소화하지 못하니 동물병원에서 판매하는 새끼 고양이용 초유를 먹여주세요. 액상형 초유를 추천합니다. 초유를 체온 정도로 데워서 젖병 꼭지에 구멍을 뚫어 3~4시간 간격으로 배가 빵빵해질 때까지 먹이세요. 초유라 해도 모유에는 미치지 못해 열량과 영양이 부족하므로 자주 많이 먹어야 합니다.

스스로 일어서서 식기 안의 사료 같은 음식을 먹을 정도로 성장하려면 대략 생후 30일이 걸립니다. 이 시기에 사망률이 가장 높으며, 구조 당시의 아이 상태와 태어난 일수에 따라 생존율은 50% 미만일 수도 있습니다.

생후 40일 전까지

생후 20일이 넘어가면 포유하면서 중간중간 이유식도 같이 먹입니다. 30일이 넘으면 건사료와 캔을 스스로 먹을 수 있고 대소변을 가리기 시작하니 화장실과 모래를 준비하세요. 40일이 넘었다면 동물병원에 방문해 첫 접종과 구충을 시작할 수 있어요. 40일 전까지는 병원에 갈 필요는 없어요. 하지만 먹지 않거나 너무 힘이 없거나 구토와 설사가 심하다면 꼭 병원에 데려가야 합니다.

새끼고양이를 구조했다면 해야 할 것들

새끼 고양이를 구조했다면 어떻게 해야 할까?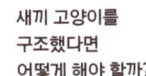

새끼 고양이 입양 전 준비 사항

성장 단계별 돌보기

2주 | 눈을 뜨지 않은 아기 고양이는 생후 2주 미만이에요. 동물병원에서 판매하는 액상 초유와 젖병을 준비해 4시간 간격으로 배가 빵빵해질 때까지 먹이세요. 온도는 손목에 떨어뜨렸을 때 미지근한 정도가 적당합니다. 사람 아기처럼 등을 바닥에 대고 먹이면 안 되고, 배가 아래로 향한 상태에서 고개를 약간 든 자세로 급여해야 해요. 젖이 코로 나오면 바로 멈추고, 폐로 넘어가지 않도록 주의하세요. 배가 빵빵해지면 그만 먹여주세요. 이 과정을 4시간마다 해야 합니다.

이 시기의 아기 고양이는 스스로 배변을 못 하니, 물티슈나 거즈에 온수를 묻혀 엉덩이와 생식기를 톡톡 두드려 대소변을 유도해야 합니다. 어미 고양이가 혀로 핥아주는 과정을 대신하는 것이므로 최대한 부드럽게 자극해주세요.

4주 | 생후 4주까지는 체온 조절이 어려우니 수건, 담요를 이용해 따뜻한 환경을 유지하세요. 집안이 조금 추운 편이라면 온수를 담은 페트병을 담요로 싸서 옆에 놔줘도 좋아요. 이 시기부터 이빨이 나고 걷기 시작하므로 이유식을 천천히 시작합니다. 젖병도 하루 1~2회는 계속 물려야 정서적, 행동학적으로 좋아요. 너무 일찍 젖을 떼면 이식증이나 '진정 행동(comforting behavior, 마음이 편해지기 위해 하는 습관적 행동)'으로 뭔가를 빨려고 하는 현상이 오래갈 수 있어요.

처음에는 곱게 갈린 무스 타입의 마더앤베이비캣 습식사료를 얕은 그릇에 넣어서 핥아 먹게 해보세요. 스스로 먹기 시작하면 성공이에요. 물그릇도 밥그릇 근처에 함께 두어 물도 스스로 먹도록 유도하세요.

잘 걷고 뛰기 시작하면 고운 벤토나이트 모래를 준비해 배변 교육을 시작합니다. 성묘용 화장실은 높아서 새끼 고양이가 쉽게 들어가지 못해요. 얕고 넓은 박스에 비닐을 깔고 그 위에 모래를 덮은 후 구석에 놓아두세요. 고양이를 모래 위에 올려두면 처음에는 모래에서 놀다가도 곧 대소변을 보고 묻는 방법을 스스로 깨닫습니다.

🐾 로얄캐닌 마더앤베이비캣

2개월 │ 생후 2개월이 되면 베이비캣에서 키튼 사료로 넘어갑니다. 성장기에는 전연령 사료가 아닌, 영양이 풍부한 키튼 사료를 꼭 먹여야 해요. 이 시기엔 큰 이동장, 성묘용 화장실, 고양이용 그릇 등 실생활 물품도 하나씩 바꿔주세요. 동물병원에 방문해 영양 상담과 함께 1차 접종, 구충을 시작합니다.

🐾 **로얄캐닌 키튼**

2개월 이후 │ 이제 고양이의 사회성을 키우는 교육이 필요해요. 사람 손길에 익숙해지도록 자주 만져주고, 발·귀·입안도 가볍게 건드려보세요. 이렇게 하면 이후 발톱 깎기, 양치, 귀 청소가 훨씬 쉬워져요. 교육할 때는 절대 소리를 지르거나 억지로 하지 마세요. 좋아하는 간식과 함께 긍정적인 경험을 쌓게 해주는 것이 중요합니다.

하루 15분씩 3회 이상 사냥 놀이를 통해 에너지를 발산시키고, 유대감도 길러주세요. 고양이와 따로 자야 하는 경우에는 처음부터 분리된 공간에서 자는 훈련을 하세요. 식사는 정해진 장소에서만 하게끔 하고, 잘못된 행동을 할 때는 소리치기보다 무관심으로 반응하세요.

새로운 형태의 동물학대, 애니멀호딩

애니멀호딩animal hording은 자신의 돌봄 능력을 넘어서는 수의 동물을 입양해 제대로 돌보지 못하고 방치하는 행위입니다. 처음엔 한두 마리로 시작해 구조나 사랑이라는 명목으로 계속 입양을 반복하다 결국 '수집'에 가까운 형태가 되고, 동물들은 열악한 환경에서 상해와 질병에 시달리게 됩니다. 악의 없이 시작했더라도 돌봄의 손길이 닿지 않는 순간, 그 사랑은 학대가 됩니다. 무턱대고 입양을 반복하는 건 사람과 고양이 모두에게 상처를 남긴다는 사실을 잊지 마세요. 애니멀호딩은 생각보다 가까운 곳에서 일어나고 있으며, 명백한 동물학대입니다.

동물학대
애니멀
호딩

슬기로운
합사 방법

둘째를 입양해도 괜찮을까

먼저 꼭 필요한지 생각하세요

혼자 있는 걸 더 편안해하는 고양이도 많습니다. 둘이 잘 지낼 거라 예상해 입양했지만, 끝내 적응에 실패해 둘 다 스트레스를 받는 경우도 적지 않아요. 둘째가 정말 필요한 상황인지, 혹시 내 욕심은 아닌지 다시 한번 고민해보세요.

성격을 최우선으로 고려하세요

현재 키우는 고양이가 한창 놀고 싶어 하는 활기찬 3~6세라면 온종일 잠만 자는 나이 든 고양이나 얌전한 고양이와는 맞지 않겠지요? 같은 레벨의 에너지를 뿜는 활기찬 고양이나 어린 고양이가 좋습니다.

성별이나 품종은 상관없어요

성별은 그 발현 정도가 너무 광범위하며 고양이에 따라 개체의 차이가 심하고, 대부분 중성화수술을 받기 때문에 합사에서 호르몬이나 성별은 크게 중요하지 않습니다.

처음부터 함께 키우면 가장 좋아요

가장 이상적인 합사 방법은 어린 고양이 2마리를 처음부터 함께 키우는 것이에요. 혼자 자란 고양이는 외로움이나 지루함으로 인해 정서적·신체적 문제를 겪거나, 지나치게 의존적으로 성장할 수 있어요. 고양이는 집단 속에서 사냥하고 놀며 배우는 동물이기에, 서로를 보고 자라며 자연스럽게 사회성과 적응력을 키우게 됩니다.

둘째 고양이 선택의 기준

2마리를 키울 때의 장단점

둘째를 들이면 정말 좋을까?

2

전쟁을 피하는 합사의 기술

성묘와 성묘가 만난다면 전쟁은 각오해야 합니다. 영역 동물이 자기 영역권에 들어온 경쟁자를 경계하는 것은 지극히 당연하니까요. 하지만 둘째를 들이는 과정을 충분히 준비하고 스트레스를 덜 주는 방법으로 서로를 소개하면 생각보다 수월할 수 있어요.

처음 소개하기

사람에게 첫인상이 중요하듯이 고양이에게도 처음 소개하는 방법이 매우 중요합니다. 적응이 필요한 고양이는 첫째라는 사실을 명심하세요. 자신이 만들어놓은 영역에 다른 고양이가 들어왔다는 사실을 묵인하고 합의하며 동의해줘야 하니까요.

건강검진

이미 있는 첫째가 완벽하게 건강한 상태일 때 둘째를 들여야 합니다. 방광염이나 만성질환 혹은 우울할 때 둘째가 온다면 스트레스를 받아 병이 더 심해질 수 있어요. 새로 들어오는 둘째도 건강검진을 완벽하게 받고 접종과 구충을 완료한 상태여야 합니다.

은신처 마련하기

방 하나를 비워 둘째의 은신처를 마련해주세요. 낯선 곳에서 긴장을 풀 수 있도록 숨을 곳을 많이 만들어줍니다. 그러면 첫째는 영역을 침범당했다는 느낌이 상대적으로 덜할 테고, 새로 온 고양이는 남의 영역권에 들어왔다는 느낌은 받지만 그 상대가 보이지 않아 덜 불안할 수 있어요. 은신처에는 화장실과 모래, 물그릇, 밥그릇을 모두 준비해서 둘째가 영역을 만들 수 있게 도와주세요. 이후 친해진다면 서로 영역권을 공유하므로 문제가 없습니다.

공간 재배치하기

서로 영역권을 주장하며 싸우지 않도록 화장실과 밥그릇, 물그릇을 떨어뜨려 배치하세요. 충분한 수직적인 공간을 추가로 확보하여 원래 있던 고양이가 영역이 침범당했다는 느낌을 덜 받게 해주세요.

둘째 고양이를 들이기 전에 꼭 알아야 할 현실

냄새 교환해주기

서로 모습을 보기 전에 냄새부터 맡게 하는 후각적 만남을 시켜주세요. 원래 있던 고양이가 새로 온 아이가 있는 방을 노려보는 등 적대감이나 관심이 사라지고 시큰둥해지면 시작합니다. 손수건이나 양말을 사용해 각각 한쪽씩 뺨을 비벼 친근감을 표시하는 페로몬을 묻힌 후, 그 천을 상대의 영역에 놔두고 냄새에 익숙해지게 합니다. 상대방의 냄새에 적대감을 보이지 않을 때까지 몇 번 반복합니다.

첫 만남 주선하기

방문을 사이에 두고 펜스로 막은 다음 서로 얼굴을 확인하게 해주세요. 이때 양쪽에 밥그릇을 두고 서로 마주 보며 먹게 합니다. 먹지 않고 상대에게 적개심을 드러낸다면 바로 문을 닫으세요. 마주 보며 밥을 먹을 때까지 반복하세요. 서로 무관심하고 밥에만 집중한다면 이제 만날 준비가 되었습니다.

관찰하기

이제는 시간을 두고 관찰하세요. 싸우지 않도록 영역, 자원을 충분히 확보했다면 두 고양이는 영역을 재협상하며 스트레스를 줄여가면서 조금씩 공존을 시작할 거예요. 둘이 싸우지 않는다고 잘 지내는 것은 아닙니다. 고양이는 보통 냉전 상태로 지내며, 쌓이고 쌓이면 폭발해서 싸우거든요. 서로 가족을 이루고 잘 지낸다면 알로러빙과 알로그루밍, 피지컬콘택트를 보이며 하나가 잘 때 곁에서 같이 자기도 하지요.

알로그루밍 allogrooming

서로의 얼굴을 핥아주며 스스로 그루밍하기 힘든 곳을 정리해주는 행위

알로러빙 allorubbing

서로 몸을 비벼 페로몬을 묻히는 행위

피지컬콘택트 physical contact

서로 몸을 맞대고 체온을 조절하며 잠을 자거나 쉬는 행위

싸움 없이 둘째 들이는 요령

합사에 성공한 걸까 실패한 걸까

평화로운 고양이 합사 요령

3

강아지 키우는 집에 고양이를 들일 때

개와 고양이의 성격 파악하기

고양이와 개는 서로 다른 방식으로 의사소통하는 동물이에요. 이들이 서로를 이해하고 공감대를 형성하려면 환경 조성과 소개 과정이 중요합니다. 먼저 강아지의 성향을 살펴보세요. 사냥 본능이 강한 테리어나 하운드 계열처럼 쫓고 무는 성향이 있는 개는 고양이와 어울리기 어렵고, 데려오려는 고양이가 비사교적이거나 겁이 많고 공격적인 성향이라면 역시 함께 지내기 어려워요. 겁 많은 고양이와 사나운 개는 최악의 조합입니다. 상대를 잘 받아들이기 위해서는 강아지가 1세가 되기 전, 성격이 굳어지기 전 시기에 들이는 것이 가장 좋아요.

환경 준비

"개는 2D를, 고양이는 3D를 산다"라는 말처럼, 개는 바닥에서 생활하고 고양이는 위를 좋아해요. 고양이가 올라갈 수 있는 곳을 방 안 사방에 만들어 주세요. 캣타워, 창문 해먹, 책장, 선반, 캣워크 등을 활용해 수직 공간을 충분히 마련하면 고양이는 안전하다고 느끼며 공간에 빠르게 적응해요. 고양이 밥그릇과 화장실은 강아지가 접근할 수 없는 높은 위치나 분리된 공간에 두세요. 고양이 배설물이나 사료는 강아지에게 위험한 간식이 될 수 있고, 사고로 이어지기 쉽습니다. 예를 들어 고양이가 선반 위에 있던 초콜릿이나 북어포를 밀어 떨어뜨리고, 강아지가 먹어 병원에 가는 일도 많아요. 바닥뿐 아니라 고양이 발이 닿는 높은 곳까지 함께 정리해야 해요.

강아지가 고양이를 따라다니며 쫓는다면 문 사이에 낮은 안전문을 설치하세요. 고양이는 뛰어넘고 강아지는 넘기 어려운 높이가 좋습니다.

소개하기

고양이를 들이기 전에는 강아지를 충분히 산책시켜 에너지를 먼저 발산하게 하세요. 그런 다음 펜스를 설치하고 강아지를 한쪽 공간에 묶은 채 고양이를 방에 풀어줍니다. 시간이 지나 서로를 인식하면서도 격렬한 반응이 없다면, 펜스를 사이에 두고 좀 더 가까이 만나게 해주세요. 강아지가 냄새만 맡고 호기심 정도만 보인다면 좋은 신호예요. 하지만 으르렁거리거나 긴장하고 경계하는 행동을 보인다면 즉시 중단해야 합니다.

서로 어느 정도 익숙해졌다면 강아지의 줄을 짧게 잡고 천천히 만나게 해보세요. 고양이가 겁을 먹거나 강아지가 갑자기 달려들려 하면 즉시 멈추고 다시 분리하세요. 이 과정을 여러 번 반복하면 둘은 의외로 빠르게 서로를 받아들이게 됩니다. 고양이가 캣타워나 선반 위에 올라가 편안히 쉬기 시작했다면 둘 사이의 긴장이 많이 풀렸다는 신호이며, 그때부턴 마음 놓고 외출해도 괜찮아요.

강아지와 고양이를 같이 키우는 요령

강아지 키우는 사람과 고양이 키우는 사람의 차이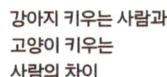

강아지와 고양이의 조상이 같다고?

서열과 싸움의 규칙

서열

고양이의 서열은 구성원 간의 관계를 안정시키는 순기능도 지니고 있지요. 주인의 선택으로 집단을 이룬 고양이들의 서열은 느슨한 편입니다. 우두머리 1마리를 제외하고는 대체로 수평적인 관계이지요. 서열과 상관없이 사이가 좋다면 매우 평화롭게 공존합니다. 하지만 새로운 구성원이 나타나거나 뒤늦게 서열상 우위를 주장하는 아이가 생기거나 실내 환경에 비해 수가 너무 많아지면 서열에 따른 문제가 발생해요.

문제가 생긴다면

고양이는 웬만하면 싸우지 않고 피하는 성향이에요. 고양이들의 사이가 좋지 않다면 싸움보다는 은밀한 따돌림이나 냉전 상태로 나타납니다. 따돌림은 화장실 가는 길목에 누워버리는 등 영역권 한쪽을 사용하지 못하게 하는 방식인데요. 안 싸우려고 참다가 누워 있는 고양이 곁을 지나가면 다투기도 합니다.

고양이 싸움의 규칙

고양이는 싸울 때 절대 치명상을 입히지 않아요. 한쪽이 졌다는 의사를 보이면 더 이상 공격하지 않지요. 처음에는 소리, 눈빛, 몸짓으로 기선 제압을 하고, 으르렁거리며 상대의 목을 물려 하거나 버둥거리기도 해요. 흥분하면 침을 흘리거나 낮게 울기도 하며, 중간에 털을 핥는 '전위 행동(심리적으로 불안하거나 갈등을 느낄 때, 원래 하려던 행동 대신 전혀 다른 제3의 행동으로 긴장을 풀려는 반응)'을 보일 수 있습니다. 싸움은 한쪽이 기운이 빠지거나 항복 의사를 보이며 자리를 뜰 때까지 이어지고, 승자는 패자를 쫓아내며 승리를 만끽합니다. 이후에는 평온이 찾아오며, 승자는 특정 공간의 우선 사용권이나 집사에 대한 우선권을 갖게 됩니다. 사이좋은 고양이들은 이런 서열 다툼 없이 환경과 자원을 평화롭게 나눕니다.

5

한 공간에서 몇 마리까지 가능할까

물리적 공간

고양이는 개보다 생활 공간의 면적이 작아도 괜찮아요. 평면보다는 입체적 공간이 더 필요합니다. 필요 면적보다는 고양이 생활의 질을 더 고려해주세요.

성격

고양이 합사는 사회화 과정, 서열, 화장실 개수, 성격(혼자 있을 때 안정감을 느끼는지) 등을 고려하여 결정해야 합니다. 혼자가 행복한 고양이도 많답니다.

양육비

개체당 매달 5만 원의 사료와 모래 비용이 발생하고 병원비까지 고려하여 기대수명 동안 지출이 가능한지 판단해야 합니다. 20년을 산다고 가정하면 사료와 모래만 1마리에 1,200만 원이 들고 병원비, 장난감 등 추가 비용을 고려하면 수천만 원에 달할 수도 있어요.

몇 마리까지
키울 수
있을까?

합사에 실패했다면

잘 지내다 갑자기 싸우는 경우

합사에 성공한 줄 알았는데, 실제로는 아니었던 경우가 의외로 많습니다. 진정한 합사가 이루어졌다면 고양이들 사이에서 알로그루밍, 알로러빙, 피지컬콘택트(서로 몸을 맞대고 자는 행동) 같은 사회적 교감이 보여야 해요. 이 3가지 행동이 전혀 보이지 않는다면 두 고양이는 가족이 아니라, 단지 같은 공간을 나누는 룸메이트 수준의 관계일 수 있습니다. 이런 상태에서는 자원 부족, 환경 변화, 스트레스 등 외부 요인으로 인해 언제든 갈등이 폭발할 수 있어요. 수년간 잘 지내다가 갑자기 싸우는 경우도 이런 배경에서 발생합니다.

언제 합사 성공 여부를 결정해야 할까

합사 성공 여부는 보통 1개월 이내에 알 수 있어요. 이 기간 동안 서로 교감 행동이 없다면 앞으로도 진정한 가족 관계로 발전할 가능성은 낮습니다. 사실 합사는 정상적인 고양이 무리로 편입되는 과정은 아니에요. 자연 상태에서 고양이들은 무리에 편입되고 싶을 때, 그 주변을 몇 주간 배회하며 받아들여지기를 기다립니다. 무리 자체에 수용 능력이 생기면 그제야 받아들여져 동료로 인정받지요. 반면 가정의 합사는 강제적으로 무리에 새로운 개체를 한 영역으로 합류시키는 행위입니다.

갈등 행동

친하지 않은 사이의 갈등 행동은 사람이 알아보기 어려워요. 서로 싸우거나 하악거리는 최악의 상황은 파악하기 쉽지만, 싸우지 않아도 갈등이 있는 경우가 더 많아요. 우리가 쉽게 관찰할 수 있는 고양이의 갈등 행동은 멀리서 서로 노려보는 것입니다. 움직일 때마다 뒤에서 조용히 쫓아다니는 스토킹 행동, 상대의 화장실을 다니는 길목을 누워서 몸으로 막아버리기 등 생각보다 집사 모르게 상대를 은밀히 괴롭히며 괴롭힘당하는 갈등 행동들이 있답니다.

합사에
실패
했다면

합사 성공
노하우
_김선아 교수

윤샘의
고양이 상담소
046

합사에 실패했다면 어떻게 해야 할까?

가장 현실적인 해결책은 파양, 즉 새로운 환경을 찾아주는 것이에요. 하지만 파양이 어렵다면 환경을 철저히 개선해야 해요. 각자의 숨을 공간, 먹이 그릇, 화장실을 충분히 나눠주고, 시야가 겹치지 않는 구조를 만들어주세요.

그래도 갈등이 계속된다면 다음 단계로 약물 치료를 고려합니다. 보통 스트레스를 많이 받는 쪽에 약물을 먼저 쓰지만, 대부분 둘 다 영향을 받기에 동시에 처방하는 경우가 많습니다. 약물 복용을 시작한 뒤에는 다시 2주 정도 격리하고 합사 과정을 처음부터 재시도해야 해요. 약물을 사용하면 합사 성공률은 비교적 높아지는데, 절반 정도는 관계가 개선됩니다. 합사가 성공하더라도 최소 6개월은 약물을 복용해야 하며 이후 서서히 농도를 줄입니다. 갈등 행동이 조금이라도 보이면 다시 약물 농도를 높여야 해요. 이때는 평생 약을 먹여야 할 수도 있어요.

고양이에게
합사는 어떤
의미일까?

합사에 실패했다면
어떻게 해야 할까?
_야옹이채널

고양이
탈출 방지
환경 만들기

산책과 외출냥

고양이에게 화려한 외출은 없다

도시에서 고양이 산책은 매우 위험합니다. 도심 외곽이나 시골 같은 한적한 곳이라면 가능하겠지만, 도심은 고양이가 돌아다닐 수 있는 공간이 적고, 대부분 다른 고양이의 영역입니다. 외출하는 순간 타 고양이의 영역을 침범하게 되어 싸움 위험이 있고, 교통사고, 독극물, 야생동물 등 수많은 위험에 노출되죠.

고양이에게 산책이 좋을까

길고양이 생활을 했던 고양이 중 일부는 산책을 즐기기도 하지만, 대부분은 영역 밖으로 나가는 걸 두려워합니다. 억지로 산책하면 스트레스를 유발하며 패닉 상태를 일으킬 수 있어요. 노르웨이숲처럼 대범한 품종은 가능하지만 대부분은 산책을 즐기지 못합니다. 산책은 고양이에게 영역 확장이며, 확장된 영역은 계속 순찰해야 합니다. 고양이가 산책을 좋아하고 스스로 즐긴다면 해도 좋지만, 억지로 권하지 마세요. '냥바냥'입니다.

산책
해도
될까?

산책을
좋아
할까?

원룸을 100평 집처럼 활용하는 법

층 늘려주기

수직 공간을 사랑하는 동물인 고양이는 냉장고, 선반, 소파, 의자 위를 각각 다른 영역으로 인지하기 때문에 올라갈 수 있는 공간을 많이 만들어주면 10평 원룸을 100평처럼 만들 수 있습니다.

캣타워

고양이 영역을 늘리는 가장 쉽고 빠른 방법은 캣타워를 설치하는 것입니다. 구석보다는 창가에 놓아주세요. 안락한 캣타워에서 흥미로운 창밖을 바라보는 것이야말로 고양이에게는 커다란 행복이니까요. 캣타워는 무겁고 단단해야 하며 캣폴이 있으면 좋습니다. 흔들리거나 불안정하면 고양이는 안정감이 떨어진다고 느껴 사용하지 않을 거예요.

창문에 해먹 달기

창문에 붙이는 고양이용 해먹은 창밖을 바라볼 수 있는 좋은 수직 영역을 제공합니다.

은신처 곳곳에 제공하기

주로 천으로 된 텐트 모양의 가벼운 집으로, 구석 아무 데나 던져두면 고양이가 숨어 들어가 주변을 관찰할 수 있어요.

터널 제공하기

터널은 근사한 은신처가 될 뿐 아니라 좋은 놀이 공간이기도 하지요. 소심한 고양이에게는 안전한 통로가 되어줍니다.

캣워크 설치하기

천장 바로 아래 긴 선반을 설치해 고양이가 다니는 길을 설치해주세요. 막다른 길이 되지 않도록 고려해야 합니다. 올라간 곳과 반대편으로 내려오거나 다른 곳으로 이동할 수 없으면 사이 나쁜 고양이가 길을 막아버려 못 내려오고 꼼짝없이 갇혀버릴 수 있거든요.

인테리어
핵심
6가지

좋은 공간
넓게 만드는
필수 아이템

고양이가 좋아하는 환경

식탁 위는 깨끗하게

고양이는 식탁에 올라가 어슬렁거리거나 몸을 늘어뜨리고 자는 것을 좋아해요. 그러니 식탁에는 가능한 한 아무것도 올려놓지 말고 깨끗하게 치워주세요. 고양이가 뭔가를 떨어뜨리는 불상사를 막아주며 보호자도 고양이도 편하게 이용할 수 있습니다.

책상 한쪽을 항상 치워두기

책상 역시 고양이가 매우 좋아하는 장소입니다. 보호자가 오래 머무르는 곳이라 냄새도 듬뿍 배어 있고, 보호자를 방해하기도 좋은 장소이니까요. 책상 일부를 항상 깔끔하게 정리해 고양이가 올라와 누울 자리를 만들어주세요. 고양이는 보호자가 집중하는 모습을 보는 걸 좋아해요. 컴퓨터에서 나오는 따뜻한 팬 바람도 즐기지요. 일하는 동안 고양이가 책상 한편에서 보호자를 지켜보게 해주세요.

높은 곳에 캣스텝과 캣워크 만들기

캣타워만으로 부족하면 캣스텝이나 책장, 선반 등의 가구를 이용해 캣워크를 꾸밀 수 있어요. 상하뿐 아니라 좌우로도 이동 가능한 공간을 만들어주면, 고양이는 자신이 매우 큰 집에 살고 있으며 아주 넓은 영역을 가졌다고 느낍니다. 책장에 꽂힌 책들 아래에 나무판자를 놓고 밖으로 15cm 정도만 빼주면 훌륭한 캣스텝이 되지요.

😺 캣스텝

러그나 패브릭 제품 최대한 배제하기

러그나 카펫은 가능한 치우고 소파도 인조 가죽이 좋아요. 패브릭 제품 중 극세사는 고양이 털이 잘 묻지 않아요. 이불 등도 털이 잘 박히거나 묻지 않는 재질을 사용하면 더 위생적이고 청소 시간과 노력을 줄일 수 있습니다.

주변 환경 정돈하기

행주, 빨래는 고양이가 닿지 않는 곳에 두어야 해요. 쓰레기통은 뚜껑이 있는 무거운 걸로 바꾸고, 노출된 전선은 몰딩이나 정리용 플라스틱으로 감싸두어 씹지 못하게 방지하세요. 고양이의 건강에 해로울 수 있으니 관엽식물 등은 치우고 꽃도 조화로 바꿔주세요.

실내 생활에서 고양이를 위협하는 것들

하이라이트 화재 사고

고양이가 전기 하이라이트 스위치를 밟아 화재가 나는 사고가 종종 발생해요. 정전식 스위치는 고양이 발바닥의 미세 전류에도 반응할 수 있으니 실리콘 커버나 덮개로 안전하게 덮어두세요.

줄 달린 자동 장난감

끈 형태의 장난감이나 버티컬 블라인드의 줄은 발이나 목에 감겨 사고가 날 수 있어요. 일정 힘이 가해지면 자동으로 풀리는 제품을 선택하고, 블라인드 줄은 짧게 묶어두세요.

캣타워 낙상사고

비만하거나 바닥이 미끄러우면 캣타워에서 내려오다 다칠 수 있어요. 미끄럼 방지 매트를 캣타워 아래 깔아 다리 관절을 보호해주세요.

욕조 물

욕조에 물을 받아놓은 채 자리를 비우면 익사 위험이 있어요. 특히 어린 고양이가 있을 땐 항상 물을 빼놓아야 해요.

베란다 문

방충망을 닫지 않으면 옆집으로 넘어가거나 난간 위로 올라가 위험한 상황이 생길 수 있어요. 균형 감각이 뛰어난 동물이라 해도 벌레나 새를 보고 본능적으로 달려들거나 아직 어려서 몸놀림이 서툴면 위험합니다. 베란다 문은 항상 잘 닫아두고 청소나 환기를 위해 열 때도 방충망은 잘 닫아야 해요.

현관문

한 번이라도 나간 경험이 있다면 고양이는 그 공간을 자신의 영역으로 인식하고 자꾸 나가려고 해요. "고양이 뛰쳐나감 주의!" 같은 경고 문구를 문밖에 붙이거나 방묘문을 설치해주세요.

디퓨저가
고양이를
죽인다?

실내에서
고양이에게
위험한 것들

좋아하는 냄새
vs 싫어하는 냄새
vs 위험한 냄새

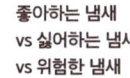

실내묘의 활동량을 채워주는 방법

실내 고양이는 하루에 적어도 2.5시간은 움직여야 해요. 활발히 뛰어다니지 않아도 괜찮지만 적어도 몸을 일으켜 천천히 돌아다니는 활동은 필요합니다.

리키매트 | 작은 홈이 있는 무독성 실리콘 매트입니다. 빵에 버터 바르듯 습식사료를 리키매트에 발라서 주세요. 매트 구석구석을 열심히 핥는 노력과 시간을 들여 사료를 먹게 합니다.

🐾 로이코컴퍼니
리키매트

혼자 노는 장난감 | 고양이의 움직임에 맞추어 움직이는 공, 사료를 뱉어내며 움직이는 장난감, 깃털을 집사 대신 흔들어주는 장난감, 캣타워에 매달거나 벽이나 유리에 붙여 깃털을 흔드는 낚싯대 등 아무도 없는 시간에 고양이 혼자 갖고 놀 수 있는 다양한 장난감이 있습니다. 계속 놀면 쉽게 질릴 수 있으니 외출 시에만 사용하고 집에 오면 즉시 숨겨두세요.

푸드퍼즐 장난감 | 다양한 푸드퍼즐 장난감을 이용해 고양이가 몸을 움직이며 사료를 먹게 합니다. 리스펫 숨바꼭질는 작은 사료를 담을 수 있는 쥐 모양 밥그릇으로, 발로 건드리고 차야 안에 있는 사료가 몇 알씩 튀어나와요. 소파 밑, 커튼 뒤, 캣타워 등 곳곳에 숨겨두면 고양이가 쥐를 사냥하듯 찾아 먹을 수 있어요. 휴지심이나 페트병을 이용해 직접 푸드퍼즐 장난감을 만들어줘도 좋습니다. 고양이의 건강과 재미를 모두 만족시킬 수 있을 거예요.

사냥 놀이 | 고양이에게 최고의 운동은 주인과의 상호작용 놀이 즉, 사냥 놀이입니다. 적어도 하루 3번, 15분씩은 고양이가 좋아하는 방법으로 함께 놀아주세요. 몸이 아프거나 나이 들어 활동 능력이 떨어졌다면 놀이 시간이 아닌 강도를 조절해야 합니다.

실내묘
운동시키는
꿀템

집냥이와
길냥이의
하루 일과 비교

실내묘의
이해

융쌤의
고양이 상담소
054

집에 혼자 있는 고양이를 위하여

고양이는 1세가 넘은 성묘를 기준으로 이틀 정도는 혼자 있어도 큰 무리가 없다고 합니다. 하지만 외롭거나 심심하지 않은 건 아니겠지요. 어떻게 하면 고양이가 혼자 덜 무료하게 지낼 수 있을까요?

외출 전 장난감 챙겨주기

종이봉투나 박스 혹은 고양이 터널 사이사이에 공이나 작은 쥐 인형을 두면 고양이 혼자 은신과 매복을 즐기며 놀 수 있어요. 사료와 물을 다양한 푸드퍼즐 장난감에 넣어 노력해서 먹도록 해주세요. 무언가 할 일을 주는 것입니다. 집에 돌아오면 모든 장난감을 치워둬야 고양이가 질리지 않고 오래 갖고 놀아요.

창가 개방하기

창가는 고양이에게 극장 스크린이고 자기 영역을 보호하기 위한 감시탑이며 다양한 드라마가 존재하는 냥플릭스이고 느긋하게 일광욕을 즐길 수 있는 보라카이 해변입니다. 밖이 잘 보이도록 하고 창가에서 고양이가 느긋하게 즐길 수 있도록 캣타워나 해먹, 푹신한 방석을 놓아두세요.

분리불안이라면 약물 치료하기

일상생활이 어려울 만큼 혼자 있는 걸 힘들어하면 분리불안일 수 있어요. 이 경우는 수의사와 상담 후 약물 치료가 필요합니다.

혼자 있는 동안
지루함을
없애주는 법

보조제 사용하기

집사와 애착 정도가 심해서 분리불안을 느낀다면 기분을 진정시키는 데 도움이 되는 보조제를 사용하는 방법이 있어요. 우유추출물인 알파카소제핀 성분의 질켄을 먹이고 펠리웨이 같은 페로몬 제제의 훈증기도 설치합니다. 특히 펠리웨이는 고양이의 불안을 낮추고 심신을 안정시키는 페로몬을 분비하여 고양이의 정신적 안정에 도움을 줄 수 있습니다.

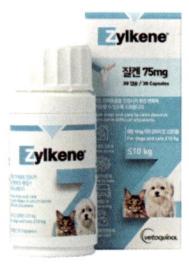
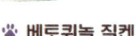

🐾 베토퀴놀 질켄   🐾 펠리웨이 옵티멈

고양이용 동영상 틀어주기

고양이도 사람처럼 여러 소리를 듣고 다양한 사물을 보며 청각적, 시각적 자극을 받아야 두뇌 활동이 활발해져요. 성향에 따라 차이는 있지만 고양이용 채널을 시청하면 무료함을 달래는 데 도움이 됩니다. 5분, 10분일지라도 단조로운 환경에서 다양한 자극을 제공할 거예요.

20분은 못 본 척하기

고양이가 주인에게 과하게 의지하는 타입이라면 외출 전후에 과하게 인사하거나 안아주지 마세요. 아이가 심하게 흥분하여 분리불안 증상이 극대화되기 때문입니다. 귀가 후 20분 정도 지나 고양이의 흥분감이 가라앉은 후에 천천히 안아주며 평소 목소리로 인사해주세요. 나갈 때도 마찬가지입니다. 특별한 이벤트가 아닌 당연한 일상임을 암시하는 행동이 중요해요.

조명 켜두기

고양이는 어둠 속에서도 잘 지낸다는 속설 때문에 늦게 귀가하는데도 집 안의 모든 전등을 꺼놓는 경우가 많아요. 하지만 고양이도 환경에 영향을 받는 동물입니다. 실내에서 생활하며 밤에 자는 시간을 제외하면 항상 밝은 환경에 익숙한 고양이는 아무도 없는 빈집이 깜깜하기까지 하면 더욱 불안해할 수 있어요. 거실이나 고양이가 주로 머무는 방의 형광등 정도는 켜두는 편이 좋습니다.

함께 있을 때 최선을 다하기

집에서 고양이와 있는 시간만큼은 최선을 다해야 합니다. 사냥 놀이도 많이 해주고 충분히 교감하며 함께하는 동안 제대로 충족시켜 주세요. 주인의 귀가가 늦어져도 기다리면 즐거운 시간을 함께 할 수 있다고 믿게 만들어야 고양이가 불안해하지 않고 편안한 마음으로 기다릴 수 있습니다.

펫 시터나 IT 기기의 도움받기

오랜 시간 혼자 두기 불안하다면 펫 시터를 고용할 수 있어요. 일정 시간 고양이를 돌봐주거나 먹이를 챙겨주고 화장실을 청소하는 서비스 업체가 많이 있습니다. 홈 CCTV를 설치해 고양이의 상태를 확인하거나 화면을 보며 고양이와 대화를 시도하거나 간식을 던져주는 펫 테크 제품도 있으니 참고하세요.

캣티오catio 만들어주기

고양이cat와 파티오patio를 합성한 캣티오catio는 고양이 테라스를 뜻합니다. 파티오는 마당이 딸린 공간에 탁자와 의자를 두고 쉴 수 있는 야외 테라스인데, 캣티오는 혼자 있는 고양이의 외로움과 무료함을 덜어주며 합사 시 스트레스를 줄이는 데 큰 역할을 하지요. 바깥 환경을 느낄 수 있어 산책 대신으로도 훌륭한 공간이에요.

집에 마당이 없어도 캣티오를 만들 수 있어요. 넓지 않아도 괜찮고 외부 공기가 들어와 바깥 냄새와 기운을 느낄 수 있도록 뚫려 있으면 됩니다. 창문 일부를 활용해 밖을 보고 냄새 맡으며 누울 수 있는 공간도 좋아요.

베란다 일부를 캣티오로 개조한다면 난간 사이 방묘망은 필수입니다. 캣타워를 놓아 오르내리며 머물 수 있는 장소도 만들면 더없이 좋은 공간이 될 거예요. 마당이 있다면 한쪽을 창문과 연결해 고양이 우리를 만들고 마당을 산책하게 해줄 수 있어요.

🐾 캣티오

마음을
편안하게
해주는 음악

고양이
테라스
캣티오

편안하게 잠드는 수면 환경

고양이에게 편안하고 안락한 잠자리는 무척 중요해요. 사람은 인생의 33%를 잠으로 보낸다는데, 고양이는 무려 70%를 잠을 자며 지내니까요. 성묘는 하루 평균 16시간, 어린 고양이나 노령묘는 하루 18시간 이상을 잡니다.

적절한 수면 온도

고양이는 쾌적한 온도와 습도를 스스로 잘 찾아요. 사람보다 평균 체온이 2도 높아 사람이 쾌적하게 느끼는 온도보다 약간 높은 곳을 선호합니다. 주변이 충분히 따뜻하지 않으면 집사의 머리맡이나 다리 사이를 파고들기도 하고, 기온이 낮다고 느끼면 온몸을 숨길 수 있는 아늑한 장소를 찾습니다. 그래서 방석에 몸을 동그랗게 말고 자기도 하지요. 반대로 주변이 따뜻하고 안전하다고 느끼면 캣타워 위, 책장, 책상 위 등에서 늘어져 잠을 청하기도 해요.

좋아하는 잠자리

위치별

다양한 형태의 잠자리를 여러 곳에 마련해 고양이가 상황에 따라 선택할 수 있게 해주세요. 높은 곳에는 주변을 관찰할 수 있는 개방형, 낮은 곳에는 몸을 숨길 수 있는 은신처형 잠자리가 좋아요. 예를 들어 소파 밑에 방석을 넣어주거나 평소 사용하는 이동장을 열어 푹신한 담요를 깔아두면 훌륭한 잠자리가 됩니다. 입구가 있는 동굴형 숨숨집도 좋은 선택이에요.

계절별

체구가 작은 고양이는 온도 변화에 민감해요. 더운 여름에는 타일 바닥이나 대리석 바닥처럼 시원한 장소를 좋아하니 동물용 대리석 매트를 깔아주세요. 따뜻해야 하는 겨울에는 전기방석을 사용해도 괜찮지만 저온 화상의 우려가 있으니 온도는 최대한 낮추고 두툼한 담요를 반드시 깔아주세요.

상황별

고양이가 책장 한편에 웅크리고 잔다면 그 칸의 책을 모두 비워서 침대로 사용하게 해주세요. 고양이가 냉장고 위에서 잠을 청한다면 뭔가를 떨어뜨리지 않도록 깨끗하게 치워줍니다. 단, 폭이 30cm 이상 확보되어야 추락 사고를 방지할 수 있어요.

함께 침대에서 잔다면

주인과 친할수록 붙어서 자려고 합니다. 고양이가 침대에서 당신과 함께 잔다면 진정한 가족이나 선호하는 동료preferred association라는 의미예요. 여러 고양이가 함께 침대에서 잔다면 고양이끼리도 서로 가족 관계를 형성한 것입니다. 만약 2마리가 주인의 오른쪽, 다른 2마리는 왼쪽, 그리고 1마리는 주인 머리맡에서 잔다면 2마리, 2마리가 각각 선호하는 동료 관계를 형성했고 1마리는 속하지 못한 상태입니다.

좋아하는
잠자리

고양이도
꿈을
꿀까?

화장실로
고양이 마음
사로잡기

화장실의 모든 것

고양이가 쓰기 편한 곳에 두기

냄새나 바닥 모래 등을 이유로 고양이 화장실을 세탁실이나 베란다처럼 외진 곳에 두면 고양이 입장에서는 불편해서 사용을 꺼릴 수밖에 없어요. 배변 중 세탁기 소리나 베란다 밖의 시끄러운 소리에 놀라고 불안해서 화장실을 가지 않으려 할 수도 있습니다.

n+1개

1마리를 키우면 화장실은 2개, 2마리면 3개, 3마리면 4개를 준비하세요. 사이가 안 좋은 아이들은 서로 화장실을 못 가게 막기도 합니다. 그럴 경우를 대비해 1마리라 해도 더 선호하는 화장실을 선택할 수 있게 해주면 좋아요. 고양이들 사이가 좋아서 화장실을 함께 사용한다면 많을 필요는 없습니다.

한곳에 모아두지 않기

화장실은 가능한 한 멀리 떨어뜨려 동선이 다른 곳에 놓아야 해요. 화장실 3개를 한데 두면 3개가 아닌 커다란 하나의 화장실에 불과합니다. 화장실 안에 변기 3개가 있어도 결국 1개의 화장실인 것과 같아요.

🐾 화장실은 서로 멀리 떨어뜨리기

화장실의
10가지
원칙

덮개 있는 화장실은 피하기

지붕이 있는 화장실은 냄새도 빠지지 않고 습하며, 특히 다묘 가정에서는 매복·습격의 위험이 있어요. 고양이는 언제든 도망칠 수 있는 열린 구조를 선호합니다.

크고 입구 넓은 화장실 사용하기

자신의 배설물을 밟지 않고 돌아 나올 수 있는 크기여야 해요. 고양이 몸보다 1.5배 이상 크고, 입구가 낮은 구조가 좋습니다.

화장실 청소는 매일 하기

고양이는 자기 용변의 흔적을 꺼리는 깔끔한 동물이므로 매일 화장실을 치워줘야 합니다. 용변을 볼 때마다 치워주면 가장 좋지만 적어도 하루 1번은 꼭 청소해주세요.

고양이 전용 화장실 사용하기

배변 패드나 변기 위 훈련은 문제 행동으로 이어질 수 있어요. 대부분 고양이는 본능적으로 모래에 묻는 행동을 해야 안정감을 느낍니다. 그러니 모래가 있는 고양이 전용 화장실을 사용하게 해주세요. 드물게 모래보다는 화장실 타일 바닥을 선호하는 고양이도 있으니 취향을 존중하면 좋지요.

화장실 냄새 감추지 않기

고양이는 자신의 체취가 남아 있어야 안심하고 화장실을 사용할 수 있어요. 방향제나 탈취제는 체취를 덮어 고양이를 혼란스럽게 하고, 다른 장소에 배변하게 만들 수도 있어요. 무향 모래가 가장 좋습니다.

자연에 가까운 고운 모래 선택하기

자연 생태계의 고양이는 모래밭과 자갈밭 중 어디에 용변을 볼까요? 개체의 차이는 있겠지만 대부분은 부드럽고 뒤처리가 편한 모래를 더 선호합니다. 자연 모래처럼 입자가 곱고 부드러워 고양이가 쉽게 덮을 수 있는 재질을 화장실에 깔아주세요. 까다로운 고양이들은 모래가 불편하면 어느 순간 용변을 모래로 덮지 않고 놔두거나 아예 화장실을 사용하지 않을 수도 있어요.

고양이 취향에 따라 모래 양 정하기

보통 화장실 모래는 2.5~5센티미터 정도로 깔아주는데 성향에 따라 다를 수 있습니다. 고양이가 푹신푹신한 느낌을 좋아하면 모래를 화장실에 가득 부어주고, 발이 깊게 묻히는 느낌을 싫어하면 얇게 깔아주기만 하세요. 특히 뚱냥이들은 몸이 무거워 모래에 발이 잘 묻히기 때문에 얇게 깔아서 단단한 바닥의 질감을 느끼게 해야 안정적으로 배변합니다.

좋은 고양이 모래란?

1 자연 모래와 가까운 형태
2 인공 첨가향이 없는 무향
3 입자가 작고 가벼움
4 먹어도 안전함
5 잘 굳고 부스러기가 없음
6 먼지가 적음
7 잘 묻어나지 않음
8 가격이 너무 비싸지 않음

좋은
모래의
조건 고양이가
싫어하는
화장실

윤쌤의
고양이 상담소
062

고양이 모래 종류와 장단점

벤토나이트 모래

- **특징** 자연 점토의 일종으로 천연 모래와 가장 유사해 고양이가 좋아함
- **장점** 잘 굳고 탈취력도 좋음
- **단점** 무겁고 먼지가 잘 생겨 고양이 결막염을 유발할 수 있음. 어두운 색이라 소변 색 변화를 관찰하기 어려움 (건강 상태 확인도 어려움)

카사바 모래

- **특징** 식품계 모래 (카사바 모래, 옥수수 모래). 열대 뿌리 식물인 카사바는 버블티 속 버블의 주재료로 탄수화물이라 고양이가 먹어도 안전함. 희고 고울수록 좋음
- **장점** 잘 굳고 색이 밝아 대소변 상태 확인이 용이함. 방광염 유무의 조기 진단도 가능함
- **단점** 벤토나이트보다 탈취력이 약하며, 고양이 발이나 털에 잘 묻어 집 안 곳곳에 사막화를 유발할 수 있음. 입자가 고울수록 사막화가 심해지고, 굵을수록 사막화가 덜함. 단독 사용도 좋지만 고양이의 기호성과 탈취력, 응고력의 개선을 위해 벤토나이트와 혼합 사용을 추천함

카사바 벤토 모래

- **특징** 카사바 모래와 벤토나이트 모래를 섞은 것으로 요즘 많이 사용되는 모래
- **장점** 카사바 모래와 벤토나이트 모래의 장점을 살려 잘 굳고 탈취력이 좋으며 색이 밝고 먼지가 적음
- **단점** 뚜렷한 단점은 없으나 가격이 좀 비쌈

두부 모래

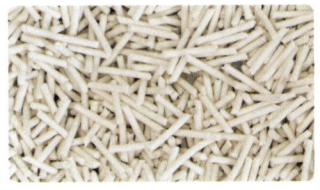

- **특징** 벤토나이트와 함께 국내에서 많이 사용하는 모래. 무향이고 입자가 고운 흰색 모래를 추천함
- **장점** 먹어도 안전한 재질이고, 색이 밝아 대소변을 통한 고양이의 상태 파악이 쉬움. 가볍고 입자가 굵어 사막화가 잘 일어나지 않아 고양이 결막염 예방에도 도움을 줌
- **단점** 벤토나이트보다 입자가 굵어 고양이의 기호성이 떨어지며, 응고력이 낮아 부스러기가 잘 생김. 습기에 약해 여름철에는 쉽게 눅눅해지고 곰팡이가 필 수 있음

펠렛 모래

- 특징 목재계 모래(펠렛, 톱밥)
- 장점 가볍고 다루기 쉬움. 국내에서 생산되는 펠렛 모래는 편백나무나 톱밥을 뭉친 것으로, 천연 나무의 향이 있어 냄새를 잘 잡으며 흡수력이 좋고 변기에 흘려보낼 수 있어 처리가 쉬움
- 단점 나무 특유의 향을 좋아하지 않는 사람에게는 불호. 잘 굳지 않고 흩어지는 편이라 청소가 쉽지 않음

실리카겔 모래

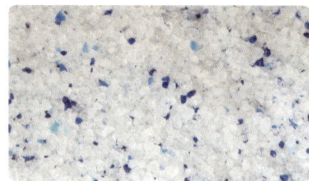

- 특징 일명 크리스탈 모래. 국내에서는 거의 사용하지 않지만 흡수력과 탈취력이 뛰어남. 대변은 바짝 마르면 치우고 소변은 별도 청소 없이 계속 사용하다가 1개월에 1번은 전체 모래를 갈아줌
- 장점 흡수력과 탈취력이 좋고 먼지 날림이 거의 없으며 입자가 굵어 잘 묻어 나오지 않음. 청소를 자주 할 필요가 없어 편리함
- 단점 고양이가 별로 좋아하지 않음. 탈취력이 좋은 편이나 시간이 지나면 축적된 소변 냄새가 심해지기도 함

펄프 모래

- 특징 종이를 으깨서 만든 펄프 재질의 모래. 저가형 모래로 국내보다 일본에서 많이 사용함
- 장점 가벼워 휴대가 편하고 화장실 변기에 버릴 수도 있어 고양이와 여행 다닐 때 임시로 사용하기 매우 좋음. 흰색이어서 소변 상태를 확인하기 쉬움
- 단점 탈취력과 응고력이 약하고 부스러기가 잘 생김

고양이
모래 6종의
장점과 단점

벤토나이트
vs 카사바
vs 두부 모래

2

화장실 실수를 한다면

전용 화장실이 아닌 다른 곳에 볼일을 보는 잘못된 배변 습관을 작은 실수라고 웃어넘기면 안 됩니다. 몸이 아프거나 스트레스를 받아서, 화장실이 마음에 안 들거나 사용이 불편해서 등 여러 이유가 있을 수 있어요. 원인을 찾아내고 상태를 교정해주세요.

고양이 화장실 루틴

① 자신이 편하다고 생각하는 장소에 간다.
② 배설할 곳의 냄새를 맡아 안전한지 확인한다.

③ 한 발로 모래를 살짝 파서
  묻기 쉬운지 확인한다.

④ 모래를 판 자리에 볼일을 본다.

⑤ 자기 배설물의 냄새를 맡아본다.

⑥ 앞발로 모래를 덮어 흔적을 지운다.

⑦ 배설 장소를 둥글게 돌아
  화장실 밖으로 나온다.

이 과정 중 하나라도 불편하다면 고양이는 화장실 사용을 꺼리고 다른 곳에 배설하기 시작합니다. 그러니 화장실이 있는 장소는 안전하고 조용하며 접근이 편해야 하고, 모래는 파묻기 쉽도록 곱고 부드러우며 냄새를 잘 잡아줘야 해요. 화장실은 고양이가 용변을 밟지 않고 쉽게 돌아 나올 수 있을 정도로 충분히 커야 하고요.

새끼 고양이가 화장실을 못 가린다면
고양이는 생후 4주부터 어미 고양이에게 배설법을 배웁니다. 이때 잘 배운 고양이는 가정에 입양되어도 화장실을 문제없이 사용합니다. 하지만 너무 어린 나이에 어미와 떨어진 아이들은 화장실을 사용할 줄 모를 수도 있어요. 이 경우 집사가 직접 교육해야 합니다.

새끼 고양이 화장실 이용 교육법

1 쉽게 드나들 수 있도록 높이 7cm 미만의 낮은 화장실을 준비하세요.

2 고양이를 화장실에 올려두고 모래의 부드러운 감촉을 느끼게 합니다. 화장실에서 뒹굴고 놀더라도 스스로 나올 때까지 그냥 두세요. 충분히 놀며 친숙해지도록 합니다.

3 며칠 동안은 아침에 일어났을 때와 밥 먹은 직후 바로 화장실에 데려가 대소변을 보게 해주세요.

4 한 번에 성공하기도, 1개월 이상이 걸리기도 합니다. 인내심을 가지고 성공할 때까지 꾸준히 시도하세요.

5 벌을 주거나 소리를 지르면 절대 안 됩니다. 한 번이라도 화장실에서 야단을 친다면 그 화장실 사용을 거부할 수 있고, 다시 친해지는 데 많은 시간이 걸릴지도 몰라요.

6 화장실에서 뒹굴거리며 논다면 편하고 익숙해졌다는 좋은 징후입니다. 그냥 두세요.

3

배뇨 실수의 이유

다른 곳에 배뇨한다면

화장실이 아닌 데서 화장실에서처럼 볼일을 보는 경우입니다. 소변량은 평소와 같으며 바닥에 흥건히 고인 형태입니다.

건강 문제

고양이하부요로계질환FLUTD이나 관절염일 확률이 높아요. 나이 든 고양이라면 대부분 관절염으로 인한 통증일 수 있으니, 화장실을 잠자리 가까이 두고 입구 턱을 낮춰주세요.

합사 문제

다묘 가정이라면 고양이들 사이에 문제는 없는지 살펴보세요. 다른 고양이가 화장실 사용을 방해하거나 위치가 막다른 곳이어서 못 가기도 합니다. 이럴 땐 어떻게든 분쟁을 풀어주거나 자주 실수하는 장소에 화장실을 하나 더 놓아주세요.

마음에 안 들어서

지저분하거나 모래가 불편하거나, 위치가 나쁘면 고양이는 더 편하고 익숙한 침대·이불·카펫·빨래 더미 등을 새 '화장실'로 삼을 수 있어요. 기존 화장실을 개선하고 실수한 곳에는 탈취제나 펠리웨이를 뿌려 소변의 흔적과 냄새를 최대한 지우고 그곳에 접근하지 못하도록 막아주세요. 새로운 화장실이 침대나 이불보다 편하고 사용하기 좋은 곳이 되도록 위치나 모래, 크기도 개선해주세요.

스트레스

고양이가 스트레스를 지속해서 받으면 식욕과 면역력이 떨어져 몸이 아프고 우울증 등의 병에 걸릴 수 있으며, 그로 인해 화장실을 제대로 가리지 못하는 이상행동이 발생합니다.

관심받고 싶어서

독립심이 부족하고 정서가 불안정한 애교쟁이 고양이가 집사의 관심을 끌기 위해서 본능을 거스르고 다른 곳에 배변하기도 합니다. 그럴 때 안아주고 관심을 보여주면 고양이는 학습했다가 관심을 원할 때마다 같은 행동을 반복할 거예요.

품종에 따른 습성

정확한 원인은 알 수 없지만 페르시안 같은 장모종 고양이들이 화장실 아닌 곳에 소변을 보는 경우가 종종 있습니다. 긴 털에 모래가 묻는 게 싫어서일까요.

화장실
교육하는
방법

화장실
실수의
원인

화장실을
거부하는
이유

스프레이를 한다면

스프레이는 단순 배뇨가 아니라 고양이가 자신의 페로몬을 남기며 의사를 전달하는 소통 수단이에요. 고양이는 스쿼트 자세로 주저앉아 소변을 보지만, 스프레이를 할 때는 꼬리를 세우고 꼿꼿이 서서 목표물을 정확히 조준해 오줌을 흩뿌립니다. 이때 눈은 게슴츠레하지요. 주로 벽이나 가구 같은 수직 공간에 스프레이를 하지만 바닥에도 합니다. 소변이 고여 있지 않고 흩뿌려져 있다면 배뇨 행위가 아닌 스프레이입니다.

① 심리적 이유

중성화 후에도 스프레이를 한다면 스트레스나 불안, 영역 침입에 대한 반응일 수 있어요. 낯선 고양이의 접근, 새 가구나 짐, 새로운 고양이와의 갈등이 주된 원인입니다.

② 대책

불안을 줄이기 위해 스프레이한 곳에 펠리웨이를 뿌리고, 훈증기를 곳곳에 배치하세요. 갈등이 원인이라면 고양이 사이의 관계 개선을 우선해야 합니다.

🐾 스프레이   🐾 배뇨

스프레이
해결법

화장실 훈련법,
스프레이의
원인

융샘의
고양이 상담소
068

고양이가 화장실을 싫어할 때 보이는 행동

① 주저하며 들어가고 늦게 나온다

화장실이 마음에 들지 않으니 들어가기를 망설이고 용변을 최대한 참습니다. 대소변량은 참은 시간에 비례해서 많아지니 사용 시간이 길어지고요. 화장실을 갈 때마다 이러면 스트레스가 쌓이고, 용변을 참는 게 버릇되면 비뇨기계 질병에 걸리기 쉬워요. 결과적으로 고양이의 건강에 치명적입니다.

② 모래를 덮지 않는다

모래를 덮는 행동은 고양이의 본능입니다. 그런데도 모래를 덮지 않는다면 모래를 만지기 싫기 때문이에요. 영역권이 온전히 자기 것이라는 자신감의 표현일 수 있지만, 화장실 모래가 마음에 들지 않아서 그러는 경우가 많습니다.

③ 고새 자세

화장실 가장자리나 벽 쪽에 매달리듯 배변하는 자세예요. 마지못해 화장실을 쓰는 상태로 스트레스가 심하다는 신호입니다.

🐾 고새 자세

화장실
모래를 덮지
않는다면?

화장실
환경의
중요성(강의)

화장실을
싫어할 때
보이는 행동

미묘한 Q&A
집사들이 가장 많이 묻는 화장실 고민

Q **화장실에 가기 전에 우다다를 해요.**

A 화장실에 가기 전에 집 안을 뛰어다니며 한바탕 소란을 피우는 경우가 종종 있는데, 이는 본능적인 행동입니다. 야생에서는 잠자리 혹은 안전한 영역에서 나와 화장실까지 가는 도중에 적과 마주칠 수 있는 위험한 순간이므로 고양이는 화장실을 갈 때 '자, 이제 가자' 하는 마음의 준비를 하고 자연스럽게 흥분하지요.

Q **배설 후 변을 덮지 않아요.**

A 자신이 보스이며 상위 서열이라고 생각해 일부러 변을 덮지 않고 놔두어 자기 영역을 과시하려는 고양이도 있습니다. 맞수가 없다고 판단해 굳이 묻으려 하지 않지요. 심한 경우 화장실이 아닌 복도나 고양이들이 주로 다니는 길 한복판에 대변 한 덩어리를 일부러 놔두기도 하는데, 미드닝middening이라는 일종의 마킹이에요. 여러 마리를 키우는데 하나가 유독 변을 안 덮는다면 서열 1위라는 의미이지요. 모래가 마음에 안 들지 않아서 안 묻고 나오기도 하니, 고양이가 대소변을 묻지 않으면 먼저 부드러운 모래로 교체해주세요.

Q **화장실에서 잠을 자거나 몸을 문지르며 놀아요.**

A 자기 냄새가 짙게 밴 안전한 공간이라 편하게 느끼는 거예요. 화장실은 자기 냄새가 특히 강한 장소입니다. 주변이 낯설거나 아직 집을 자신의 온전한 영역이라 여기지 못해 불안한 고양이가 종종 이런 모습을 보여요. 화장실을 박스나 동굴처럼 아늑한 은신처로 느끼기 때문이지요. 새 모래로 바꾸자마자 뒹구는 고양이도 있는데 모래에 자기 냄새를 묻히기 위해서예요. 모래 목욕을 하던 야생의 습관이 남아서 그러기도 하는데, 이는 반대로 자신의 몸 냄새를 지우는 행동입니다.

Q **제가 지켜봐야만 용변을 봐요.**

A 자신이 가장 믿고 의지하는 상대에게 뒤를 봐달라는 신호입니다. 불안하거나 화장실에서 볼일을 보는 동안 큰 소리나 다른 고양이의 습격 같은 트라우마를 겪어서 나타나는 행동이에요. 정신적으로 미성숙하여 보호자에게 지나치게 의존적인 성향의 고양이가 종종 보이는 현상입니다.

우리 집
고양이
맞춤 식사

연령별 식사법

포유기(생후~4주)

어미젖을 먹으며 쑥쑥 자라는 시기예요. 초유를 먹으면 여러 감염증에 대한 저항력과 면역력을 얻을 수 있어요. 구조된 고양이라면 인공 초유를 최소 4주 이상 먹여야 하고, 면역력이 약하므로 접종은 더 빠르게 시작하는 것이 좋아요.

이유기(1~2개월)

이가 나기 시작하는 4주 이후부터 이유식을 먹을 수 있어요. 성장에 필요한 고칼로리, 고단백 아기 고양이용 사료를 충분히 먹여야 해요. 건사료는 초유나 물에 불려주고, 습식사료 형태의 베이비캣 파우치도 좋습니다. 로얄캐닌 마더앤베이비캣을 추천해요.

성장기(2~6개월)

왕성하게 먹고 많이 놀며 눈에 띄게 성장하는 시기입니다. 튼튼한 몸을 위해 고단백 고칼로리의 키튼 사료를 자율 급식하세요. 이 시기에 습식사료와 건사료, 주식 캔과 간식 캔, 슈레드 타입과 파테 타입 등 다양한 식감의 사료를 공급해야 입맛이 까다로워지지 않아요. 맛보기로 c/d, 유리너리, 리날, k/d 사료도 급여해 훗날 처방식을 해야 할 때 거부감을 덜 수 있도록 합니다.

청년기(7개월~2세)

마른 아이는 12개월까지 키튼 사료를 급여하고, 튼튼하고 중성화한 아이는 8개월령부터 성묘용 사료로 바꿔도 좋아요. 하루 2~3회 이상 제한 급식으로 서서히 바꿔주세요. 성장기보다 하루 필요 열량이 적은 시기여서 식욕도 줄어듭니다. 체중 1kg당 운동량이 많으면 65kcal, 적으면 45kcal 정도가 필요 열량 기준이에요. 체중이나 운동량, 아직 성장 중인지를 판단해 필요 사료량과 급여 횟수를 섬세히 조절합니다.

생애 주기 삶의 단계별 식사

장년기(3~10세)

성장이 끝나고 이제 고양이의 1년은 인간의 4년 정도로 비교적 완만한 노화가 진행되기 시작합니다. 정신적, 육체적으로 안정기이지만 비만의 위험이 잘 나타나는 시기이기도 하지요. 제한 급식으로 과식을 피하고 간식류는 전체 칼로리의 10%를 넘지 않도록 조절해주세요.

중년기(11~14세)

노화가 시작되니 사료를 시니어용으로 바꾸고 몸 상태와 식욕, 체중 변화에 주의를 기울여주세요. 노령으로 인한 신체 기능과 면역력 저하로 여러 질병이 발생하는 시기입니다. 특히 체중과 식욕 감소, 거칠어진 피모, 음수량 변화는 적신호이니 건강검진이 필요해요.

노령기(15세~)

세심한 돌봄이 필요한 본격적인 노령기입니다. 식욕이 떨어지기 쉬우니 캔이나 물에 불린 부드러운 사료를 따뜻하게 데워서 주세요. 가다랑어포나 염분을 제거한 멸치 가루를 곁들이면 식욕을 돋울 수 있어요. 6개월마다 건강검진은 필수이며 들어놓은 보험이 있다면 효과적으로 사용할 시기입니다. 소화력이 떨어져 만성췌장염에 걸리기 쉬우며 간과 신장의 기능이 떨어져 고단백 사료는 좋지 않습니다. 품질이 낮은 단백질과 지방을 사용한 사료는 절대 안 되고, 소화하기 편한 노령묘용 사료를 급여하세요.

생애
주기별
영양 구성

노령묘에게
좋은
사료는?

식사 시간과 급여량

자율 급식 vs 제한 급식

장기적으로는 제한 급식을 권합니다. 언제라도 사료를 먹을 수 있다면 고양이는 쉽게 살이 찌고 심장병이나 췌장염, 고혈압, 관절염, 암, 피부병 등 심각한 병에 걸리기 쉬워요. 무분별한 고칼로리 섭취는 고양이의 건강을 해칠 뿐 아니라 먹는 즐거움도 빼앗을 수 있습니다.

하루 2회 vs 하루 4회

생후 1년이 되지 않은 아기 고양이와 13세가 넘어 소화력이 떨어진 노령묘는 하루 4회, 1세 이상의 성묘는 2회 정도 급여하면 충분해요. 필요 칼로리를 계산하여 12시간 간격으로 하루에 2번 급여합니다.

건사료 vs 습식사료

습식사료가 건강에 좋고 고양이 생리에도 잘 맞아요. 충분한 수분과 단백질 섭취가 가능하며 소화가 잘되고 기호성도 뛰어나지요. 습식사료(주식 캔 / 파우치)를 100% 급여하면 가장 좋지만 비용이 많이 들고 위생 관리가 번거로워 현실성이 떨어집니다. 대신 고양이의 건강과 모질을 위해 건사료와 습식사료를 칼로리 기준 일대일 비율로 급여하면서 중간중간 습식 간식(간식 캔)을 먹여주세요. 1일 필요 섭취 칼로리의 25% 이상은 습식사료로 급여하면 좋아요.

주식 캔 vs 간식 캔

건사료를 먹이고 있다면 캔 사료는 주식 캔이든 간식 캔이든 상관없이 잘 먹는 것을 급여하세요. 하지만 건사료 없이 캔 사료만 준다면 영양균형이 맞는 주식 캔 위주로만 줍니다.

파테 vs 슈레드 vs 청키 vs 플레이크

고양이는 사료의 맛보다 식감에 예민해요. 습식사료는 다양한 형태의 식감이 있으니 종류별로 골고루 급여해 어떤 사료를 좋아하는지 알아보세요. 곱게 갈려 있는 파테, 닭가슴살이나 맛살 등을 세로로 길게 찢어놓은 슈레드, 흰살생선이나 정어리처럼 살코기가 덩어리진 청키, 잘게 저며져 청키와 파테의 중간 정도인 플레이크 등이 있습니다.

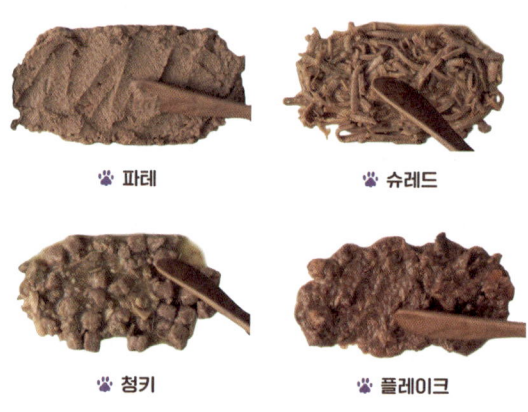

🐾 파테   🐾 슈레드

🐾 청키   🐾 플레이크

• 사진 출처: 웰니스 시그니처셀렉트 습식 캔

참치 캔을 많이 먹이면 정말 수은중독에 걸릴까?

사료는 하루 몇 번 줘야 할까?

좋은 사료란?

어떤 맛을 좋아할까

냄새로 느끼는 맛

음식의 맛을 느끼게 하는 감각기관은 혀와 혀에 있는 작은 돌기인 미뢰인데 사람은 약 9,000개, 고양이는 약 800개의 미뢰가 있어요. 그래서 맛을 감지하는 능력은 사람보다 떨어지지만 냄새를 구분하는 능력은 훨씬 뛰어납니다. 그래서 냄새가 나지 않거나 오래된 사료는 잘 먹지 않고, 냉장고에서 바로 꺼낸 음식도 꺼리기 쉬워요. 감기처럼 코가 막히면 냄새를 맡지 못해 식욕까지 잃을 수 있으니 주의하세요.

쓴맛과 신맛에 민감해요

고양이의 혀는 쓴맛과 신맛을 매우 예민하게 구분합니다. 부패한 고기의 트립토판이나 아르기닌 같은 특정 아미노산이 쓰고 신맛을 내는데, 야생에서 자칫 상한 고기를 먹는다면 생존에 치명적일 수 있거든요. 그래서 고양이는 상한 음식에서 주로 나는 신맛과 쓴맛, 시큼한 냄새에 민감하게 반응하고 강하게 거부하지요. 반면 짠맛에는 의외로 둔감합니다. 염분이 사람보다 덜 필요한데도 짠맛을 느끼는 수용체가 적어서 짠 츄르도 매우 잘 먹지요. 하지만 짜게 먹으면 신장에 나쁠 수 있으니 주의해야 합니다.

단맛을 느낄까?

고양이는 설탕에서 아무 맛도 느끼지 못합니다. 당분을 에너지원으로 사용하지 못해요. 육식동물인 고양이는 단백질의 아미노산을 에너지원으로 사용합니다. 그래서 당이 아닌 아미노산을 통해 단맛을 느끼지 않을까 추측해봅니다. 우리가 갑각류를 오래 씹으면 느끼는 그 감칠맛을 엄청나게 단맛이라고 생각할지 모르겠네요.

음식을 잘 먹지 않는다면

음식을 살짝 데워서 온도를 올려주면 냄새가 강해져서 입맛이 살아나는 경우도 있습니다. 건사료라면 물을 약간 뿌려서, 습식사료는 유리그릇에 옮겨서 전자레인지에 살짝 데워주세요. 하지만 40도를 넘으면 고양이가 먹을 수 없으니 온도를 조절해야 합니다. 고양이는 자기 체온 정도의 음식을 가장 잘 먹는답니다.

새로운 음식을 시도한다면

새로운 사료나 간식을 잘 안 먹는 이유는 고양이의 식습관이나 식성, 식감 등 다양합니다. 고양이가 새로운 음식을 먹기 전 안전한지 판단하는 평균 기간은 5일이라는 통계가 있습니다. 만약 새 사료를 먹이고 싶다면 최소 5일 이상 꾸준히 시도해야 해요.

고양이도
단맛을 느낄까?
입맛의 비밀

왜
생선을
좋아할까?

까다로운
고양이도
좋아하는 맛은?
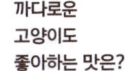

미묘한 Q&A
식사 때 나타나는 이상행동

Q 사료를 항상 한쪽에서만 먹어요.

A 어릴 때의 습관일 가능성이 커요. 고양이는 어릴 때 먹었던 것이나 했던 것을 고집스럽게 지속하는 성향이 있어요. 어릴 때 형제들과 식사할 때 그릇의 왼쪽에서 먹던 습관이 있거나, 형제들과 엄마 젖을 먹을 때 항상 다른 고양이의 오른쪽에서 먹어서 그럴 수도 있습니다.

Q 앞발로 물을 떠서 마셔요.

A 목이 마르기보다는 장난치거나 노는 행동일 수 있어요. 고양이는 자유롭게 사용할 수 있는 앞발로 이것저것 건드려보곤 합니다. 발로 물을 건드리면 출렁거리는 모습이 신기해서 그럴지도 몰라요. 그러다 발이 젖으면 고양이는 자연스레 앞발을 핥아 물기를 제거하지요. 단순히 놀이라고 생각하면 됩니다.

Q 식사 후에 마루를 앞다리로 쓸며 묻는 듯한 행동을 해요.

A 야생에서 다 먹으면 식사 흔적을 묻어 적으로부터 자기 영역을 지키려는 본능적인 행동이 이어져 온 것입니다. 먹기 전에 그런다면 '지금은 배가 부르니 묻어두었다가 나중에 먹어야지' 하는 행동이에요.

Q 밥그릇이나 물그릇에 쥐 장난감을 넣고 사료나 물을 먹어요.

A 아마 쥐를 사냥해서 잡아먹는 기분을 느끼고 있을 거예요. 실제로는 사료를 먹지만 기분도 중요하니까요. 쥐 장난감을 한참 질근질근 씹다가 사료를 먹는 냥이도 있고, 사냥 놀이 후 흥분이 채 가시기 전에 왕성한 식욕을 느끼며 더 잘 먹기도 해요. 이런 습성을 이용해 식사 전에 낚싯대나 오뎅꼬치로 충분히 놀아주면 밥을 더 열심히 먹을 거예요.

식사 때
보이는
이상한 행동들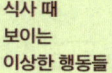

왜 사료 앞에서
바닥을
긁을까?

융쌤의
고양이 상담소
076

4

하루에 얼마나 먹여야 할까

고양이의 건강한 식사를 위해 하루에 필요한 적정 칼로리를 계산하고, 사료별로 그 칼로리를 어떻게 제공할 수 있을지 알아봅시다. 먼저 고양이의 체형을 평가해야 해요. 마른 상태인지, 정상 체중인지, 혹은 비만 상태인지 알아보려면 BCS(Body Condition Score, 신체충실지수)라는 기준을 활용합니다.

BCS(신체충실지수)

BCS 1단계 매우 마름

갈비뼈·척추·골반뼈가 눈에 띄게 보이고 근육과 지방이 거의 없다. 만지면 뼈가 바로 느껴진다.

BCS 2단계 마른 편

갈비뼈가 보이거나 쉽게 만져지고 허리가 매우 잘록하다. 얇은 지방층은 있으나 뼈 윤곽이 뚜렷하다.

BCS 3단계 이상적인 체형

갈비뼈는 보이지 않지만 가볍게 만지면 느껴진다. 허리선과 살짝 들어간 복부가 보이는 건강한 상태다.

BCS 4단계 과체중

갈비뼈를 만질 때 지방층이 느껴지고 허리선이 흐릿하거나 거의 보이지 않는다. 복부가 약간 늘어져 보인다.

BCS 5단계 비만

갈비뼈·척추·골반이 지방에 가려 거의 만져지지 않는다. 허리선이 없고 복부가 처진 둥근 체형이다.

① 체중 파악하기

그림으로 1단계에서 5단계까지 알아봅시다. 정상인 3단계를 기준으로 그보다 낮으면 마른 상태, 3단계를 초과한다면 비만이라 볼 수 있어요. BCS 3단계가 정상입니다. 이보다 낮으면 마른 상태, 높으면 과체중 또는 비만이에요. 갈비뼈가 만져지는지, 복부와 허리가 육안으로 구분 가능한지를 살펴보세요.

② 칼로리 계산하기

하루 필요 칼로리는 보통 RER(Resting Energy Requirement, 기초에너지요구량)과 DER(Daily Energy Requirement, 하루에너지요구량)을 기반으로 계산합니다. RER은 고양이가 아무 행동도 하지 않고 숨만 쉬는 상태에서 생명 유지를 위해 필요한 최소 칼로리입니다.

RER(기초에너지요구량) 계산법
체중 2kg 이상 : 30 x 현재 체중 + 70
체중 2kg 미만 : 70 x 현재 체중$^{0.75}$

DER(하루에너지요구량) 계산법
RER x 활동지수 (오른쪽 표 참고)

활동지수	
중성화한 성묘	1.2
운동량이 많은 성묘	1.6
중성화하지 않은 성묘	1.4
체중 감량이 필요한 성묘	0.8
체중 증량이 필요한 성묘	1.7
4개월령 미만	3
4~6개월령	2.5
7~12개월령	2
임신 혹은 수유 중인 냥이	3

제곱근까지 등장하니 복잡해 보이지만 인터넷에서 기초대사량 계산기에 몸무게를 대입하면 필요 기초에너지요구량을 쉽게 구할 수 있어요. 위의 공식으로 계산하는데 고양이의 상태에 따라 각기 다릅니다. 다음 표를 기준으로 활동지수를 곱하세요

일일 급여량 정하기

1g당 3.75kcal인 로얄캐닌 사료를 중성화한 4kg 성묘에게 급여하면 RER=30×4kg+70=190kcal, DER=190×1.2=228kcal이고 일일 사료 급여량은 약 60g입니다. 이렇게 계산된 칼로리를 근거로 사료와 간식의 일일 급여량을 정해주세요. 모자라거나 넘으면 안 됩니다. 로얄캐닌 성묘용 사료 기준으로 고양이 체중별 사료의 양을 계산하면 3kg은 50g, 4kg은 60g, 5kg은 70g, 6kg은 80g, 7kg은 90g 정도의 사료를 하루에 2~3회에 걸쳐 나누어 주면 됩니다(고양이의 활동량에 따라 차이가 있을 수 있습니다).

🐾 로얄캐닌 인도어 어덜트캣

 **윤샘 TIP** 사료와 간식의 포장지에는 kg당 킬로리 혹은 100g당 칼로리가 표시되어 있습니다. 칼로리가 잘 보이도록 네임펜으로 적어두면 좋아요. 계산이 조금 복잡해보여도 한 번만 계산해두면 평생 고양이를 건강하게 지킬 수 있어요.

사료는 하루에
얼마나 줘야
할까?

간식은
하루에 얼마나
줘야 안전할까?

5

물은 어떻게 먹일까

고양이 건강을 지키고 질병을 예방하는 첫걸음은 수분 섭취입니다. 고양이는 체중 1kg당 하루 35~45ml의 물을 마셔야 합니다. 4~5kg 정도의 보통 체중의 고양이라면 적어도 하루 200ml는 섭취해야 하고, 털이 긴 장모종은 그루밍 과정에서 일어나는 수분 손실이 단모종보다 크기 때문에 더 많이 마셔야 해요. 오랫동안 적은 양의 물을 마시면 고양이는 만성탈수에 시달리게 되고 푸석한 피모, 방광결석, 고양이하부요로계질환, 기면 같은 여러 질병에 걸릴 수 있습니다. 그러니 고양이의 습성을 이용하고 보조용품들을 사용해 수분 섭취량을 늘려주세요.

① 습식사료 급여

고양이에게 수분을 공급하는 가장 이상적인 방법은 습식사료입니다. 캔이나 파우치 같은 습식사료는 80~85%의 수분을 함유하고 있어 하루 100g짜리 캔 3개만 먹어도 따로 물을 마실 필요가 없을 정도죠. 대부분의 고양이는 캔 사료를 좋아하니 저녁에 급여하는 것이 좋아요. 새벽부터 집사를 깨우는 일을 줄일 수 있거든요. 출근 직전엔 리키매트 같은 실리콘 패드에 파테 타입의 캔 사료를 발라주어 수분 섭취를 돕는 방법도 좋습니다.

② 식기

고양이의 물그릇은 밥그릇, 화장실과 어느 정도 떨어진 곳에 두어야 합니다. 물그릇과 밥그릇이 함께 붙어 있는 식기는 사용하지 마세요. 사료 알갱이나 화장실 모래, 사료 기름이 떠 있는 물그릇을 좋아하는 고양이는 없습니다. 고양이의 수염이 닿지 않을 정도로 넓고, 유리나 세라믹 재질의 물그릇이 좋아요. 스탠이나 플라스틱은 특유의 냄새와 맛이 물에 배어 고양이가 싫어할 수 있어요.

③ 취향 고려하기

고양이마다 좋아하는 물의 맛과 섭취법이 다양하니 이를 파악해두면 급여에 도움이 됩니다. 흐르는 물을 좋아하면 수도꼭지를 약하게 틀어놓는 방법도 있어요. 비린 맛을 좋아한다면 물그릇에 캔국물이나 츄르를 조금 섞거나 캣닢 가루를 약간 띄워주세요. 캔 사료를 그릇에 줄 때 물을 더 부어 수분량을 늘려줄 수도 있습니다.

또한 의외로 미지근한 물을 좋아하는 고양이도 많습니다. 가끔은 따스한 물을 급여해보는 것도 음수량을 늘리는 데 도움이 됩니다.

큰 물그릇에 장난감 물고기를 풀어놓거나 유아용 장난감 어항 등으로 고양이의 흥미를 유발해 수분 섭취를 유도하기도 합니다. 찬물을 좋아하면 물그릇에 얼음을 넣어줘도 좋아요. 넓은 그릇보다는 머그컵에 담긴 물을 좋아하는 고양이, 수돗물보다 생수를 좋아하는 고양이 등 취향이 다양하답니다.

물을 많이 먹게 하는 6가지 방법

음수량을 늘리는 꿀팁 총정리

윤쌤의 음수량 Q&A

④ 급수기

고양이가 흐르는 물 마시기를 좋아하면 고양이 급수기를 구매하는 방법도 있어요. 급수기는 가능한 소음과 진동이 적고 세라믹이나 유리 재질이 좋습니다. 물때나 곰팡이에 오염된 필터는 물맛을 급격히 떨어뜨리니, 필터가 있으면 정기적으로 갈아주세요. 자주 세척하고 특히 플라스틱 부분은 상처나 흠집이 생기지 않도록 주의해서 닦아주세요.

⑤ 위치

물그릇은 직사광선이 닿지 않는 곳에 적어도 3군데 이상 놓아두세요. 소심하고 구석에 숨기를 좋아하는 고양이라면 구석진 곳, 캣타워 위에도 물그릇을 두어 언제든 쉽게 접근하게 합니다.

⑥ 보조 식품 활용하기

음수량을 늘리기 위해 제품화된 수분보충용 보조 식품을 먹이는 방법도 있습니다. 퓨리나의 하이드라케어가 대표적인 제품인데, 영양과 맛이 가미된 액상형 보조 식품으로 물을 잘 마시지 않는 고양이의 수분 섭취 증가를 주목적으로 합니다. 간식처럼 별도의 그릇에 담아 제공하면 됩니다.

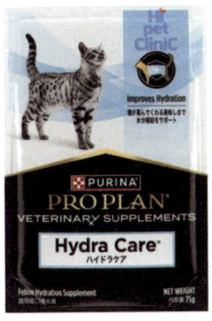

🐾 퓨리나 하이드라케어

🐾 보리차나 옥수수차, 녹차 등은 절대로 주지 마세요. 이런 차 종류는 약하지만 이뇨 작용을 하기 때문에 고양이의 수분 섭취를 오히려 방해합니다.

음수량
측정법

왜 물그릇을
엎어서
마실까?

음수량을
늘려주는
하이드라케어

까다로운 식성 교정하기

① 제한 급식하기 │ 24시간 자율 급식을 하면 고양이는 배고픔을 느끼지 못해 식성이 까다로워지고, 비만 가능성도 커집니다. 하루 2~4회로 나눠 정해진 시간에만 급여하면 식사 시간에 집중하고, 생활 패턴도 안정됩니다.

② 그릇 및 위치 점검하기 │ 수염이 그릇 가장자리에 닿지 않도록 크기와 깊이를 점검하고, 고개를 덜 숙여도 되도록 높이를 조절해주세요. 플라스틱이나 스테인리스 재질은 맛을 변질시키고 위생에도 취약해 식욕을 떨어뜨릴 수 있어요. 밥그릇이 고양이가 생각하는 안전한 장소에 있는지도 점검합니다.

③ 크기, 식감, 온도 확인하기 │ 파테인지 덩어리인지, 사료 알갱이가 너무 큰지 작은지, 혀로 한 번에 집기 힘든 형태인지 확인합니다. 고양이가 좋아하는 체온 정도의 온도인지, 음식이 너무 차거나 뜨겁진 않은지도 살펴보세요.

④ 선택권 주기 │ 고양이에게 먹이에 대한 다양한 선택권을 주고 선호도를 알아보세요. 의외로 닭고기나 연어류의 맛이나 냄새를 싫어하는 고양이도 많답니다.

⑤ 울어도 더 주지 않기 │ 빈 밥그릇 앞에서 울어대면 사료를 더 먹을 수 있다는 걸 아는 고양이도 있습니다. 그럴 때마다 준다면 고양이는 점점 더 구걸에 익숙해지고, 결국 풍족한 먹이로 인해 본능을 잃고 까다로운 식성을 갖게 될지 몰라요.

⑥ 건강 상태 확인하기 │ 식욕 저하는 질병의 신호일 수 있습니다. 원래 식성이 까다로운 아이도 사흘 이상 안 먹으면 지방간 등 생명을 위협하는 질병이 발생할 수 있으므로 병원 검진이 필요합니다.

처방식을 먹지 않는다면?

고양이가 신부전, 췌장염, 당뇨, 방광염, 비만 등 질병을 앓는다면 증상에 맞는 처방식을 반드시 먹여야 합니다. 하지만 익숙하지 않은 맛이나 향 때문에 거부하는 경우가 많습니다. 아래 방법들을 순서대로 시도해보세요.

① 천천히 바꾸기 │ 처방식을 하루이틀 간격으로 25%씩 점점 처방식의 비율을 늘려줍니다. 일주일 정도 매일 처방식과 사료를 나란히 놓아두고 처방식을 조금씩 먹는다면 일반 사료를 치우는 방법도 있습니다.

까다로운 식성 교정하기 사료는 자주 바꿔줘야 할까?

② **나란히 두기** ┃ 처방식과 일반 사료를 나란히 놓아두고 고양이 스스로 선택하게 한 뒤, 처방식을 조금씩 먹기 시작하면 일반 사료를 치워주세요.

③ **데워주기** ┃ 건사료, 습식사료 모두 체온 정도로 데워주세요.

④ **핸드피딩** ┃ 손가락에 묻혀 직접 먹여주거나 한 알씩 손으로 급여하면 신뢰감이 생겨 더 잘 먹습니다.

⑤ **몸에 묻히기** ┃ 습식사료를 입가나 발바닥에 살짝 묻혀 핥게 유도하세요.

⑥ **불려주기** ┃ 건사료는 따뜻한 물이나 고양이가 좋아하는 음식을 삶은 물에 불려 부드럽게 급여하세요.

⑦ **브랜드 바꾸기** ┃ 만약 힐스 제품을 거부한다면 같은 효능의 로얄캐닌 등 다른 브랜드 처방식을 시도해보세요.

⑧ **형태 바꾸기** ┃ 건사료를 거부할 경우 습식 형태로 바꾸어 급여하세요.

⑨ **토핑 활용** ┃ 츄르나 좋아하는 간식을 사료 위에 살짝 얹어 섭취를 유도해보세요.

⑩ **식전 놀이하기** ┃ 식사 전 5~10분간 가볍게 놀아주면 식욕이 살아나기도 합니다.

⑪ **수의사와 상의하기** ┃ 끝까지 거부할 경우 수의사에게 상담하여 유사한 성분의 일반 사료(시니어, 라이트, 로우펫 등)를 찾아봅니다.

다묘 가정에서 처방식 먹이기

여러 마리가 있을 때 1마리만 처방식을 먹이기는 쉽지 않습니다. 1마리만 비만이라 살을 빼야 하거나 1마리만 신부전에 걸려서 처방식을 먹여야 한다면 정말 난장판이 되기도 하지요. 서로 다른 사료를 급여해야 할 때 필요한 몇 가지를 알아볼까요.

① 밥을 먹을 때마다 보호자가 지켜보며 통제한다.
② 방을 나눠서 식사를 급여한다.
③ 한쪽이 접근하지 못하는 장소에 밥을 급여한다.
④ RFID 급식기를 사용한다.

RFID 급식기는 미리 등록한 고양이만 인식해서 사료를 먹을 수 있게 밥그릇을 개봉하는 신개념 급식기입니다. 주로 목걸이 형태의 마이크로칩 펜던트를 목에 걸어주면 인식된 아이에게만 밥그릇 입구를 열어주는 방식이라 마이크로칩이 없는 고양이는 식기에 접근할 수 없어요. 처방식의 종류에 따라, 아프지 않은 고양이가 먹어도 영양상 문제가 없다면 함께 급여하는 방법도 있습니다.

🐾 **RFID 급식기**

잘 먹던 사료를
왜 갑자기
안 먹을까?

처방식을
먹지
않는다면

고양이가 좋아하는 사람 음식

질병이나 노환으로 식욕이 떨어진 고양이는 회복이 쉽지 않습니다. 이럴 땐 사람 음식 중 고양이의 입맛을 돋워줄 수 있는 음식을 보조 수단으로 활용할 수 있어요. 단, 어디까지나 간식 개념으로, 하루 필요 칼로리의 10% 이내만 급여해야 합니다.

네슬레 거버 이유식 치킨맛
사람의 영유아식은 질병으로 식욕을 잃은 고양이에게 효과적인 치트키입니다. 싫어하는 고양이가 드물지요.

크래프트 나비스코 이지치즈
뿌려 먹는 치즈로 고양이들은 주로 노란 뚜껑 맛을 선호합니다. 토핑처럼 약간 뿌려주거나 약 먹일 때 보조 용도로 사용하면 좋아요.

커크랜드 휩트 라이트 스프레이 휘핑크림
역시 토핑용으로 조금 뿌려주거나 맛보기 정도로 주세요. 약 먹일 때 보조용으로 사용할 수 있습니다.

록키마운틴 마시멜로
의외로 고양이가 좋아하는 음식이에요. 그냥 줘도 좋지만 알약을 속에 넣고 손으로 꾹 눌러서 작게 만들어 투약용으로도 사용할 수 있습니다.

코티지 치즈(저염 저지방 치즈)
칼슘, 인, 비타민, 단백질이 풍부하고 고양이에게 소화 흡수상의 문제를 거의 일으키지 않습니다.

멸치 파우더
토핑용 간식입니다. 믹서기에 곱게 갈아서 필요한 음식에 조금 뿌려주세요. 타우린과 칼슘을 보충해줍니다.

식빵(태우지 않은 갓 구운 식빵 1/4쪽)
갓 구운 식빵의 식감을 좋아하는 고양이가 많습니다. 토스터기로 굽거나 버터 발라 팬에 구운 식빵도 좋아해요.

스파게티
고양이가 스파게티면을 아주 좋아한다는 사실을 아시나요? 고깃국물에 삶아줘도 좋아하고 버터나 올리브유를 두르고 삶은 면을 살짝 볶아줘도 잘 먹는답니다.

고양이와 같이 먹을 수 있는 간단 집밥 만들기

간단한 수제 간식 만들기

고양이가 좋아하는 사람 음식

절대 먹이면 안 되는 음식

김

구운 김이나 마른 멸치, 가다랑어 포는 고양이가 아주 좋아하는 식재 료이지만 미네랄이 너무 과합니다. 특히 조미김은 염분까지 많아서 신 장에 무리를 주고 방광결석, 비뇨 기계질환을 앓았던 수컷 고양이에 게는 고양이하부요로계질환을 유 발할 수 있어요.

파

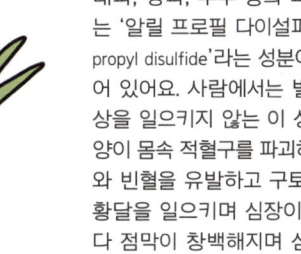

대파, 양파, 부추 등의 파 종류에 는 '알릴 프로필 다이설파이드allyl propyl disulfide'라는 성분이 함유되 어 있어요. 사람에서는 별다른 이 상을 일으키지 않는 이 성분은 고 양이 몸속 적혈구를 파괴하여 혈뇨 와 빈혈을 유발하고 구토와 설사, 황달을 일으키며 심장이 빨리 뛰 다 점막이 창백해지며 심하면 죽 을 수도 있습니다.

생간

지속적으로 먹이면 칼슘 부족으로 보행장애가 생기거나 비타민A 과 잉으로 뼈 발육에 이상이 옵니다.

오징어, 문어, 새우, 게, 조개류

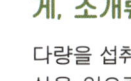

다량을 섭취하면 구토와 마비 증 상을 일으킬 수 있어요. 비타민 B1을 분해하기 때문에 체내에 B1이 부족해져 신경증상을 보이며 구토, 경련, 식욕부진, 후지마비가 발생합니다. 특히 날것은 더욱 주 의해야 합니다.

건어물

염분이 많아서 심장이나 신장에 무 리를 줍니다. 부득이한 경우라면 끓는 물에 충분히 데쳐 염분을 완 전히 제거하고 소량만 주세요.

날달걀

익히면 괜찮지만 날것을 오래 많 이 먹으면 피부염, 결막염, 성장불 량을 일으킬 수 있으며 췌장염의 원인이 되기도 합니다.

시금치
고양이방광결석을 유발할 수 있습니다.

 ### 포도
원인은 알 수 없으나 소량으로도 신부전을 유발합니다.

 ### 초콜릿
고양이에게 독이 될 수 있는 테오브로민이라는 알칼로이드계의 각성물질이 있어요. 카페인, 모르핀, 코카인, 니코틴 등에 많이 함유된 물질로, 중독과 흥분을 유발하는 위험한 화합물입니다. 고양이가 섭취하면 구토와 설사, 심한 위궤양을 일으키며 나아가 중추신경계와 심장을 자극해 심장마비나 호흡곤란으로 사망에 이를 수 있습니다.

 ### 날생선
송어, 대구, 청어, 광어, 잉어 등의 날생선 역시 비타민B1을 분해하여 마비를 일으킵니다. 꼭 주고 싶다면 익혀서 주세요.

 ### 우유
유당분해 효소가 적은 고양이는 우유를 조금만 먹어도 복통과 설사를 할 수 있습니다. 우유는 고양이에게 적합한 음식이 아니에요. 필요하다면 유장을 제거한 고양이용 락토프리 우유를 주세요.

 ### 아보카도
아보카도에 들어 있는 퍼신이라는 성분이 고양이에게 구토와 설사를 유발합니다.

  ### 알코올
2티스푼 정도의 위스키는 고양이의 간을 완전히 망가뜨려 혼수상태에 빠뜨릴 수 있어요. 고양이는 알코올 분해 효소가 전혀 없기 때문에 극소량이라도 섭취하면 급성알코올중독으로 죽을 수 있습니다. 장난으로라도 고양이에게 술을 먹이면 절대 안 됩니다.

 ### 뼈
익히든 아니든 뼈는 장난감으로라도 주면 안 됩니다. 먹어도 문제지만 씹으며 놀다가 이빨이 영구적으로 손상될 수 있습니다. 고양이의 이빨보다 단단한 것을 씹게 하지 마세요.

사람용 해열진통제

타이레놀, 이부프로펜, 아스피린 모두 위험합니다. 손쓸 틈도 없이 고양이를 죽일 만큼 치명적이라는 사실을 명심하세요.

사람용 참치캔

과한 염분도 문제지만 지나치게 많은 불포화지방산이 고양이 몸에서 비타민E를 파괴하여 문제를 일으킬 수 있습니다.

사람용 영양제

영양 성분의 비율뿐 아니라 양파나 파, 마늘 등 고양이가 먹으면 안 되는 식재료들이 원료로 추출된 경우가 많으니 절대 주지 마세요.

건과일류

건포도, 말린 무화과나 망고, 파파야 등 가공된 과일은 고양이에게 해로워요.

집 안의 식물들

백합은 냄새만 맡아도 신부전을 유발하고 호흡곤란, 전신마비를 일으키는 맹독으로 작용합니다. 아이비는 구토와 설사, 복통, 염증을 유발하고 입을 붓게 하지요. 크리스마스 장식으로 많이 사용하는 포인세티아와 시클라멘 역시 구토, 설사, 피부염을 유발하는 식물입니다.

날고기

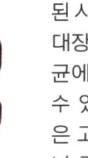

냉장고기를 날로 주면 상온에 노출된 시간에 따라 폭발적으로 불어난 대장균과 리스테리아균, 살모넬라균에 의해 심각한 식중독에 걸릴 수 있어요. 이러한 식중독 원인균은 고양이에게도 문제이지만 도마나 칼을 통해 사람에게도 심각한 위협이 됩니다.

윤쌤 TIP 반려동물에게 생식은 위생상, 공중보건상 안전하지 않아서 공식적으로 권장하지 않아요. 우선 기생충이나 박테리아에 노출될 위험이 큽니다. 날고기는 의외로 많은 기생충에 오염되어 있으며 날씨가 더우면 그 수는 폭발적으로 늘어나지요. 혹시라도 고양이에게 생식을 시킨다면 더운 여름철은 피하세요. 생식은 영양균형을 맞추기도 쉽지 않습니다. 익힌 고기나 탄수화물은 소화가 잘되는 편이지만 익히지 않은 단백질과 탄수화물은 소화율이 매우 낮아요. 생식을 급여해야 한다면 '위생 관리'와 '영양균형'에 유의하세요.

먹여도 되는 과일, 안 되는 과일

먹으면 위험한 음식

위험한 식물

고양이가 먹을 수 있는 과일

고양이는 굳이 과일류의 탄수화물을 먹지 않아도 되지만, 야생 상태에서는 여러 이유로 약간의 섬유질과 탄수화물을 섭취하기도 해요. 간식이나 수분 보충을 위해 먹어도 되는 과일을 알아봅시다.

 **① 수박**
하루 1스푼

 ② 딸기
꼭지 부분을
제거하고 하루 1개

 **③ 멜론**
씨앗을 제거한
작은 1조각

 ④ 복숭아
껍질과 씨앗을
제거한 과육 부분만

 ⑤ 배
잘게 잘라 소량만

 ⑥ 감
씨앗 제거하고 잘게 잘라
소량만. 이뇨 작용이 있어
수분 보충용으로는
적당하지 않음

생식은
정말
좋을까? 영양학
라이브
방송

윤샘의
고양이 상담소
088

9

고양이 영양제

건강한 고양이라면 사료만으로도 충분한 영양을 섭취할 수 있어요. 모든 영양소는 과하면 독이 되기 쉬우니 아무리 좋은 성분이라도 고양이의 체중에 맞게, 적절한 용량으로만 복용시켜야 합니다. 최근 백내장, 피부병, 관절, 눈물 등 관련 영양제 광고가 많지만 대부분 과장된 내용이라 권장하지 않아요. 다만 피부염, 관절염, 염증성질환 완화에 약간의 도움이 될 수 있는 몇 가지 성분은 있습니다.

오메가3

필수지방산의 일종으로 좋은 사료에는 이미 포함되어 있지만, 보충해도 무방한 영양제예요. 피모 개선, 노화 방지, 관절염 항염작용, 치매 예방, 심혈관 기능 개선에 효과가 있다고 알려져 있습니다. 고양이 1일 권장량은 명확하지 않지만 사람의 600~1000mg보다는 적어야 하며, 과하면 구토, 설사, 복통 등을 유발할 수 있어요. 고양이는 오메가3 지방산 가운데 EPA와 DHA만 이용할 수 있기 때문에, 영양제를 선택할 때 이 두 성분의 함량을 확인하는 것이 중요합니다.

항산화제

유일하게 강하게 권장하는 영양소예요. 10세 이상 노령묘라면 꼭 먹여주세요. 활성산소를 줄여 세포와 DNA 손상을 막고, 암이나 노화를 예방합니다. 코엔자임Q10, 비타민A, C, E, 카르니틴, 타우린 등이 이에 해당하며, 주로 과일이나 색이 화려한 채소, 소위 '슈퍼푸드'에 풍부하지만, 육식동물인 고양이가 자주 먹기는 힘드니 '액티베이트캣' 같은 제품으로 보충하는 것을 추천합니다. 동물병원이나 인터넷에서 구입할 수 있습니다.

중쇄지방산(Mct오일)

코코넛오일 등에 풍부하며, 소화력이 떨어지는 노령묘에게 에너지원으로 유익하고 치매 진행을 늦출 수 있어요. 하지만 고양이 입맛에 맞지 않아 기호성이 떨어질 수 있어요. 처음엔 좋아하는 간식에 한 방울씩 섞어 적응시키고, 잘 먹는다면 1일 권장량인 1/4티스푼까지 서서히 늘려주세요.

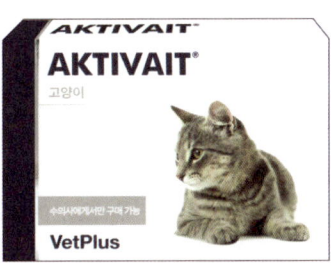

🐾 벳플러스 액티베이트캣

영양제 많이 먹어도 안전할까?

필수 영양제 3가지

영양제 과대 광고

유산균 팩트 체크

유산균이 장에 정착해서 오래 살아간다?
➜ **거짓**

유산균은 균주의 종류와 상관없이 2주 이내에 모두 죽거나 대변으로 배출됩니다. 즉 정착할 수 없어요. 유산균은 장내에서 살아가는 정상 세균총이 아닙니다. 몇 시간 혹은 길어야 2주 남짓 동안 장내 유익균의 수를 증대시키고 유해균을 억제하다가 죽어서 유익균의 먹이가 되거나 배출되지요.

그럼 굳이 먹일 필요가 있을지 궁금하실 텐데요. 필요한 경우가 있습니다. 장의 상태가 안 좋거나 장내 정상 세균총의 수가 적고 유해균의 수가 많으며 이들의 균형이 무너져 결과적으로 장이 건강하지 못한 상태라면 유산균이 조금은 도움이 될 수 있어요.

건강한 고양이에게도 무조건 좋다?
➜ **거짓**

건강한 장을 가진 고양이에게는 별 효과가 없을 가능성이 큽니다. 이미 충분한 수의 유익균이 존재하고 이들이 조화롭게 장내 세균의 생태계를 이루고 있으므로 여기에 유산균을 넣어봐야 별다른 이로운 효과를 발휘하기 힘듭니다. 오히려 균형이 깨져 설사나 변비 같은 역효과만 나타날 수 있어요.

설사하면 적응 현상이니 계속 먹이면 된다?
➜ **거짓**

굳이 장내 세균들의 균형을 깨면서까지 유산균을 계속 먹일 이유가 없어요. 유산균을 먹였는데 설사를 하면 즉시 복용을 중단하거나 다른 유산균을 찾아보세요.

항생제 복용 후 설사에 유산균이 도움이 될까?
➜ **반드시 그렇지는 않음**

항생제 사용은 장내 유익균에게도 유해균에게도 폭탄을 떨어뜨리는 것과 같습니다. 당연히 체내 균형이 깨지고 충분히 튼튼한 세균총을 갖지 못했다면 설사할 수 있지요. 이때 유산균을 먹으면 이론적으로는 도움이 되어야겠지만, 반대의 결과도 많이 나타나고 오히려 역효과가 생긴다는 논문도 많습니다. 장이 건강한 고양이라면 시간이 좀 걸릴 뿐, 장내세균들이 스스로 증식하며 다시 조화롭게 균형을 이룰 거예요.

냉장 유통 유산균이 더 좋다?
➜ **거짓**

아주 특수한 몇몇 유산균주를 제외하고 대부분의 상품화된 유산균은 냉장유통이나 콜드체인이 필요 없어요. 냉장 유통이 필요할 정도로 예민한 유산균이라면 조금만 환경이 변해도 생존율이 떨어지는 약한 균주이기 때문에 먹어봐야 효과가 없을 가능성이 큽니다.

유산균
정말 효과가
있을까?

유산균
어떤 걸
먹여야 할까?

미국 전문의가
추천하는 영양제,
유산균

식후에 먹어야 좋다?
➜ 거짓
근래의 연구결과들은 유산균은 식전 공복 상태에 먹어야 더 많은 장내 생존율을 보인다고 합니다. 예전에는 유산균은 위산에 약하니 음식으로 위산이 중화된 식후에 먹으라고 했지만, 실상 많은 유산균이 산에는 강하나 장으로 넘어가 강알칼리의 담즙산을 만나면서 대부분 파괴되지요. 즉 음식을 먹은 후엔 담즙 분비가 많아져서 장에서 유산균이 더 많이 죽어버립니다.

보장균 수가 많을수록 좋다?
➜ 반드시 그럴지는 않음
이왕이면 많은 게 낫지만 어느 정도 살아서 도착하는지, 어떤 유산균이 내 고양이의 장내 정상 세균들과 상성이 좋은지, 고양이 장에 우위를 점하는 유해균을 얼마나 효과적으로 제어하는지가 더 중요해요.

내 고양이에게 맞는 유산균은 먹여보면 알 수 있다?
➜ 대체로 맞음
먹이면서 브리스톨 스케일bristol stool scale(210쪽 참고)을 확인하는 방법이 제일 좋으면서 유일합니다. 유산균이 도움이 된다면 정장작용을 하여 장의 상태가 개선되고 그 결과 변이 좋아집니다. 설사도 변비도 없는 브리스톨 스케일상 3~4단계 정도 되는 건강한 대변을 보게 되지요. 이것저것 먹여보며 내 고양이에게 잘 맞는 유산균을 찾아보세요.

프리바이오틱스를 함께 먹이면 효과가 더 좋다?
➜ 반드시 그럴지는 않음
프리바이오틱스는 장내 유익균에 도움이 되는 식이섬유나 올리고당 등을 총칭합니다. 이론상으로는 같이 먹어도 좋지만 실상 프리바이오틱스의 양은 미미한 정도에 불과합니다. 오히려 질 좋은 사료를 먹이는 편이 프리바이오틱스를 보충하는 데 더 도움이 될 거예요. 좋은 사료에는 이런 성분이 풍부하게 들어있으니까요.

포스트바이오틱스는 살아 있는 유산균보다 더 효과적이다?
➜ 반드시 그럴지는 않음
살아 있지 않고 죽은 유산균과 그 대사산물들을 모아서 상품화한 것이 포스트바이오틱스입니다. 청국장이나 된장, 묵은지 등에 많이 있는, 죽은 유산균이라고 생각하면 이해하기 쉬워요. 유산균 자체도 대체로 안전하고 부작용이 적지만 포스트바이오틱스는 살아 있는 균주가 아니어서 더욱 안전하고 보관이 간편하며 부작용 자체가 거의 없지요. 그러나 건강한 고양이에게는 역시 별다른 효과는 없습니다.

유산균의 끝판왕을 소개합니다   면역력 강화의 비밀

10

사료 고르는 법

건사료 | 흔히 볼 수 있는 알갱이 형태의 사료입니다. 섬유질이 많고 영양균형이 좋아요. 단단한 사료를 오독오독 씹어야 하니 고양이 턱 근육 발달과 치아 건강에도 좋습니다. 개봉 후 보존성이 좋아 장기 보관이 용이하며 대용량이어서 경제적이지요. 이렇게 장점이 많은 건사료의 단점은 수분 부족이 생길 수 있고, 탄수화물 함량이 상대적으로 높다는 것입니다. 그러니 건사료를 먹일 때는 꼭 충분한 물을 같이 주세요.

동결건조 사료 | 얼린 음식을 진공상태로 기압을 낮추어 음식물의 구조적인 손상을 줄이고 수분만 날려 건조한 사료입니다. 맛과 향의 변화나 식재료의 구조적 변화가 없고 미생물의 번식을 효과적으로 억제할 수 있어요. 하지만 가격이 비싸고 영양균형을 맞추기 어렵다는 단점이 있어요. 난립하는 수많은 회사 중에서 신뢰할 수 있는 원재료를 사용하는 회사를 골라야 합니다.

습식사료 | 습식사료는 고단백, 고지방 식품으로 캔이나 파우치에 밀폐되어 보존 상태가 좋아요. 성분의 80% 이상이 수분이어서 수분을 충분히 섭취할 수 있다는 장점이 있습니다. 나머지는 대부분 단백질과 지방이며 탄수화물 함량은 10% 미만입니다. 촉촉하고 부드러운 질감에 향이 뛰어나 고양이들이 좋아하지요. 칼로리의 비율은 대략 건사료=습식사료×4입니다. 하루 80g 정도의 건사료를 먹는 고양이가 건강을 목적으로 평소 먹던 사료의 절반을 습식으로 바꾼다면 건사료 40g에 더해 습식사료는 160g(40g×4)을 급여합니다. 최대한 사료 옆에 깨끗한 물을 두어 함께 먹도록 신경 써주세요. 습식사료를 먹는 고양이는 건사료를 먹는 고양이보다 물을 적게 마시는 편이에요. 습식사료는 수분함량이 높은 편이라 따로 안 챙겨도 된다고 생각할 수 있지만, 사료와 관계없이 늘 깨끗한 물을 공급해주어야 고양이 건강에 좋아요.

🐾 **사료는 자주 바꿔줘야 할까?**
꼭 그럴 필요는 없습니다. 성장기(6개월령 이하)에는 다양한 식감을 경험하는 것이 도움이 되지만, 성묘가 되면 익숙하고 안전하다고 느낀 사료를 오래 먹는 편입니다. 영양 균형이 잘 맞는 사료라면 장기간 급여해도 괜찮으며, 단백질 공급원이 단순할수록 알레르기 관리에도 유리합니다.

🐾 **사료를 섞어 먹이면 어떨까?**
권장하지 않습니다. 고양이는 사료 알갱이를 하나씩 구분해 먹기 때문에 여러 사료를 섞으면 식감과 향이 달라져 혼란을 느낄 수 있습니다. 2가지 사료를 급여해야 한다면 섞지 말고 각각 따로 담아 주세요.

건사료
vs
습식사료

동결건조
사료의
장단점

사료를 자주
바꿔주는 것이
좋을까?

고단백
사료가
정말 좋을까?

그레인프리
사료가 정말
좋을까?

사료 선택의 기준

① 기호성 │ 특정 식품을 선호하는 정도를 뜻합니다. 아무리 좋은 사료라도 고양이가 먹지 않으면 소용없지요. 따라서 가장 중요한 요소입니다.

② 영양균형 │ 고양이에게 꼭 필요한 양질의 단백질, 필수아미노산, 필수지방산이 충분히 포함되어야 해요. 단백질이 많다고 항상 좋은 건 아닙니다. 성장기 고양이에겐 고단백 사료가 좋지만, 성묘나 노령묘에게는 AAFCO 기준 26% 정도면 충분합니다. 영양학자들은 45% 이상의 단백질은 귀나지 않고, 노령묘에겐 40% 이하를 권합니다. 실내 고양이에게 장기간 고단백 사료를 먹이면 간과 신장에 무리가 갈 수 있어요.

③ 흡수율 │ 사료가 지닌 영양소가 잘 흡수되는지를 의미합니다. 소화흡수율은 대변 상태로 확인할 수 있어요. 무르지 않으며 적당한 경도의 작은 대변은 먹은 사료를 대부분 잘 소화하고 충분한 양의 영양성분을 흡수했으며 장내 유익균에게 도움이 되고 장을 청소하기 위한 섬유질이 잘 배출되었음을 나타냅니다. 특히 단백질은 원료와 가공방법에 따라 흡수율에서 많은 차이를 보입니다.

④ 원료의 안정성 │ 당연히 안전한 양질의 원료를 사용하여 만든 사료가 좋습니다.

유기농 organic
원료의 질보다 생산 방식의 차이입니다. 전부 유기농으로 만든 사료는 드물고, 사료 선택 시 크게 비중을 두지 않아도 괜찮아요.

그레인프리 grain free
탄수화물이 없는 게 아니라 곡물 유래 글루텐이 없는 것입니다. 고양이는 글루텐 알레르기가 거의 없으므로 사료 선택 시 중요하게 고려할 필요는 없어요.

non-GMO (유전자 변형동,식물 미포함)
유전자 변형 작물이 해롭다는 명확한 증거는 없어요. 대부분 마케팅용 문구에 불과합니다.

채소 및 과일 함유
고양이에게는 의미 없습니다. 필요한 양질의 섬유질은 이미 대부분의 사료에 충분해요. 육식동물인 고양이에게 비건 사료는 학대에 가깝습니다.

⑤ 브랜드의 신뢰성
가장 중요하게 고려해야 할 사항입니다. 브랜드야말로 얼마나 안정성이 검증되었고, 얼마나 오랫동안 문제없이 판매했으며 사료를 만드는 철학을 알려주는 바로미터이기 때문이지요. 로얄캐닌, 힐스, 내추럴초이스, 내추럴발란스, 퓨리나 등의 대형 브랜드는 안정적입니다.

안전한 사료 고르는 법

복잡한 사료성분 확인하는 방법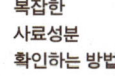

좋은 사료 고르는 요령

집사 중급반

"냐옹냐옹"
고양이 말이
들린다면

울음, 몸짓, 표정, 꼬리까지
고양이가 보내는 신호 이해하기

더 친해지는 법

스킨십 요령

고양이와 친해지려면 스킨십 요령을 잘 알아야 합니다. 스킨십의 핵심은 '밀당'입니다. 고양이를 너무 귀찮게 해도, 기다리기만 해도 안 돼요. 편안한 상태에서 시작하고, 거부 의사를 보이면 즉시 멈추세요. 종종 쓰다듬다 물리는 이유는 멈출 타이밍을 놓쳤기 때문이에요. 골골송을 멈추거나, 고개를 들어 쳐다보거나, 약간이라도 자세를 바꾸거나, 꼬리를 흔들기 시작하거나, 갑자기 숨을 멈춘다면 바로 중단하세요.

1단계 다가올 때까지 기다린다

고양이가 스스로 다가올 때까지 느긋하게 기다려 주세요. 아무 일도 없는 듯 행동하면 고양이가 호기심을 갖고 접근해요. 숨어 있다면 먹이나 장난감으로 유도해도 좋아요. 몸을 부비거나 눈을 맞추면 그때 스킨십이나 놀이를 시도하세요.

2단계 재미있는 놀이로 관심을 끈다

하루 종일 혼자 심심했을 고양이의 사냥 본능을 자극하여 놀아주면 경계심이 매우 빨리 사라집니다. 놀이에 관심을 보이지 않는다면, 아직 경계심이 남아 있기 때문이에요. 사람과 약간의 거리를 두고 놀 수 있는 긴 낚싯대 장난감이나 좋아하는 재질의 장난감을 사용해보세요. 단순히 흔드는 게 아니라 진짜 사냥감처럼 움직여야 해요. 사람의 존재를 잊을 정도로 몰입할 수 있게 해주세요. 잘 놀아주면 고양이가 먼저 장난감을 물고 오기도 합니다.

3단계 신뢰를 바탕으로 스킨십을 시도한다

고양이가 마음을 열었다면 스킨십을 시도할 수 있어요. 쓰다듬는 행위는 어미 고양이의 핥기와 비슷한 안정감을 주기 때문에 좋아합니다. 하지만 귀찮아하는 신호가 있으면 즉시 멈춰야 해요. 처음엔 뺨, 턱 밑, 머리 뒤부터 시작하고 아주 부드럽게 만지세요. 긴장을 풀고 느긋이 누워 있을 때, 놀아달라고 다가왔을 때, 꼬리를 세우고 있을 때, 뒹굴거리며 몸을 비비고 있을 때가 좋은 기회입니다. 밥 먹고 있을 때, 그루밍할 때, 집중해서 놀 때는 건드리면 매우 싫어하지요. 일반적으로 고양이는 시끄러운 사람보다는 조용한 사람을, 어린이보다는 어른을, 남성보다는 여성을 더 좋아한다는 점도 알아두면 도움이 될 거예요.

고양이가 나를 더 좋아하게 만드는 방법

좋은 관계를 만들고 유지하는 5가지 방법

스킨십 요령

친해지는 요령

소심한 고양이와 친해지기

왜 어떤 사람은 좋아하고, 어떤 사람은 싫어할까?

고양이가 좋아하는 스킨십 부위

턱 | 손끝으로 턱 아래를 살살 긁어주면 좋아해요. 턱밑샘이 있어 간지러울 땐 스스로 벽에 비비기도 하죠. 턱 밑을 가볍게 긁다가 목 주변까지 가볍게 만져보세요. 가만히 눈을 감고 손길을 즐기는 것 같으면 귀밑까지 살며시 긁어주세요.

목 | 역시 스스로 그루밍하기 힘든 부분이라 때로는 뒷발로 긁으며 그루밍을 시도합니다. 목을 천천히 쓰다듬다가 거부하지 않으면 손끝으로 살짝 힘 있게 긁어줘도 좋아해요.

얼굴 | 한 손으로 목을 살짝 잡고 턱을 받친 후 이마의 결을 따라 손가락으로 천천히 쓰다듬어주세요. 거부하지 않고 가만히 눈을 감으면 검지 옆면으로 입가에서부터 뺨을 천천히 쓸어줍니다. 알로그루밍할 때 주로 핥아주는, 고양이들이 선호하는 부위입니다. 스스로 그루밍하기 어려운 부위를 만져주면 크게 거부하지 않아요. 검지로 뺨을 만지도록 허용하면 과감하게 양 손가락 끝으로 양쪽 뺨을 쓱쓱 긁어줍니다.

귀 | 엄지와 검지로 귀를 잡고 부드럽게 문질러주세요. 정수리에서 귀가 시작되는 부분을 조물조물 만져주면 고양이가 시원해하며 스트레스 해소에도 좋다고 해요. 사람의 관자놀이 지압과 비슷한 효과라고 합니다.

어깨 | 앞다리의 어깻죽지 근육을 엄지와 검지로 빙글빙글 돌리듯이 만져주세요. 사람의 뭉친 근육 풀어주는 것처럼 시원해합니다.

등 | 털의 결과 골격을 따라서 등을 한 번에 길게 훑으며 쓰다듬어주세요. 천천히, 부드럽게 만져주는 것이 중요해요. 손가락을 살짝 세워서 골격을 따라 마사지해주면 좋아할 거예요.

앞발 | 이 부위는 만지면 싫어하는 고양이도 많아 호불호가 있는 편이에요. 만약 거부하지 않으면 지압하듯 엄지와 검지로 앞발을 꾹꾹 눌러주세요. 말랑말랑한 젤리도 마음껏 만질 수 있으며 익숙해지면 발톱 깎기도 훨씬 쉬워집니다.

▨ 초록색: 만져도 되는 부위
▨ 파란색: 만지면 안 되는 부위

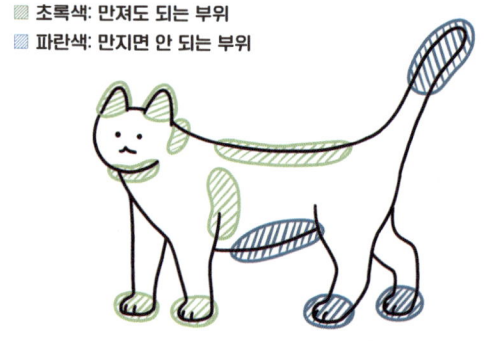

> 🐾 고양이와 이 정도의 스킨십을 할 수 있다면, 완전한 신뢰 관계로 가족을 형성하고 잘 지낸다고 볼 수 있어요. 하지만 고양이가 스킨십을 허용하지 않는다고 너무 실망할 필요는 없습니다. 개체별로 차이가 있거든요. 사람과 마찬가지로 신뢰나 애정도와 상관없이 자신을 만지는 걸 싫어하고 거부하는 고양이도 많습니다.

좋아하는 스킨십

매일 해주는 5분 마사지

마사지 요령

사냥 놀이 요령

가벼운 스킨십에 성공했다면 고양이가 어느 정도 경계심을 버리고 친근감을 느꼈다는 것입니다. 이제 집사와의 유대감을 높여주는 사냥 놀이를 살펴볼까요.

어린 고양이

입양 초기의 어린 고양이라도 움직이는 장난감에는 열렬히 반응합니다. 호기심이 많은 만큼 사냥 놀이를 통해 친해지기 수월하고, 이 놀이 반응을 성묘가 될 때까지 잘 유지하는 것이 중요해요. "사냥 놀이를 하면 고양이가 사나워진다"라는 말은 근거 없는 오해예요. 사냥 놀이를 자주 하면 오히려 정신적 문제가 생길 확률이 낮아집니다. 사냥 놀이를 통해 충분히 에너지를 발산한 고양이는 더 건강하고 안정된 성격으로 자랍니다.

처음에는 멀리서 낚싯대를 살살 흔들며 고양이의 호기심을 유도하세요. 다가가지 말고 하루에 4~5회, 15분씩 꾸준히 놀아주는 것이 좋아요. 고양이가 어떤 유형의 사냥 방식을 좋아하는지도 잘 관찰해야 합니다. 바닥에서 움직이는 쥐 같은 작은 동물을 잡는 사냥을 선호하는 스타일이 있고, 높이 점프하며 새를 사냥하듯 위아래로 움직이는 장난감에 반응하는 스타일도 있어요. 좋아하는 행동과 놀이 방식에 따라 다양한 장난감으로 질리지 않도록 놀아주면 신뢰는 금방 구축되며 좋은 관계를 오랫동안 유지할 수 있답니다.

소심한 고양이

놀이 반응이 적거나 겁이 많은 고양이는 사냥 자체에 큰 흥미를 느끼지 못할 수 있어요. 겁이 많아서, 사냥감을 못 잡을 것 같아서, 혹은 사냥물이 별로 매력적이지 않아서 반응이 적은 경우도 있죠.

이럴 땐 잡기 쉬운 사냥감부터 시작해야 해요. 고양이가 엎드려서 앞발만 까딱해도 잡을 수 있는 짧은 꿩 깃털이나 모피 가죽 등의 털이 달린 오뎅 꼬치 같은 도구가 좋아요. 소심한 고양이는 격렬하게 뛰어다니기보단 집중해서 사냥물을 관찰하다 한순간 앞발로 잡는 행위를 좋아하고 쾌감을 느낍니다. 사냥감을 위로 흔드는 대신 바닥에서 좌우로 흔들어주세요. 사냥 놀이는 단순한 신체 운동이 아니라 정신적인 만족감과 성취감을 주는 교감놀이라는 점을 기억하세요.

놀아주는
방법
part 1

놀아주는
방법
part 2

성의껏
놀아줘야
하는 이유

사냥 놀이의 8가지 원칙

고양이에게 사냥 놀이는 실내 생활에서 부족한 운동량을 채울 뿐 아니라 본능을 충족하며 최상위 포식자로서의 자신감과 독립성을 유지하는 중요한 일과입니다. 보호자와의 유대감 형성에도 큰 도움이 되며, 아래 원칙을 잘 지키면 효과가 훨씬 커져요.

① 손으로 놀아주지 않는다

아무리 고양이가 손을 좋아해도 손은 장난감이 아닙니다. 고양이가 손을 사냥감으로 인식하면 심각한 물림 사고로 이어질 수 있어요. 놀이는 반드시 장난감을 통해 이루어져야 합니다.

② 하루 15분씩 4회를 원칙으로 한다

고양이는 체력에 따라 반응이 다르지만, 시간은 동일하게 15분으로 정해두세요. 다만 노령묘나 뚱냥이는 천천히, 활발한 고양이는 격렬하게 15분을 채워주세요. 이 수치는 야생 고양이의 사냥 시간과 횟수에 기반한 것으로, 하루 15분씩 4회가 이상적입니다.

③ 되도록 식사 전에 한다

고양이는 배고플 때만 사냥하는 동물이기에 공복 상태일 때 더 사냥 놀이에 몰두하고 집중합니다. 배가 부르면 사냥의 필요성을 못 느끼니 자연히 놀이에 크게 흥미를 보이지 않지요. 사냥 놀이는 가능한 식전에, 고양이가 배고플 때 해주세요.

④ 놀이 후 반드시 보상한다

사냥 놀이의 끝은 사냥에 성공과 동시에 사냥물을 먹는 것입니다. 이는 자연계의 당연한 원칙이지요. 이 원칙이 지켜지지 않으면 고양이는 사냥 놀이의 끝에 보상이 없다는 점을 깨닫고 점점 놀이에 흥미를 잃습니다. 사냥이 끝나면 사료나 캔, 작은 간식이나 츄르라도 주세요. 그래야 고양이는 시간이 갈수록 사냥에 더욱 몰두할 거예요.

⑤ 사용한 장난감은 숨겨둔다

장난감은 항상 새롭고 신선해야 효과가 있어요. 고양이가 쉽게 접근하지 못하도록 놀이 후 보관하고, 다양한 장난감을 요일별로 번갈아 사용해 흥미를 유지해주세요.

⑥ 안전에 유의한다

사냥 놀이는 격렬하게 움직이는 놀이이기 때문에, 주변을 정리해 사고를 방지해야 해요. 미끄럼 방지 매트를 깔고, TV나 화분 등 넘어질 물건은 치워두세요.

⑦ 환경을 약간 어둡게 조성한다

고양이는 주로 초저녁에 사냥하는 동물입니다. 주변이 어둑어둑해질 때가 사냥 성공률이 매우 높거든요. 주변을 약간 어둡게 해주면 고양이는 사냥 놀이에 더욱 몰입하며 매우 활기차게 사냥물을 쫓아다닐 거예요. 낮엔 커튼을 치고, 밤엔 조명을 조금 낮춰 분위기를 만들어주세요.

⑧ 사냥물의 움직임을 흉내 낸다

사냥물처럼 움직여야 몰입도가 높아집니다. 날벌레나 새, 쥐처럼 작은 동물의 움직임을 흉내 내며 살살 움직여보세요. 고양이가 흥미를 느끼고 쳐다보면 도망가듯 고양이 반대 방향으로 조금씩 거리를 벌려가다가, 마침내 쫓기 시작하면 열심히 도망가세요. 고양이가 마침내 사냥에 성공하면 잠시 반항한 후 천천히 움직임을 늦추어 사냥에 성공했음을 알려주세요. 잠시 성공을 만끽하게 하고 다시 사냥 놀이를 시작합니다. 이런 기승전결을 구성해서 놀아주면 고양이는 당연히 더욱 몰입할 거예요.

사냥
놀이의
규칙

사냥 놀이
제대로
하는 법

혼자 있을 고양이를 위해서

혼자 놀이 장난감

고양이의 혼자 놀이는 보호자와 상호작용하는 놀이를 완전히 대체할 수는 없지만, 외로움을 줄이고 환경에서 얻는 즐거움을 늘릴 수 있어요. 단, 혼자 놀다 사고로 이어질 수 있는 위험한 장난감은 피해야 해요.

기본 형태의 장난감

공, 쥐 모형, 깃털, 봉제 인형 등 천으로 만든 장난감이 인기가 많아요. 특히 깃털이나 공작털, 작은 모피 조각이 좋고, 고양이가 삼킬 수 없도록 쉽게 끊어지거나 망가지지 않고 삼킬 수 없는 크기로 고르세요.

소리가 나는 장난감

소리에 민감하게 반응하는 고양이의 추적 본능을 자극하는 장난감입니다. 건드리면 쥐나 새소리가 나는 작은 장난감을 좋아하는 고양이도 있고, 단순히 비닐 바스락거리는 소리를 좋아하는 고양이도 있으니 취향에 따라 선택하세요.

숨을 수 있는 장난감

고양이의 사냥 습성을 자극하는 장난감으로 종이봉투, 쇼핑백, 상자, 숨숨집, 고양이 터널 등이 있습니다. 종이봉투나 택배 상자, 다 쓴 티슈 박스 혹은 고양이 터널의 안이나 사이사이에 움직일 수 있는 공이나 작은 쥐들을 군데군데 놔주면 고양이 혼자 여러 가지 은신과 매복 사냥을 하며 즐겁게 놀 수 있어요. 은신처 역시 집에 돌아오면 바로 치워서 흥미가 오래 유지되도록 관리하세요.

스스로 움직이는 장난감

평소에는 가만히 있다가 고양이의 움직임에 반응해서 움직이는 장난감인데, 무서워하는 고양이도 있으니 취향을 고려하세요. 작은 쥐 모양 장난감을 와이어에 연결해 흔들어주는 것도 있고 건드리면 파닥거리는 물고기, 소리 내며 움직이는 것도 있어요. 가격이 비싸니 쉽게 질리지 않도록 여러 종류를 구비해 매일 바꿔가며 사용하면 좋아요. 단, 공중에 매달아 끈에 달린 작은 물체를 흔들어주는 형태의 장난감은 위험합니다.

고양이는
하루 종일
무얼 할까?

며칠간 집에
혼자 둬야 한다면
무얼 해줘야 할까?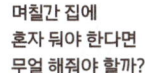

혼자 있는
고양이를 위한
장난감

캣닢

고양이에게 무해한 허브인 캣닢은 15분 정도 황홀감에 빠뜨리는 마성의 장난감이에요. 하지만 질리지 않도록 주 1회 미만 사용을 권하며, 유전적으로 고양이의 30%는 반응하지 않으니 내 고양이가 캣닢에 반응하는지 확인해보세요. 1세 미만의 어린 고양이도 반응하지 않으니 1세 이후 고양이에게 사용하세요. 캣닢을 문질러 장난감이나 스크래치 포스트 같은 데 발라주면 좋고, 양말 속에 캣닢을 채워 넣으면 좋은 장난감이 되지요. 스트레스 받거나 무료해하는 고양이를 위해 가끔 바닥에 캣닢을 뿌려 캣닢 파티를 해줘도 좋아요. 사용 후에는 밀봉해 보관하세요.

먹이 퍼즐 장난감

고양이는 보호자가 없을 때도 움직여야 합니다. 고양이를 움직이게 하는 가장 큰 원천은 역시 먹이이지요. 다양한 먹이 퍼즐을 사용해 사료나 간식을 제공하세요. 고양이가 먹이 퍼즐을 찾고 굴리고 떨어뜨리며 재미를 느끼고, 사냥 본능도 일깨울 수 있는 아주 좋은 방법입니다. 보호자가 없을 때 식사는 먹이 퍼즐 장난감으로 주세요.

피해야 하는 장난감

끈에 매달린 장난감

실 같은 걸 캣타워에 매달아 자동으로 흔들어주는 장난감은 피하세요. 고양이가 마구 점프하며 갖고 놀다가 목에 걸리면 큰 사고로 이어질 수 있습니다.

삼킬 수 있는 실이 달린 장난감

실 종류 중 혹시라도 끊어지면 고양이가 먹을 수 있을 만한 장난감은 피하세요.

천이 해져 속이 보이는 장난감

오래되거나 천이 해져서 조금이라도 속이 보이는 장난감은 버리고 새것을 준비하세요.

캣닢의 올바른 사용법

고양이 마약 캣닢 정말 안전할까?

고양이
언어를
배워보자

1

울음에는 어떤 의미가 있을까

사람의 말에 반응할 때

귀가 후 밖에서 있었던 일이나 상사의 뒷담화, 슬프거나 힘든 점을 고양이에게 털어놓을 때 야옹거리며 대꾸하기도 해요. 보호자를 엄마처럼 따를 때 주로 나타나는 현상입니다. 물론 말을 알아듣진 못하겠지만 보호자의 말에 집중하며 반응을 보이는 행동이지요.

외출 후 돌아왔을 때

보호자가 외출하고 집에 왔을 때 따라다니며 야옹거리는 울음은 주로 어리광 많고 집사를 엄마로 생각하는 고양이가 하는 행동입니다. 아기 고양이가 어미에게 자신의 위치를 알리는 신호와 같아요. 엄마 고양이가 사냥을 마치고 돌아오면 이렇게 울면서 형제들과 더불어 자신이 있음을 알리지요. 배가 고파서 먹이를 조르는 것일 수도 있고, 그저 '엄마 왔다!' 하고 반가워하는 의미일 수도 있습니다. 왜 이제 왔냐며 심심했다는 하소연이지 원망이 아니니 안심하세요. 고양이들은 보호자가 나가자마자 관심을 끊고 잠을 청하거나 자기 할 일을 하는 경우가 대부분이랍니다.

갑작스러운 큰 소리에 반응할 때

갑자기 큰 소리를 내거나 재채기를 하면 우는 고양이도 있습니다. 안전하고 편안한 영역에서 예상치 못한 큰 소음에 놀라고 불안하기 때문이에요. 고양이는 사람의 재채기라는 행위를 모르기 때문에 그저 생소한 큰 소리에 놀라서 "뭐지? 뭐야!" 하고 경계하는 거예요. 이럴 때는 평소와는 달리, 안절부절못하면서 입을 크게 벌리고 우는 소리를 냅니다.

불안할 때

부부싸움을 하거나 가족끼리 크게 다툴 때 고양이가 달려와 가운데에서 울며 주변을 돌아다니는 경우가 있어요. 유감스럽게도 싸움을 말리는 행위는 아니며, 단지 사람들의 화난 목소리와 달라진 집 안 분위기가 불안해서 그러는 것입니다. 특히 청각이 예민한 고양이는 사람의 큰 목소리를 많이 불안해하니, 고양이를 위해서라도 집 안에서 큰 소리는 자제해주세요.

통화할 때

집에서 통화만 하면 옆에 다가와서 우는 고양이도 있습니다. 마치 일부러 방해하듯 따라다니며 울기도 하지요. 통화라는 행위를 이해할 수 없는 고양이는, 그저 집사가 갑자기 말하거나 웃는 것만 들을 뿐이에요. 그러니 이상하게 여겨서 가까이 와 보고 자신에게 말하는 것 같아서 대답하며 같이 놀자고 조르는 것입니다.

잘 때

고양이도 사람과 마찬가지로 잠잘 때 깊은 수면과 얕은 수면 패턴이 번갈아 나타나는데, 얕은 수면 때를 '렘 수면기'라고 합니다. 이때 꿈을 꾸며 잠꼬대도 하지요. 몸을 씰룩거리거나 갑자기 울거나 이빨을 갈기도 합니다.

늦은 밤 웅얼거리며 울 때

만약 노령묘가 이런다면 치매일 수 있으니 병원에 데려가 진단을 받아보세요.

잘 울지 않을 때

이런 고양이는 대개 정신적으로 성숙하며 보호자에게 의존도가 적고 독립적이에요. 고양이의 표현법은 제각각 다르며 잘 울든 안 울든 모두 정상입니다. 보호자와 같이 놀고 싶을 때 울며 조르는 고양이가 있고, 빤히 쳐다보고만 있는 고양이도 있지요. 의존적인 고양이일수록 더 많이 울고 보챕니다.

울음소리
어떤
의미일까?

고양이가
우는
이유

골골송은 언제 부를까

고양이는 기분이 좋을 때 그 기분을 극대화하고 편안한 상태를 알리기 위해 '골골송purring'이라는 진동 소리를 냅니다. 한 배에서 태어난 형제라도 하루 종일 골골거리는 고양이가 있는 반면, 평생 단 한 번도 골골송을 부르지 않는 고양이도 있어요.

편안함을 느낄 때

골골송은 어미 고양이와 새끼 고양이 사이의 중요한 의사소통 수단이에요. 갓 태어난 새끼는 젖을 먹으면서 '골골' 소리를 내고, 어미는 그 진동을 느끼며 안심하죠. 성묘도 보호자의 체온이나 손길에 편안함을 느끼면 어릴 적 어미 품에 있던 기억을 떠올리며 골골거리기도 합니다.

같이 놀자고 권할 때

어느 정도 자란 새끼고양이가 형제에게 놀자는 의미로 골골송을 부르며 다가가거나, 성묘가 되어서 모르는 고양이에게 접근할 때 적의가 없음을 알리기 위해 골골송을 부르며 다가가기도 하지요.

몸이 좋지 않을 때

통증을 완화하고 편안함을 느끼기 위해 골골거리기도 해요. 골골송의 진동은 뇌에서 '베타 엔도르핀'을 분비하게 하며, 이는 통증을 줄이고 행복감을 증가시키죠. 실제로 골골송의 주파수는 뼈 재생과 골밀도 강화에 도움이 된다고도 해요. 사람에게는 스트레스와 혈압을 낮춰주며 수면 유도 효과, 진통 작용도 있어 보호자가 독감에 걸리거나 몸이 아플 때 고양이가 옆에서 골골거리며 치료를 도와주기도 해요.

다양한 소리 언어

고양이는 주로 페로몬과 행동으로 소통하지만, 사람과의 관계에서는 다양한 소리를 사용하기도 해요. 이 소리는 크게 '부르는 소리'와 '경고하거나 쫓아내는 소리'로 나눌 수 있어요. 부르는 소리는 가족이나 형제 혹은 한 영역권을 공유하는 동료를 대상으로 부르거나 인사를 나누거나 만족감을 전하거나 응석을 부리는 긍정 언어입니다.

냐옹 meowing

가장 일반적인 고양이 소리입니다. 반려동물로서 사람과의 소통을 중심으로 발달한 소리 언어이지요. 원래는 아기 시절 어미에게 자신의 위치를 알리고 추위와 배고픔을 호소하는 소리로, 자연 생태계에서 계속 성장한다면 커서는 잘 내지 않아요. 하지만 집고양이는 성묘가 되어도 엄마인 보호자에게 계속 무언가를 요구하며 야옹대지요. "냐옹 냐앙~ 냐아~ 냐~" 등이 있습니다. "냐~"는 반갑게 인사할 때 주로 내는 소리예요. '안녕?' '왜 불렀어?' '어이, 이봐!' '집사야, 뭐해?' 같은 의미입니다. 짧게 "냐양~" 하면 '밥 줘' '문 열어줘' 같은 간단한 요구사항이나 아프거나 추울 때 불만과 불안을 표현합니다. 이 소리의 톤은 조금씩 달라지는데 욕구가 크면 클수록 냐양 소리는 점점 크고 길게 늘어지다가 마지막에는 낮은 톤으로 바뀌지요. '배고파'는 "냥~"으로, '배 많이 고파, 아직이야?'는 "냐아앙~"으로, '뭐 하는 거야? 빨리 밥 줘!'는 "우냐아앙~!" 이런 식으로 표현합니다.

냥

친한 동료 고양이나 주인에게 가볍게 인사할 때 내는 소리입니다. 원래 고양이는 동료와는 가벼운 코 인사를 나누고, 서열 관계에서는 서로 엉덩이 냄새를 맡아요. "냥~"은 사람과 오래 생활한 고양이가 사람의 인사를 배워서 사람과 소통하기 위해 내는 소리이지요. 사람에게 야옹거리며 요구하다가 발전된 경우로, '안녕~ 왔어? 뭐해?'의 의미로 이해하면 됩니다.

골골송 purring

골골송이라고 하는 "고로롱고로롱" 소리는 원래 아기 고양이가 어미에게 만족과 행복을 표현하는 소리입니다. 젖을 먹는 동안에는 소리를 낼 수 없으니 목을 울려서 울림으로 의사를 전달하지요.

성묘가 골골송을 부르는 이유는 보호자를 어미로 여기며 편안하고 행복하다는 만족감을 표시하기 위해서입니다. 간혹 아플 때 통증을 줄이기 위해 골골 소리를 내기도 합니다.

미야

아주 미약하게 목이 쉰 듯한 소리로 들릴 듯 말 듯한 소리입니다. 보호자를 어미로 여기며 '나 여기 있어' '나 좀 봐' '나랑 놀아' 등의 의미를 초음파 영역대의 고주파로 "미야~" 하고 냅니다.

후(갑작스러운 한숨 소리)

숨을 참았다가 한 번에 내뱉으며 사람의 한숨과 비슷한 소리입니다. 긴장되거나, 집중할 일이 생겨 잠시 숨을 참았다가 한계에 달해 숨을 내뱉은 것이지요. 이런 소리가 나면 무엇이 고양이를 긴장시켰는지, 고양이가 초집중 모드가 된 이유는 무엇인지 살펴봐야 합니다.

채터링 chattering

입을 벌리고 이빨을 빠르게 딱딱 부딪치며 "캬캬캬캭"거리는 채터링은 창밖을 보다가 사냥물을 발견하거나 실내의 날벌레 등을 보고 흥분할 때, 사냥 놀이 중 지나치게 몰입할 때 내는 소리입니다. '잡고 싶다. 맛있겠다. 쫓고 싶다'는 의미이지요.

어웅어웅 yowling

혼자 돌아다니면서 "어웅어웅" 하며 투덜거리는 소리를 내기도 합니다. 심심하거나 불만족스럽거나 외롭거나 혼란스럽거나 불편할 때 주로 이런 소리를 내지요. 젊은 고양이라면 불만스러워서 구시렁거리는 것이지만, 노령묘가 늦은 밤 중얼중얼거리며 배회한다면 치매일 수도 있으니 주의해서 돌봐주세요. 때로는 속이 불편해서 이 소리를 내다가 토하기도 합니다.

하악 hissing

입을 벌리고 입술을 말아올리며 공기를 빠르고 강하게 내뿜으며 "하악" 하고 내는 위협적인 소리는 일명 '하악질'로, 상대의 접근을 경고할 때 주로 사용합니다. '가까이 오지 말라고. 더 다가오면 공격할 거야. 자꾸 그러면 안 참아'라는 뜻이에요.

으르렁 growing

긴장이 최고조에 달했을 때 하악질과 더불어 나타나는 방어적 경고음입니다. 저는 호랑이 소리라고 부르는데요, 하악질 후에도 상대가 무시하고 계속 다가오면 털을 빳빳하게 세우고 등을 구부리며 몸을 크게 말아 덩치를 키운 후 으르렁거려요. '내가 누군 줄 알고 그래? 정말 한판 뜰까?' 하는 경고입니다.

메이팅콜 matingcall

주로 봄가을 밤 많이 들리는 "나~오" 소리로, 짝을 찾는 발정기 고양이의 구애입니다. "응애"처럼 사람 아기 울음과도 비슷하게 들리며, 주로 암컷이 수컷을 부르지요. 소리를 듣고 동네 수컷 고양이들이 모이면 암컷 고양이는 그중 건강하고 힘세며 자신과 유전적 혈연관계가 가장 먼 상대를 골라 교미합니다.

칫

어린 고양이가 사냥 놀이 중이거나 사냥감을 발견해서 흥이 넘치거나 흥분감을 표현할 때 간혹 내는 소리입니다. "좋았어!"처럼 흥분감에 새어 나온 혼잣말이라고 볼 수 있어요.

트릴링 trilling

"끄르릉 냐르릉"거리는 성대 울림을 포함한 트릴링은 보호자를 부르거나, 반기거나 주의를 끌기 위해 내는 소리예요. 반갑고 좋지만 야단법석 떨기는 귀찮을 때 '어이~ 반가워. 왜 불렀어?' 같은 느낌으로, 입을 다물고 약간 높은 톤으로 대답하듯 그르릉거립니다.

미옹 mewing

주로 어린 고양이가 엄마를 찾거나 형제를 부를 때 "미옹" 소리를 내지요. 아주 어릴 때는 삐약삐약처럼 들립니다.

한숨의
다양한
의미

울음
소리의
의미

행동으로 드러나는 신호

고양이는 소리 언어보다는 몸으로 전달하는 의사표현 수단에 익숙해요. 행동에 담긴 의미를 알아봅시다.

꾹꾹이
원래는 아기 고양이가 어미의 젖이 잘 나오도록 주변을 누르는 동작이지만 만족감과 안정감을 나타낼 때 그르릉거리는 골골송과 함께 보호자에게 하기도 해요. 고양이가 지극히 행복한 상태라고 볼 수 있어요.

알로러빙
얼굴과 몸의 분비샘에서 나오는 페로몬을 묻히려는 행동입니다. 간혹 외출했다 돌아온 주인에게 얼굴이나 몸을 격렬하게 문지르기도 하는데, 낯선 냄새를 잔뜩 묻혀온 주인에게 다시 자신의 냄새를 묻히려 하는 행동이에요. 새로 산 가구나 가방, 옷 등에 얼굴을 문지르는 이유도 자기 냄새를 묻혀서 소유권과 영역권을 주장하는 거예요. 신뢰하지 않거나 자기 영역권 밖의 물건이라고 인지하면 부비부비하지 않아요.

배를 보이고 드러눕기
사냥하는 육식동물인 고양이는 신뢰하지 않는 상대에게는 절대 배를 보이지 않아요. 보호자 앞에서 발라당 눕는 행동은 대개 어린 고양이가 놀아달라고 조를 때 나타나지요. 쓰다듬는 중에 이렇게 드러눕는 것은 배를 만져달라는 의미가 아니라 '이제 됐으니 그만해'라는 표시입니다. 이때 더 쓰다듬으면 뒷발로 손을 밀어내거나 할큅지도 몰라요. 다른 고양이와 싸우는 중 이런 자세를 보인다면 항복이 아닌, 뒷발까지 사용해 싸우겠다는 결사항전의 뜻입니다. 우리가 책을 보거나 노트북을 사용할 때 키보드나 책 위에 발라당 눕는 행위는 '이제 나와 놀아줘. 내게 신경 써 줘'라는 의미예요.

왜 눈을
마주치면
드러누울까?

뒹굴뒹굴 구르기

심심하거나 편안하고 기분 좋을 때 누워서 뒹굴거리며 느긋하게 즐기는 행동입니다. 눈은 약간 나른하게 실눈을 뜨며 웃는 표정을 보이기도 하지요. 어린 고양이가 보호자를 어미라고 생각하며 어리광 부리는 행동이기도 하니, 이럴 때는 같이 놀아주세요. 중성화하지 않은 6개월령 이상의 암컷 고양이라면 발정 때문일지도 몰라요. 뒹굴거리며 페로몬을 뿌려 수컷 고양이를 불러들이려는 행동일 수 있으니 서둘러 중성화수술을 시켜주세요. 모래에서 뒹군다면 야생 본능의 일종으로 모래 목욕을 하는 중이에요. 자신에게 묻은 여러 냄새를 지우고 또 자신의 냄새를 묻혀 영역을 확인하는 의식입니다.

핥기(그루밍)

고양이는 자기 몸을 핥으면서 안정감을 느낍니다. 몸을 깨끗이 하고 죽은 털을 정리하는 행동이지만 마음을 차분히 하는 의식 같은 것이기도 해요. 그래서 보호자가 쓰다듬으면 커다란 엄마 고양이의 그루밍처럼 느끼고 정서적 안정을 얻어요. 사람이 쓰다듬어준 부위를 바로 핥는 경우는 사람 손에 묻은 향수나 화장품 냄새가 너무 강해서 그걸 지우려 하거나, 결이 헝클어진 털을 다시 정리하는 행동이에요.

간혹 점프에 실패하거나 갑작스레 스트레스를 받으면 놀란 마음을 진정시키기 위해 그루밍을 하기도 합니다. '괜찮아. 별거 아냐. 난 잘할 수 있어'를 되뇐다고 볼 수 있어요.

사람을 물고 나서 그 부위를 핥아주기도 하는데, 이는 그냥 사냥 기분을 내는 거예요. 놀이 행동 중 사람의 손이나 발을 사냥물로 인식하고 본능적으로 물어버리고 놀라 다시 핥아주며 진심이 아니었음을 전하며 마음을 가라앉히는 행동입니다.

바닥 파기

화장실에서 바닥을 파는 것은 자기 대소변을 묻어 냄새와 흔적을 지우려는 정상적인 행동입니다. 약할수록 이런 성향이 강한 반면, 자신이 강하고 대장이라 생각하는 고양이는 배설물을 묻으려 하지 않기도 합니다.

화장실 벽을 긁는 이유는 모래가 마음에 안 들어서 만지지는 못하고 대신 벽을 긁어 묻으려는 시늉일 수 있어요. 실제로 모래에 파묻지 않아도 주변

왜
그루밍을
할까?

왜
나를
핥아줄까?

의 모든 것을 최대한 긁어모아 묻으려는 본능에 충실한 행동이지요.

사료를 먹기 전에 바닥을 긁기도 하는데 '지금은 배고프지 않으니 나중에 먹어야지' 하고 묻으려는 거예요. 밥을 다 먹은 후 주변을 파는 행동은 식사 흔적을 지우려는 본능에 기인한 행동입니다. 주변의 낯선 물건이나 그 주위를 파는 듯한 행위는 뭔지는 몰라도 묻어버리겠다는 뜻이에요.

발톱 갈기(스크래치)

집고양이들은 사냥터나 영역권의 주장보다는 발톱을 관리하고 감정을 표현하는 행동입니다. 외출 후 귀가한 보호자를 보고 발톱을 간다면 기쁨의 표현이고, 창밖의 사냥감을 보고 흥분한 마음을 진정시키려고 긁어대기도 하지요. 아침에 일어나 스트레칭을 하며 몸을 쭉 펴고 발톱을 가는 경건한 의식을 치르기도 합니다.

이처럼 발톱 갈기는 고양이의 정신적, 신체적 건강을 위한 신성한 행위입니다. 그러니 몸을 충분하게 펴고 스크래치를 할 수 있는 크고 튼튼한 스크래처를 구비해주세요.

엉덩이 씰룩씰룩

고양이가 사냥할 때 보이는 행동입니다. 조용히 자세를 낮추고 스토킹하며 사냥 대상을 따라갑니다. 한 번의 도약으로 잡을 수 있다고 판단하면 엉덩이를 치켜들고 씰룩거리며 타이밍과 몸의 중심과 방향을 조율합니다. 모든 조건이 맞아떨어지면 곧바로 점프하여 상대를 물어버리죠.

응시

뭔가를 보는 것이 아니라 듣고 있는 경우가 대부분입니다. 고양이의 청력은 사람이 들을 수 없는 음역대의 소리까지 들을 만큼 뛰어나요. 궁금한 소리가 나는 방향을 향해 가만히 귀를 기울이는 모습이, 우리 눈에는 무언가를 응시하는 듯 보일 뿐입니다. 윗윗집에서 뛰어다니는 다른 고양이의 소리를 듣고 있을지도 몰라요.

고양이가 사람에게 눈을 맞추고 응시하는 경우도 있습니다. 친밀한 사람과 눈을 맞추고 물끄러미 쳐다보는 행위는 친밀감의 표현이지요. 이럴 때 고양이의 동공은 미묘하게 커졌다 작아졌다 합니다. 친밀한 대상에게 요구사항이 있을 때도 눈을 맞추려 하고 눈이 마주지면 "냐~아" 하고 부르기도 하지요.

갸우뚱

가끔 고양이가 사람이나 사물을 응시하다가 고개를 갸웃거립니다. '왜 불러? 무슨 일인데?' 하는 포즈 같지만, 사실은 궁금한 대상을 더 자세히 보려고 고개를 기울이는 모습입니다. 고양이는 움직이는 대상을 빠르게 파악하는 동체시력이나 야간시력은 사람보다 좋지만 평소 낮의 시력 자체는 사람의 1/10에 불과해 움직이지 않는 물체를 인지하기 힘들어요. 그래서 조금 멀리 떨어진, 움직이지 않는 대상에 흥미가 생긴다면 고개를 기울여 주변부 시야를 활용해 더 잘 보려고 갸우뚱합니다. 시력이 안 좋은 사람이 멀리 있는 것을 잘 보려고 눈을 찡그리는 행동과 비슷해요.

쭙쭙이

보호자의 손가락이나 얼굴 혹은 귓볼이나 부드러운 이불 등을 집착적으로 빠는 행동입니다. 꾹꾹이처럼 어미 젖을 빨던 기억에서 기반한, 유아기 시절에 발생하지요. 아기가 쪽쪽이를 빨거나 커서도 손가락을 빠는 행동과 비슷합니다. 독립 과정을 제대로 거치지 못한 채 어미 젖을 충분히 빨지 못하고 너무 일찍 엄마와 떨어진 아이들이 이런 행동을 종종 보이지요. 엄마 고양이 대신 더 많이 사랑해주고 충분한 사냥 놀이 등을 통해 자립심을 키워주세요.

냥냥 펀치

사냥 행동의 일종이에요. 사냥할 때는 입으로 물거나 뒷발로 차는 행동이 주를 이루지만, 겁이 많거나 본격적으로 사냥하기 전 호기심에 근거리 공격이 아닌 원거리 공격인 앞발을 사용한 냥냥 펀치를 날려보는 겁니다. 생후 1~2개월이면 관심 있는 물체마다 찔러보듯 냥냥 펀치를 날리며 반응을 보기도 해요. 일종의 공격 전 호기심에 간을 보는 행위입니다.

뒷발 차기

장난감을 물고 두 뒷발을 사용해 차거나 심한 경우 사람의 팔에 매달려 뒷발로 차는 행동입니다. 버니키킹bunny kicking 혹은 뒷발 팡팡이라고도 하는데 고양이의 공격법 중 가장 강력해요. 사냥물의 목을 물고 쓰러뜨린 후 강한 뒷발톱으로 배 부분을 긁어 치명상을 입히는 사냥법이지요. 사냥 놀이에 심취해 흥분이 극에 달한 실내 고양이가 종종 이런 뒷발 차기를 보입니다.

하품과
스트레칭

털 세우기

긴장하거나 상대가 접근하지 못하도록 위협할 때 고양이는 등을 구부리고 털을 세워 자신을 커 보이게 하지요. 더 크게 보이려고 정면보다 측면으로 서서 몸을 말아 올립니다. 조심성이 많은 고양이는 절대 자신보다 큰 대상을 상대로 공격 행위나 사냥 행동을 하지 않아요. 그래서 적대 행위 전에 자신의 몸을 최대한 크게 보이려고 합니다.

사이드스텝

등을 구부린 채 옆으로 걸으며 다가오는 행동은 공격 의사나 적의가 없음을 상대에게 나타내는 행동입니다. 친하게 지내고 싶거나 호감 가는 상대에게 조심스럽게 접근하는 모습이며 사람으로 치면 양손을 가볍게 들어올리고 적의가 없음을 내보이는 행동이지요. '난 그저 가까이 가고 싶을 뿐이야. 너와 친해지고 싶어'라는 표현입니다.

하지만 무섭거나 경계하거나 놀랄 때도 사이드스텝을 보이는데 이 경우는 사이드스텝으로 멀어지려 합니다.

마징가 귀

양쪽 귀가 수평을 이루는 상태로 적의를 나타내며 곧 공격한다는 의미입니다. '너 이제 어금니 꽉 물어라' 같은 뜻이지요.

눈 천천히 깜박이기

주로 "미우~" 하는 소리와 함께 보호자나 호감 가는 대상에게 보이는 애정 표시예요. '고양이 키스'라는 사랑스러운 이름으로도 불리는 이 행동은 연인 수준의 신뢰와 사랑을 표현하지요.

표정 읽기

흥미로울 때

공격 준비

싸움 직전

혼란스러울 때

귀

고양이의 귀는 사람보다 다양한 각도로 섬세하게 움직일 수 있으며, 소리의 위치를 정확하게 파악하고 증폭시킬 수 있어요. 앞을 바라보며 딴짓을 하는 와중에도 귀는 독립적으로 움직여 새로운 소리를 포착하면 그 방향으로 움직이는 모습을 볼 수 있지요. 귀를 꼿꼿이 세운 채 전방을 주시하고 있다면 뭔가 흥미로운 것이 그곳에 있어서 보는 중이며, 귀를 양옆으로 눕힌 '마징가 귀'는 두려움 혹은 공격 준비 상태예요. 싸움 직전에는 귀를 납작하게 얼굴에 붙여 다치지 않게 보호하고, 혼란이나 좌절감이 들면 귀를 씰룩거리기도 해요.

편안할 때

공격 전

먹이 발견

방어할 때

수염

수염은 여러 기능을 수행하는 다재다능한 감각기관입니다. 입 양쪽에 각각 8~12가닥씩 있으며 위쪽에 위치한 수염과 아래쪽에 위치한 수염은 각각 독립적으로 움직입니다. 사냥할 때는 공기의 흐름과 바람 방향을 감지하기 위해 전방으로 레이더처럼 펼치기도 하고, 어둡거나 좁은 곳을 지나갈 때는 수염을 옆으로 펼쳐 몸이 통과할 수 있는 공간인지 판단합니다. 펼쳐진 수염의 폭은 보통 어깨 너비와 비슷해 수염이 통과되는 공간은 고양이도 지나갈 수 있습니다. 또한 수염은 작은 장애물을 먼저 감지해 얼굴과 눈을 보호하는 역할도 합니다.

편안할 때 수염은 양옆으로 뻗어 있고, 먹이를 발견하거나 흥미로운 대상이 보이면 정보를 파악하기 위해 앞으로 쭉 뻗습니다. 공격하거나 위협할 때도 수염이 앞으로 뻗고, 방어할 때는 뒤로 누워 얼굴과 수평을 이룹니다. 따라서 대치 상황에서는 수염의 방향을 통해 누가 공격적인지 방어적인지 짐작할 수 있습니다.

고양이가
보내는 7가지
감정 신호

코

고양이의 후각은 매우 예민해서 먹을 수 있는지 없는지를 판단하는 데 사용해요. 야생 생활에서 생존에 매우 중요한 요소이지요. 또한 입천장과 비강 사이에는 페로몬을 분석하는 '야콥슨 기관'이 있어, 이를 통해 다른 고양이가 발바닥이나 뺨 혹은 배설물을 통해 남긴 페로몬을 분석해 나이와 성별, 질병 유무와 서열 등 다양한 정보를 분석합니다. 고양이가 입을 벌리고 얼굴을 찡그린 채 멍하니 있다면 관심 가는 페로몬을 분석 중일 거예요. 이럴 때의 표정을 '플레멘 반응flehmen response'이라고 합니다.

🐾 플레멘 반응

눈

고양이 눈은 어두운 곳에서 사냥하는 데 최적화되어 있어요. 시력이 별로 좋지 않지만 야간 사냥에 필요한 동체 시력과 야간의 저조도 시력은 매우 뛰어납니다. 밤에 고양이 눈이 녹색으로 빛나는 이유는 넓은 동공과 안구 뒤쪽의 반사판이 빛을 반사하기 때문이며, 그래서 야간 시력이 매우 좋습니다. 색깔은 청색, 회색, 황색, 녹색 외에는 구분하지 못하지만 뛰어난 동체 시력이 이를 보완하지요.

흥분하거나 뭔가에 관심을 보일 때 고양이의 동공은 동그래집니다. 호기심 많은 어린 고양이들의 동공은 대체로 동그랗지요. 두려운 상황일 때도, 무서워서 방어적으로 공격하기 직전에도 동공이 동그래져요. 나른하고 만족스러울 때는 살짝 타원형이 되고, 적극적인 공격성을 보일 때나 사냥물을 발견하고 고도로 집중해 사냥을 준비할 때는 세로로 좁게 수축됩니다.

고양이가
보는 세상은
어떤 모습일까?

윤샘의
고양이 상담소
116

동공이 커진 경우

밝기가 동일한데도 동공이 커지면 기쁨, 흥분, 두려움의 감정이 반영된 거예요. 츄르나 보호자를 보고 기뻐하는 순간, 놀다가 흥분했을 때, 무섭거나 두려울 때 아드레날린이 분비되며 동공이 커집니다. 호기심이 많은 어린 고양이는 항상 동공이 커져 있지요.

동공이 가늘어진 경우

자신감 있게 집중하거나 공격 의지가 있을 때 나타나요. 사람이나 다른 고양이를 공격할 때 싸우려는 건지 놀려는 건지 눈을 보면 어느 정도 구분할 수 있어요.

눈을 마주치고 다가오는 경우

사람과 눈을 마주치면 좋아하며 냐옹거리거나 뛰어오는 고양이도 있어요. 눈을 마주하며 조르거나 부탁하는 것입니다.

길냥이가 똑바로 바라보는 경우

낯선 고양이가 정면으로 응시한다면 극도로 적대적이고 경계한다는 뜻이니 접근하지 마세요. 야생에서 고양이는 대화 수단으로 절대 눈을 마주치지 않습니다. 시선을 마주하는 의미는 매우 경계하거나 싸우자는 적대적 도전입니다. 모르는 고양이와 만나면 마주보기보다는 시선을 돌려서 곁눈질로 보거나 천천히 눈을 깜박이며 보면 좋아요.

시선을 피하거나 천천히 눈을 깜박이는 경우

시선을 피하거나 눈을 가늘게 뜨거나 천천히 깜박거린다면 적의 없고 친해지고 싶다는 뜻이에요. 아예 눈을 감는다면 신뢰하고 있으니 공격하지 말라는 의미입니다.

눈꺼풀을 반쯤 감고 있는 경우

눈을 크게 뜨지 않고 반쯤 감았다면 긴장하지 않고 느긋한 상태입니다. 눈을 크게 뜨고 주위를 두리번거리거나 머리를 높게 두고 있다면 경계하는 거예요.

눈으로
하는 말

얼굴 표정으로
알아보는
감정 상태

눈 모양으로
감정을
읽는 법

냄새로 하는 대화

고양이끼리 의사소통을 할 때 후각은 매우 중요한 역할을 합니다. 고양이는 사람보다 14배 정도 더 뛰어난 후각으로 페로몬을 감지하고 분석하지요. 페로몬은 성별, 나이, 번식 상황, 질병의 유무, 정체성(친구인지 침입자인지)에 대한 정보를 담고 있는 화학물질로, 페로몬을 분석하는 고양이는 플레멘 반응을 보여요. 정보를 얻고 이를 토대로 갈등 상황을 피하려 합니다.

페로몬을 남기는 방법

고양이는 이마와 뺨, 입술, 꼬리, 수염, 발, 발바닥, 귀, 옆구리 등에서 분비되는 페로몬을 물체나 상대에게 문질러 자신의 체취를 남깁니다. 특히 얼굴에서 나오는 페로몬은 영역을 표시하고, 사람이나 다른 동물에게 호의를 표현하며, 수컷의 경우 짝짓기 준비가 되었음을 알리는 역할을 합니다. 고양이가 새 물건이나 가구에 얼굴을 문지르는 행동도 낯선 대상에 자신의 냄새를 묻혀 불안을 줄이기 위한 것입니다.

다묘 가정에서는 서로 몸을 비비며 페로몬을 묻히는 알로러빙을 통해 동료임을 확인하고 공격성을 줄입니다. 이를 '콜로니 페로몬'이라고 합니다. 병원에 다녀온 고양이가 다른 고양이에게 공격받는 경우도 있는데, 이는 이 페로몬이 사라져 침입자로 인식되기 때문입니다.

신체 접촉 | 뺨을 비비는 행동은 대개 자신감과 친근감을 나타냅니다. 머리를 부딪쳐 이마의 페로몬을 묻히는 행위는 사랑과 존경의 표시예요. 여기저기 긁어대는 스크래치는 시각적 신호와 더불어 발바닥의 페로몬을 묻혀 영역을 표시하고 자신의 정보를 남김으로써 이곳의 소유자임을 나타내지요.

마킹 | 페로몬이 섞인 소변을 뿌리는 마킹은 성적인 행동이거나 낯선 동물이나 물체가 들어왔을 때 나타나는 영역 표시 행동입니다. 합사 중이거나 잘 지내던 고양이가 갑자기 마킹을 시작한다면 자신의 영역을 주장하려는 신호일 수 있습니다. 고양이에게는 정상적인 의사소통 방식이지만 보호자에게는 곤란한 행동이지요. 대부분 영역에 대한 불안에서 나타나므로 원인을 해결하지 않으면 문제가 지속될 수 있습니다. 참고로 소변 마킹은 불안의 표현이고, 얼굴을 비비는 마킹은 안정감을 나타내는 행동입니다.

왜 엉덩이를 들이댈까? 냄새를 맡는 행위의 의미 냄새 언어 싫어하는 냄새

꼬리로 말해요

꼬리는 단순한 균형 잡는 도구가 아닙니다. 기분, 의사, 애정까지 꼬리 하나로 다 표현하지요. 고양이에게 꼬리는 그야말로 '움직이는 표정'이에요.

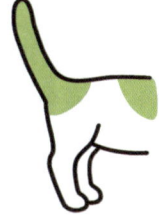  

꼬리를 수직으로 세운다

꼬리를 수직으로 세운 채 쳐다보거나 다가오는 행동은 친근감과 호의의 표시입니다. 새끼 고양이가 꼬리를 꼿꼿이 세우면 어미가 엉덩이를 핥아주기 쉽고, 멀리서도 쉽게 새끼를 알아볼 수 있어요. 이 자세가 애정 표현으로 정착되어 친근한 상대에게 보이는 행동이 되었지요. 반대로 강아지는 극도로 경계할 때 꼬리를 수직으로 세우니 둘을 잘 구분하세요.

꼬리를 구부린다

꼬리를 중간부터 말아서 U자 형태를 만들고 쳐다보면 '같이 놀자'는 의미입니다. 친하지 않은 고양이들 사이에서는 위협을 의미하지만 친한 상대나 보호자와 놀 때 주로 취하는 형태입니다. 아기 때 이런 모습이 자주 나타납니다. 꼬리를 구부리고 상대에게 달려들며 상대도 꼬리를 구부리고 쫓는다면 놀이가 시작된 것이지요. 어린 고양이가 꼬리를 U자로 구부리고 다가오면 같이 놀아주세요.

꼬리를 친다

심기가 불편하거나 불안할 때 고양이는 꼬리를 좌우로 휙휙 움직여요. 강아지의 경우에는 기쁘거나 기분 좋을 때 나타나는 친근감의 표시이지만 고양이는 정반대이지요. 만약 고양이가 꼬리를 1초 간격으로 휙휙 흔든다면 건드리지 않는 게 좋아요.

꼬리 펑

화가 많이 났거나 깜짝 놀랄 때 꼬리를 방망이처럼 크게 부풀리기도 합니다. 예상치 않은 상황에서 느닷없이 적을 만나거나, 갑작스러운 큰 소리에 놀라거나, 너무 화가 나면 순식간에 꼬리를 크게 부풀리지요. 심하면 허리를 둥글게 말아 올리고 몸의 털도 부풀립니다. 자신을 더 크게 보이게 하여 상대를 위협하려는 것이지요. 우리가 소름이 돋는 현상과 비슷합니다.

꼬리 말기

말 그대로 '꼬리를 내린' 상태입니다. 도저히 이길 수 없는 상대에게 위협을 받거나, 심한 공포를 느끼면 고양이는 더 작아 보이도록 꼬리를 다리 사이에 말아 넣어요. '내가 졌으니 공격하지 마세요'라는 뜻입니다. 이때 귀도 뒤로 눕히는데 혹여 있을 공격에 귀와 꼬리를 보호하기 위해서예요. 우리가 싸울 의지조차 생기지 않을 만큼 강한 상대를 만나면 가드를 올리고 몸을 숙여 얼굴과 배를 보호하려는 행위와 비슷하지요.

꼬리 흔들기

이름을 부르면 "야옹" 하며 대답하는 경우가 있고, 대답 대신 꼬리를 수평으로 살랑거리는 경우도 있어요. 전자는 마치 아기 고양이가 어미에게 말하듯 울음소리로 답하는 것이고, 꼬리만 흔드는 것은 대답하기는 귀찮고 '어~그래 그래~' 하며 아이 어르듯 하는 행동입니다.

기분에 따라

고양이의 꼬리 움직임은 여러 기분을 나타냅니다. 흔들 때도 격한 정도에 따라 기분 상태가 극명하게 갈리기도 해요. '저게 뭘까? 궁금하다냥~' 정도일 때는 꼬리 끝만 살짝살짝, 짜증나거나 마음의 동요가 커진 상황에서는 그보다 크고 격하게 움직입니다. 고양이의 의사소통에서 꼬리 움직임이 중요한 이유는 시력이 좋지 않기 때문이에요. 시력 자체는 나쁘지만 동체 시력은 매우 뛰어납니다. 조금만 멀어져도 상대 고양이의 표정이나 상태는 잘 알아볼 수 없지만, 꼬리의 작은 움직임은 명확히 관찰할 수 있기 때문에 꼬리 움직임은 아주 중요하답니다.

꼬리로
알아보는
기분

다중인격?!
갑자기 행동이 바뀌는 이유

고양이는 변덕스럽습니다. 야옹거리며 애교를 부리다가 갑자기 한곳을 멍하니 응시하거나, 아무 일도 없던 듯 자기 몸을 열심히 그루밍하다가 갑자기 우다다를 시작하기도 하지요. 왜 이러는 걸까요? 고양이는 감정을 관장하는 대뇌변연계가 발달해 본능에 충실하게 행동합니다. 본능 행동이란 배운 적 없어도 몸이 먼저 반응하는 반사적 행동, 즉 천성적 반응이지요. 특정 냄새를 맡거나 수염에 뭔가 닿았을 때, 페로몬을 감지했을 때, 눈앞에 작은 물체가 휙 지나갈 때 등 본능을 자극하는 신호가 포착되면 이전까지 하던 일은 잊고 몰입해버립니다. 이런 즉각적인 반응 덕분에 고양이는 야생에서도 최상위 포식자로 살아남을 수 있었어요. 실내에서 사람과 함께 사는 고양이도 다음 4가지 행동 모드를 오가며 살아갑니다.

고양이의 4가지 행동 모드

① 야생 고양이 모드

경계심이 강해지고 공격성을 보이는 상태예요. 영역 내 불안을 감지하면 혼자 갑자기 흥분하기도 하지요. 실내에서 태어나 자란 고양이도 본능은 지워지지 않기 때문에, 뒷발로 장난감을 팡팡 차거나, 창밖의 새나 벌레를 보고 채터링하며 수렵 본능을 발휘합니다. 이 모드일 땐 보호자보다는 자신의 본능에 따라 움직이며 독자적으로 행동하려 합니다.

② 반려동물 모드

애교를 부리거나 간식을 달라고 조르고, 보호자 앞에 철퍼덕 누워 쓰다듬어 달라고도 합니다. 영역이 안전하고 자신이 보호받고 있다고 느낄 때 발동돼요. 특히 길냥이 출신 고양이는 처음에는 야생 모드가 강하지만, 점점 신뢰가 쌓이면 반려동물 모드가 더 자주 나타납니다.

4가지
행동
유형

실내
고양이의
행동 이해

고양이는
나를 어떻게
생각할까?

③ 아기 고양이 모드

야생에서 고양이는 생후 6개월만 지나면 완전히 독립합니다. 혼자 사냥하고 자기 몸을 지키며 험난한 환경을 살아나가지요. 하지만 실내에서 자란 고양이는 언제나 보호자에게 의존하기 때문에 영원히 성묘가 될 수 없어요. 독립이란 혼자 밥벌이, 즉 스스로 사냥하고 홀로 투쟁하며 살아남는 것인데 그 과정을 전적으로 보호자에게 의지하니 새끼 고양이 상태로 머무는 셈이지요. 그래서 커서도 어릴 때의 행동을 계속합니다. 보호자에게 꾹꾹이를 하거나 옆에 붙어서 자려 하거나, 사람의 손가락을 빨려고 하거나, 집에 돌아온 보호자에게 꼬리를 바짝 세우고 다가와서 다리에 자기 몸을 비비는 모습 등은 새끼 고양이가 어미에게 하는 유아기 행동입니다. 보호자를 엄마라고 생각할 때 이렇게 행동하지요.

④ 어미 고양이 모드

반대로 보호자를 아기처럼 돌보는 어미 모드도 있어요. 쥐나 벌레, 사냥물을 잡아서 갖다 주는 것은 어미가 새끼에게 하는 행동입니다. 보호자나 동거묘를 그루밍하는 것 역시 새끼의 몸을 정돈해주는 어미의 행동이지요.

 **윤샘 TIP** 고양이의 시간은 우리보다 빠르게 흐릅니다. 사람 나이로 치면 어느새 보호자보다 나이가 많아지는 순간이 오지요. 처음엔 보호자를 엄마처럼 따르다가, 시간이 흐르며 동료처럼, 나중엔 보호해줘야 할 존재처럼 여길지도 몰라요. 어쩌면 지금 이 순간도, 당신을 귀엽고 말 잘 안 듣는 아기로 바라보고 있는 걸지도요.

은근한 애정 표현

우리가 잘 모르지만 고양이는 이미 많은 관심과 애정을 표시하고 있을지 몰라요. 활달하고 대범한 고양이나 소심하고 겁 많은 고양이가 우리에게 보여주는 다양한 애정 표현들을 살펴볼까요.

거리를 두고 관찰한다

겁이 많거나 소심한 고양이는 사람에게 다가가기 어려워합니다. 날 때부터 정해진, 뇌에 각인된 경계심에서 비롯된 본능이지요. 하지만 보호자에게 애정이 있으면 어느 정도 거리를 두면서도 관찰합니다. 어딘가 숨어서도 얼굴을 내밀고 쳐다보고 있지요. 여전히 사람이 무섭지만 그래도 보호자와 같은 활동영역에서 함께하려 노력하는 모습입니다.

함께 잔다

보호자의 근처에서 잠드는 것도 고양이의 애정 표현입니다. 다른 동물처럼 고양이도 잘 때 가장 취약하므로, 이는 보호자를 완전히 신뢰한다는 뜻이지요. 마치 사람처럼 신뢰하고 좋아하는 대상과만 함께 자는 고양이는 온전한 동료나 가족, 즉 콜로니를 형성하지 않은 사람이나 동물과는 몸을 맞대는 행위인 피지컬콘택트를 하지 않아요.

몸을 비빈다

페로몬을 묻히는 마킹의 일종으로, 자신의 사회적 위치
가 보호자보다 아래임을 인정하는 존경의 행동이에요.
먼저 다가와 자기 몸을 비비거나, 함께 걸으면서 보호자
의 다리 사이를 왔다 갔다 하며 몸을 문지르지요. 소심
하고 겁 많은 아이는 차마 다가오지 못하고 일정 거리
에서 보호자를 바라보면서 주변의 가구나 스크래치 포
스트에 몸을 비비기도 합니다. 그것 역시 아직은 무섭지
만 보호자를 존경하고 사랑한다는 의미예요.

무릎 위에 올라오거나
보호자의 얼굴에 엉덩이를 들이민다

무릎 위에 앉거나 엉덩이를 얼굴에 들이대는 행동은 고
양이에게는 후각 언어 인사이자 매우 중요한 예절이에
요. 엉덩이를 들이밀어 냄새를 맡게 하는 것은 상위 서열
에게 바치는 존경이자 예절 같은 것이죠. 그렇다고 보호
자가 진짜 냄새를 맡진 않아도 됩니다. 그냥 받아주세요.

조용히 다가와 빤히 쳐다본다

보호자가 다가가거나 만지려 하면 후다닥 도망가면서,
안 쳐다보면 어느새 조용히 다가와 빤히 바라보고 있을
때가 있습니다. 이는 소심하고 겁 많은 고양이가 보여주
는 최선의 애정 표현입니다. 고양이는 경계하는 사람에
게는 절대로 다가가지 않아요. 스스로 다가와 거리를 좁
히는 행동은 소심한 아이가 엄청난 용기를 내어 좋아한
다고 표현하는 거예요.

장난감을 가져다주거나
보호자 침대에 올려놓는다

사냥한 걸 침대나 옆에 올려두는 행동은 "이거 너 주려
고 잡았어!"라는 선물이에요. 장난감, 종이조각, 작은 인
형일 수도 있지만, 마음만은 진심입니다. 반 갈라진 쥐
가 아닌 걸 감사히 여기자구요.

왜 얼굴에
엉덩이를
들이댈까?

윤섬의
고양이 상담소
124

갑자기 앞에 드러누워 배를 보인다

출근 준비로 바쁜데 앞을 가로막고 배를 보인다면, "나 좀 만져줘요!"라는 표현이에요. 고양이는 관심받고 싶을 때 드러눕습니다. 잠깐이라도 반응해주는 것이 사랑에 대한 예의입니다. 안 그러면 고양이가 섭섭해할지도 몰라요.

머리를 부딪힌다

고양이가 다가와서 뜬금없이 머리를 '꿍' 박고 가는 경우가 종종 있지요. 이런 헤드번팅head bunting은 사람이나 다른 고양이에게 매우 정중히 애정을 표현하는 행동이에요. 사람으로 치면 한 손을 배에 대고 90도로 고개 숙여 인사하는 행위와 비슷해요.

대답한다

말을 걸면 고양이가 정말 대답하는 것처럼 소리 낼 때가 있습니다. 때로는 정말 대화하는 기분이 들기도 하지요. 보호자에게 대답하는 것처럼 소리를 흉내 내는 행동은 성심성의를 다한 고양이의 애정 표현입니다. 조금이라도 관심과 애정이 없다면 그냥 무시하니까요.

골골송을 부른다

고양이의 골골송은 편안함과 애정을 나타내는 소리예요. 특히 스킨십할 때 자주 들린다면, 그 부위를 좋아한다는 뜻입니다. 하지만 지나치게 골골송이 지속된다면 컨디션 이상일 수 있으니 살펴보세요.

귀가하면 꼬리를 세우고 반긴다

간혹 강아지처럼 문 앞에서 기다리는 고양이가 있어요. 보호자의 귀가만 기다리다가 기척을 느끼면 예민한 고양이의 감각으로 발소리를 감별하지요. 고양이의 환영은 요란하지 않아요. 눈인사와 더불어 몸을 보호자의 다리에 비비거나 "냐아~" 울며 자기를 봐달라고 부르기도 합니다. 꼬리를 수직으로 세우고 부르르 떨기도 하는데, 좋아하는 사람에게만 하는 행동이에요. 매우 행복한 상태에서 기쁨을 표현하는 모습이니 반갑게 만져주고 인사해주세요.

살짝 물거나 핥는다

고양이가 갑자기 물면 당황스럽겠지만, 이는 '러브 바이트love bite'라는 고양이 특유의 애정 표현일 수 있어요. 고양이들은 애정을 담아 서로를 살짝 물기도 하는데, 사람 피부와 달리 고양이의 피부는 질기고 잘 늘어나서 그 정도는 아프지 않아요. 공격적인 표현이 아닌 편안한 환경에서 보호자의 손길을 즐기고 있다가 가볍게 물었다면 좋다는 뜻이에요. 고양이들의 알로그루밍처럼 까끌까끌한 혀로 보호자의 손을 핥아주는 행동도 역시 애정 표현입니다.

보호자의 몸에 턱을 올린다

어느 순간 다가와 보호자 몸에 턱을 올려놓는 행동은, 고양이의 턱에서 나오는 페로몬을 묻혀 가족 혹은 동료임을 확인하는 것입니다. 가족이나 연인, 친구와 무릎베개를 하는 것과 비슷해요. 자고 있는 보호자의 팔에 턱을 올리거나 가만히 서 있으면 발에 턱을 괴기도 하는데 '집사야, 편안하구나' 혹은 '너는 나의 가족이란다' 같은 의미랍니다.

 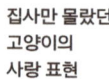

이상한 자세를 보인다

뒷다리를 수직으로 쭉 뻗고 엉덩이 털을 정리하거나, 사람처럼 두 발로 서 있는 등 기상천외한 자세는 긴장이 풀려 있다는 증거입니다. 홀로 사냥하는 육식동물인 고양이는 언제나 긴장을 늦추지 않고 사냥을 준비하는 포식자로 언제든 적의 공격을 피할 수 있도록 경계를 풀지 않지만, 온전한 영역권 안에서 보호자를 신뢰하고 가족 혹은 동료 관계를 형성하면 안전하다고 믿고 경계심을 풀면서 매우 희한한 자세를 자주 취합니다.

풍부한 표정을 보여준다

야생 고양이는 표정이 하나지만, 실내 고양이는 보호자 덕분에 다양한 표정을 배웁니다. 그리고 보호자의 관심을 끌고 소통하기 위해 다양한 표정을 연출하게 되지요. 그래서 보호자와 잘 지내는 실내 고양이의 표정은 정말 다양합니다. 당신의 고양이는 어떤가요? 이제 얼굴만 봐도 무슨 말을 하려는지 알 것 같지 않나요?

배를 보이고 늘어져서 잔다

보호자와의 관계가 좋고 잘 지내는 고양이는 사람처럼 배를 보이고 늘어져서 잡니다. 완전히 방심한 상태로 안전하다고 생각하며 편안히 자는 모습이지요. 경계심을 풀고 가장 취약한 급소인 배를 드러낸 채 보호자와 같은 모습으로 숙면을 취합니다. 보호자와의 관계가 그리 좋지 않으면 이런 자세를 절대 보여주지 않아요.

왜 내게 박치기를 할까?

행복할 때 어떤 행동을 할까?

가족으로 생각할 때 하는 4가지 행동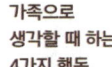

스크래치에 담긴 마음

고양이의 스크래치는 단순한 '긁기'가 아닙니다. 신체 관리부터 감정표현까지 다양한 의미를 지닌 고양이의 필수 본능이에요.

발톱 관리

스크래치로 발톱의 죽은 외피를 벗겨내고 새로 자란 날카로운 안쪽 발톱을 드러내어 항시 사냥할 준비를 합니다. 아침에 일어나서 몸을 쭉 펴서 스트레칭을 하며 발톱을 가는 경건한 의식을 하기도 하지요.

마킹

물체의 표면에 발톱을 갈아 시각적 표시를 남김으로써 자신의 영역이자 사냥터임을 주장합니다. 발톱을 긁으면서 발바닥 분비샘에서 나오는 페로몬을 같이 남겨 자신의 명함을 후각적으로도 깊게 새기지요. 사냥 본능과 생존본능이 연계된 일종의 고양이 사회의 의사소통 수단입니다. '여기는 내 영역이야. 그러니 근처에 오지 말아주면 좋겠어' 정도로 해석할 수 있어요.

감정표현

오늘날 실내 고양이들은 사냥터나 영역권의 주장보다는 발톱의 건강과 감정의 표현으로 스크래치를 합니다. 귀가하는 보호자를 보고 발톱을 가는 것은 반가움의 표현이지요. 창밖의 새나 벌레를 보고 흥분해서 발톱을 갈기도 해요.

관심 끌기

이 경우는 보호자가 있을 때만 합니다. 늦은 귀가에 반가움과 흥분된 마음에 보호자를 쳐다보며 발톱을 갈거나, 낯선 사람의 관심을 끌어보고자 손님을 쳐다보며 스크래치를 하기도 하지요. 관심을 보이거나 이름을 부르면 즉시 행동을 멈출 거예요. 어떤 물건이 보호자의 관심을 더 끌고 더 아끼는지 잘 알아서 주로 비싼 물건을 긁어대기도 합니다.

윤샘 TIP 스크래치는 고양이의 신체 건강은 물론, 정신 건강에도 꼭 필요한 습관입니다. 긁는 걸 야단치기보다는 다양한 스크래처(포스트, 패드)를 제공해주세요. 가구에 집착할 경우, 긁을 수 있는 새 장소를 확보해주는 것이 가장 효과적인 해결책이에요.

좋아하는 스크래처 형태
스크래치의 모든 것
스크래치 행동의 이유

핥고 또 핥고, 그루밍 철학

혀로 자기 몸이나 주변 혹은 상대를 핥는 본능 행동인 그루밍은, 고양이의 심리 상태를 이해하는 데 매우 중요한 단서입니다. 고양이는 생후 2개월령부터 스스로 그루밍을 시작해 잠잘 때나 먹을 때 외에는 온종일 하고 있다고 해도 과언이 아니에요. 이러한 고양이의 그루밍에는 어떤 의미가 있을까요?

그루밍하는 5가지 이유

① 냄새를 지우기 위해

사람 손길이 닿은 자리를 핥는 고양이는 건드리면 싫어서가 아니라 원래 방향이 아닌 쪽으로 헝클어진 털을 다시 제대로 정리하기 위해서예요. 화장품이나 향수 냄새를 지우기 위해서 과하게 그루밍하기도 합니다.

② 마음의 안정시키기 위해

실수했을 때, 놀랐을 때, 혹은 부끄러울 때 아무 일도 없었다는 듯 몸을 핥는 모습 보셨죠? 집사 앞에서 무안함을 감추기 위해서 시치미 떼고 딴짓하는 것 같지만, 도도한 고양이는 사람 눈을 의식한 행동을 하진 않아요. 그루밍으로 자신을 위로하고 마음의 안정을 꾀하는 것이지요. '일단 진정하자, 괜찮아, 별거 아니야'라는 의미입니다.

③ 사냥 놀이의 연장 행동

보호자와 놀다가 흥분한 고양이가 손을 물고 핥는 건 마치 미안해서 반성하는 의미 같지만, 사실은 사냥 후 맛을 보는 행동이라는 주장도 있어요. 사냥 모드에 지나치게 몰입한 고양이가 손이나 발을 물고 맛까지 보는 것이죠. 이러면 다시금 흥분해서 또 물고 그 강도가 점점 더 세질지도 모릅니다. 잘 흥분하는 고양이와는 반드시 낚싯대나 오뎅꼬치 등을 사용해 일정 거리를 두고 놀아주고, 지나치게 흥분하는 듯하면 놀이를 잠시 멈추세요. 손이나 발로 놀아주면 절대 안 됩니다.

왜 그루밍을 할까?

심하게 그루밍을 한다면

④ 호기심에서

사람이 울고 있을 때 고양이가 위로하듯 다가와 눈물을 핥아주기도 합니다. 사실 위로하는 건 아니에요. 고양이는 인간의 복잡한 감정을 이해하지 못합니다. 그저 평소와 다른 보호자의 모습을 보고 호기심이 들어 무슨 일인지 확인하려는 행동이에요. 다가와 살펴보니 진한 페로몬이 배어 있는 물이 궁금해 맛을 보는 거예요.

⑤ 의사소통 수단

그루밍은 의사소통 수단으로 사용되기도 합니다. 형제나 친한 고양이들이 서로 핥아주는 알로그루밍은 친애와 존중의 표현으로, 고양이 사회에서는 아주 중요한 소통수단이지요. 우리가 고양이를 쓰다듬거나 빗으로 빗어주면 고양이는 큰 고양이가 해주는 그루밍처럼 느끼며 안정감을 얻습니다.

그루밍으로 알아보는 건강 상태

그루밍 모습을 관찰하면 건강 상태도 확인할 수 있어요. 관절염 같은 통증성질환이 있다면 통증을 느끼는 부분을 더 오랫동안 핥기도 합니다. 살이 너무 쪘거나 관절염이 심한 고양이는 몸이 유연하지 않아서 그루밍을 포기하기도 하지요. 스스로 그루밍하지 못하면 보호자가 자주 빗어주어야 합니다. 안 그러면 털이 엉키고 청결을 유지하지 못해 피부염에 걸릴 수 있어요. 털이 빠질 만큼 심하게 그루밍을 하면 통증성질환이나 피부염 혹은 알레르기로 인한 가려움증이 있거나, 극심한 스트레스나 강박 같은 정신질환일 수 있으니 반드시 병원에 데려가세요.

쉬는 자세로 보는 감정

냥모나이트 자세

마치 암모나이트 화석처럼 몸을 완전히 둥글게 말고 자는 모습입니다. 고양이가 춥다고 느낄 때 주로 이 자세를 취하지요. 차가워지기 쉬운 발끝과 코끝을 최대한 몸의 중심부에 집어넣고 등을 둥글게 구부리며 꼬리를 말아버려요. 빈틈없이 몸을 구부려 말면 찬 공기에 노출되는 몸의 면적이 작아져 체온 유지에 도움이 됩니다. 기온이 15도 이하일 때 주로 이런 자세를 보이지만, 실내 고양이들은 조금만 추워도 종종 냥모나이트로 변신하지요. 그러니 고양이가 실내에서 이 자세를 보인다면 집 안 온도를 조금 올려주세요. 또한 냥모나이트는 완벽히 안전하고 안심할 때 취하는 자세입니다.

스핑크스 자세

일명 '식빵 자세'로 역시 추위로부터 몸을 지키기 위한 자세입니다. 체온을 빼앗기기 쉬운 네 다리를 모두 몸 밑에 말아 넣어 체온을 지키면서도 머리를 높게 두어 어느 정도 경계가 가능한 자세입니다. 하지만 네 발이 모두 몸 밑에 있어서 위험에 즉각 대처하기는 힘들지요. 그래서 자기 영역에 있는 길고양이나 비교적 안전하다고 느끼는 실내 고양이가 주로 이런 자세를 보여줍니다. 만약 이 자세에서 앞다리는 가슴에 두지 않고 발바닥을 바닥에 댔다면 언제든 도망갈 수 있게끔 경계 강도를 높여서 쉬는 상태입니다.

배를 보이는 자세

고양이는 완벽하게 안전하고 안심할 때만 발라당 누워 배를 보이며 쉬거나 잡니다. 고양이가 당신 앞에서 이 자세로 쉬거나 잠을 청한다면 매우 깊이 신뢰하고 믿는다는 뜻이지요. 하지만 주변 온도가 22도 이하라면 체온 보호를 위해 몸을 다시 웅크릴 거예요.

쉬는 자세로
감정 상태
알아보기

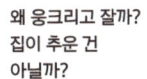

왜 웅크리고 잘까?
집이 추운 건
아닐까?

슈퍼맨 자세

배와 머리를 바닥에 붙이고 슈퍼맨이 날듯 다리 쭉 펴고 엎드려 쉬거나 잠을 청합니다. 발라당 누워 배를 보이는 것과 비슷한 안정감을 느낄 때 나오는 자세인데, 주로 더울 때 이런 모습을 보여요. 털이 없어 열을 발산하기 쉬운 배, 큰 혈관이 지나가는 겨드랑이와 사타구니 부분을 찬 바닥에 붙이면 효율적으로 몸을 식힐 수 있고 더운 여름에도 시원하게 쉴 수 있어요. 만약 이 상태에서 숨소리가 들릴 정도로 호흡하거나 입을 벌리고 숨을 쉰다면 열사병일 수도 있으니 빨리 에어컨을 틀어 체온을 내려주세요.

엎드려서 고개를 콕 박는 자세

식빵 자세에서 앞다리는 바닥에 붙이고 머리를 앞다리 사이에 묻어요. 마치 미안하다고 엎드려 비는 모습 같지만, 눈이 부셔서 얼굴을 묻고 잠을 청하는 자세입니다. 냥모나이트보다는 약간 경계심이 있고 식빵 자세보다는 편안하며 주변이 밝을 때 볼 수 있는 모습이지요. 밝고 약간 추운 장소에서 경계심은 조금 있지만 자고 싶을 때 취하는 자세입니다.

옆으로 누워 쿠션, 베개 등에 머리를 대고 누운 자세

간혹 사람처럼 쉬거나 자는 고양이가 있어요. 옆으로 누워 장난감이나 쿠션 등에 머리를 기대고 쉬거나 자는데, 몸을 늘어뜨리고 쉬고 싶은데 경계심이 남아 있어 머리는 높은 데 두려는 것이지요. 대부분은 자는 듯 보여도 귀를 열어놓고 있어서 작은 소리에도 금세 눈을 뜹니다. 경계심의 정도에 따라 머리를 기대는 쿠션이나 장난감의 높이가 달라져요.

앞다리로 눈을 가리는 자세

자고 싶은데 주변이 너무 밝을 때 보이는 자세입니다. 저녁이나 밤에도 이런다면 적당히 어둡지 않다는 뜻이니 조명을 끄고 커튼이나 블라인드를 쳐주세요. 빛에 예민한 고양이들은 눈을 감는 것만으로도 밝기를 견디지 못해 앞발로 눈을 가리고 잠을 청하기도 합니다.

스콧 자세

사람처럼 철퍼덕 주저앉은 모습입니다. 둥근 체형의 스코티시폴드가 자주 취해서 '스콧 자세'라고 하지요. 동글동글하고 커다란 엉덩이로 안정적으로 앉아 뒷다리를 아무렇게나 놓고는 엉덩이나 뒷다리, 배 같은 중요 부위를 그루밍하며 쉬는, 마치 아저씨 같은 자세입니다. 경계심 같은 것은 우주 밖으로 날려버린 무념무상의 상태이지요.

고양이 뇌 속 들여다보기

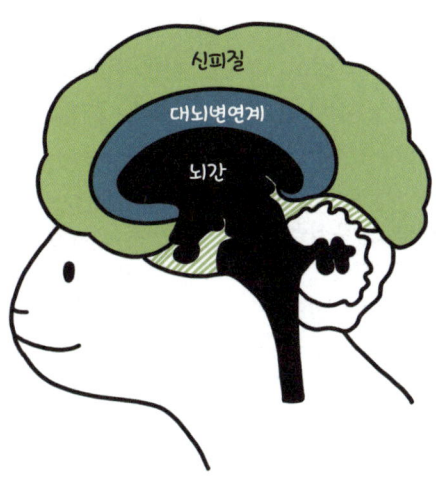

사람과 유사한 고양이의 뇌 구조

고양이의 이상한 행동을 보고 "머릿속엔 뭐가 들었을까?" 궁금했던 적 있지 않나요? 머리 크기만큼 뇌도 작지만, 구조는 인간과 매우 흡사합니다. 다만 차이가 있다면, 사람은 합리적 사고와 기억 그리고 윤리 의식을 담당하는 뇌의 부분인 신피질이 크고 두껍지만, 고양이는 신피질이 매우 얇고 작은 대신 본능과 위협 감지, 감정 그리고 성적 행동을 담당하는 중간층 대뇌변연계가 크게 발달했어요.

대뇌변연계 안의 해마는 기억을, 편도체는 감정을 담당하는데, 이 둘은 고양이의 '예민함'의 핵심이에요. 해마는 위험했던 기억을 오래 저장하기 때문에 한번 싫어진 대상은 오랫동안 회피하고, 편도체는 공포나 불안 같은 감정을 곧장 발동시켜 고양이를 즉각적인 반응(도망가기 등)으로 이끌어요.

즉, 고양이는 이성적 판단 없이 뇌가 곧장 행동하라는 명령을 내리는 구조예요. 그래서 갑자기 숨거나 흥분해 달리는 것도, 그럴 수밖에 없는 뇌 덕분이지요. 우리가 달래려 해도 고양이 스스로 안전하다고 느끼기 전까진 절대 진정되지 않습니다. 이처럼 고양이의 예민한 성격과 행동은 전부 뇌 구조에서 비롯된 자연스러운 생존 전략이에요.

왜
예민할까?

불안과
애착의
이유

마음은
어디에
있을까?

고양이
성격
테스트

"나 질투 중이야" 감정의 비밀

고양이도 분노·불안·기쁨·슬픔·애착·호기심·놀라움 등 생존과 안전을 위한 '기본 감정'은 모두 가지고 있어요. 반면, 질투·자존심·죄책감·수치심 같은 '제2의 감정'은 보통 인간이나 영장류에게만 있다고 알려졌지요.

그런데 최근 연구에 따르면, 고양이도 질투심을 강하게 표현할 수 있다고 해요. 영국 폴 모리스 교수는 고양이와 강아지가 사람과 유대감을 형성한 뒤, 생존에 필요하다고 판단되는 감정을 모방하거나 습득한 것으로 보인다고 분석했습니다. 즉, 질투도 '살아남기 위한 감정'이란 거죠.

고양이가 질투를 느낄 때 하는 행동

1 다른 고양이를 만질 때 멀리서 눈을 동그랗게 뜨고 보호자를 뚫어지게 응시한다.

2 귀가한 보호자에게 다른 고양이의 냄새가 묻어있다면 끈질기게 그 냄새를 맡다가 턱과 몸을 보호자에게 문지르며 자신의 냄새를 묻혀 다른 고양이의 냄새를 지우려 한다.

3 다른 고양이를 만지거나 텔레비전을 보거나 인형을 안고 있어도 비집고 들어와 애정 표현을 하며 관심을 자신에게 돌리려 한다.

4 종종 보호자의 손이나 발을 깨물어 관심을 끌려 한다.

5 질투심으로 심한 스트레스를 받으면 화장실이 아닌 다른 곳에 배변한다. 주변 환경과 보호자에게 자기 존재를 어필하는 일종의 마킹을 한다.

6 야옹거리며 사람을 대상으로 하는 소리 언어를 내며 관심을 끌려 한다.

미묘한 Q&A
"아니, 고양이 왜 저래?" 궁금한 행동들

Q 왜 자꾸 높은 데만 올라가요?

A 고양이는 높은 곳에서 심리적 안정과 우월감을 느껴요. 본능적으로 자신의 영역을 내려다 보며 감시하거나, 위험으로부터 몸을 숨기기 좋은 장소라는 걸 알고 있는 거죠. 다묘 가정에 선 서열이 높은 고양이가 높은 자리를 차지하는 경우도 많아요. 반대로 실내가 안전하다고 느끼면 바닥에서 철퍼덕 눕기도 합니다.

Q 상자에 꽉 끼는 걸 왜 그렇게 좋아할까요?

A 고양이는 수만 년 전부터 홀로 생활하고 사냥해온 독립적인 동물입니다. 자신의 몸 하나만 겨우 들어갈 수 있는 좁은 곳일수록 자신보다 몸집이 큰 동물이 들어올 수 없어서 더욱 안 전하다는 것을 본능적으로 알고 있지요. 그래서 상자처럼 몸이 꽉 낄 정도로 좁은 곳에 있으 면 더 안심하고 안전하다고 느끼는 것입니다. 고양이가 스트레스를 받을 때 들어갈 만한 공 간인 숨숨집을 여러 군데 만들어주시면 좋습니다.

Q 창밖만 멍하니 바라보는 이유가 뭘까요?

A 오랜 시간 물끄러미 창밖을 바라보는 고양이의 모습을 보면 왠지 미안해지고 '하루 종일 좁 은 곳에서 얼마나 답답할까?' 생각이 들지요. 사실 나가서 놀고 싶어 하는 것이 아닙니다. 비 록 호기심이 왕성한 동물이지만 자신의 영역권 내에서의 호기심이지 영역을 벗어나 놀고 싶다거나 외부를 탐색하려는 관심은 거의 없습니다. 단지 자기 영역을 보호하기 위한 감시 인 것이지요. 날벌레나 작은 새의 접근 혹은 흩날리는 꽃, 사람이나 차의 움직임을 보며 자 극과 흥미도 얻습니다. 사냥감이라 생각되는 것을 보고 흥분해 채터링을 하기도 합니다. 이 처럼 창가는 자기 영역의 안전을 지킬 수 있는 감시탑이며 호기심을 충족시키는 최고의 전 망 포인트랍니다. 그러니 전망 좋은 창가에 캣타워나 해먹을 마련해주면 좋아요.

Q 집사가 화장실만 가면 따라오려고 하는 이유는 뭘까요?

A 화장실은 문이 닫혀 있는 경우가 많아 고양이에겐 미지의 공간이에요. 낯선 냄새, 습기, 폐 쇄성 때문에 더 궁금해하죠. 문이 열리자마자 탐험하고 자신의 영역임을 선언하려는 본능 입니다.

Q 쥐 같은 걸 물어다 주는 건 왜 그런 거예요?

A 새끼 고양이가 젖을 떼면 어미는 작은 동물을 잡아와 먹이로 제공합니다. 처음에는 죽은 동물을 주고 이후에는 반쯤 죽은 아직 살아 있는 동물을 새끼가 직접 사냥하도록 가르치지요. 고양이가 사냥감을 갖고 오는 경우는 집사를 자기가 보호해주어야 하는 존재로 여기는 것입니다. 대부분 길냥이들이 어미에게 배운 것을 토대로 여러분께 나름의 사랑을 표현하는 행동이니 반가운 마음으로 받아들이고 잘 묻어주세요. 혹은 정말 보호자에게 고마움을 표현하는 것일 수도 있습니다. '집사야, 그동안 나를 위해 사냥해줘서 고마워. 나도 간만에 사냥에 성공했으니 나눠줄게'의 뜻입니다.

Q 목덜미를 잡으면 왜 얌전해져요?

A 어렸을 적 습관 때문이에요. 어미는 젖먹이 새끼들을 이동시킬 때 목덜미를 물어서 1마리씩 옮깁니다. 이때 새끼가 움직이거나 버둥거리면 어미가 떨어뜨릴 수도 있지요. 그래서 고양이는 본능적으로 목덜미를 물면 움직임을 멈춥니다. 새끼 고양이는 가벼워서 목덜미를 잡아 들어올려도 되지만 성묘를 목덜미만 잡고 들어올리면 안 돼요. 상당한 체중이 목덜미 피부에 실리기 때문에 많이 아플 수 있으니까요.

Q 갑자기 보호자의 다리를 물려고 달려드는 이유는 뭘까요?

A 사냥 본능이 자극되어 일어나는 행동입니다. 집 안에는 움직이는 사냥감이 마땅치 않다 보니 보호자의 다리가 타깃이 된 거예요. 움직이는 발을 보며 사냥 본능이 깨어난 고양이는 득달같이 달려와 콱 물기도 합니다. 비록 보호자의 다리인 건 알지만, 사냥 놀이에 흠뻑 빠져 가상의 먹잇감이라 생각하고 몰입해버리는 것이죠.

Q 한밤중에 우다다는 왜 하는 걸까요?

A 야생 본능으로 인한 행동입니다. 야행성 동물인 고양이는 밤에 사냥을 하는 습성이 있어요. 하지만 실내에서 살면서 더는 야간에 사냥을 다닐 필요가 없어졌습니다. 그래서 밤에 쌓인 에너지를 분출하기 위해 우다다를 하며 뛰어다니지요. 낮에 사냥 놀이 등으로 에너지를 충분히 발산하지 못했다면 밤에 뛰는 것은 당연합니다. 밤에 우다다가 심하다면 집사는 반성하고 낮에 더 많이 놀아주세요.

이상한
행동을 하는
이유

문제 행동
이렇게 바꿉니다

편안한 동거를 위해
실생활 속 문제 행동 교정하기

교육하기

교육은 어떻게 시작할까

고양이가 사람을 물거나 식탁에 오르거나 새벽마다 깨우는 행동은 괴롭히려는 게 아니라 본능에 충실한 결과예요. 하지만 함께 살아가는 데 불편하다면 행동의 근본 원인을 찾아 적절히 대응해야 하죠. 그전에, 교육에 앞서 꼭 알아야 할 4가지 원칙부터 짚고 갈게요.

깨물거나 할퀴는 고양이라면

사냥 본능에서 비롯된 행동이라 완전히 없애긴 어렵지만, 조절은 가능해요. 이럴 땐 무반응과 무관심이 핵심입니다. 손이나 발을 깨물었을 때 놀라 소리 지르거나 밀치면, 고양이는 '사냥감이 반응했어!'라고 착각하고 더 흥분할 수 있어요. 반대로 아무 반응이 없다면 '재미없네…' 하고 멈추게 됩니다.

발톱 깎기나 빗질 중 깨문다면 깨물기 전까지만 하고 멈췄다가 천천히 다시 시도해보세요. 쓰다듬다가 갑자기 무는 것도 마찬가지예요. 부위마다 '참을 수 있는 역치'가 달라요. 고양이마다 다르므로 그 기준선을 잘 파악하면 훨씬 편해질 거예요. 만약 특별한 자극 없이도 공격한다면, 스트레스나 불안, 선천적 기질 문제일 수 있어요. 이럴 땐 억지로 만지지 않아야 해요. 심할 경우 약물 처방이 필요한 상황일 수도 있습니다.

기본 교육 전 집사가 꼭 알아야 할 4가지 원칙

1 절대 소리 지르거나 야단치지 않아요. 고양이는 우리가 왜 화를 내는지 이해하지 못합니다. 갑자기 소리 지르면 놀라기만 할 뿐입니다.

2 때리거나 때리는 척도 하지 마세요. 일단 때리면 당신과 고양이의 신뢰 관계는 완전히 끝나버리며 교육 자체가 불가능해집니다. 때리는 시늉은 맞아본 아이에게는 공포심만 유발하고 맞은 적 없는 아이는 동작 자체를 이해하지 못해요. 학대 문제는 차치하더라도 어차피 교육 면에서 무의미합니다.

3 무서운 표정은 의미 없어요. 고양이는 시력이 좋지 않아서 주인의 미세한 얼굴 근육의 변화를 눈치채지 못해요. 역시 무의미한 행동입니다.

4 이동장에 가두지 마세요. 자신이 이동장에 갇히는 이유를 이해하지 못해서 효과가 없을뿐더러 나중에 이동장이 필요한 상황에 사용하지 못하는 역효과만 낳습니다.

고양이의
4가지
행동패턴

깨무는
4가지 이유와
해결책

병원만 가려고 하면 숨는다면

고양이에게 병원은 공포 그 자체입니다. 그래서 평소에 이동장과 친해지도록 유도하는 게 중요해요. 케이지를 항상 열어둔 채 간식이나 밥을 안에서 주면, 그 안을 '편안한 공간'으로 인식하게 됩니다. 가능한 한 병원에서도 이동장 안에서 진료나 처치를 받게 해주면 스트레스를 덜어줄 수 있어요. 이동할 때는 이동장을 담요로 덮어 밖이 보이지 않게 하고, 안에는 평소 집에서 사용하는 담요나 수건을 깔아주면 안정감을 줍니다. 그래도 스트레스가 심하다면 병원 이동 2시간 전에 처방받은 항불안제를 먹이는 방법도 있어요.

만지는 걸 싫어한다면

고양이는 자기가 원할 때, 원하는 부위를, 원하는 만큼만 만져주길 바라요. 아무리 친해도 마음에 안 드는 손길에는 불쾌감을 드러내고, 심하면 물거나 할퀼 수도 있죠. 쓰다듬을 땐 고양이가 만족하기 직전, 조금 아쉬울 때쯤 멈추는 게 좋아요. 그리고 나서 간식이나 사냥 놀이로 보상해주면 더 효과적이에요. 눈을 감고 엎드려 있거나, 귀가 편안하게 서 있고, 슬쩍 다가와 몸을 부비는 모습이라면 지금이 바로 스킨십 타이밍! 반대로 스킨십 중에 꼬리를 휙휙 흔들거나 털이 곤두서기 시작하면 바로 멈춰주세요.

새벽에 울거나 사람을 깨운다면

새벽마다 깨우는 이유는 단순해요. '예전에 깨웠더니 밥 줬잖아?'라는 기억 때문입니다. 이럴 땐 단호하게 무시하세요. 한 번만 응해줘도 반복됩니다. 자기 전 15분 이상 격렬하게 놀아주고, 포만감을 느낄 정도로 식사를 주는 것도 방법이에요.

천을 먹으려 든다면

이른바 '울서킹신드롬wool sucking syndrome'은 천을 빨고 물고 뜯는 행동을 말해요. 주로 샴이나 러시안블루 같은 포린 체형(날씬하고 우아하며 얼굴은 삼각형인 체형)의 고양이에게 유전적으로 나타나는 경향이 있고, 스트레스를 받을수록 심해집니다. 실을 삼키면 장폐색이나 수술로 이어질 수 있으니 반드시 막아야 해요. 일단 천류 물건은 치워두고, 씹는 욕구를 해소할 수 있게 사료를 좀 더 단단한 제형으로 바꿔주세요. 사냥 놀이와 창밖 관찰 등 무료함을 달랠 수 있는 환경도 필수예요. 페로몬 제품이나 스트레스 완화 보조제도 도움이 되고, 그래도 반복된다면 강박 증상으로 보고 약물 치료가 필요할 수 있어요.

몸을 손질해주는 행위를 극도로 싫어한다면

발톱 깎기, 빗질, 양치질 같은 손질을 심하게 싫어한다면, 우선 방법을 점검해봐야 해요. 강제로 억지로 한 번에 끝내려 들면 오히려 스트레스만 주게 돼요. 느긋하게, 천천히, 조금씩 익숙해질 때까지 도전하세요.

발톱 깎기 | 발을 부드럽게 만지는 스킨십부터 시작하여 충분히 익숙해지면 하나씩 시도합니다. 며칠이 걸려도 좋으니 천천히 해주세요.

빗질하기 | 어미 고양이가 새끼를 핥아주듯이, 천천히, 아주 부드럽게 부분적으로 빗어주세요. 싫어하면 멈췄다가 나중에 다시 해도 돼요.

이빨 닦기 | 손가락으로 간식을 먹여주는 것으로 시작해서 고양이가 좋아하는 종류의 칫솔과 치약

을 찾아 이빨을 하나씩 천천히 닦아줍니다. 처음엔 이빨 전체를 닦는 데 일주일이 넘게 걸릴 수도 있어요. 모든 손질은 끝나면 맛난 간식이나 사냥 놀이로 꼭 보상해주세요.

사람 음식을 훔쳐 먹는다면

음식은 무조건 고양이 손이 닿지 않는 곳에 보관하세요. 식탁이나 선반 위에 음식을 올려두면 한순간에 사고로 이어질 수 있어요. 쓰레기통도 뚜껑이 단단한 제품으로 바꾸고, 고양이가 열 수 없도록 해주세요. 작은 조각이라도 위험할 수 있으니 빈틈없는 관리가 필요합니다.

음식 때문에 올라오는 경우 | 식사 시간을 제외하고는 식탁 위에 어떠한 흥밋거리나 음식물도 놔두지 마세요. 비만 상태가 아니라면 항시 배고프지 않도록 자율 급식을 해도 좋습니다. 고양이의 식사 자리는 식탁과 멀리 떨어진 곳에 지정해두세요. 고양이가 식탁에 올라오면 절대 식탁에서 음식을 주지 마세요. 식탁에 올라왔는데 고양이가 좋아하는 간식거리를 준다면 고양이는 자기 행동에 대한 보상으로 받아들여 계속 식탁 위에 올라올 거예요.

 **움샘 TIP** 식탁 위를 금지 구역으로 정했다면 모든 가족이 똑같이 대응해야 합니다. 식탁에 올라갔는데 어떤 때는 쓰다듬고 어떤 때는 못 올라오게 하면 고양이가 헷갈리겠지요? 마찬가지로 식탁 위가 비어 있을 때는 허용하고 음식이 있거나 복잡할 때는 못 올라가게 한다면 혼란스러울 거예요.

기본
예절교육
part 1

기본
예절교육
part 2

편안한 쉼터로 생각하는 경우 | 식탁 위에서 자는 고양이, 무섭거나 불안하면 식탁 위로 올라가는 고양이도 있어요. 이런 경우에는 식탁이나 찬장이 아닌 편한 곳에 안전한 장소를 만들어주세요. 책장이나 캣타워를 고양이가 조금 더 사용하기 편하고 안전한 위치로 옮겨주면 좋습니다. 더 편안하고 안전하며 집 안의 조망이 좋은 곳에 오를 수 있다면 식탁보다는 캣타워를 선호할 거예요.

관심을 끌려고 올라오는 경우 | 이 경우 야단치거나 간식 주는 것도 고양이에겐 관심이자 보상이에요. 관심을 구걸할 정도라면 보호자와의 상호작용 놀이 시간이 부족했을 가능성이 큽니다. 고양이의 무료함을 달래주고 보호자에 대한 과도한 관심을 줄이기 위해 더 많이 놀아주세요. 더 많이 놀아주는데도 계속 올라간다면 안 된다고 단호하게 말하고 내려준 후 바로 무관심하게 20분 정도 그 자리를 벗어나세요. 식탁에 오르는 행위는 집사의 관심을 끌 수도 없고 그럴 때마다 집사는 떠나버린다는 인식을 심어주는 것입니다.

그래도 올라오는 경우 | 이제는 식탁이 불편한 곳이라는 기억을 심어줘야 해요. 식탁 모서리에 동전이 든 깡통을 놓아두어 고양이가 떨어트리면 시끄러운 소리가 나게 하거나, 식탁에 양면테이프를 붙여 고양이가 밟을 때 안전하지 못하며 기분 나쁘다는 인상을 심어주세요. 고양이 접근 방지 매트를 깔아놓는 방법도 있어요. X-mat라고 불리는, 부드러운 실리콘이 뾰족뾰족하게 돌출된 형태인데 밟을 때 촉감이 안 좋아 고양이가 접근을 꺼리지요. 이마저도 무시하고 오른다면 고양이용 저주파 매트도 있습니다. 저주파 자극을 주는 매트로 고양이가 밟으면 깜짝 놀라서 다시는 그 근처에 가지 않아요. 이런 용품들은 식탁뿐 아니라 화분이나 싱크대 등 고양이가 안전을 위해 접근하면 안 되는 여러 장소에 다양하게 활용할 수 있습니다.

올바르게 야단치는 방법

고양이에게 "안 돼!"라고 말한다고 해서 반성하고 고개 숙이지는 않아요. 하지만 그 행동이 싫다는 걸 단호하게 전달하는 건 중요해요. 고양이에게 야단칠 땐 아래의 4가지 원칙을 기억하세요.

① 짧고 단호한 단어로

간결하고 단호한 어감의 단음절이 좋습니다. 고양이가 안 좋은 행동을 하면 "쓰읍" "안 돼" "그만"처럼 짧게 말하며 만류하세요. 이때 고양이의 눈을 정면으로 단호하게 바라봅니다. 눈을 마주 보면서 고양이의 긴장을 유도하여 기분이 좋지 않다는 사실을 알려주세요.

② 절대 손대지 않기

어떤 경우에도 때리거나 미는 등 고양이의 몸에 손을 대면 안 됩니다. 보상이나 놀이로 인식하거나, 흥분한 상태라면 공격으로 여길 수도 있으니 야단치는 중에 만지지 마세요.

③ 일관성 유지하기

항상 일정한 톤으로 같은 단어를 같은 상황에서 사용하세요. 평소에는 용인했던 문제 행동을 어느 날 갑자기 야단치면서 금지하면 고양이는 혼란스러워합니다. 그때그때의 감정에 따라 야단치지 마세요. 감정이 아닌 사실관계에 기반해서 안 되는 행동을 정하고, 고양이가 그 행동을 하면 즉시 차분하고 단호한 어조로 감정을 배제하고 제재합니다.

④ 야단 후엔 무관심 모드로

야단을 친 후에는 적어도 20분간은 무관심해야 합니다. 야단친 것이 미안해서 풀 죽어 있는 고양이에게 간식을 주거나 안아주거나 쓰다듬지 마세요. 고양이는 야단치기 같은 부정적 신호와 칭찬이나 보상 같은 긍정적 신호를 구분할 수 있습니다. 2가지 신호를 정확하게 알려준다면, 고양이는 보호자가 싫어하는 행동은 최대한 하지 않으려고 노력할 거예요.

야단치면 교육이 될까?

고양이가 싫어하는 집사 습관

3

이름 부르면 달려오게 하는 법

강아지와 마찬가지로 고양이도 이름을 부르면 달려오게 가르칠 수 있어요. 이름 부르면 반응하거나 보호자에게 오게 된다면 고양이와 생활하기가 더욱 편해집니다. 유대감이 상승함은 물론, 필요할 때 위치를 알 수 있으며 위급 상황에서 고양이를 불러들여 위기를 피할 수도 있지요. 고양이에게 이름을 인식시키고 부르면 반응하게 하려면 4가지 원칙을 지켜주세요.

부르면 달려오는 4가지 훈련 원칙

① 짧고 부르기 쉬운 단음절로 짓기
간장치킨 색깔이라며 '순살간장치킨' 같은 긴 이름을 붙인다거나, 아파트 단지 근처에서 만났다고 해서 '아파트먼트' 같은 어렵고 생소한 단어로 부르면 고양이가 이름을 인식하기 어렵고 부를 때 잘 알아듣지도 못해요. 짧고 부르기 쉬운 이름이 좋아요.

② 애칭이나 다른 이름과 같이 부르지 않기
원래 이름을 두고 별명이나 다른 이름을 혼용하면 고양이가 혼란스러워하고 훈련이 제대로 되지 않아요. 반드시 하나의 이름으로 정확하게 불러주세요.

③ 항상 같은 톤으로 부드럽게 부르기
야단치거나 부정적인 상황에서 이름을 부르면 무시하거나 숨어버립니다. 이름은 긍정적인 상황에서 부드럽게 동일한 톤으로 불러주세요.

④ 오면 보상하기
이름을 불러서 다가오거나 대답하면 고양이가 좋아하는 간식이나 놀이로 보상해주세요. 그러면 효과가 극대화되어 자기 이름을 더욱 잘 인식하고 반응할 거예요.

"이리 와" 하면 정말 오는 고양이 훈련법

7가지 훈련 요령

① 보상은 확실하게

고양이는 강제적으로 혹은 집사를 기쁘게 하려고 행동을 익히거나 재주를 부리지 않아요. 오직 귀찮음을 무릅쓸 가치가 있다고 생각하는 보상에만 반응하지요. 고양이가 잘 훈련 받아 당신이 원하는 행동을 성공한다면 큰 칭찬과 간식으로 보상해주세요.

② 양질의 맛있는 간식 활용하기

츄르나 템테이션처럼 기호성 좋은 작은 간식을 적극 활용해 행동을 장려합니다. 많은 걸 귀찮아하는 고양이를 단순한 칭찬만으로 움직이게 하기란 매우 힘들지요. 처음에는 좋아하는 간식을 이용하다가 점진적으로 끊어주세요.

③ 배고플 때가 훈련 찬스

간식에 더욱 적극적으로 반응하도록 밥을 주기 직전 배가 고플 때 간식을 사용해 훈련하면 효과가 더욱 좋아요.

④ 조용하고 집중이 잘되는 장소에서

조용하고 고양이의 주위를 끌 만한 것이 없는 장소가 좋습니다. 어린 고양이가 많은 곳은 훈련 장소로 적합하지 않아요.

⑤ 시간은 짧고 규칙적으로

훈련은 1회 평균 사냥 시간인 10~15분 정도로만, 날마다 같은 시간에 실시합니다.

⑥ 명령어는 짧고 일관되게

"이리와" 혹은 "앉아" 같은 특정 동작을 훈련할 때는 항상 같은 단어를 사용하세요. 다양한 명령어는 고양이를 혼란스럽게 합니다.

⑦ 훈련이 안 되면 멈추기

훈련이 잘되지 않는 날도 있어요. 그럴 때는 중단하고 다음에 다시 시도합니다.

함께 배우는 기본 훈련

'이리 와' 훈련하기

① 처음에는 눈앞에서 "이리 와" 또는 이름을 부르며 간식을 보여주고, 다가오면 쓰다듬고 칭찬하며 보상으로 간식을 주세요. 간식 봉지를 흔드는 것도 좋아요.

② 훈련 장소를 바꿔가며 반복하고, 점점 먼 거리, 문 너머 등 다양한 위치에서 불러보며 익숙해지게 해요.

③ 이름만 불러도 즉시 달려올 때까지 매일 꾸준히 반복합니다.

'앉아' 훈련하기

① 고양이와 마주 본 상태에서 간식을 보여주고, 그걸 천천히 고양이 머리 위쪽으로 올려주세요.

② 고양이가 간식을 따라 주저앉으면 바로 "앉아"라고 말하고 간식을 줘요. 앉지 않으면 엉덩이를 손으로 가볍게 살짝 눌러 앉히고 "앉아"라고 즉시 말합니다.

③ 고양이가 앉자마자 간식을 주며 칭찬해줘요.

④ 이 행동을 이해하고 완전히 터득할 때까지 매일 반복합니다. 훈련용 간식은 평소엔 절대 주지 않는 것이 핵심이에요.

> 🐾 "이리 와" "앉아" "엎드려"는 한 세트의 훈련으로 묶어서 하나하나 익숙하게 하면 좋아요.

'엎드려' 훈련하기

① 먼저 "앉아" 용어를 사용해 고양이를 앉게 합니다.

② 간식을 고양이 얼굴 앞에서 천천히 가슴 쪽으로 내리면, 고양이가 간식을 따라가며 자연스럽게 몸과 머리를 낮춥니다.

③ 간식을 천천히 고양이 몸에서 멀어지게 움직입니다. 그러면 고양이는 자연스럽게 간식을 따라가다가 엎드린 자세를 취할 거예요.

④ 이때 "엎드려"라고 말하고 간식을 주세요. 매일 반복해서 익숙해지게 합니다.

공놀이 훈련하기

모든 고양이가 좋아하는 건 아니지만, 특히 어리고 활발한 고양이에게는 즐거운 놀이가 될 수 있어요.

① 작고 가벼운 공이나 인형을 멀리 떨어진 고양이를 향해 던져요. 고양이가 공을 입에 물 때까지 기다려요.

② 공을 물면 "이리 와" 혹은 이름을 부르고, 다가오면 간식과 칭찬으로 보상해주세요.

③ 이 놀이를 고양이가 이해할 때까지 훈련을 반복해요.

④ 이 훈련이 익숙해지면 고양이는 간식을 먹고 싶을 때마다 공을 물고 찾아올 거예요.

겁 많은 아이 자신감 키우기

무심하고 태평하게 행동하기

유난히 겁이 많은 고양이가 있습니다. 이러한 두려움은 부적절한 사회화, 과거의 나쁜 경험으로 인한 트라우마, 통증, 질병, 잘못된 케어나 낯선 사람·환경·사물에 노출될 때 주로 발생하며 선천적 유전일 수도 있어요. 하지만 올바른 방식으로 도와준다면 조금씩 자신감을 키워 대범한 고양이로 바뀔 수 있습니다. 고양이가 두려워할 만한 모든 상황에서도 정말 별거 아니란 듯 무심하고 태평하게 행동하세요. 괜찮다고 어르거나 안아주거나 달래주지 마세요. 낯선 사람의 방문이나 이사 등 무서워할 만한 환경에서 소심한 고양이는 쏜살같이 달아나 구석에 숨어버릴 것입니다. 이럴 때는 낚싯대 장난감을 가지고 고양이가 숨은 곳 앞에서 무심하게 흔들어주세요. 스스로 나올 때까지 기다리고 절대 억지로 끌어내면 안 됩니다.

소심한 고양이를 위한 10가지 팁

1 집사와 같은 방에 있도록 강요하지 않아요. 원한다면 언제든 도망가서 숨을 수 있게 자유를 주는 것이 좋아요.

2 은신처나 숨숨집으로 피할 수 있는 길을 항상 열어둬요.

3 낯선 사람·동물·물건에 얼마나 접근할지는 고양이에게 맡겨요. 절대 일부러 끌어당기거나 안아서 가까이 데려가지 마세요.

4 무서운 상황에선 상호작용 놀이나 간식 등으로 신경을 분산시켜줘요.

5 평상시와 같은 부드러운 목소리 톤을 유지해요.

6 고양이가 편안한 자세를 취하거나 사냥 놀이에 반응을 잘하면 간식을 보상으로 줘요. 사냥 놀이 끝에는 꼭 장난감을 잡게 해 성취감을 느끼게 도와줘요.

7 사료를 자율 급식으로 전환해 음식에 대한 사람 의존성을 줄여줘요.

8 낯선 사람 등에 노출되는 교육은 아주 짧은 시간부터 시작해서 아주 천천히 진행해요.

9 이사처럼 환경이 바뀔 경우 적응할 시간을 주고 천천히 진행해요.

10 평소와 다른 어투를 쓰지 않아요. 갑자기 톤을 바꾸거나 격앙된 목소리를 내면 큰일이 난 줄 알고 더 깊은 공포에 빠지니 주의해요.

작은 소리에도 놀라는 '예민한 고양이' 교육법

예민한 고양이에게는 안정적이고 조용한 환경이 필요합니다. 하지만 소음 없이 고요해야 한다는 뜻은 아니에요. 예민한 고양이라도 일상생활에서 나오는 어느 정도의 소음이나 변화에는 적응하여 제약 없이 지내야 합니다. 무섭고 두렵더라도 익숙해져야 하지요.

청소기 소리를 무서워한다면

우선 청소기를 고양이가 다니는 곳에 항상 노출해두세요. 무서워한다고 창고나 다용도실에 숨겨놓으면 매번 청소기를 보기만 해도 두려워할 수 있어요. 처음엔 청소기를 1~2초 정도만 작동시킨 후 간식을 주거나 사냥 놀이를 해서 좋은 이벤트의 신호로 인식시키고, 점차 시간을 늘려가며 청소기 소리에 익숙해지도록 합니다. 이 방법으로도 청소기 소리를 좋아할 수 없을지 몰라도, 적어도 공포심이나 자극감은 줄일 수 있을 거예요.

특정 물건을 무서워한다면

특정 물건을 두려워하거나 경계한다면 해당 물건을 숨기거나 가린 후 조금씩 노출해보세요. 물건에 반응을 보이면 간식을 주며 좋은 기억을 심어주거나 물건에 캣닢을 발라 스스로 접근하게 만드는 방법도 좋습니다.

초인종 소리를 무서워한다면

귀가 시 초인종을 눌러 낯선 사람이 아닌 보호자의 등장과 초인종 소리를 매칭하세요. 초인종 소리에 보호자의 귀가라는 좋은 기억을 덧씌우는 거예요. 초인종 소리에 불안해하면 아무 일 아니라는 듯 사료나 간식을 주면 거부감이 많이 줄어듭니다. 낯선 사람의 방문은 예민한 고양이에게 두려운 사건입니다. 초인종 소리가 난다면 반드시 낯선 사람이 등장하기에 그 소리까지 싫어하는 것이지요. "예민한 동물이 있으니 초인종을 누르지 마세요"라고 밖에 써 붙여둘 수도 있지만, 매번 통하진 않으므로 초인종 소리에 익숙하게 만들고 둔감해지도록 훈련해야 합니다.

돌발 상황이나 큰 소리에 잘 놀란다면

천둥 같은 큰 소리나 돌발상황에 놀라 여기저기를 뛰어다니거나 공포에 사로잡힐 때 보호자의 차분한 태도가 중요합니다. 별일 아닌 듯 침착하게 대응해야 고양이가 빨리 안정을 되찾을 수 있어요. 낙상 등의 사고가 나지 않도록 지켜보다가 고양이가 조금 진정하면 모른 척 자연스럽게 일상생활을 지속하세요. 아직 흥분이 채 가시지 않았는데 다가가서 안아주거나 간식을 주는 행동은 바람직하지 않아요. 고양이 스스로 완전히 진정이 되면 위로해주세요.

공포, 불안의 정도가 심하다면

고양이가 너무 심하게 불안해하고 대응이나 훈련도 무용지물이라면 고양이 삶의 질을 위해서라도 약물 치료가 필요할 수 있어요. 가까운 동물병원에서 상담하여 불안을 잠재울 수 있는 항불안제를 처방받아 꾸준히 먹이면 도움이 됩니다.

예민한
고양이
키우기

겁쟁이
고양이
적응 훈련

차만 타면
불안해하는
고양이 교육법

문제 행동
교정하기

'도와줘요' 신호

같은 행동을 반복해요

몸이나 비닐을 끊임없이 핥아 상처를 내거나 자기 꼬리를 쫓아 뱅글뱅글 돌거나 같은 자리를 계속 왔다 갔다 하는 페이싱pacing 발작을 하기도 합니다. 주로 스트레스성장애나 강박장애 증상으로 위험을 알리는 신호와도 같아요. 이러한 상동 행동은 선천적 강박증 소인이 있는 고양이가 본능을 제한받는 환경에서 특정 행동으로 무료함을 달래고 자신을 위로하는, 일종의 정신질환입니다. 정도가 심해지면 평범한 일상생활이 불가능하고 자해까지 다다를 수 있습니다. 혹시 고양이가 같은 동작을 자주 반복한다면 반드시 영상으로 찍어서 치료가 필요한 상태인지 진단받으세요.

천이나 비닐을 씹어요

비닐이나 천 종류 등 이물을 먹는 행동으로 샴, 버만, 러시안블루에서 유전적으로 다발하는 정신질환의 일종입니다. 2세 이상의 고양이가 이런 행동을 자주 보인다면 빨리 병원에 가서 치료해야 합니다.

갑자기 공격해요

평소 얌전하던 고양이가 갑자기 공격성을 보인다면 통증성질환일 수 있고 만약 10세 이상의 노령묘라면 치매일 수 있어요. 특정 부위를 만졌을 때 공격적으로 돌변한다면 그곳이 아프기 때문이고, 전반적으로 공격성이 늘었다면 진단과 치료가 필요합니다.

갑자기 배변을 실수해요

안 그러던 고양이가 대소변을 제대로 가리지 못한다면 70% 정도는 신체적 질병, 30% 정도는 정신적으로 심한 스트레스질환이 원인입니다. 방광염, 신부전, 관절염 등으로 인해 실수하는 경우가 대부분이니 질병이 있는지 검진을 받아야 합니다. 만약 다묘 가정이라면 아이들 간에 심각한 문제가 생겼을 수 있어요. 영역권이 바뀌었거나 화장실 개수가 부족하진 않은지 세밀히 관찰하고, 스트레스를 낮출 수 있는 질켄이나 페로몬 보조제 등을 사용해본 후 효과가 없다면 항불안제를 처방받아 복용시켜주세요.

보호자를 물어요

어린 고양이 시절 올바르지 못한 놀이 방법이나 예의 바르지 못한 요구 방법에서 기인한 습관일 수 있어요. 커서도 물면 보호자가 매우 아프고 다칠 수도 있으니 빨리 교정해야 합니다.
손으로는 놀아주지 말고 혹시라도 물면서 뭔갈 요구한다면 절대 들어주지 마세요. 야단치거나 화내지 말고 완전 무시하고 그 자리를 벗어나, 무는 행동으로는 어떤 관심도 받을 수 없다는 사실을 알려줍니다.

심하게 물어요

어린 고양이는 우는 것이 정상이지만 평소 안 울던 성묘가 갑자기 크게, 오래 운다면 청력에 문제가 생긴 것일 수 있고 만약 노령묘라면 인지기능 장애 치매가 진행 중일 수 있어요. 갑상샘기능항진증이나 신부전, 관절염, 통증성질환 발생 가능성이 크니 병원 진료를 받아야 합니다.

밤에 갑자기 깨어 돌아다녀요

수면 패턴에 변화가 생겼나요? 노령묘라면 치매가 의심되고, 갑상선질환 같은 호르몬 변화가 생겼거나 통증성질환일 수 있으니 진단을 받아야 합니다.

집 안 곳곳을 긁어요

발톱 관리, 관심 끌기, 소유권 표시 등을 위한 스크래치는 고양이의 정상 습성이지만 심하면 문제가 됩니다. 일단 더 좋은 스크래처를 고양이가 좋아하는 위치에, 좋아하는 형태와 재질의 것으로 마련해주세요. 2층 이상의 캣타워에 달린 스크래처를 좋아하는 경우가 많으며 9세 이하의 고양이는 로프 재질을, 10세 이상의 고양이는 카펫 형태를 선호하는 편이에요.

🐾 로프 재질의 스크래처

치료가
필요한
정신질환

어떤 것이
문제 행동
일까?

흔한
문제 행동
8가지

사람을 무는 행동

고양이가 사람을 무는 데는 다양한 이유가 있어요. 기분이 좋아서, 원하는 게 있어서, 아니면 장난으로 물기도 해요. 그런데 그 행동이 자주 반복되거나 점점 세진다면 우리에겐 꽤 큰 문제가 되죠. 특히 손이나 발을 대상으로 무는 행동은 초기에 바로잡아야 합니다.

손이나 발을 무는 이유

고양이는 사냥 본능이 있는 동물이기에 움직이는 손이나 발을 장난감처럼 인식할 수 있어요. 특히 놀이나 요구 행동이 부족할 땐 사냥감을 찾듯 집사의 발을 쫓거나 물기도 하지요.

또한 자신의 의사 표현 수단으로 입을 쓰기도 해요. 배가 고프거나, 쓰다듬어달라거나, 간식이 먹고 싶거나 원하는 게 있을 때 집사를 물며 표현하는 거예요. 이런 경우, 무는 행동에 보상을 연결하지 않는 것이 핵심이에요. 물었을 때 바로 원하는 걸 들어주면, 그 행동이 습관이 되거든요. 반대로 얌전히 기다렸을 때 보상해주면 더 효과적입니다.

아기 고양이가 문다면

아기 고양이는 물면서 세상을 배워요. 하지만 집사의 손이나 발은 절대 장난감이 아님을 알려야 해요. 손 대신 낚싯대 같은 장난감을 사용해 놀아주세요. 스킨십은 고양이가 졸리거나 골골거릴 때만, 아주 천천히 해주세요. 고양이가 활발하고 호기심에 넘칠 때는 만지지 말고, 졸려 하거나 막 잠들려 할 때 혹은 골골댈 때만 천천히 쓰다듬어주세요. 기운 넘치고 놀고 싶어 할 때 집사의 손발은 그저 사냥 놀이의 좋은 도구일 뿐입니다. 손의 움직임은 최소화하고, 사냥감은 '장난감'이라는 걸 반복적으로 인식시켜 주세요. 무는 순간엔 단호하게 자리를 피하고, 고양이와의 소통도 놀이도 중단하세요. 이 과정에서 고양이를 밀치거나 큰 소리를 내거나 흥분하거나 자극하면 절대 안 됩니다. 무는 순간 재미있는 놀이도, 집사와의 커뮤니케이션도 끝난다는 사실을 명료하고 간결하게 알려줘야 합니다.

아기
고양이가
문다면

쓰다듬기
공격성

성묘가 문다면

다 자란 고양이가 문다면 상황에 따라 다른 방법을 사용해 교정해야 합니다.

쓰다듬어서 petting agg.

쓰다듬는 집사의 손길을 고롱거리며 즐기던 아이가 갑자기 돌변해 손을 무는 상황입니다. 당하는 보호자는 매우 당황스럽지만 이런 행동은 고양이의 변덕이 아닌 정상 공격성이에요. 이미 고양이는 '이제 그만 만지라'는 여러 신호를 보냈답니다. 하지만 보호자가 그걸 알아채지 못하고 계속 쓰다듬는 바람에 결국 더는 참지 못하고 물어버린 것이지요.

평소 고양이가 스킨십을 허용하는 범위를 잘 파악하여 공격성이 나오기 직전까지만 쓰다듬어 주세요. 애초에 허용 범위를 넘어서는 바람에 화를 내는 것이니 심하게 만지지 않으면 해결됩니다. 골골송을 멈추거나 고개를 들어 쳐다볼 때, 미묘하게 자세를 바꾸거나 갑자기 숨을 멈추는 것 등이 고양이가 보내는 신호이니 스킨십을 멈추세요. 되도록 짧게 자주 쓰다듬어주고 고양이가 골골대며 들이댈 때만 만져도 좋아요. 텔레비전을 보며 무성의하게 만져대는 행동은 자제합니다.

애정 표현이 과해서

많은 고양이가 애정 표현으로 집사를 물어요. 어릴 적 습관이 커서도 나타나는 경우인데 집사의 팔이나 발에 매달려서 기분 좋게 비비고 핥다가 흥에 겨워 콱 물기도 하지요.

이럴 때는 고양이와 하던 모든 행동을 중단하고 무심하게 가만히 쳐다보며 '물어서 흥이 깨졌다'는 상태를 알리고 그 자리를 피하세요. 평소 고양이가 집사의 팔다리에 매달리며 애정을 표현하면서 심하게 무는 편이라면 물기 전에 장난감으로 놀아주면 효과적으로 예방할 수 있어요. 애정 표현이라고 물기를 허용하면 갈수록 강도는 심해지고 행동이 굳어져 나중에는 교정하기 어려워요. 화내거나 흥분하지 않으면서 이 행동을 나는 싫어하며 용납하지 않겠다는 의사를 알리고 관심을 돌릴 수 있도록 다른 대체재를 사용해 놀아줍니다.

고양이가
나를
사냥한다면

공격성의
다양한 원인과
해결책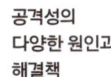

어떨 때
사람을
물까?

요구사항이 있어서

고양이가 뭔가를 원할 때마다 물어댄다면 그 요구를 들어주면 안 됩니다. 대신 물지 않고 얌전할 때 요구사항을 들어주세요. 무는 행위는 요구 수락으로 이어지지 않으며, 오히려 원하는 걸 얻지 못한다는 사실을 계속 알려줍니다.

집사를 사냥한다고 느껴서

걸어다니는 집사에게 달려와 다리를 물거나 점프하여 손을 무는 경우가 있습니다. 심하게 흥분한 상태에서 집사의 손발을 사냥감으로 정한 것이지요. 한정적이고 단조로운 실내 공간에서 고양이의 흥미를 자극하는, 움직이는 대상이 보호자의 손발인 경우가 대부분이니까요. 그래서 심심한 고양이들이 사냥 놀이나 유희의 대상으로 집사의 손과 발을 노리고 흥분하는 경우가 자주 있습니다.

가장 큰 원인은 놀이 시간이 부족하기 때문이에요. 일반적으로 하루 4회 각 15분 놀이를 권하지만 고양이마다 다르며 어리고 활발할수록 이것만으로는 부족할 수 있어요. 활발한 기질의 고양이가 무료한 환경에 오래 노출되어 놀이 시간이 부족할 때 발생하는 문제라서 더 많이, 충분히, 열심히 놀아주는 방법밖에 없습니다.

특별한 이유 없이(특발성 공격성)

이전에 겪었던 트라우마나 정신적인 여러 문제로 인해 갑자기 심한 공격성을 나타내는 상황으로, 교정이나 관리가 가장 어렵고 까다롭습니다. 무엇보다 불안감이 방아쇠를 당기는 역할을 하므로 스트레스를 덜어주고 안전하다고 느끼게 해주세요. 편안함과 안정감을 제공할 수 있도록 페로몬 제제나 플라워에센스, 질켄 등의 보조제나 영양제를 사용하는 것도 좋은 방법입니다. 그래도 여전히 불안해하고 공격성이 심하다면 평생 항불안제 같은 약을 복용해야 할 수도 있어요. 항상 불안에 떨며 계속 주변을 공격한다면 고양이 삶의 질을 향상시키고 평안을 찾기 위해 약을 먹이는 것도 효과적인 해결책 중 하나라고 생각합니다.

사람을
무는
6가지 이유

왜 갑자기
나를
깨물까?

윤쌤의
고양이 상담소
158

3

가구를 긁는 행동의 비밀

스크래치 행동을 줄이려면

고양이가 소파나 침대, 벽 등을 심하게 긁는다면 원인을 찾아보고 교정해주세요.

발톱 관리

발톱을 주기적으로 짧게 깎아주세요. 그러나 발톱 제거 혹은 발톱 인대를 끊는 수술식 교정은 안 됩니다. 발가락 마디 하나를 제거하는 발톱 제거 수술은 통증과 관절염의 원인이며 심한 행동학적 장애를 유발합니다. 인대를 끊어내는 수술 역시 발톱이 계속 자라기 때문에 아무 효과가 없어요. 이런 수술은 절대로 하지 마세요.

관심 끌기 행동일 때

스크래치로 인해 가구나 집기에 피해를 입어 교정이 필요하다면 무관심으로 대처하세요. 보호자의 관심을 끌려고 긁어대도 원하는 관심을 받지 못하면 점차 그만둘 거예요.

불안감이나 마킹 행동일 때

조금 더 까다로운 경우입니다. 불안하거나, 다른 고양이와의 갈등으로 인해 긁는다면 원인 자체를 해결해야 해요. 갈등이나 불안의 원인을 찾아 대처하고 환경을 개선해주세요. 더 안정감을 느낄 수 있도록, 다른 고양이와의 관계도 좋아질 수 있도록 여러 상황을 살펴서 개선하고, 필요하다면 보조제요법도 시행합니다.

그런데도 스크래치를 계속한다면 수의사와 상의해 상황에 맞는 약물요법으로 치료해야 합니다. 갈등이 해결되지 않아 심하게 긁어대는 행동은 고양이 삶의 질을 떨어뜨리기 때문에 충동조절장애에 사용되는 약물을 주로 처방하고, 불안하고 두려워서 스크래치를 심하게 한다면 공포심과 불안감을 낮추는 약물을 사용해 치료해야 합니다.

환경 개선

약물을 사용하지 않고 해결하는 가장 좋은 방법은 환경을 개선해주는 것입니다. 비싼 가구나 벽지 대신 마음껏 긁을 수 있는 스트래처나 스크래치 포스트를 주세요. 단, 고양이가 원하는 형태와 재질의 스크래처가 원하는 위치에 있어야 합니다. 아무 스크래처를 아무 데나 둔다고 잘 사용하지는 않아요. 고양이가 긁기 좋은 가구를 긁겠지요. 특히 갈등 상황이라면 특정 위치를 고집할 테니 그곳에 스크래처를 두세요. 벽이나 가구를 보호하고 싶다면 그보다 매력적인 스크래처를 제공하고, 가구 등에 양면테이프나 멘소래담 스프레이를 뿌려놓으면 고양이가 접근하지 않을 거예요.

내 고양이가 어떤 재질과 형태의 스크래처를 좋아하는지는 정말 '냥바냥'이므로 여러 종류를 사용해봐야 합니다. 조사에 의하면 고양이들은 대체로 바닥에 두는 종이상자 재질이나 벽 부착형 스크래처는 그리 좋아하지 않는 반면, 카펫이나 삼줄을 감은 튼튼하고 큰 수직 기둥 형태 그리고 2층 이상 높이의 캣타워 기둥을 선호하는 것을 알 수 있지요. 야생에서 나무를 긁던 습관이 각인되어 있어서일까요.

만약 평소 안 그러던 고양이가 갑자기 스크래치를 심하게 한다면 행동학적 문제가 발생했다는 신호이니 주의 깊게 살펴주세요. 극심한 스트레스를 느끼거나 질병 혹은 통증 때문일 수 있어요. 원인을 잘 알아보고 해결하려는 노력이 필요합니다.

스크래치의 모든 것 어떤 스크래처가 좋을까? 좋아하는 스크래처의 종류와 형태

분리불안의 오해와 진실

고양이는 독립심이 강하고 분리불안이 거의 없는 동물이지만 보호자에 대한 의존도와 애착이 심한 경우가 있습니다. 독립적인 품종인 코숏보다는 사람에게 의존적인 샴이 분리불안증을 겪기도 하지요.

보호자가 나간 문 앞에서 1시간이 넘도록 물끄러미 기다리거나, 그곳을 서성대며 오랫동안 운다면 분리불안증으로 볼 수 있어요. 증상의 정도에 따라 분리스트레스-분리불안증-분리공포증의 3단계로 분류합니다. 분리스트레스는 교육이나 환경 개선으로 상황이 나아질 수 있지만 분리불안증이나 분리공포증에 해당하면 약물 치료가 필요해요. 분리불안은 애착 대상인 보호자가 없을 때 고양이 스스로 해야 하는 식사와 수면, 배설 등의 기본 행동 수행 가능 여부로 판단합니다. 분리불안이 있는 고양이는 보호자가 집에 없으면 먹고 자고 싸는 기본 행동을 제대로 하지 못합니다. 불가능하다면 분리불안증이고 기본 행동이 가능하다면 단순한 불만 표현이에요.

분리불안 증상

① 혼자 있게 되면 심하게 울어요.

② 보호자가 집에 오면 따라다니면서 관심을 요청하며 울어요.

③ 보호자가 없으면 용변을 참고 있다가 귀가하면 관심을 구한 뒤 용변을 봐요.

④ 물건을 자주 넘어뜨리고 스크래처가 아닌 곳을 심하게 긁어요.

⑤ 보호자가 없으면 밥을 먹지 않거나 매우 조금만 먹어요.

⑥ 오버그루밍 증상이 자주 나타나며 심한 경우 심인성탈모가 발생해요.

격벽증후군과 분리불안은 달라요!

간혹 '격벽증후군barrier frustration'과 분리불안을 혼동하는데, 침실이나 화장실의 문을 닫아 보호자와 문을 사이에 두고 단절되었을 때 고양이가 그 앞에서 울며 열어달라고 보채는 행동은 격벽증후군에 해당해요. 보호자와 깊은 관계를 형성하고 의존적 성향이 강한 고양이가 종종 보이는 증상이며 분리불안증과는 다른 문제입니다.

집사가
돌아오기만을
기다리는 고양이

분리불안의
모든 것

고양이와 집사
분리불안
테스트

분리불안 예방과 치료법

놀이요법

분리불안으로 지나치게 의존적인 고양이에게 자신감과 독립성을 심어주는 가장 좋은 방법은 사냥 놀이입니다. 사냥에 성공하게 하여 성취감과 활동성을 고취시켜 주세요. 외출 전과 귀가 직후 정기적으로 수행하여 잠깐의 헤어짐은 세상의 종말이 아니라 일상적 루틴임을 알려줍니다. 사냥 놀이는 한 번 길게 하기보다, 짧더라도 최대한 자주 해주는 것이 좋아요. 보호자가 없을 때도 혼자 놀 수 있도록 자동 장난감이나 간식이 나오는 트릿볼 등에 익숙해지도록 해주세요.

혼자 있는 시간의 환경 개선

혼자여도 편안하게 느껴지는 환경을 조성합니다. 다양한 장난감을 곳곳에 놓아두고, 창밖을 볼 수 있는 해먹이나 캣타워, 작은 동물이 나오는 텔레비전 프로그램, 물고기의 움직임을 볼 수 있는 어항 등을 배치해 일상의 무료함을 달래고 보호자가 없다는 불안감을 줄여주세요. 숨숨집의 위치를 가끔 바꾸거나 의자나 집기 같은 새로운 구조물을 거실에 들여 변화를 주면 흥미를 유발할 수 있어요. 낮 동안 펫 시터가 방문해도 좋습니다.

관련 영양제나 제품 사용

스트레스를 줄이는 알파카소제핀 성분의 보조제 질켄, 고양이에게 친숙한 합성 페로몬 펠리웨이를 사용할 수 있어요. 페로몬 칼라인 카밍칼라, 플라워에센스인 배치플라워 레스큐레메디 같은 약품류 사용도 가능합니다.

자율배식

분리불안이 있는 고양이는 자율 배식으로 먹이를 주세요. 엄격한 제한 급여는 음식에 대한 의존도를 더 높일 수 있습니다.

안정적인 상태 유지

불안은 뇌가 과하게 흥분한 상태이니 감정을 누그러뜨리는 것이 중요해요. 외출 전후에 과하게 반기거나 인사하거나 안아주면 고양이는 더욱 흥분하여 분리불안 증상이 심해질 수 있어요. 외출할 때는 인사 없이 무심하게 나가서 일상적인 일임을 알려주고, 돌아오면 20분 정도 후에 천천히 안아주고 평소 목소리 톤으로 인사합니다.

보호자의 평상심

불안증이 있는 고양이는 예민해서 보호자의 감정 상태에도 큰 영향을 받습니다. 보호자의 안정적인 마음 상태가 고양이의 심리적 안정에 중요해요. 집사가 행복해야 고양이도 행복합니다. 항시 평온하고 평안한 마음을 가지세요.

수의사 상담 후 약물 처방

불안증에 대한 약물 치료는 보통 PRN(pro re nate, 필요할 때마다 투여하는 방식)으로 처방합니다. 매일 복용하지 않고 보호자 외출 1~2시간 전에 약을 먹이는 처방법이지요. 극복되거나 훈련으로 치료되는 병이 아니므로 평생 약을 복용해야 하지만, 약물 치료 덕에 불안을 덜 느껴서 안정적인 생활이 가능해집니다.

혼자 있는 고양이를 위한 8가지

의존적인 고양이를 위한 7가지

고양이가 천을 먹는다고요?

"우리 고양이는 자꾸 옷을 빨아요. 조금씩 뜯어먹기까지 해요" "비닐을 너무 좋아해요. 종이도 조금씩 씹어 먹어요"라며 왜 이런 행동을 보이는지 궁금해하는 보호자가 많은데 이런 증상은 이식증의 일종인 울서킹신드롬입니다. 특히 러시안블루, 샴, 버만, 코숏에게서 종종 보이는 대표적인 정신질환 중 하나이지요. 주로 천 종류를 조금씩 뜯어먹다가 나중에는 걷잡을 수 없이 많은 양을 섭취하는 바람에 장폐색이나 장중첩수술까지 받아야 하는 무서운 증후군입니다. 아직 정확한 원인이 밝혀지지 않았지만 대략 3가지 정도로 추정합니다.

비닐·천·종이까지 먹는 이식증의 원인

관심을 받고 싶어서

집사의 관심을 받으려고 하는 경우, 집사가 보는 앞에서만 이런 행동을 합니다. 비닐을 갖고 놀거나 집사가 보는데 옷을 씹어대거나 눈앞에서 소파를 조금씩 뜯거나 종이상자를 갉아 먹습니다. 보호자가 없으면 이런 행동을 하지 않아요. 간식이나 놀이를 원하는 고양이가 보호자의 관심을 끌어내려는 행동으로, 주로 학습을 통해 나타납니다. '내가 이랬더니 집사가 반응을 보이고 맛있는 것도 주고 놀아줬어'처럼 반복 학습을 통해 형성된 나쁜 습관이에요.

스트레스

갈등이나 욕구불만, 스트레스 등으로 인해 원래 하려던 행동 대신 전위 행동으로 이식증이 나타난 걸 수 있어요. 우리도 긴장하거나 불안하면 손톱을 물어뜯거나 머리카락을 잡아당기지요. 이처럼 이식증을 촉발하는 자극은 주로 스트레스나 무료함 같은 욕구불만이며, 그 결과 천이나 비닐을 물어뜯는 행동으로 나타납니다. 전위 행동으로 나타나는 울서킹신드롬 역시 그 원인이 되는 스트레스가 매우 다양합니다. 지나치게 무료한 환경, 방광염 같은 질병이나 통증, 불안과 공포 등의 자극이 이러한 행동을 유발할 수 있습니다.

강박증

강박증이 원인일 수 있어요. 정신병의 일종으로, 뇌의 세로토닌이 부족해 발생하는 선천적 질환으로 볼 수 있습니다. 이 경우에는 이식증을 유발하는 자극원이 두뇌에 있어서 정확한 원인을 찾기도 어렵고 치료도 그만큼 힘들어요. 뇌에 스위치가 켜지면 자신도 모르게 이것저것 뜯어 먹는데, 한번 시작하면 불안감에 사로잡혀 집착하게 되고 중단시키면 매우 불안해합니다. 사람의 강박증 환자와 비슷한 행동 패턴을 보입니다. 이런 증상이 갑자기 나타나는 이유는 대부분 유전적 소인으로 잠재되어 있다가 이사 같은 극심한 환경 변화나 새 식구의 등장, 스트레스 등에 자극을 받아 발생하는 경우입니다.

집에서 할 수 있는 대처법

고양이가 이런 증상을 보인다면 일단 뜯거나 빨아 먹을 수 있는 물건들을 치워주세요. 눈앞에 있는데 못하게 막으면 나중에 오히려 더 심하게 집착할 테니 가능한 한 치우고 없애야 합니다. 비닐류에 집착한다면 비닐을 안 보이는 데 두고, 종이상자나 종이 스크래치 패드를 씹는다면 종이 재질을 다 치워주세요. 그런 후 최대한 환경을 개선해야 효과적입니다.

안전하고 편안하되 무료하지 않은 환경을 조성하는 데 힘써야 합니다. 채광 좋은 큰 창가에 캣타워를 두고, 보호자 외출 시 작은 동물이 나오는 방송을 켜놓거나 작은 어항을 두는 방법도 좋아요. 펠리웨이 같은 페로몬 훈증기나 카밍칼라 같은 페로몬 칼라도 도움이 됩니다. 불안이 심하고 겁많은 고양이라면 질켄 같은 영양제도 꾸준히 먹여주세요. 평소 불안하지 않도록 조용조용히 말을 걸어주고 시간 날 때마다 최선을 다해 열심히 사냥 놀이도 시켜주세요.

이런 노력에도 불구하고 이식증이 지속된다면 반드시 수의사와 상의하여 약을 먹여야 합니다. 자극원이 불안이나 강박증 같은 뇌의 문제라면 평생 항불안제 같은 약을 복용해야 할 수도 있어요. 집사로서 두려운 상황이겠지만, 필요하다면 적극적인 처방을 받기를 권합니다. 환경을 개선하고 노력해도 효과가 없다면 약을 복용해야만 하는 정신질환임을 명심하세요. 훈련이나 교육으로 해결되는 행동의 문제가 아닌, 선천적인 질병임을 인지하고 치료해야 합니다.

심하게 그루밍을 한다면

고양이는 하루 활동 시간의 약 20~30%를 그루밍에 사용합니다. 잠에서 깬 뒤, 식사 뒤, 화장실을 다녀온 뒤, 스트레스를 받았을 때, 혹은 심심할 때도 그루밍을 하지요. 말 그대로 먹고 자고 배변하는 시간을 제외하면, 하루 대부분을 그루밍으로 보낸다고 해도 과언이 아닙니다.

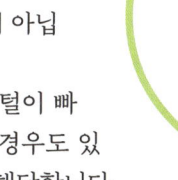

하지만 모든 그루밍이 정상적인 것은 아닙니다. 특정 부위의 털이 빠지고 피부가 짓무르며 상처까지 생길 정도로 집요하게 핥는 경우도 있습니다. 이는 단순한 위생 행동을 넘어선, 일종의 상동행동에 해당합니다.

원래 그루밍은 사냥 전 자신의 냄새를 지우고 몸을 깨끗이 하려는 목적을 가집니다. 이 과정에서 피부병과 기생충을 예방하고, 여름철에는 체온을 조절하며 스트레스를 낮추는 역할도 합니다. 그루밍을 통해 고양이는 불안이나 통증을 완화하고, 무료함을 해소하며 안정감을 찾습니다. 그만큼 그루밍은 고양이에게 매우 중요한 의식입니다. 그러나 특정 부위의 털이 빠지거나 상처가 날 정도로 심하게 핥는 행동은 결코 정상이라고 볼 수 없습니다.

관찰하며 원인 찾기

우선 고양이가 심하게 그루밍하는 부위를 자세히 관찰하세요. 알레르기, 피부염, 상처, 통증, 기생충 등의 원인이 있는지 확인해야 합니다. 이러한 신체적 문제가 없다면, 심리적인 요인을 의심해볼 수 있습니다. 하루 종일 너무 심심하거나, 환경이 불안하고 불만스러울 때도 과도한 그루밍이 나타날 수 있습니다. 동거묘의 갑작스러운 부재, 혹은 새로운 가족 구성원의 등장으로 인한 스트레스도 원인이 됩니다.

이런 경우는 크게 2가지로 나눌 수 있습니다. 하나는 환경적 스트레스에 대한 반응으로 심한 그루밍이 나타났다가, 환경이 개선되면 증상도 함께 사라지는 경우입니다. 다른 하나는 외부 환경과 무관한, 유전적인 강박증에 가까운 경우입니다. 이는 원인이 환경이 아니라 고양이의 '머릿속'에 있는 경우라고 볼 수 있습니다. 주로 샴, 버만, 아비시니안, 히말라얀, 러시안블루 등의 품종에서 다발하는 대표적인 유전성 강박증으로 알려져 있습니다.

상동행동

상동행동이란 같은 행동을 반복함으로써 심리적인 불안, 스트레스, 갈등 상황을 해소하려는 모든 행동을 말합니다. 사람이 손톱을 뜯거나 머리카락을 꼬고, 손가락을 빠는 행동도 여기에 해당하지요. 동물에게도 상동행동은 나타납니다. 개의 대표적인 상동행동으로는 꼬리 쫓기나 발·꼬리 물어뜯기가 있고, 고양이의 대표적인 상동행동은 과도한 그루밍과 울서킹입니다. 이런 행동을 반복하면 뇌에서는 쾌감과 진통 작용을 하는 신경전달물질, 베타 엔돌핀이 분비됩니다. 그 결과 기분이 잠시 나아지게 되지요.

즉, 괴롭고 불안할 때 특정 부위를 계속 핥으면 베타 엔돌핀이 분비되며 현실에서 잠시 도피하게 됩니다. 힘든 상황을 스스로 벗어나려는, 고양이 나름의 눈물겨운 노력인 셈입니다.

하지만 이런 상태가 오래 지속되면 문제가 생깁니다. 도파민이나 세로토닌 같은 다른 신경전달물질과의 균형이 깨지고, 베타 엔돌핀 자극에 익숙해진 뇌의 수용체도 점점 둔감해집니다. 그러면 더 많은 자극을 요구하게 되지요. 마치 중독과 비슷한 상태입니다.

결국 불안을 해소하기 위해 더 심하게, 더 오래 그루밍을 하게 되고, 그 결과 털이 빠지고 피부가 패일 정도로 상태가 악화됩니다.

강박적인 그루밍 해결법

병원 진료와 즉각적인 그루밍 차단

우선 동물병원에 고양이를 데려가 정확한 진찰을 받고, 짓무른 피부의 염증과 상처를 치료합니다. 더는 해당 부위를 그루밍하지 못하도록 필요에 따라 일시적으로 엘리자베스칼라(넥칼라)를 씌워주세요.

스트레스와 불안 완화를 위한 환경 개선

이후 고양이의 스트레스와 불안, 무료함을 줄일 수 있도록 생활환경을 전반적으로 개선합니다.

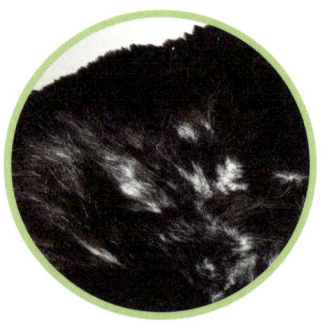

🐾 강박적인 그루밍으로 탈모가 생긴 경우

관찰 공간 마련

창가를 개방해 편안히 누워 바깥을 볼 수 있게 하고, 고양이가 흥미를 느낄 만한 펫 채널을 틀어주거나 어항을 놓아 시각적 자극을 제공합니다.

안정감을 높이는 생활환경 만들기

좋아하는 음식을 적절히 제공하고, 집 안 곳곳에 숨을 수 있는 공간을 충분히 만들어주세요. 밤에는 실내의 모든 불을 꺼 숙면을 유도합니다.

페로몬·놀이·사료를 통한 관리

페로몬 칼라인 카밍칼라를 착용시키고, 펠리웨이와 같은 페로몬 훈증기를 함께 사용합니다. 매일 규칙적으로 충분한 시간 동안 놀아주며, 사료는 알레르기 방지용 가수분해 사료로 교체합니다.

공기 질 관리

헤파 필터가 장착된 공기청정기를 상시 가동하고, 실내가 건조해지지 않도록 가습기도 사용합니다.

 **윰쌤 TIP** 다양한 노력에도 불구하고 반복적인 그루밍이 개선되지 않는다면, 유전적인 강박증 가능성을 염두에 두고 보다 본격적인 치료를 고려해야 해요.

심하게 그루밍을 한다면   강박성 그루밍의 치료   탈모를 유발하는 오버그루밍

숨기 바쁜 고양이, 혹시 심한 불안증?

길고양이를 입양했을 때 지나치게 겁이 많거나 예민해 집 안 구석에 숨어 나오지 않는 고양이도 있습니다. 대부분의 고양이는 시간이 지나면 새로운 환경에 적응하고 활동 범위를 조금씩 넓혀가며 실내 생활에 익숙해집니다. 그러나 일부 고양이는 시간이 꽤 지나도 적응하지 못하고 계속 숨어 지내기도 합니다. 보호자의 손길을 거부하고 낮에는 모습을 보이지 않다가 밤에만 몰래 돌아다녀 얼굴조차 보기 어려운 경우도 있지요. 이처럼 지나치게 겁이 많고 예민한 상태가 오래 지속된다면 단순한 성격 문제가 아니라 치료가 필요한 불안 증상일 수 있습니다.

불안증, 공포증

불안증이나 공포증은 성격이나 사회화 문제라기보다 뇌 속 신경전달물질의 불균형으로 나타나는 선천적인 질환인 경우가 많습니다. 그래서 시간이 지나기를 기다리거나 사회화 훈련만으로는 해결되지 않는 경우도 있습니다. 원인은 다양하며, 부정적 감정을 유발하는 자극원에 따라 구분합니다. 사람을 포함한 모든 동물은 공포와 불안을 느낍니다. 사실 생존을 위한 자연스러운 반응입니다. 낯선 상황에서 숨거나 경계하는 행동은 야생에서 살아남기 위한 중요한 전략이기 때문입니다. 하지만 공포를 유발한 자극이 사라진 뒤에도 두려움에서 벗어나지 못하고 계속 숨어 지내거나 극도로 예민한 상태가 지속된다면 문제가 됩니다. 예를 들어 낯선 사람이 집에 왔을 때 잠시 숨는 것은 정상적인 행동이지만, 손님이 떠난 뒤에도 계속 두려워하며 나오지 않는다면 치료를 고려해야 합니다. 특히 세상의 모든 것을 두려워해 늘 구석에 숨어

소셜 공포증

낯선 사람이나 동물에 대한 공포증

환경 공포증

소리나 빛 혹은 새로운 물건 등 환경으로 인한 공포증

범불안증

특정 대상이 아니라 다양한 자극에 과도하게 반응해 주변의 거의 모든 것을 두려워하게 되는 공포증

겁이
많은
고양이   숨어서
나오지
않는다면

윤샘의
고양이 상담소
168

지내거나, 밤에 몰래 화장실을 다녀오는 정도로만 생활한다면 범불안증을 의심해야 합니다. 이런 불안과 공포가 지속될 경우에는 약물 치료가 도움이 될 수 있습니다.

환경 개선

안전을 우선한 환경 조성
약물 치료에 앞서 고양이가 살 만한 환경을 만드는 일이 반드시 먼저 이루어져야 합니다. 공포증 개선을 위한 환경 조성의 핵심은 '안정calming'이 아니라 '안전safety'입니다. 공포를 유발할 수 있는 자극원을 최대한 제거해, 고양이가 안전하다고 느낄 수 있는 공간을 만들어주세요.

빛·시각·소음 자극 최소화
고양이가 밝은 빛을 싫어한다면 커튼을 쳐주고, 바깥의 고양이나 다른 동물이 보이는 것을 두려워한다면 창문을 가려 외부 자극을 차단합니다. 외부 소리에 민감한 경우에는 백색소음을 활용해 소음이 실내로 유입되지 않도록 도와주세요.

숨을 수 있는 안전 공간 충분히 마련하기
고양이가 피신하거나 숨을 수 있는 공간을 집 안 곳곳에 충분히 만들어줘야 합니다. 이미 고양이가 숨어버리는 공간이 있다면, 그곳을 더욱 안락하고 안전하게 꾸며주세요.
'적응시켜야 한다'는 이유로 숨을 만한 곳을 막거나, 숨어 있는 고양이를 억지로 끌어내는 행동은 오히려 불안을 키우므로 반드시 피해야 합니다.

환경 개선 후에도 호전이 없다면
충분한 환경 개선에도 불구하고 상태가 나아지지 않는다면, 동물병원에서 진단을 받고 약물 치료를 고려해야 합니다. 주로 항불안제나 세로토닌을 증가시키는 약물을 사용하며, 효과는 좋은 편이지만 평생 약을 먹여야 합니다. 이는 완치를 목표로 하기보다 약물 복용 기간 동안 불안을 완화해 생활이 가능하도록 돕는 치료입니다.

약물 치료

과도한 불안이나 공포는 고양이 삶의 질을 심각하게 떨어뜨립니다. 게다가 그로 인한 스트레스 때문에 몸 여기저기 장기적이고 심각한 손상을 받아 여러 질병까지 생겨 수명도 줄어들지요. 그런데도 이런 정신질환의 증상과 결과를 과소평가하여 치료나 약물 사용을 피하려는 경향이 있지만, 고양이의 보호자도 주치의인 수의사도 적극적으로 대처하고 치료에 임해야 합니다. 겁이 지나치게 많은 것은 분명 치료가 필요한 질병입니다. 사랑하는 고양이의 더 나은 생활을 위해, 건강을 위해 꼭 제때, 올바른 방법으로 치료해주세요.

불안증과 공포증으로
약물 치료가
필요할 때

약물 치료가 필요한 순간

8

합사 실패

1개월이 지났는데도 무리에 끼지 못하고 합사에 실패한다면 파양이나 약물 사용을 고려해야 합니다. 사실 합사는 새로운 개체를 강제로 무리에 합류시키는 행위이기 때문에 실패 확률이 절반 이상이에요. 통계적으로 약물 사용 시 2/3는 성공, 1/3은 실패하며, 약물 치료는 최소 6개월에서 수년이 걸릴 수 있습니다.

다묘 가정의 고양이들이 흔히 보이는 공격성은 4가지로 구분할 수 있어요. 서열에 따른 공격성 dominance agg., 영역을 지키려는 공격성territorial agg., 방향이 전환된 공격성redirected agg., 임신 혹은 새끼를 지키려는 공격성parental agg.입니다. 영역의 위협을 느끼거나 다른 상황에서 발생한 문제를 방향을 전환해 애꿎은 고양이를 괴롭히거나, 새로 온 고양이에게 우월적인 지위를 확인하려고 공격하지요. 스토킹하거나 상대 영역에 마킹하거나 화장실 가는 길목을 막으며 괴롭히기도 합니다.

이럴 때는 누가 가해자이고 피해자인지, 원인은 무엇인지 신속하게 파악하여 해결해주세요. 화장실, 캣타워, 은신처 등 서로 영역권이 잘 보장되어 있는지 확인하고, 필요하다면 펠리웨이 옵티멈 훈증기나 카밍칼라 같은 페로몬 제제도 사용합니다. 상황이 진정된 듯하면 얼굴을 맞댈 수 있는 펜스를 사이에 두고 하악질을 하는지 살펴본 후 합사를 진행하세요.

스프레이

원래 스프레이 즉 마킹은 고양이가 자기 영역임을 표시하는 정상 행동이지만 중성화수술을 받은 고양이는 마킹 행위를 거의 하지 않아요. 그러나 환경 등으로 스트레스를 받으면 스프레이를 하기도 합니다. 환경 개선 후에도 스프레이가 지속된다면 수의사와 상의해 약물을 사용할 수 있어요.

숨어서 나오지 않을 때

입양 후 1개월이 지났는데도 계속 숨어서 나오지 않고 보호자를 무서워한다면, 약물을 사용해 마음을 진정시킬지 아니면 다른 곳으로 보낼지 결정해야 합니다.

당연히 숨을 곳과 화장실, 캣타워, 페로몬 제제 등 쾌적한 환경을 조성해주는 일이 우선입니다. 그런데도 여전히 공포나 불안에 사로잡혀 있다면 선천적 불안증, 질병, 정신적인 문제로 보고 고양이 삶의 질을 위해서도 치료해야 합니다.

충동조절 문제로 인한 공격성

고양이의 다양한 공격성 중 공포로 인한 공격성과 충동조절 문제로 발생하는 공격성은 약물 치료 대상이므로 병원에 가서 진단을 받으세요. 물고 도망가는 등 사냥 본능에 따른 공격성은 싫어하는 행동에 대한 반사작용일 뿐 치료 대상이 아니지만, 아무 전조 증상 없이 반사적으로 물어버리는 충동조절장애는 꼭 치료해야 합니다. 어떤 상황에서 어떤 식으로 공격했는지 영상을 찍거나 자세하게 설명하여 수의사의 진단을 받고 약물 치료와 환경 개선, 교육을 병행해야 합니다.

 **윰샘 TIP** 행동학에 사용되는 약물이 '고양이를 강제로 진정시키는 작용을 한다'는 오해가 있지만, 사실이 아니에요. 약물은 헝클어진 뇌 신경의 흐름을 교정하여 고양이를 편하게 만들어줍니다. 고양이의 행동 문제는 세로토닌, 도파민, 노르아드레날린이라는 3가지 신경전달물질의 균형이 맞지 않아 발생하는 경우가 많아요. 그러니 보호자는 자책이나 의심할 필요 없이 약물의 도움을 받아 고양이가 편안해지도록 도와주세요.

문제 행동으로 약물 치료가 필요할 때

약물을 써야 하는 이유와 원리

항불안제 과연 안전할까?

약이 망설여질 땐 보조제부터

고양이 보조제는 부작용이 거의 없고 가격이 저렴하며 수의사의 처방 없이도 구입할 수 있고 언제든 중단할 수 있다는 장점이 있습니다. 반면 부작용이 적은 만큼 효과도 그리 크지 않다는 단점도 있지요. 가벼운 불안이나 공포증, 심하지 않은 행동 문제라면 병원에서 약물 치료를 하기 전에 시도해보는 것도 좋아요.

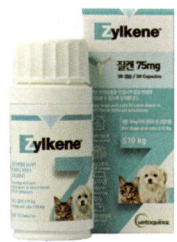
🐾 베토퀴놀 질켄

🐾 펠리웨이 옵티멈 훈증기

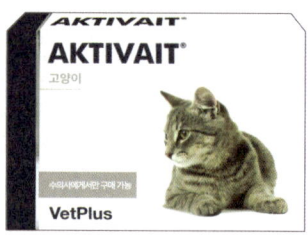
🐾 벳플러스 액티베이트캣

질켄

장기복용용 영양제. 우유 추출물인 알파카소제핀이 주성분인데 불안을 가라앉히고 마음을 차분하게 해줍니다. 겁이 많거나 예민하고 불안해하는 고양이에게 몇 달 동안 꾸준히 복용시키면 불안과 흥분도를 약간 낮출 수 있어요. 오랜 기간 먹여도 부작용은 없습니다.

펠리웨이 훈증기

고양이를 안정시키는 합성 페로몬제제 훈증기. 스트레스 감소와 안정이 주 효능과 효과입니다. 콘센트에 꽂으면 1개월 정도 지속되고 약 3평짜리 방 하나를 채우며 고양이의 스트레스를 줄여줍니다. 3개월 이상 꾸준히 사용하면 고양이가 조금 안정되는 모습을 볼 수 있어요.

액티베이트캣

고양이가 10세 이상이라면 꼭 먹여야 하는 항산화제 액티베이트캣이에요. 치매 예방 및 증상 완화, 관절염, 신장, 심장질환 등의 만성질환 개선을 위한 복합 항산화제로 노령기에 필요한 영양제입니다. 고양이 영양제의 명가 영국 벳플러스 VetPlus 제품으로 성분과 흡수율이 탁월해요(영양제는 성분보다는 회사를 보고 구입하세요).

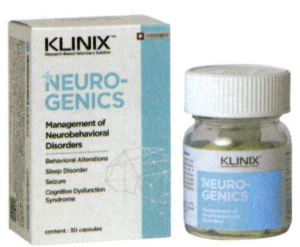

🐾 클리닉스 뉴로제닉스

🐾 퓨리나 카밍케어캣

뉴로제닉스

고양이 신경세포의 추가 손상을 억제하는 영양제. 노령묘의 치매 진행을 늦추는 데 도움이 됩니다. 병원에서 처방받은 약물과 이런 보조제를 함께 사용하면 치료에 더욱 효과적이에요.

카밍케어캣

유산균 제제. 유산균을 사용해 고양이의 불안을 낮추고 진정하도록 돕는 제품으로 논문을 통해 효과가 어느 정도 검증되었어요. 퓨리나는 전 세계 동물용 유산균 연구에 상당한 업적을 보유한 회사입니다. 아직 퓨리나 코리아에서 정식 수입, 판매하지 않아서 직구해야 합니다.

카밍칼라

합성 페로몬 제제. 쉽게 흥분하거나 겁 많은 고양이, 불안증이나 각종 스트레스질환, 공격적인 고양이의 목에 채워주면 어미가 새끼를 진정시킬 때 나오는 합성 페로몬이 1개월간 분비되어 흥분도를 낮추고 안정감을 제공해요. 처음부터 눈에 띄게 호전되진 않지만 1~2개월 정도 꾸준히 사용하면 조금 차분해지고 스트레스를 낮추는 효과가 있습니다.

코코넛오일

MCT오일로 알려진 중쇄지방산. 일반 식품에는 거의 없으며 코코넛 오일과 유제품에 풍부하게 함유되어 있어요. 뇌에서 직접 사용되는 에너지원으로 작용해 인지기능장애 즉, 치매를 예방하는 효과가 있습니다. 소화 능력이 떨어지는 노령기 고양이에게 추천합니다.

스트레스
보조제
10가지

마음을
편안하게
해주는 보조제
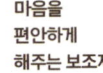

위생 관리

양치질이 필요할까

양치질은 고양이의 구내염을 예방하고 장수하게 해주는 매우 중요한 행위입니다. 3세 이상의 고양이 중에 80%가 구내염을 앓고 있다는 통계도 있어요. 구내염은 치주염으로 발전하여 결국은 이빨을 잃게 만들 수 있는 질환입니다. 잇몸의 염증으로 인해 세균이 혈류를 타고 심장판막을 침범해 심장병의 원인이 되기도 하고 전신으로 번져 수명에도 영향을 미치지요. 이러한 구내염을 예방하기 위해서라도 양치질은 매우 중요합니다.

처음 양치질을 한다면

치석 예방 페이스트 바르기
클로르헥시딘 같은 소독약 성분이 들어있지만 사실상 페이스트에 제대로 된 치석 예방 효과를 기대하기는 어렵습니다. 하지만 양치질에 거부감이 심하다면 해주는 편이 좋아요.

🐾 페이스트 바르는 모습

거즈로 닦기
거즈를 손가락에 단단히 감고 찬물이나 미지근한 물에 적신 후, 고양이를 뒤에서 가볍게 안고 송곳니 표면을 문질러주세요. 심하게 저항하지 않으면 어금니도 같은 방법으로 닦아줍니다. 어금니는 치석이 잘 쌓이니까 세심하게 문질러주세요. 물리적으로 세척이 가능하므로 양치질 다음으로 좋은 방법입니다.

> 🐾 이 방법들은 양치질에 익숙해지기 위한 전 단계라고 볼 수 있어요. 양치질만이 유일하게 이를 구석구석 닦아주는 방법입니다. 당연히 하루 1번 이상, 최대한 어릴 때부터 시작해야 저항이 적고 적응도 빠르니 유치가 나면 시작합니다. 단 1초라도 괜찮으니 절대 서두르지 마세요.

본격적인 양치질 방법

① 손가락으로 입 주변을 만지다가 입속에 넣어 이빨을 살짝 만져보세요. 보호자의 손가락이 이빨을 건드리는 데 거부감이 없어야 합니다.

② 고양이가 긴장을 풀고 느긋하게 있을 때 뒤에서 끌어안고 손가락으로 입 옆 어금니를 만져봅니다. 만약 싫어하면 손가락에 고양이가 좋아하는 캔이나 간식을 묻혀서 시작하세요.

③ 손가락에 거즈를 감고 이빨을 만져봅니다. 성공하면 나중에는 거즈에 치약을 묻혀 문질러주세요.

④ 치약에 적응하고 거부감이 약해지면 칫솔을 사용합니다. 아주 작은 어금니 칫솔, 360도 칫솔 등 종류가 매우 다양하니 사용이 편하고 고양이가 받아들이는 칫솔을 찾아보세요. 치약은 사용해도 좋고 하지 않아도 좋아요. 고양이 치약은 스팸맛, 치킨맛 등 여러 종류가 있으니 고양이가 좋아할 맛을 찾아보세요.

치약이
꼭
필요할까?

구내염
예방법

치약을 묻혀 닦아주면 더 좋을까?

고양이 치약은 사람의 치약처럼 이빨을 더 깨끗하게 하거나 충치, 구내염을 예방하는 기능이 없어요. 단지 칫솔을 잘 움직이게 하거나 약간의 연마 효과만 있습니다. 그러니 양치질 없이 치약만 바르면 이빨 건강에 도움이 되지 않지요. 고양이가 싫어하면 사용하지 않아도 괜찮습니다.

먹이기만 하면 되는 구강 관리용 제품들은 효과가 있을까?

사람으로 치면 양치질을 하지 않고 가글을 마시는 셈이에요. 이 제품들이 양치질을 대체할 수는 없으니 별 효과가 없습니다. 구강용 영양제나 구강 관리용 츄르도 큰 도움이 되지 않아요.

올바른 구강 관리는 양치질뿐일까?

칫솔을 이용해 물리적으로 이빨과 잇몸 사이의 세균과 음식물 찌꺼기를 제거하는 양치질만이 유일한 치아 관리법입니다. 고양이가 심하게 거부하면 하루에 이빨 1개씩 천천히 시도하고, 츄르를 먹이면서 해도 좋아요. 이런 방법이 1개월 내내 치아 관련 제품을 먹이는 것보다 훨씬 효과적입니다.

윤쌤 TIP 양치질의 목표는 치석이 가장 잘 끼는 윗어금니 닦기이지만, 너무 무리하거나 욕심내지 마세요. 하루에 이빨 하나부터 천천히 시도하고 조금이라도 고양이가 싫어한다면 곧바로 중단해야 합니다. 억지로 하다가는 평생 양치질을 거부할지도 몰라요.

고양이와 싸워가며 양치질을 할 이유는 없습니다. 정말 중요한 일이긴 하지만 고양이와 보호자의 신뢰를 깨뜨려가며 할 정도의 가치는 없어요. 무엇보다 중요한 것은 나와 고양이의 관계이니까요. 관계가 나빠질 것 같다면 차라리 양치질을 포기하는 편이 낫습니다. 하지만 그러기 전에 차근차근 단계를 밟아가며 조율하면서 노력하세요.

양치질은
매일 해줘야
할까?

바르는 치약
효과
있을까?

손쉽게
양치질
하는 법

목욕에 관한 모든 것

고양이들은 대부분 자기 몸을 그루밍하여 청결을 유지하기 때문에 특별한 경우가 아니면 씻기지 않아도 괜찮습니다. 목욕하지 않는다고 모질이 나빠진다거나 피부병이 생기지는 않아요. 고양이가 목욕을 좋아하고 즐기지 않는다면 굳이 목욕시킬 필요는 없어요. 털이 오염되었다면 수건에 물 등을 묻혀 그 부분만 닦아주세요. 가구 아래나 뒤에 숨는 바람에 먼지투성이가 되었거나, 털이 심하게 더러워졌을 때만 목욕을 시켜도 됩니다.

다만 스핑크스와 같은 털이 없는 고양이는 피부에 기름샘이 많아 씻기지 않으면 끈적거리며 심한 냄새가 나기도 해요. 이때도 목욕보다는 물 묻힌 수건을 전자레인지에 살짝 돌려 미지근하게 만든 후 몸을 살살 닦아주세요.

고양이를 목욕시키는 일은 방법이나 고양이의 성향에 따라 천차만별이에요. 온 집 안을 난장판으로 만드는 전쟁일 수도 있고 의외로 쉬울 수도 있답니다.

목욕 주기

보통의 고양이라면 목욕 주기는 집사와 타협하는 기간에 따라 정해질 거예요. 사실상 고양이는 목욕이라는 과정이 필요 없지만 함께 사는 우리의 필요 때문에 목욕하는 동물이지요. 약간의 더러움도 못 견디는 집사라면 목욕을 자주 시킬 테고, 느긋하고 관대한 편이라면 목욕이 연례행사가 될 수도 있어요. 대부분의 보호자에게 고양이 목욕이란 자주 해야 1개월에 1번이나 1년에 몇 번 정도입니다.

장모종 고양이는 털에 기름기가 많이 끼고 쉽게 오염되는 편입니다. 스스로 그루밍하는 데도 한계가 있고 털도 잘 엉키므로 자주 목욕시키면 좋아요. 반면 단모종은 그루밍으로 청결을 잘 유지할 수 있어서 1년에 1~2번이면 충분합니다.

목욕 준비물

고양이 전용 샴푸 | 고양이는 개나 사람과는 피부 유형과 산도pH가 다릅니다. 피부병을 예방하기 위해서라도 반드시 전용 제품을 사용하세요.

컨디셔너(장모종) | 털이 엉키지 않도록 컨디셔너를 사용하면 좋아요.

브러시(장모종) | 장모종은 고무 팁이 달린 부드러운 슬리커 브러시로 미리 빗질한 후 목욕을 시작하세요. 털이 조금이라도 엉킨 상태로 목욕하면 더 심하게 엉키면서 그 부위가 마르지 않고, 털이 풀리지도 않아서 곤란해요. 끝나고 말릴 때도 털이 엉키지 않고 빠르게 마르도록 빗으면서 말려줍니다.

부드러운 수건 | 물기를 잘 흡수하는 수건을 여러 장 준비하세요. 수건에 걸려 다치지 않도록 목욕 전 고양이의 발톱은 미리 잘라줍니다.

헤어드라이어 | 바람이 너무 세거나 뜨겁지 않도록 온도를 조절해주세요.

목욕용 실리콘 매트 | 바닥에 실리콘 매트를 깔아서 고양이가 미끄러지지 않게 해주세요. 미끄럽고 불안전한 욕조나 세면대, 싱크대는 목욕 중인 고양이가 흥분하는 주요 원인입니다. 미끄러지면서 자신이 통제할 수 없고 탈출하기 어렵

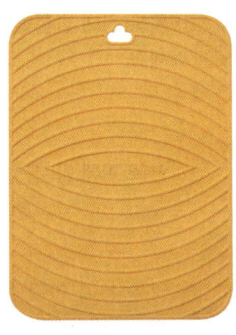

🐾 페스룸 논슬립샤워매트

다는 상황을 인지하는 순간, 고양이는 심하게 반항하며 날뛸 거예요. 고양이를 안정시키려면 언제든 원하면 이 상황에서 벗어날 수 있다는 믿음을 심어주세요. 그래야 목욕 과정에서 스트레스를 덜 받고 얌전해집니다.

안연고나 눈 세정제 | 목욕 후 샴푸 자극으로 인한 결막염은 제가 가장 많이 진료하는 문제 중 하나입니다. 목욕 전과 후에 눈 세정제를 뿌려주어 샴푸 자극으로부터 눈을 보호해주세요.

탈지면 | 귀에 물이 들어가지 않도록 양쪽 귀에 살짝 끼워주세요. 너무 꾹꾹 눌러 넣으면 고양이가 싫어해요.

목욕 순서

① 목욕 전에 발톱을 잘라주고 엉킨 털을 빗어주세요.

② 양쪽 귀에 탈지면을 살짝 넣어주세요.

③ 양쪽 눈에 안구 보호용 연고나 눈 세정제를 한 방울씩 넣어주세요.

④ 욕조나 싱크대, 세면대 바닥에 실리콘 매트를 깔고 미지근한 물을 고양이의 무릎 정도까지 오도록 받아주세요.

⑤ 고양이를 물에 살짝 넣어주세요. 물속에 들어가라고 누르거나 억압하는 느낌을 주면 안 돼요. 손으로 물을 살살 끼얹어 머리를 제외한 몸을 충분히 적셔줍니다.

⑥ 미리 열어둔 샴푸를 몸에 뿌리고 비벼 거품을 충분히 내주세요. 목부터 시작해 몸통으로 내려가고 배를 비벼주다가 다리를 제일 마지막에 씻어줍니다.

⑦ 젖은 수건으로 얼굴을 꼼꼼히 닦아주세요. 얼굴은 샴푸를 사용하거나 샤워기로 씻기지 마세요. 고양이가 매우 싫어합니다. 얼굴은 털이 짧아 물수건으로 충분히 세정이 가능해요.

⑧ 수온을 확인한 후 샤워기로 꼼꼼하게 몸을 헹궈주세요. 샤워기를 멀리서 뿌리면 물이 사방으로 요란하게 튀어 고양이가 놀랄 수 있으니, 몸에 붙이듯 가깝게 대주어 털 속 사이사이의 거품을 완전히 씻어주세요. 샴푸가 몸에 남아 있으면 피부를 자극해 피부병이 생길 수 있습니다.

⑨ 충분히 헹군 후에는 여러 장의 수건을 사용해 털을 살살 눌러가며 물기를 제거합니다.

⑩ 드라이기는 따뜻한 바람을 약하게 조절하여 계속 움직이면서 털을 완전히 말려주세요. 너무 뜨거운 바람을 한자리에만 쐬게 하면 고양이가 화상을 입을 수 있으니 주의해야 합니다.

⑪ 목욕이 끝나면 고양이가 좋아하는 간식이나 보상을 꼭 제공해주세요.

⑫ 마지막으로 엉망이 된 욕실을 정리하면 냥빨 (고양이 목욕) 끝!

쉽게
목욕하는
방법

타월 목욕법

고양이는 그루밍으로 자기 몸을 깨끗하게 합니다. 그러나 나이가 많거나 비만해서 그루밍만으로 청결을 유지하기 어렵거나, 털이 오염되었거나, 장모종의 털 관리가 필요한 경우에 목욕을 시켜야 하지요.

하지만 자주 물에 목욕시키기 어렵고 힘들면 스팀 타월을 사용해 간단하게 씻길 수 있어요. 따뜻한 수건 마사지가 혈액순환을 돕고, 고양이의 온몸을 빠르고 손쉽게 깨끗하게 해주며, 부드러운 스킨십으로 보호자와의 유대감을 높이고 상처나 염증을 조기에 발견할 수 있는 등 여러 장점이 있는 목욕법입니다.

일반 목욕과 마찬가지로 미리 털을 빗어놓아 잘 풀어주고, 발톱이 타월에 걸리지 않도록 잘 깎아주세요. 고양이가 감기에 걸리지 않도록 실내 온도도 살짝 높여주세요.

고양이가 타월 목욕을 좋아하면 마사지한다 생각하고 시간을 들여 닦아주세요. 반면 싫어하거나 특정 부위는 못 건드리게 한다면 곧바로 멈추세요. 억지로 하면 이후에는 다시 할 수 없으니까요. 하지만 대부분의 고양이들은 따뜻한 타월의 느낌과 온도가 기분 좋아서 눈을 감고 즐길 거예요.

타월로 즐기는 6단계 홈케어

1 스팀 타월 준비하기
타월을 3장 정도 준비해 뜨거운 물에 충분히 적신 후 꽉 짜낸 후 전자레인지에 살짝 돌려 스팀 타월을 만듭니다.

2 목뒤부터 마사지하듯 닦기
고양이 뒤에 앉아 타월로 등 전체를 감싸고 구석구석을 쓰다듬듯 닦습니다. 목뒤부터 시작해 엉덩이 쪽으로 가면서 잘 닦아주세요. 특히 나이 든 고양이는 목뒤를 따스한 타월로 마사지하듯 덮어주면 혈액순환이 되고 몸의 저항력이 키워집니다.

3 얼굴과 턱 주변 닦기
턱 밑부터 몸의 측면을 세심하게 닦아주세요.

아래턱을 잘 닦아주고 타월 끝부분으로 입과 얼굴 주변을 닦고 눈곱도 떼줍니다. 타월이 미지근해지면 다시 덥혀줍니다.

4 발과 발가락 사이 닦기
턱을 감싸듯 잡고 발을 닦아주세요. 발가락 사이사이를 따뜻한 타월로 잘 닦습니다.

5 배 부분 닦기
한 손으로 고양이를 들어올려 뒤에서 안은 자세로 배 부분을 부드럽게 닦아주세요.

6 엉덩이와 꼬리 주변 마무리
마지막으로 꼬리를 올려 엉덩이와 항문 주변을 꼼꼼히 닦아주세요.

부분 케어 요령

눈가나 입 주변, 귀, 항문 등은 고양이가 스스로 그루밍하여 청결을 유지하기 어려운 부위입니다. 그래서 보호자가 관리해주면 고양이의 몸에 생긴 작은 이상도 빨리 알아차릴 수 있고, 깊은 스킨십으로 더욱 친밀해지는 효과도 얻을 수 있어요. 이를 고양이 부분 케어라고 하며 가능한 매일, 적어도 이틀에 1번은 정기적으로 해주세요.

코 | 코가 막혀 냄새를 못 맡으면 고양이는 식욕을 잃습니다. 코가 조금이라도 지저분하다면 거즈나 화장솜 모서리로 콧구멍과 주변을 깨끗하게 닦아주세요. 면봉은 사용하지 마세요. 코에 분비물이 많다면 허피스바이러스herpesvirus나 칼리시바이러스calicivirus에 의한 상부 호흡기계 감염이 의심되니 병원에 가야 합니다.

눈 | 많든 적든 고양이는 항상 눈곱이 끼어 있어요. 한 손으로 얼굴을 받치고 눈 안쪽을 화장솜으로 닦아주세요. 건조하거나 집 안 혹은 화장실 모래에 먼지가 많으면 눈곱이 심해집니다. 노란색 눈곱이 많이 생기면 결막염을 의심할 수 있어요.

입 | 한 손으로 턱을 받치고 솜이나 거즈로 아래턱을 부드럽게 문질러주세요. 턱드름이 있으면 검은색 피지가 묻어나오는데 심한 경우 클로르헥시딘 같은 저자극 소독약을 묻혀 살살 닦아주세요. 사료 등이 묻어 오염되기 쉬운 입 주변도 마른 거즈로 잘 닦아줍니다. 침이 많이 묻어나오거나 냄새가 심하다면 구강 내 염증이 있을 가능성이 크니 병원에 데려가 진찰을 받으세요.

귀 | 세정액이 묻은 이어 패드를 사용해 손가락이 들어가는 곳까지만 안쪽에서 바깥쪽으로 쓸어올리듯 닦아주세요. 절대 세척액을 바로 넣거나 면봉 같은 것으로 귓속까지 청소하려 하지 마세요. 귀 안쪽이 심하게 손상될 수 있습니다. 청소해야 할 만큼 귓속이 지저분하다면 병원에 가서 요청하세요. 만약 넣으려 한다면 다시는 귀 청소를 하지 못할 거예요. 고양이는 보호자를 더는 신뢰하지 않을 테니까요.

엉덩이 | 고양이를 뒤에서 안아 엉덩이를 팡팡 두드려주면서 꼬리를 들어 올려 항문을 살핍니다. 깨끗하면 살짝만 닦고 지저분하면 물 묻힌 거즈로 부드럽게 닦아주세요. 항문 주변의 털이 배설물로 오염되어 있다면 가까운 병원을 방문해 털 정리를 요청합니다.

부분
케어

고양이
관리 요령
_황철용 교수

잘못
알고 있는
7가지 정보

미묘한 Q&A
닦아줄까 말까? 관리에 관한 궁금증

Q 코에 반점이 생겼는데 괜찮을까요?

A 고양이 코에 피부병이 생겼다는 문의를 간혹 받습니다. 주로 비 오거나 습한 날 고양이 코에 갈색 얼룩이 생기는 현상이에요. 고양이 코에 있는 많은 기름샘이 공기 중의 수증기와 만나면 갈색으로 산화해 마치 갈색 반점이나 피부병처럼 보이는 것입니다. 괜히 닦거나 과하게 소독하면 오히려 피부염을 유발할 수 있어요. 그냥 두면 자연스럽게 사라집니다.

Q 항문낭은 짜줘야 하나요?

A 굳이 그럴 필요는 없습니다. 물론 짜면 분비물이 약간 나오긴 하겠지만 오히려 항문낭을 자극해 더 많은 항문낭액을 축적하거나 심하면 염증을 유발할 수 있어요. 항문낭을 짜지 않아서 문제가 생길 확률은 거의 없습니다. 오히려 자주 건드리면 더 좋지 않다는 사실을 기억하세요.

Q 눈물 자국은 어떻게 관리하나요?

A 흰 고양이처럼 털빛이 밝은 고양이들의 눈물 자국 관리에 관한 문의를 종종 받습니다. 결론부터 말하면 닦아주지 않아도 됩니다. 눈물 자국은 눈물 속 포르피린이란 성분이 산소와 만나 산화하면서 붉게 염색된 흔적이에요. 묻은 게 아니라 털이 염색된 것이기 때문에 쉽게 닦이지 않아요. 깨끗하게 지우려면 각종 화학 세정제를 사용해야 하는데 그러면 자칫 눈 주위에 습진이나 피부염을 일으킬 수 있습니다. 모든 고양이에게는 눈물 자국이 있어요. 털이 밝은색이라 눈에 더 잘 보일 뿐이지요. 마른 거즈나 솜으로 습해지지 않게 가볍게만 닦아주세요.

브러싱하는 법

고양이는 그루밍으로 털을 다듬고 정리하지만, 그렇다고 털 고르기를 고양이에게만 맡겨서는 안 돼요. 보호자가 잘 빗어주면 그루밍 전에 죽은 털을 제거해 헤어볼 현상을 막을 수 있어요. 마사지 효과로 피모의 건강도 유지하고 고양이 몸의 이상 유무도 빠르게 알아차릴 수 있으며, 사랑스런 고양이와의 스킨십으로 더욱 돈독한 관계를 맺을 수 있답니다.

핸드 브러싱

보호자가 손으로 직접 빗어주므로 거부감이 덜하고 자극도 적어, 예민하거나 피부가 약한 노령묘에게 적합한 브러싱입니다.

먼저 다정하게 말을 걸며 얼굴을 쓰다듬어 긴장을 풀어준 후 분무기로 양손에 물을 듬뿍 묻힙니다. 털의 결을 따라 머리부터 시작해 목, 어깨를 거쳐 등을 따라 엉덩이 쪽으로 쓰다듬고, 손에 붙은 털은 그때그때 비벼서 제거합니다. 그런 다음은 반대로 엉덩이에서 머리 쪽으로 털을 세워가며 쓰다듬어 주세요. 손을 물에 적셔가며 여러 번 반복한 후 마지막으로 꼬리를 결 방향으로 만지며 털을 털어줍니다.

러버(고무) 브러싱

고무 브러시와 브러싱 스프레이를 준비합니다(스프레이는 무첨가, 무향료가 좋아요. 정전기를 방지하고 털에 윤기를 더해줍니다). 부드러운 고무나 실리콘 소재로 피부 자극이 비교적 적으며, 부드럽게 빗어주기만 해도 죽은 털을 확실하게 제거할 수 있어요.

스프레이를 브러시에 골고루 뿌리고, 고양이의 머리와 목을 부드럽게 쓰다듬어 긴장을 풀어줍니다. 최대한 손의 힘을 뺀 상태로 브러시를 가볍게 쥐고 등을 털 방향으로 빗어주세요. 그 다음 털을 세우듯 역방향으로 머리와 얼굴을 빗습니다. 뒤에서 고양이를 안듯이 잡고 배를 위에서 아래로 마사지하듯 빗어줍니다. 눕힌 상태에서 한쪽 앞발을 들고 배와 옆구리를 빗어주고, 반대쪽도 똑같이 한 후에 털의 결을 따라 손으로 마사지해주며 마무리합니다.

슬리커 브러싱

장모종은 헤어볼 방지를 위해 자주 빗어줘야 합니다. 철침이 달렸지만 끝부분에 실리콘이나 고무팁이 있어 자극이 덜한 슬리커를 사용해 빗어주세요. 단, 절대로 손에 힘을 주면 안 됩니다.

고양이를 쓰다듬으며 긴장을 풀어준 후 등부터 조금씩 빗어주세요. 한 번에 많이 빗으려 하지 말고 엉킨 부분을 살살 풀어가면서 천천히 부분적으로 브러싱합니다. 엉덩이에 이르면 반대로 다시 빗어 죽은 털을 솎아줍니다. 얼굴과 꼬리도 조심스레 빗어주고 털이 잘 뭉치는 겨드랑이 부분과 허벅지 안쪽, 턱밑 가슴털도 세심하게 빗어주세요. 싫어하면 잠깐 멈추고 쓰다듬어 주다가 다시 조금씩 빗어주세요. 결을 따라 전체적으로 정리하며 마무리합니다.

윤샘 TIP 고양이가 기분이 좋아 느긋하게 늘어져 있을 때가 브러싱 타이밍입니다. 고양이의 털 상태에 적합하고 이미 익숙한 도구를 사용하세요. 빗질은 가능한 한 빨리 끝내는 편이 좋고, 고양이가 싫어하면 여러 번에 걸쳐 빗어주세요.

브러싱
방법

털 관리
방법

발톱 깎기, 싸움 말고 놀이처럼

발톱 깎기는 고양이가 무릎 위에 올라올 때 시도하면 좋아요. 고양이는 정면으로 마주 보는 자세보다 집사에게 등이나 옆을 맡기는 자세를 편안해하므로, 뒤에서 안아 깎아주면 거부감을 줄일 수 있습니다.

주의할 점은 잠든 사이 몰래 깎으려 해서는 안 된다는 것입니다. 집이라는 영역을 안전하게 느껴야 할 고양이가 무방비한 상태에서 불쾌한 경험을 하게 되면, 극심한 불안과 스트레스로 인해 질병이나 문제 행동이 나타날 수 있습니다. 따라서 억지로 하기보다는 고양이가 안심하고 있을 때 천천히 시도해야 합니다.

발톱 깎는 순서

① 고양이의 뒤에서 접근해서 한 팔로 끌어안듯 안아 내 몸에 가볍게 밀착시킵니다.
② 끌어안은 손으로 고양이의 앞발을 살짝 들어 오른손으로 발톱을 깎아봅니다.
③ 중간중간 간식을 주거나 부드럽게 이름을 부르며 머리를 쓰다듬어 안심시킵니다.
④ 너무 싫어하면 즉각 중지하고 다음에 다시 시도합니다.
⑤ 처음에는 발톱 하나만 시도하고 거부감이 없으면 개수를 하나둘 늘립니다.
⑥ 왼쪽, 오른쪽 번갈아 안아주면서 양발의 발톱을 천천히 깎아줍니다.

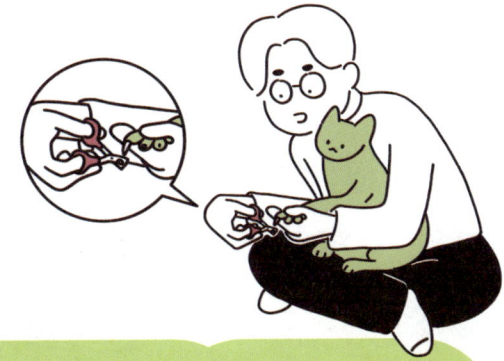

 **융샘 TIP** 발톱은 너무 짧게 깎지 않고, 희고 날카로운 끝부분만 살짝 깎아주세요. 짧게 깎다가 혈관이나 신경을 건드려 통증을 유발할 수 있습니다. 고양이가 발톱 깎기를 싫어하는 이유는 아파서라기보다 발이 만져지고 구속되는 상황 자체를 꺼리기 때문입니다. 거부감이 심하다면 고양이가 편안할 때 발을 만지고 간식을 주는 연습을 반복해 적응을 도와주세요.

발톱 깎는
쉬운
요령

6

눈물 자국 관리

흰 고양이나 페르시안 고양이를 키우는 집사들에게 눈물 자국은 늘 큰 고민거리입니다. 인터넷을 조금만 검색해 봐도 눈물 자국을 없애준다는 사료나, 뿌려만 주면 흔적이 사라진다는 보조제 광고를 쉽게 접할 수 있지요. 하지만 이런 제품들이 정말 광고만큼 효과가 있을까요? 만약 효과가 있다면 어떤 원리로 작용하는 것일까요? 근본적으로 눈물 자국은 왜 생기는 것인지 그 원인부터 차근차근 짚어보겠습니다.

왜 생길까?

결막염이나 여러 자극에 의한 눈물 분비량이 많아지면, 눈물을 코로 배출하는 통로인 비루관이 좁아져 눈물이 흘러넘칩니다. 눈물 속의 포르피린 성분이 원래 투명하지만 눈 밖에서 피부 표면의 상재균인 피로스포린이라는 적색 효모균에 의해 산화하면서 적갈색으로 착색되는 현상이 눈물 자국입니다. 포르피린은 침에도 있어서 입으로 털을 핥거나 눈물을 흘리면 붉은빛 얼룩이 생기는데 흰 털에서는 더욱 눈에 잘 띄지요. 포르피린 자국은 햇빛을 받으면 더 진해집니다.

항생제의 함정

이런 눈물 자국 제거에 가장 효과적인 방법은 사실 항생제 사용입니다. 타이로신 타르타르산이라는 항생제가 투명 상태의 눈물이 붉게 산화되는 현상을 방지하고 갈색의 눈물 자국을 만들어내는 효모균의 성장도 억제하지요. 그러나 항생제를 오래 사용하면 건강에 나쁠 뿐 아니라 종국에는 내성이 생겨 약이 더는 듣지 않을 수 있습니다. 눈물 자국을 효과적으로 없앤다는 대부분의 연고나 보조제에는 타이로신이라는 항생물질이 들어 있고, 이를 고양이에게 오랜 기간 사용하면 항생제 과용으로 인한 부작용을 초래할 수도 있습니다.

사료 교체 효과의 진실

몇몇 사료들도 눈물 자국 개선을 주요 기능으로 광고하지만, 정확한 학술적 근거나 실제로 효과가 있다는 증거도 없습니다. 그저 바이럴 마케팅처럼 블로그 등에서 사용 후기로만 등장할 뿐이죠. 드물지만 사료 알레르기로 인해 눈물을 많이 흘리던 고양이가 다른 사료로 바꾸면서 알레르기 증상이 완화되어 눈물이 줄어들기도 합니다. 그러나 사료 자체의 기능만으로 눈물 분비량이 적어지거나 착색이 사라지지는 않아요. 게다가 눈물이 많은 것이 나쁘기만 한 일은 아닙니다. 눈 주변을 착색시키고 심하면 습진을 유발하기는 해도, 눈물은 먼지나 세균 등 여러 자극으로부터 눈을 보호하는 자연스러운 방어기전이에요. 오히려 나이가 들어 눈물 분비량이 감소하면 안구건조증으로 시력과 눈 건강에 문제가 생길 수 있어요.

가장 좋은 관리법은?

고양이는 눈물 자국을 신경 쓰거나 불편해하지 않아요. 인간인 우리가 느끼는 심미적인 문제에 불과하지요. 눈물이 많이 나와서 눈 주변이 붉어졌다면 잘 닦아주고 말려주고 관리해야지, 음식이나 약물을 사용해 억지로 막으려는 시도는 결코 바람직하지 않습니다.

두드러지든 아니든 모든 고양이는 눈물 자국이 있어요. 털빛이 희고 밝으면 유독 눈에 잘 띌 뿐이지요. 그러니 화학 세정제나 항생물질을 사용해 너무 깨끗하게 만들려 하지 말고 그냥 두세요. 이미 털에 착색된 자국을 완벽히 제거하기란 불가능합니다. 눈물 속 포르피린이 화학반응을 일으켜 착색되기 전에 눈물을 자주 닦아주세요. 눈 밑이 습해지지 않도록 마른 거즈나 솜으로 가볍게 물기만 닦아주는 것이 가장 좋은 관리법입니다. 이미 생긴 눈물 자국을 완전히 없앨 수는 없지만, 자주 닦고 건조하게 유지해 주면 많이 개선될 거예요.

눈물 자국을 예방한다는 사료는 효과 있을까?  눈 관리의 모든 것  눈물을 흘리는 7가지 이유

턱드름 관리법

고양이 턱드름은 턱 아래 모공을 막는 검은색 피지와 염증이 나타나는 비교적 흔한 질환입니다. 일부 고양이에게서 나타나는 자연스러운 피부 반응으로, 사람의 블랙헤드와 비슷해 염증이 심하지 않으면 그냥 두어도 괜찮아요. 하지만 증상이 심해져 고양이가 불편해하거나 아파하면 병원 치료가 필요합니다.

증상 | 단순하게 검은 피지만 형성되다가 시작해 심해지면 털이 빠지고, 더 악화되면 부분적으로 고름이 생기거나 딱딱한 결절이 발생합니다. 한번 생기면 금방 완치하기 어렵고 재발은 쉽게 일어나는 골치 아픈 질환이지요.

원인 | 고양이의 턱은 다른 데보다 유독 피지샘이 발달해 있어요. 친근감을 나타내는 페로몬이 턱에서 나오니 이것을 여기저기 비벼서 묻히는 습성 때문인 듯합니다. 피지선이 많다 보니 때로는 피지가 과다하게 분비되고 그러다 염증이 생기면 턱드름이 되지요. 스트레스로 인한 면역력 저하나 고양이 세수를 잘 하지 않아 털이 뭉쳐서, 알레르기성 피부질환이나 오염된 식기 때문에 생기기도 합니다.

치료 및 관리 | 증상이 심하지 않다면 그대로 두는 것이 좋습니다. 화농성이 아니라면 턱드름을 함부로 건드리지 않는 편이 안전합니다. 턱이 심하게 부었거나 피가 보일 정도라면 클로르헥시딘 소독약을 거즈에 묻혀 매일 가볍게 닦아주세요. 일주일에 1번 정도 약용 샴푸로 씻기고, 턱 부위는 항상 건조하게 유지해야 합니다. 턱드름을 짜거나 맨손으로 자극하면 염증이 심해질 수 있습니다. 상태가 좋아지지 않거나 탈모나 염증이 심해지면 병원에서 항생제 치료를 받아야 합니다. 턱드름은 비교적 간단히 치료할 수 있지만 재발하기 쉬우므로 턱 주변을 항상 청결하게 유지하세요.

예방 | 음식을 먹을 때 식기에 턱이 자주 닿으므로 무엇보다 식기 관리를 잘해야 합니다. 유리나 세라믹 재질을 추천합니다. 플라스틱이나 스테인리스 그릇은 사용하면서 자잘한 흠집이 생기고 그 안에서 세균이 번식할 수 있어요. 고양이들이 식사하면서 그 부분에 턱이 닿으면 턱드름이 생길 가능성이 큽니다. 먹을 때 턱이 그릇 가장자리에 닿지 않도록 접시처럼 넓은 형태가 좋아요. 식기에 묻은 사료의 기름진 부분이 고양이 턱 주변에 묻으면 턱드름이 나거나 더 악화됩니다.

턱드름 집에서 치료하기

턱드름 관리 안 해도 된다 _황철용 교수

귀여워도
다이어트는
필요해요

내 고양이는 왜 뚱뚱할까?

비만의 원인 즉, 뚱뚱해지는 원인은 사람이나 동물이나 같습니다. 과식과 운동 부족이지요. '사료를 많이 안 주는데 우리 고양이는 왜 뚱뚱하지?'라고 생각하나요? 사실은 많이 줬으니까요. 고양이의 필요 에너지를 고려하지 않고 그 이상으로 간식과 먹이를 주면 살찌는 건 당연해요. 힘들게 사냥할 필요가 없고 한정된 공간에서 종일 뒹구는, 운동량 적은 집고양이가 쥐보다 맛있는 사료를 끊임없이 공급받으면 무의식중에라도 많이 먹게 될 수밖에 없어요.

영양학적 특징

사냥으로 대부분의 시간을 보내는 야생 고양이는 동물성 단백질을 주로 섭취했기 때문에 비만을 걱정할 필요가 없었어요. 그러나 사람과 함께 사는 오늘날 고양이들은 탄수화물이 많이 포함된 사료를 먹으면서 체중이 많이 증가합니다. 고양이의 수명을 획기적으로 늘려준 영양이 풍부한 사료가 역설적이게도 비만으로 인한 여러 성인병의 원인이 되었지요.

건사료에는 양을 늘리고 보존성과 식감, 맛을 위해 옥수숫가루, 밀가루, 쌀, 고구마, 감자 같은 수많은 탄수화물이 들어 있어요. 사람이나 개 등 대부분의 포유류는 탄수화물, 단백질, 지방의 3대 영양소를 고루 섭취해야 하지만, 육식동물인 고양이는 잡식인 우리와는 에너지 대사 체계가 다릅니다. 고양이는 탄수화물을 분해하는 아밀라아제 같은 효소의 작용이 거의 없어서 탄수화물을 직접 에너지원으로 사용하기 힘들어요. 사람은 탄수화물을 당으로 분해해 에너지로 사용하지만 고양이는 그렇지 않아요. 그래서 고양이 몸에 들어온 탄수화물은 지방으로 바뀌어 사용되거나 당장 필요하지 않으면 몸에 차곡차곡 쌓입니다. 꼭 필요하지 않은 탄수화물을 주식으로 계속 공급하는 데다 사냥을 할 필요가 없어 운동량은 부족하니 당연히 살이 찔 수밖에요.

무분별하게 주는 간식도 비만의 주요 원인입니다. 주식인 사료를 체중에 맞게 칼로리를 계산해 하루에 2번 준다면 문제가 없지만, 거기에 간식을 추가하면 잉여 칼로리가 발생하고 이는 곧 체중 증가로 이어집니다. 간식은 하루에 필요한 전체 칼로리의 10%를 넘기면 안 되고 이마저도 하루 급여량 칼로리에서 10%를 제하고 줘야 합니다.

살찌는 건 쉬워도 빼는 건 전쟁

찌지 않도록 유지하기란 생각보다 어려운 일이에요. 나아가 체중을 줄이려면 매일 칼로리와의 전쟁을 치러야 합니다. 나이든 고양이의 체중을 유지하는 것, 살이 찌지 않도록 관리하는 것, 이미 살찐 고양이를 정상 체중으로 되돌리는 것은 절대 쉽지 않으며 저절로 되지 않는 일입니다. 엄청난 노력과 계산이 필요하지요.

살이 많이 찌고 체중이 늘면 잉여 지방 조직에서 아디포카인adipokine이라는 신경전달물질이 과다하게 생성됩니다. 다양한 신진대사와 면역반응을 조절하는 이 물질은 특히 에너지 대사와 면역계에 영향을 끼치며, 신체에 손상을 입히는 다양한 염증반응을 유발하거나 촉진한다고 합니다. 인슐린의 작용을 방해하거나 혈압을 높이기도 하지요.

따라서 뚱뚱한 반려동물은 관절염, 당뇨, 비뇨기질환, 디스크, 만성신부전, 갑상샘저하증, 심혈관계이상, 각종 피부질환, 천식, 간질환 및 담낭기능이상, 암 같은 여러 질병에 걸릴 확률이 높습니다. 비만은 만병의 근원이며 고양이의 수명을 수년은 단축시킨다는 사실을 명심하세요.

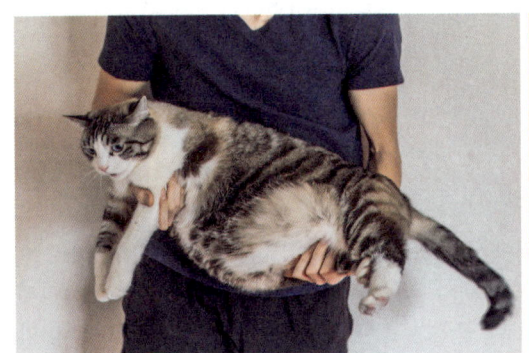

내 고양이는
왜
뚱뚱할까?

집에서 하는
비만
측정법

적정 체중 가이드

살찐 야생동물은 없습니다. 먹이를 구하려면 사냥이라는 혹독한 과정을 거쳐야 하고 뚱뚱하면 사냥에 성공하기 힘들어 제대로 먹지 못하니까요. 그러나 동물원에 가면 살찐 호랑이를 볼 수 있고, 집 안만 둘러봐도 뚱뚱한 고양이가 뒹굴고 있을 거예요. 야생의 생태계와는 다른 조건에서 우리가 잘못된 방식으로 고양이를 기르기 때문입니다. 너무 예뻐하면서 사료와 간식을 계속 갖다 바치니까요. 힘들게 몸을 움직여 사냥하지 않는 집고양이에게 많은 양의 사료는 당연히 비만의 원인입니다. 우리 고양이가 뚱뚱한 이유는 우리 탓이에요!

비만의 문제점은 수없이 많지만, 무엇보다 심각한 것은 삶의 질을 떨어뜨리고 질병 발병률을 높여 수명이 짧아진다는 점입니다. 뚱뚱한 고양이는 심장병, 당뇨, 관절염에 걸릴 확률이 월등히 높으며, 수술이나 마취의 위험성도 몇 배 더 높아요. 지방세포 자체가 염증 인자를 배출해 피부병, 귓병을 포함한 모든 염증성질환을 더욱 악화시킵니다. 지나치게 많은 양의 사료와 간식이 사랑하는 내 고양이를 서서히 죽이고 있습니다.

집에서 해보는 비만 측정법

BCS 참고 | BCS(Body Condition Score)는 고양이의 몸을 위에서 아래로 보면서 머리, 목, 가슴 라인, 허리 수치를 매기며 비만도를 측정하는 표입니다(77쪽 참고). 1~5단계가 있는데 보통 3단계가 정상이에요. 인터넷에서 검색하여 다운로드할 수 있어요. 인쇄해서 냉장고에 붙여놓고 매일 확인하며 스코어 지수상 비만이면 사료량을 조절하세요.

윤쌤 TIP 고양이의 비만은 전적으로 집사의 잘못이에요. 고양이의 비만은 단순한 불편이 아니라 일종의 학대이자 방치 행위입니다. 사랑이라는 핑계로 늘씬하고 아름다운 체형이어야 하는 고양이의 몸과 건강을 망치고, 삶의 질을 떨어뜨리며 수명을 단축시키는 일임을 꼭 기억하세요.

갈비뼈, 척추뼈 만지기 | 장모종은 털 때문에 눈으로 봐서는 체중을 정확히 알 수 없어서 갈비뼈와 척추뼈를 만져 확인합니다. 만졌을 때 바로 갈비뼈가 느껴지면 마른 상태, 살짝 힘을 줬을 때 갈비뼈가 느껴지면 정상, 손에 힘을 줬는데도 갈비뼈가 잘 느껴지지 않으면 심한 비만이에요. 척추뼈 역시 살짝 만져도 느껴지면 마른 상태, 지방이 약간 덮인 척추뼈가 만져지면 정상, 힘을 줘야만 척추뼈가 느껴지면 비만입니다.

항문 관찰 | 고양이 꼬리를 들어 항문을 살펴보세요. 깨끗하면 문제가 없지만 지저분하다면 고도 비만일 수 있습니다. 뚱뚱하면 몸을 접기 어려워 항문 주변을 그루밍하지 못하거든요. 이 정도로 뚱뚱한 고양이는 구석구석 그루밍할 수 없어서 털이 잘 엉키고 냄새가 나는 등 몸이 지저분해지고 피부병에 자주 걸립니다. 심각한 상태이니 주의를 기울여주세요.

잘 때 숨소리 듣기 | 고양이가 잘 때 내는 소리를 들어보세요. 코를 골거나 숨소리가 거칠고 색색거리면 비만일 가능성이 큽니다. 겉만 뚱뚱한 게 아니라 몸속도 뚱뚱한 상태거든요. 체내에 지방이 쌓여 공기가 드나드는 기관, 즉 목과 코 안이 좁아진 거예요. 이런 류의 지방은 목과 코와 폐를 압박하여 호흡이 원활하게 이루어지지 못하도록 방해합니다.

얼마나 먹여야 할까?

고양이의 나이, 활동성, 중성화 여부에 따라 주는 사료량이 완전히 달라야 합니다. 사료 포장지에 적힌 권장 표대로만 주면 안 돼요. 적힌 대로 주는데 살이 찐다면 당연히 줄여야 하고, 반대로 말라가면 더 줘야 합니다. 하지만 표대로 줬을 때 말라가는 경우는 단 한 번도 본 적이 없습니다. 대부분 살이 찌더라고요.

중성화한 고양이는 중성화하지 않은 고양이보다 20% 정도 적은 칼로리를 섭취해야 같은 체형을 유지할 수 있어요. 중성화 고양이용으로 칼로리가 조절된 사료가 아니라면 뒷면의 권장 표보다 적게 주세요. 간식까지 주면서 사료를 평소처럼 주면 당연히 살이 찝니다. 간식 칼로리를 계산해서 그만큼 사료량을 줄여야 정상 체중을 유지할 수 있습니다.

비만의
원인과
위험성

하루에
얼마나
먹여야 할까?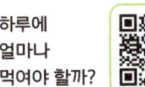

하루에 간식을
얼마나 주면
안전할까?

건강하게 다이어트하기

사랑하는 고양이를 위한 원칙

어떻게 해야 사랑하는 고양이가 안전하고 효과적으로 다이어트할 수 있을까요? 사람이나 고양이나 다이어트에는 철저한 계획이 필요합니다. 다음 원칙을 꼭 지켜주세요.

무리한 체중 감량은 금물

매주 측정 시 전체 체중의 1~2% 이상이 한 번에 줄었다면 사료량 계산이 틀린 것이니 다이어트를 중단하세요. 고양이는 즉시 사용하지 않는 잉여 에너지와 탄수화물 등을 가슴이나 복부에 지방 패드를 만들어 저장합니다. 만약 굶거나 에너지가 많이 부족해지면 저장된 지방이 간에서 대사 과정을 거친 후 사용됩니다. 그런데 한 번에 너무 많은 지방이 간으로 이동하면 지방간이 되어 심각한 간 손상을 초래하고 자칫 사망으로 이어질 수 있어요. 다이어트하기 전에 수의사와 상의한 후 매주 철저히 칼로리와 체중을 계산해가며 시행해야 합니다.

최대 5개월까지만

다이어트는 분명 사랑하는 고양이를 위한 일입니다. 하지만 고양이 입장에서는 갑자기 사료양이 줄고 맛있는 식사나 간식이 사라지는, 일종의 학대와 다르지 않아요.

그러니 다이어트 기간을 최대한 줄여주세요. 다이어트의 권장 기간은 3개월이며 최대 5개월을 넘기면 안 됩니다. 이 기간에 체중이 충분히 줄지 않았다면 유지를 목적으로 4~5개월 관리한 후 다이어트를 재개하세요. 다이어트 중에 먹이는 처방식은 비균형식입니다. 보통 6개월까지는 영양학적으로 안전하게 고안되었지만 그보다 오래 먹이면 문제가 생길 수도 있다는 뜻이지요. 처방식을 이용한 다이어트는 5개월을 넘기지 말아야 합니다.

이 2가지를 꼭 기억하고 마음을 굳게 먹으세요. 사랑하는 고양이가 정말 애처로운 표정으로 음식을 갈구하고 구걸할 테니까요. 세상 어려운 일일 수 있으니 마음의 준비를 하고 의지를 확고히 다져야 합니다.

다양한 다이어트 방법이 있어요

처방식 다이어트 | 고양이가 먹기만 한다면 이 방법을 추천합니다. 용량을 제대로 확인하고, 정해진 용량 외에 어떤 간식이나 일반사료도 첨가하지 마세요. 비교적 포만감을 오래 유지하고, 계산이 편하며, 체중 감량이 덜 고통스럽다는 장점이 있습니다. 물 외에 다른 음식을 먹이지 않고 계산된 칼로리만 먹인다면 주당 1~2%의 체중이 빠질 거예요. 고양이마다 중성화 여부나 체내 에너지 대사율, 운동량이 다르므로 처음 몇 주는 조절이 필요합니다. 그러나 비균형식이므로 오랜 기간 사용하면 안 되며 일반식보다 맛이 없다는 단점이 있습니다.

일반식 다이어트 | 평소 먹는 일반사료의 양을 극단적으로 줄이는 방법입니다. 원래 먹던 사료이니 기호성이 좋고 쉽게 시행할 수 있는 장점이 있지요. 우선 물 외에 간식이나 일체의 음식을 주지 않습니다. 그 상태에서 사료를 평소보다 25%를 줄여서 급여합니다. 몇 주 지켜본 후 살이 빠지지 않는다면 급여량을 더 줄여서 체중이 감소될 때까지 줄여가세요. 주당 체중 1~2%의 감소가 목적이며 절대 2% 이상이 줄면 안 됩니다. 포만감을 유지하기 어려워 자율 급식이나 충분한 사료에 익숙했던 고양이는 매우 괴로울 수 있다는 단점이 있어요. 구걸하거나 반항할지도 모릅니다.

캣킨스 다이어트 | 일명 황제 다이어트로 불리는 애킨스 다이어트의 고양이 적용 버전입니다. 고양이는 사료 내의 탄수화물을 제대로 사용하지 못하고 지방으로 바꿔 저장하면서 살이 찌므로, 탄수화물을 극단적으로 낮추고 지방과 단백질이 높은 사료를 급여하는 방법이지요. 즉, 습식사료만 주는 다이어트인데 저도 유지용으로 이 방법을 사용합니다. 효과가 꽤 좋지만 비용이 많이 든다는 단점이 있어요.

🐾 천천히 먹게 도와 다이어트에 도움을 주는 슬로우피더

체온, 맥박,
호흡, 체중
측정법

10가지 다이어트 팁

① 목표 체중을 설정한다

한 번에 많이 빼려고 무리하면 안 돼요. 매주 1~2% 체중 감량을 염두에 두고 목표 체중을 계산하세요. 어떤 경우에도 주당 2% 이상의 체중을 빼면 안 됩니다. 극단적인 다이어트는 건강을 해칠 수 있어요.

② 자주 체중을 측정한다

다이어트가 계획대로 진행되는지 점검하려면 자주 몸무게를 재야 합니다. 적어도 일주일에 1번은 체중을 측정해야 하니, 의료기기 판매점에서 신생아용 체중계를 구입하세요.

③ 사료의 양과 칼로리를 기록한다

기록이 남아야 계획을 확인할 수 있습니다. 적정 체중이 잘 줄어들고 있는지, 지나치게 빠져 건강을 해치진 않는지, 현재 체중에 따른 적정 칼로리를 급여 중인지 점검하세요. 주방용 저울로 계량하여 정확한 사료량을 제공합니다.

④ 다이어트 기간을 확인한다

앞서 언급했듯 다이어트는 3개월을 권장하며 최대 5개월을 넘어서는 안 됩니다. 이 기간에 충분한 체중감량이 이루어지지 않아도 중지하고 유지용 식단으로 되돌려주고 6개월 후에 다시 시도하세요.

⑤ 수의사와 상의하며 진행한다

우선 내 고양이에게 적합한 체중감량용 식사량을 확인하세요. 이는 현재 체중과 비만 상태, 향후 목표 체중, 다이어트에 사용할 사료의 종류에 따라 달라집니다. 주치의와 상의하여 어떤 사료를 얼마나 먹이며 다이어트를 해야 할지 함께 계획하세요.

⑥ 제한급식을 시작한다

자율 급식을 하고 있었다면 중단하고 양을 엄격히 제한합니다. 공복감과 그로 인한 스트레스를 줄일 수 있도록 급여 횟수는 4~6회로 나누어 소량씩 자주 주세요.

⑦ 적극적으로 움직이게 한다

사람이 식단 조절과 더불어 운동으로 다이어트 효과를 극대화하듯이, 고양이의 에너지 사용량과 대사율을 늘리면 체중감량과 유지에 도움이 됩니다. 하루에 적어도 2.5시간은 움직이게 해주세요. 사냥 놀이를 자주 하고 사료도 먹이 퍼즐 등을 이용해 몸을 움직이며 찾아 먹게 하세요. 많이 움직일수록 다이어트의 효과는 커지니 고양이가 에너지를 더 많이 소모하게 도와주세요.

다이어트 방법과 꿀팁

다이어트 10가지 방법

안전한 다이어트 요령

⑧ 사료 회사의 도움을 받는다

대부분의 규모가 큰 사료 회사에는 영양학 수의사가 근무합니다. 고양이 다이어트를 실시하기 전에 해당 사료 회사에 조언을 구하는 것도 좋은 방법이에요. 예를 들어 힐스 사에 연락해 메타볼릭을 사용하여 6kg 고양이를 5kg으로 3개월 동안 감량할 예정이라고 말한다면 고양이의 건강을 해치지 않는 범위 내에서 정확한 사료량을 계산해 줄 거예요.

⑨ 간식은 금지한다

간식은 힘든 다이어트를 금세 무효로 만들어버립니다. 보호자가 고생하는 것 이상으로 고양이도 배고픔을 참아가며 힘들게 체중감량 중임을 명심하고, 다이어트를 방해하는 어떤 간식도 주지 마세요.

⑩ 가능한 한 처방식을 급여한다

평소 먹던 사료량을 극단적으로 줄이면 고양이의 공복감이 심해져 실패할 가능성이 크고, 하루 필요 칼로리보다 적게 급여해야 해서 영양 불균형을 초래할 수 있어요. 체중감량용 처방사료는 식이섬유 함유량이 많고 부피 대비 열량은 적어 같은 양을 먹어도 포만감이 크기 때문에 고양이가 덜 힘들어합니다. 또한 필수영양소와 필수아미노산이 상대적으로 풍부해 영양 불균형을 해소하고 근육 손실을 최소화하도록 설계되어 있으며 지방 대사를 촉진하는 엘카르니틴 같은 영양소도 많아요. 힐스의 메타볼릭, 로얄캐닌의 세타이어티를 추천합니다.

🐾 힐스 메타볼릭

건강검진부터
119 응급 처치까지

건강을 지켜주기 위해
보호자가 알아야 할 것들

사랑하는 내 고양이,
건강 지키기

1

고양이를 살리는 건강검진

고양이는 아픈 곳을 숨기는 본능이 있습니다. 약해지면 도태되는 야생의 습성이 남아 있기 때문이지요. 그래서 아프다는 사실을 알아차렸을 때는 이미 상태가 악화된 경우가 많습니다. 겉으로는 건강해 보여도 정기적으로 건강검진을 받아야 하는 이유입니다.

건강검진의 목적은 아픈 데를 찾는 것이 아니라 정상적으로 건강한지를 확인하는 것입니다. 아플 때 받는 건 진단과 치료이지요. 아직 건강검진을 받은 적이 없다면 꼭 받아보세요. 7세 미만은 1년에 1번, 7세 이상 노령묘는 6개월마다 받기를 권합니다. 고양이의 1년은 사람의 7년에 해당하니 "자주"라고 느껴도 사실은 꼭 필요한 주기입니다. 이미 지병이 있거나 이상 소견이 있다면 더 자주 검사해야 합니다.

건강검진의 항목은 고양이의 나이와 품종에 따라 조금씩 달라집니다. 엑스레이X-ray, 초음파, 혈액검사 이 세 가지를 기본으로 삼고 여기에 고양이 품종별 '호발 질병검사'를 추천합니다. 심장병 호발 품종인 페르시안, 메인쿤, 렉돌, 아메리칸쇼트헤어, 브리티시쇼트헤어라면 심장병 바이오마커검사를 추가하세요. 아비시니안, 아메리칸컬, 벵갈, 먼치킨, 샴이면 갑자기 시력을 상실하는 진행성 망막위축증 호발 품종이니 안과검사를 추가하세요. 10세 이상의 노령묘라면 호르몬검사를 추가합니다.

혈액검사

제가 제일 좋아하는 검사입니다. 비교적 저렴한 가격과 피 몇 방울만으로 고양이에 대한 많은 정보를 얻을 수 있으니까요. 혈액검사를 통해 고양이에게 다발하는 신장이나 간 기능 이상, 염증과 빈혈 유무, 영양 상태 등 전반적인 정보 파악이 가능해요. 가장 기본이지만 숨어 있는 병까지도 유추할 수 있는 검사입니다.

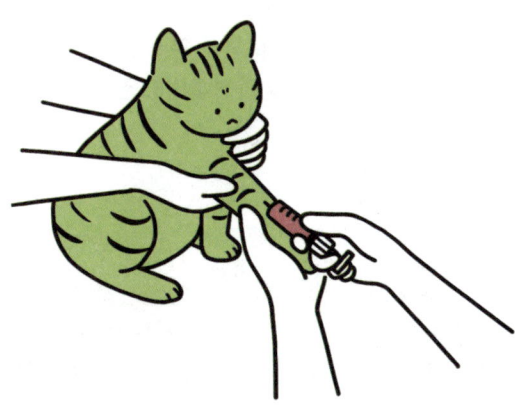

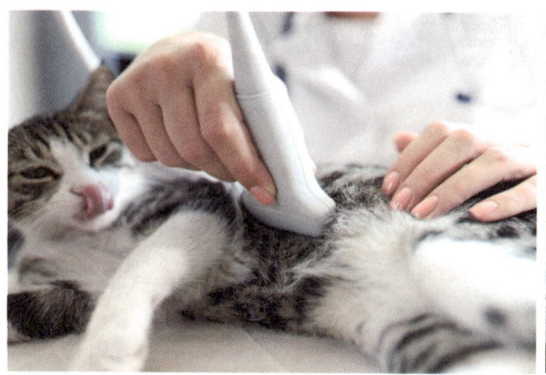

🐾 초음파검사를 받는 모습

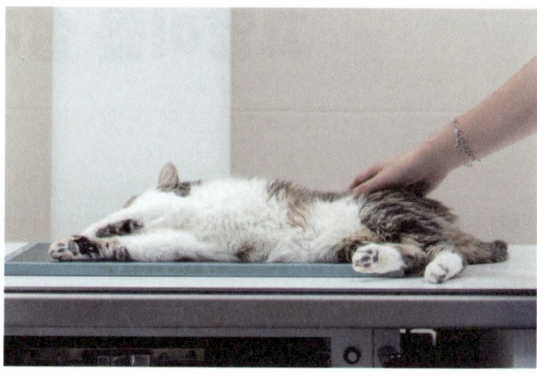

🐾 엑스레이검사를 받는 모습

문진, 촉진, 청진 | 사실 수의사는 보호자와 고양이가 진료실에 들어오는 순간부터 많은 검진을 실시합니다. 먼저 차트를 보고 과거 질병의 흔적과 복용한 약, 과거 체중과 현재 체중을 비교하지요. 고양이를 안아보고 만져보며 피모와 숨소리의 상태, 멍울과 냄새 유무를 판단합니다. 문진으로 보호자를 통해 주요 정보를 확인하고 추가 질문으로 이상 유무를 판단하며, 청진 등으로 심장 소리와 호흡음을 듣고 이상을 판정하기도 합니다.

엑스레이 | 고양이의 몸을 촬영해 심장과 폐, 관절, 위와 장의 상태를 파악합니다. 기본검사 중 하나로 소화기와 호흡기, 심장, 관절에 관한 많은 정보를 알 수 있는 중요한 검진법이지요.

초음파 | 초음파로 신장이나 방광의 이상 유무를 조기에 발견할 수 있어요. 그밖에도 내부의 종양성 변화나 간, 담낭, 췌장 등 많은 부위의 검사가 가능합니다. 엑스레이만으로 알기 어려운 작은 이상도 알아차릴 수 있어요.

윤샘 TIP 이런 기본검사 외에도 고양이심장병검사인 NT-proBNP를 통해 조기에 심장 이상을 발견할 수 있고, 간단한 안과검사로 백내장이나 노안 혹은 안내염을 진단할 수 있어요. 고양이의 입을 벌릴 수 있다면 구강검진을 통해 구내염이나 치아의 이상 유무도 판단할 수 있습니다.

건강검진에 대한 모든 것

수의사가 알려주는 혈액검사의 비밀

4대 질환의 건강검진

2

집에서 하는 건강 체크

심박, 맥박, 체온, 구강 점막 측정

심박과 맥박, 체온, 구강 점막은 정기적으로 측정해야 하는 중요한 기본 데이터입니다. 매일 하기 힘들다면 적어도 1개월에 1번은 측정하며 이상 유무를 확인하면 고양이의 신체 변화를 감지하는 데 매우 큰 도움이 됩니다. 건강하고 정상인 상태일 때 측정해서 기본값을 알아두면 나중에 조금 아플 때나 질병의 조기 진단에 매우 유용하지요. 고양이가 편안하게 쉬는 상태일 때 측정해야 정확하고 동일한 값을 얻을 수 있어요.

심박 | 성묘 기준 정상 심박수는 1분에 110~180회입니다. 1세 미만의 어린 고양이는 훨씬 더 높아요. 뒤에서 고양이의 오른쪽 옆구리 쪽으로 오른손을 집어넣고 안듯이 하여 고양이의 왼쪽 가슴에 손바닥을 대고 심박을 확인합니다. 1분간 움직이지 않고 심박수를 재기는 거의 불가능하므로 15초간 심박수를 센 후 4를 곱하면 1분 심박수를 확인할 수 있어요.

맥박 | 비만 등의 이유로 가슴을 안아 심박을 확인하기 어려우면 허벅지 안쪽 대퇴동맥의 진동을 확인하세요. 역시 고양이 뒤에서 허벅지 근처를 검지와 중지로 쥐듯 잡아서 15초간 맥박수를 잰 후 4를 곱하면 1분 맥박수가 나옵니다.

체온 | 비오거나 흐린 날이면 고양이가 열이 난다며 병원에 오는 보호자들이 많은데, 대부분 정상이에요. 고양이의 체온은 우리보다 평균 2도 정도 높으며 습도가 높은 날은 그 습도를 매개로 열이 더욱 잘 전달되기 때문에 평소보다 뜨끈하게 느껴질 수 있지요.
사람의 감각이란 참으로 부정확해서, 20년 차 베테랑 수의사인 저도 손으로 체온을 재면 오류가 잦아요. 체온계로 측정한 결과만 믿으세요. 털이 있는 동물인 만큼 비접촉식 체온계는 부정확할 수 있으며, 약국에서 파는 저렴한 디지털 체온계가 가장 좋아

🐾 체온 재는 법

요. 사용 전에 바셀린 같은 윤활제를 살짝 바른 후 항문에 1cm 정도 넣어서 체온을 측정하세요.
고양이의 정상 체온은 37.5~39도이며 나이 들수록 평균 체온이 낮아집니다. 고양이마다 약간씩 차이가 있으므로 평소 체온을 자주 측정해 평균값을 알아두면 좋아요. 39.5도가 넘으면 열이 나는 상태이니 병원에 데려가야 합니다. 체온이 40도가 넘으면 식욕을 잃어요. 반대로 체온이 37도 이하라면 쇼크 상태이거나 패혈증, 색전증 같은 응급질환일 수 있으니 빨리 병원을 방문하세요.

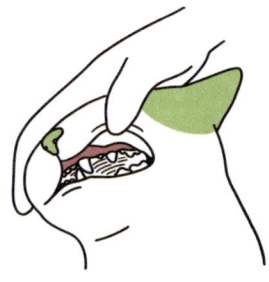

구강 점막 | 잇몸과 구강 내부를 자주 확인하여 정상일 때의 색을 기억해두면 좋아요. 정상 고양이의 구강 내 점막은 옅은 보랏빛이나 분홍빛입니다. 흰빛을 띠면 빈혈을, 누르스름하면 간질환이 의심됩니다. 청색에 가깝다면 산소포화도가 떨어진 응급 상태인 청색증을 의심할 수 있어요. 호흡이 원활하지 않다는 의미입니다.

구강 점막에 염증이나 출혈, 냄새 유무만 살펴도 만성구내염이거나 치아흡수성병변의 조기 진단이 가능합니다. 잇몸으로 CRT(Capillary Refill Time, 모세혈관 재충만 시간)을 잴 수도 있어요. 윗입술을 조금 들어 올려 잇몸을 2초 정도 손가락으로 지그시 눌렀다가 뗍니다. 손가락을 뗀 순간은 흰빛이지만 금세 원래 색으로 돌아오는데, 이때까지 걸린 시간을 측정합니다. 원래대로 돌아오는 CRT는 2초 이내여야 하며, 2초가 넘어도 여전히 창백하다면 심장병이나 쇼크 등 혈액순환 이상을 의심할 수 있습니다.

🐾 구강 점막 확인법

몸무게, 음수량, 림프절 확인

체중 | 정기적인 체중 측정은 고양이에게 부담을 주지 않으면서도 매우 효과적인 건강 진단법입니다. 미세하더라도 변화 과정을 수치로 살펴보면 건강 상태를 알 수 있어요. 오랫동안 5kg이던 고양이가 4.5kg으로 줄었다면 대수롭지 않게 여길 수 있지만, 이는 60kg이던 사람이 54kg으로 줄어든 것과 같아 심각한 문제일 수 있습니다.

1개월에 1번, 다이어트 중이라면 매주 체중을 재어 기록하세요. 매주 2% 이상, 1개월에 8% 이상 변화가 있다면 반드시 병원에 데려가야 합니다. 다이어트 중이라도 한 주에 2% 이상 줄면 간에 문제가 생길 수 있으니 프로그램을 다시 설계해야 합니다. 주당 1% 정도의 체중감소가 적당하고 안전합니다.

고양이의 체중은 보호자가 안고 체중계에 올라가 본인 몸무게를 빼거나, 이동장째로 재고 무게를 빼는 방식으로 잴 수 있습니다.

🐾 체중 확인법

호흡수,
심박수,
체온 측정법

숨만 봐도
아픈 게
보인다

윤샘의
고양이 상담소
206

이동장에는 늘 같은 담요를 깔고 그 무게를 기록해두면 병원에서도 꺼내지 않고 편리하게 측정할 수 있습니다.

음수량 | 소변량은 매우 중요한 건강지표이지만 측정이 어려우므로 대신 음수량을 측정하여 소변의 양을 예측합니다. 음수량에서 호흡할 때와 그루밍을 통해 손실되는 수분을 제외하면 소변량입니다. 활동량에 따라 차이는 있지만 고양이는 대체로 1kg당 50ml의 물을 마십니다. 가령 4kg의 고양이는 하루 약 200ml의 수분이 필요하지요. 하루 60g의 사료를 먹는다면 건사료의 수분함량은 약 10%이니 6ml의 수분을 섭취하므로 물 194ml를 더 마셔야 합니다. 만약 고양이가 하루에 캔 사료를 3캔 먹는다면, 100g 캔 기준 수분함량은 평균 80%이므로 거의 240ml의 수분을 섭취하는 셈이니 물을 더 마시지 않아도 된다는 계산이 나옵니다.

🐾 음수량 확인법

이처럼 사료에 따라 마셔야 하는 물 양이 다르니 먼저 계산한 후, 똑같은 500ml 물그릇 2개에 물을 담아놓습니다. 하나는 고양이가 마시는 용도, 다른 하나는 하루 동안의 증발량 계산용입니다. 그리고 남은 물의 양을 측정해 고양이의 현재 음수량을 알아봅니다. 하루에 캔 사료 1캔과 건사료 40g을 먹는다면 사료에서 얻는 수분은 84ml이니 116ml를 추가로 마셔야 합니다. 대조군으로 둔 물그릇의 양을 측정해 하루 증발량을 계산한 뒤 최종 마신 양을 측정합니다. 복잡해 보여도 한 번만 계산해두면 매일 쉽게 음수량을 측정할 수 있어요.

음수량이 필요량보다 적으면 수단과 방법을 가리지 않고 물을 더 먹여야 합니다. 물을 잘 마시지 않으면 만성탈수로 인한 신장, 방광 같은 비뇨기계질환에 시달릴 수 있으니까요. 반면 체중당 60ml 이상으로 너무 많이 마신다면 다음 다뇨 증상일 수 있습니다. 이 역시 신장에 이상이 있거나 당뇨가 생겼을 수 있으니 병원에 데려가세요.

고양이는 사막에서 유래한 동물이란 사실을 기억하세요. 갈증을 잘 느끼지 않고 충분한 수분 섭취 습관이 덜 형성된 동물이니 잘 챙겨야 합니다. 더구나 노령묘들의 상당수는 만성탈수에 시달리고 있습니다. 눈 주위가 움푹 들어갔거나 털이 푸석하고 윤기가 없거나 피부를 손으로 잡고 올렸다 놓았을 때 잡은 주름이 한동안 남아 있다면 심각한 만성탈수가 의심되니 최선을 다해 수분을 보충해주세요.

음수량,
림프절,
체중 측정법

만성탈수,
물 많이 마시게
하는 요령

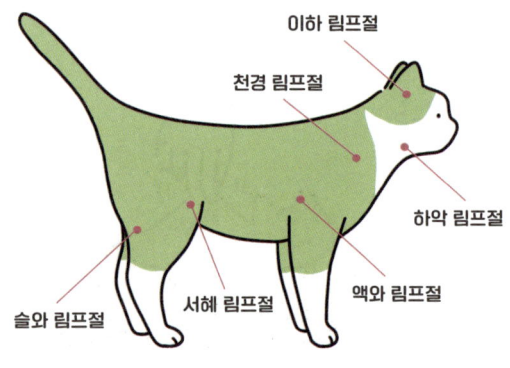

림프절 점검 │ 노령묘는 가끔 림프절을 점검하여 건강의 이상 유무를 확인할 수 있어요. 몸의 면역을 담당하는 림프절은 감염이나 염증 혹은 종양이 있다면 붓거나 단단해집니다.

고양이의 주요 림프절인 이하 림프절(귀밑), 하악 림프절(턱 밑), 천경 림프절(어깨뼈 앞), 액와 림프절(겨드랑이 사이), 서혜 림프절(허벅지 사이), 슬와 림프절(오금)은 좌우대칭으로 한 쌍씩 있습니다. 고양이가 편안한 상태일 때 엄지와 검지로 가볍게 쥐듯 스킨십하며 점검합니다. 이 부분들을 평소 자주 만져보면서 유독 부었거나 딱딱하다고 느껴지면 병원에 가서 검사를 받아야 합니다.

대소변 점검

소변 │ 소변은 건강을 가늠하는 주요 척도이므로 횟수와 양, 색, 냄새 등을 정기적으로 확인해야 합니다. 성묘는 보통 하루 2~3회 소변을 봅니다. 하루 배출하는 소변의 총량은 몸무게 1kg당 20~30ml이지만 고양이마다 조금씩 차이가 있어요. 정상 배출량의 2배 이상이면 다뇨증이며 대사계질환이나 신장이나 췌장에 문제가 있을 확률이 높습니다. 평소보다 감자(고양이의 소변을 뜻하며, 소변이 모래와 뭉쳐진 모습이 감자처럼 생겨 붙여짐)의 개수가 많고 크기가 크다면 점검이 필요합니다. 화장실에 벤토나이트 모래를 사용하면 감자의 크기와 개수로 간단한 소변량 체크가 가능해요. 노령묘나 소변 상태를 관찰해야 하는 고양이라면 벤토나이트 모래를 권장합니다.

화장실에 오래 머물거나 배뇨 자세를 취하는데 소변이 방울방울 나오거나 여러 곳에 나눠 싼다면 비뇨기 질환을 의심해야 하며, 곧바로 병원에 데려가야 합니다. 모래가 바뀌지 않았는데 냄새가 변하거나 달라졌다면 방광염·신부전 같은 이상 신호일 수 있습니다. 소변에 피나 고름이 섞이거나 색이 옅어져도 검사가 필요합니다.

소변을 볼 때 허리를 아래로 내리고 편안한 자세로 보는지 아니면 등을 활처럼 위로 굽힌 긴장된 자세로 보는지도 방광염에 의한 통증 유무를 판단할 때 중요합니다.

집에서 소변을 채취하여 소변검사 스트립에 찍어보면 큰 도움이 됩니다. 이 방법으로 질환을 정확히 알 수는 없지만, 현재 소변 상태가 정상인지 아닌지를 구분해주어 병원 방문 여부를 판단하는 근거를 제공합니다. 더구나 소변의 비중이나 소변 속 단백질, 혈액 여부는 병원에서 잘 검사하지 않는 중요한 조기 진

🐾 편안한 자세   🐾 긴장된 자세

단 항목입니다. 스트립을 잘 활용하면 매우 좋은 검사 도구가 됩니다.

모래에 소변을 누는 고양이 특성상 강아지보다 채취가 어려워요. 국자 모양으로 자른 종이컵을 소변볼 때 뒤에 대어 받거나, 달고나 만들 때 쓰는 작은 국자도 도움이 됩니다. 검사를 위한 소변량은 소변 스트립을 적실 만한 몇 방울이면 충분해요. 접근이 힘들다면 모래를 모두 제거하고 깨끗하게 닦은 화장실을 두고 거기에 소변을 누면 준비한 주사기로 채취합니다.

소변검사용 스트립은 시판 중인 동물용이나 사람용을 사용해도 괜찮습니다. 정확한 진단을 위해서가 아니라 소변 상태의 정상 여부를 확인하고 병원검사가 필요한지 판단하는 데 사용되니까요. 동물용 소변검사 스트립과 함께 그것을 사진 찍어 판독해주는 어플도 있으니 쉽게 이상 유무를 알 수 있어요. 하지만 소변검사 스트립의 판독 결과는 간편하게 집에서 사용할 수 있는 참고용일 뿐, 진단용이 아님을 명심해야 합니다.

대변 | 대변 역시 건강 상태를 가늠하는 중요한 척도입니다. 평소 화장실을 청소하면서 대변의 상태와 색, 형태, 양, 굳기, 냄새 등을 확인하는 습관을 들이면 작은 변화도 바로 알 수 있어요.

다묘 가정에서 누가 문제인지 확인하려면 아동용 무독성 크레파스를 사료에 소량 섞어주세요. 색깔별로 배변하므로 쉽게 구분할 수 있습니다. 아동용 친환경 크레파스는 식용색소로 만들어져 먹어도 안전합니다.

고양이는 보통 하루 1~2회 변을 봅니다. 정상적인 대변은 사람의 검지 정도로 가늘고 길며 데굴데굴 구르는 느낌으로 갈색 혹은 진갈색이며, 표면에 약간의 광택이 보입니다. 상태는 식사 내용이나 수분 섭취량, 소화흡수 능력에 따라 다양하지만 평소보다 묽거나, 냄새가 지나치게 심하거나 이상하다면 원인이 무엇인지, 안 먹던 걸 먹었다거나 스트레스를 받을 만한 일은 없었는지 살펴야 합니다. 대변이 평소와 다르더라도 식욕이나 활력이 정상이라면 2~3일 정도 지켜보세요. 하지만 구토를 동반하거나 기력이 떨어지거나, 식욕이 줄거나 소장성 출혈로 변이 검은색을 띠거나, 대장성 출혈로 변에 혈흔이 보이거나, 끈적끈적한 점액성 변을 보인다면 곧장 병원에 데려가야 합니다. 고양이는 나이가 들수록 대장의 연동운동 능력이 저하되어 변비에 잘 걸려요. 섬유질이 풍부한 노령묘용 사료를 먹이면 조금 도움이 됩니다.

브리스톨 스케일

브리스톨 스케일이란 고양이의 대변 형태를 모양과 질감에 따라 7가지 단계로 분류한 의학적 지표입니다. 대변이 장을 통과하는 시간과 수분 함량에 따라 1단계(심한 변비)부터 7단계(심한 설사)까지 나누게 되는데 1~2단계는 대변이 장에 너무 오래 머물러 수분이 과하게 흡수된 상태로, 변비를 의미합니다. 3~4단계는 수분함량이 적당하며 장내 미생물 균형이 잘 잡힌 가장 이상적인 상태입니다. 5~7단계는 대변이 장을 너무 빨리 통과하여 수분이 충분히 흡수되지 못한 상태로, 소화불량이나 설사를 의미합니다.

 **1단계** 딱딱하고 분리된 작은 덩어리(심한 변비)

 **2단계** 소시지 모양이지만 덩어리진 형태(변비)

 **3단계** 표면에 균열이 있는 소시지 모양(정상 범위)

 **4단계** 매끄럽고 부드러운 소시지 또는 뱀 모양(가장 이상적)

 **5단계** 경계가 뚜렷하고 부드러운 작은 덩어리(설사 전조)

 **6단계** 경계가 불분명한 진흙 같은 형태(가벼운 설사)

 **7단계** 형태가 전혀 없는 액체 상태(심한 설사)

쉽고 간단한 건강 체크 루틴

체크 항목	체크

눈을 확인한다
눈의 흰자가 붉거나 노랗지 않은지 살펴보세요. 눈곱은 없어야 하지만 자고 일어난 후 건조한 공기나 먼지의 자극에 의한 아주 작은 검은색의 딱딱한 눈곱이나 희고 흐물거리는 눈곱은 정상이에요. 눈이 충혈되었거나 노란 눈곱이 끼거나 한쪽 눈을 계속 찡긋거리면 병원에 데려가세요.

입안을 점검한다
구취가 심한지, 유실되거나 상한 이빨은 없는지, 출혈은 없는지 확인합니다. 잇몸의 색깔도 살펴야 해요. 이빨과 잇몸 사이의 붉은 줄은 치은염을, 잇몸이 흰색을 띠면 빈혈을, 노란색이면 황달을 의심할 수 있어요. 이빨이 깨졌거나 출혈이 보이면 치아흡수성병변을 암시하고, 심한 입냄새는 고양이만성구내염 때문일 수 있습니다.

코를 살펴본다
자고 일어난 직후가 아니라면 고양이의 코는 항상 깨끗하고 촉촉해야 합니다. 그래야 냄새 입자를 코에 잘 붙여서 쉽게 냄새를 맡을 수 있거든요. 코가 계속 말라 있다면 열이 있을 가능성이 크고, 반대로 콧물이 흐르는데 맑지 않고 노랗거나 흰색이라면 고양이감기 같은 병에 걸렸을 수 있으니 병원에 데려가세요. 콧잔등이 부풀어 오르거나 코 주변 털이 빠진다면 곰팡이성질환이 의심됩니다.

호흡을 체크한다
고양이가 안정된 상태에서 1분 동안 숨을 몇 번 쉬는지 세어봅니다. 들이마셨다가 내쉬는 것이 1회이며 이는 가슴이 한 번 오르락내리락 움직이는 것으로 확인할 수 있어요. 안정된 상태에서는 입을 벌리지 않은 상태에서 쉽고 고르게 쉬며, 1세 이상의 성묘라면 분당 20~30회가 정상 수치입니다. 더 어리거나 운동 직후의 고양이는 호흡수가 더 많은 편이에요. 평소 안정 상태에서 호흡수가 20~30회를 넘는다면 병원에 데려가 심장병 검사와 천식검사를 받는 게 좋습니다.

귀를 살펴본다
평소 귀는 건드리지 않는 것이 가장 좋아요. 정 더러우면 부드러운 솜에 세정제를 살짝 묻혀 손가락에 감고 들어가는 만큼만 무리하지 말고 살살 닦아줍니다. 귀가 너무 지저분하거나 귓속에서 원두커피 찌꺼기 같은 것이 나온다거나, 귀 안쪽이 붉거나 부었거나 냄새가 심하거나 계속 귀를 털어댄다면 이상 신호이니 병원에 데려가세요.

심박수나 맥박수를 잰다
성묘 기준 안정 상태에서의 정상 심박수는 분당 110~180회입니다. 1세 미만의 어린 고양이는 이보다 훨씬 많아요. 고양이의 심박수와 맥박수를 재는 방법은 앞의 설명을 참고하세요(205쪽 참고).

발을 점검한다

고양이를 무릎에 올려놓고 한발씩 살짝 들어 올려 발바닥과 발톱을 살펴보세요. 발바닥 패드 부분의 색깔은 괜찮은지, 붓거나 갈라지거나 피 나는 곳은 없는지 확인합니다. 발톱이 너무 길게 자라 휘어 있거나 패드를 찌르지는 않는지도 점검합니다.

꼬리를 살펴본다

꼬리를 손으로 슥 훑으면서 상처나 벗겨진 부분은 없는지, 피부병이 있거나 부어 있진 않은지 점검합니다. 꼬리를 들어 올려 항문 부근이 붓거나 붉게 변한 부분은 없는지, 분비물이 나오거나 항문낭 부근이 부풀어 오르진 않았는지도 확인합니다.

물을 충분히 마시는지 확인한다

물을 충분히 마시지 않으면 고양이는 만성탈수에 시달립니다. 만성탈수는 노령묘에게 흔한 증상으로, 노화를 촉진하고 치매를 앞당기며 관절과 심장 및 신장질환을 일으킬 수 있어요. 목 뒷부분의 피부를 당겼다가 놓았을 때 피부가 즉시 제자리로 돌아가야 정상입니다. 고양이가 피부 탄력을 유지할 정도로 충분히 물을 마신다는 뜻이지요. 하지만 피부가 금세 되돌아가지 않고 잡은 상태 그대로이거나 되돌아가는 데 1분 이상이 소요된다면 탈수를 의미합니다. 몸에 수분이 충분한 고양이는 코와 잇몸이 촉촉하며, 이곳이 말라 있다면 탈수를 의심해야 합니다.

몸에 점이나 혹이 생겼는지 점검한다

고양이의 몸에 갑자기 검은 점이나 갈색 점이 생겼는지 살펴봅니다. 몸의 털을 꼬리부터 거꾸로 쓸어올리며 털과 털 사이를 세심하게 점검합니다. 쓸어올리는 과정에서 손에 걸리는 작은 혹이 있는지도 체크하세요. 사람의 사마귀 같은 혹이 있다면 양성종양일 가능성이 있으며, 없었는데 갑자기 생긴 점은 꼭 병원에 데려가 확인해야 합니다.

윤샘 TIP 위의 10가지 검진을 집에서 꾸준히 기록하면 작은 이상도 빨리 발견할 수 있어요. 이렇게 하면 병원에서는 최소한의 검사로 효과적인 치료가 가능하고, 심각한 질병을 예방해 의료비도 줄이며 고양이와 더 오래 건강하게 함께할 수 있습니다.

건강 확인
10가지
루틴

집에서 하는
건강 상태
확인법

아픈
고양이
체크법

3

장수를 위한 10가지 방법

어느덧 사람도 100세 시대에 접어들었습니다. 몇십 년 전만 해도 5년 남짓이었던 고양이의 평균 수명 역시 이제는 15세를 넘어 20세 시대랍니다. 노화를 막을 수는 없지만 늦출 수는 있지요. 사랑하는 내 고양이를 건강하게 살게 하려면 어떻게 해야 할까요? 언제나 발랄하고 건강하게 곁에 있어주기를 바라는 마음으로, 고양이의 노화를 늦추는 10가지 방법을 살펴봅시다.

① 중성화수술

중성화수술을 일찍 받은 고양이와 그렇지 않은 고양이의 수명 차이에 관한 통계는 없지만, 제 경험상 중성화수술을 받은 고양이와 받지 않은 고양이의 평균 수명의 차이는 3년 이상이라고 생각합니다. 중성화수술은 단순히 새끼를 낳지 않게 하는 수술이 아니에요. 노령묘가 걸릴 수 있는 수십여 가지 질병을 예방하고, 성호르몬의 영향으로 생기는 빠른 노화를 차단하는 매우 효과적인 시술입니다. 중성화수술은 고양이가 얼마나 더 우리 곁에 머물며 삶을 함께할 수 있는지를 결정한다는 사실을 명심하세요.

② 양질의 사료 공급

노화가 늦어지고 수명이 늘어난 가장 큰 이유는 풍부한 음식입니다. 사람처럼 고양이도 탄수화물보다 단백질과 지방이 풍부한 균형 잡힌 사료가 필수예요. 좋은 사료는 고양이의 수명에 직접적인 영향을 미칩니다. 수분이 풍부하고 단백질과 지방 함량이 높은 습식사료를 충분히 급여하고 건사료도 믿을 수 있는 회사의 제품으로 공급해주세요.

③ 노령묘에게 영양제 공급

젊고 건강한 고양이에게는 영양제가 꼭 필요하지는 않지만, 노령기에 접어든 고양이에게는 도움이 될 수 있습니다. 특히 10세가 넘은 노령묘에게는 액티베이트캣 같은 항산화 성분이 풍부한 영양제가 수명에 유의미한 영향을 미치기도 합니다. 단백질이 풍부하고 영양균형이 좋은 사료를 먹더라도 나이가 들면 소화흡수 능력이 떨어지기 때문에 추가적인 보충이 필요할 수 있습니다. 영양제를 고를 때는 성분표만 볼 것이 아니라 원료의 품질과 흡수율, 그리고 오랜 기술과 경험을 갖춘 회사의 제품인지도 함께 살펴보세요. 동물 영양제를 전문적으로 만들어온 신뢰할 만한 제품을 선택해 정기적으로 급여하는 것이 좋습니다.

④ 친밀하고 적극적인 커뮤니케이션

고양이와의 소통은 노화를 늦추고 수명을 늘리는 데 도움이 됩니다. 고양이의 몸짓으로 상태를 알아차릴 수도 있고, 질병을 조기에 발견할 수도 있어요. 고양이는 감정표현에는 소극적인 편이지만, 표정이나 몸짓, 울음소리와 행동 등으로 보호자에게 자신의 감정이나 기분을 전달합니다. 애정을 가지고 친밀하게 고양이와 대화하고 적극적으로 소통에 임한다면, 이에 자극받은 고양이는 항시 더 좋은 기분으로 안정감을 가지고 오래 살지 않을까요.

⑤ 습관적인 마사지

우리가 기분 좋게 쓰다듬기만 해도 고양이는 고롱고롱 소리를 내며 좋아합니다. 보호자의 손길만으로도 행복호르몬이 분비되고, 마치 아기 고양이 시절 어미에게 그루밍을 받으며 느꼈던 편안함을 떠올리게 되지요. 이런 스킨십은 그 자체로도 충분히 의미 있지만 혈액순환을 도와 산소와 영양분이 온몸에 고르게 전달되도록 합니다. 또한 고양이에게 안정감을 주고 스트레스를 줄이는 데도 도움이 됩니다. 더불어 매일 마사지하며 피부나 몸, 관절의 변화를 살피다 보면 이상을 일찍 발견해 질병의 조기 진단과 예방에도 도움이 됩니다.

⑥ 꾸준한 운동

사람이든 동물이든 근력 운동 없이는 뇌 기능을 유지하기 어렵습니다. 그래서 노인들도 근력을 유지하려고 등산을 하고 걷고 운동하지요. 이와 마찬가지로 노령묘일수록 자꾸 걷고 사냥 놀이 같은 주인과의 운동에 몰두해야 합니다. 운동을 통해 단순히 근력뿐 아니라 펌핑 작용으로 뇌에 공급되는 혈류량을 늘리고 뇌에서 운동조절 능력 등의 기능을 계속 유지할 수 있어요. 치매와 신체 노화를 늦추는 최고의 방법은 꾸준한 운동입니다. 몸이 무거워지면 마음도 무거워지고 마음마저 무거워지면 노화는 빨리 찾아옵니다. 살이 찌지 않도록 살펴보고 항상 운동을 시켜주세요. 줄어든 근력과 늘어난 체중은 노화의 상징입니다.

⑦ 정기적 건강검진

10번을 강조해도 지나치지 않습니다. 7세가 넘은 고양이는 6개월마다 건강검진을 받아야 합니다. 고양이는 우리보다 7배나 빠른 시간을 살아가는 동물이에요. 사람보다 7배나 빨리 늙고 7배나 빨리 죽어가고 있다는 사실을 꼭 기억해야 합니다. 해마다 건강검진을 받게 하여 그사이 어디가 나빠지진 않았는지 확인하세요. 질병을 미리 발견하면 빠르게 조치해 수명을 늘릴 수 있으니 너무 늦게 발견하는 일이 없어야 합니다. 건강검진은 고양이의 수명에 직접적인 영향을 미치는 주요 요소라는 사실을 명심하세요.

좋아하는
잠자리는
어디일까?

수명을
늘리는
10가지 방법

⑧ 스트레스 받지 않는 환경 조성

생활환경에서 오는 지속적인 스트레스는 고양이의 수명을 갉아먹습니다. 마음에 안 드는 화장실 위치, 밖을 볼 수 없는 고독한 생활환경, 높은 곳이 없어 답답한 휴식 공간, 불안하고 안정적이지 못한 영역권, 나쁜 공기, 비위생적인 모래, 쾌적하지 않은 온도 등은 고양이의 수명에 나쁜 영향을 주지요. 동물이 스트레스를 받으면 뇌의 시상하부에서 부신피질자극호르몬이 나옵니다. 그러면 혈당이 높아지면서 면역력이 떨어집니다. 그 결과 고양이는 위장염, 과도한 그루밍에 의한 피부염, 소변이 잘 나오지 않는 특발성 방광염 등에 걸리는 것입니다. 고양이의 상태를 유심히 관찰해 스트레스의 요인이 될 만한 것들을 최대한 제거하여 안정적으로 지낼 수 있는 환경을 만들어주세요. 스트레스는 고양이에게 다양한 질병을 유발하며 종국에는 빠른 노화를 불러옵니다.

⑨ 충분한 수분 공급

수많은 노령묘가 경도의 만성탈수이지만 보호자들은 이를 간과하는 경향이 있습니다. 탈수는 고양이의 급격한 노화를 부추깁니다. 물을 자주 마시는지, 눈, 코, 입이 건조하지 않고 촉촉한지, 피모가 푸석거리지 않고 윤기가 흐르는지, 무기력하게 엎드려 있지만은 않은지 항상 확인하세요. 캔 사료를 충분히 공급하고 신선한 물을 마음껏 마실 수 있게 하면 고양이의 건강과 수명에 큰 도움이 됩니다.

⑩ 쾌적하고 안락한 잠자리 제공

고양이는 하루 18시간 정도를 자면서 지내는 동물이지요. 노령기에 접어들면 하루 20시간을 자기도 합니다. 고양이는 하루 대부분을 잠으로 보내므로, 따뜻하고 안락한 잠자리는 수명과 직결됩니다. 고양이는 자기 몸 상태, 주변의 온도, 동료들과의 관계에 따라 자는 곳을 스스로 다양하게 정합니다. 고양이가 편하게 잠들 수 있도록, 조용하고 보호자가 볼 수 있는 장소에 잠자리를 마련해주세요. 대체로 푹신푹신하고 쏙 들어가서 자는 것을 선호합니다. 여름에는 따뜻한 곳과 시원한 곳 모두 잠자리를 만들어주어 고양이가 선택하게 하면 좋아요. 겨울에는 보온을 위해 전기장판이나 탕파를 사용해도 좋지만 저온 화상 위험이 있으니 고양이 몸에 직접 닿지 않도록 신경 써야 합니다.

나이
환산법

품종별
평균 수명

4

계절별 건강 관리법

고양이의 건강을 위해 계절에 따라 특히 신경 써야 하는 사항들이 있습니다. 여름은 더위, 겨울은 추위에 철저히 대비해야 하며, 1~3월, 5~6월, 10월경에 찾아오는 발정기도 대처해야 합니다. 봄가을에 찾아오는 털갈이 시기에 피모를 세심하게 관리해주지 않으면 피부병이나 털 엉킴, 헤어볼 등의 문제가 발생할 수 있어요. 이처럼 계절의 변화에 따라 고양이를 위해 점검해야 하는 사항들을 월별로 알아봅시다.

1월 | 공기가 건조하고 환기도 어려운 시기이니 호흡기질환에 특히 유의해주세요. 실내 온도가 내려가면 고양이는 물을 마시려고 노력하지 않을 거예요. 가습기 등으로 습도를 조절하고 물그릇을 여기저기 더 놓는 등 수분 섭취에 더욱 신경 써야 합니다.

2월 | 중성화하지 않은 고양이는 발정기일 수 있어요. 이때 임신하면 아이를 키우기 가장 좋은 계절인 4월경에 출산하기 때문이지요. 스트레스를 받아 스프레이나 스크래치를 심하게 하거나, 집 밖으로 탈출할 수 있으니 주의하세요. 너무 어리지 않다면 중성화수술을 권합니다.

3월 | 본격적인 털갈이 시기이므로 세심한 브러싱이 필요합니다. 이 시기에는 생각보다 털이 많이 빠지기 때문에 고양이의 그루밍만 믿고 있다가는 헤어볼 문제로 고생할 수 있어요. 열심히 빗어주어 죽은 털을 솎아주고 관리해야 합니다.

4월 | 날씨도 좋고 고양이의 호르몬 분비도 안정적이어서 가장 활동적이고 건강한 시기입니다. 별다른 문제가 없다면 건강검진과 예방접종을 해주세요.

5월 | 본격적인 봄이 되면서 환기를 위해 열어둔 창문이나 현관문으로 나가는 등 고양이의 실종이 가장 잦은 시기입니다. 환기할 때는 방충망이나 방묘문을 꼭 닫아놓고 탈출을 막을 여러 장치를 설치하세요. 고층 아파트 역시 날벌레를 보고 고양이가 순간 점프하여 뛰어내릴 수 있으니 절대 창문을 열어두면 안 됩니다.

6월 | 장마가 시작되며 날이 슬슬 더워지니 사료 관리에 신경 써주세요. 건사료라면 매일 갈아주어 변질이나 곰팡이 오염을 막고, 습식사료는 남은 것은 바로바로 버려서 고양이가 상한 사료를 먹지 않도록 주의해야 합니다. 보관 중인 건사료는 항상 잘 밀봉하고 신선도를 점검하세요.

7월 | 모기를 매개로 한 심장사상충이 심해지고 벼룩이나 진드기 같은 외부기생충이 활발히 활동하는 시기입니다. 레볼루션 등으로 내·외부기생충 구제를 철저히 해주세요.

8월 | 무덥고 습한 날에 환기도 잘 안 되는 좁은 집에 오래 갇혀 있으면 열사병 등이 생길 우려가 있어요. 장시간 사람의 부재에 대비해 방충망을 친 후 창문을 열어두거나 에어컨을 틀어주어 환기와 온도조절에 신경 써주세요. 더워서 식욕도 없을 수 있으니 습식사료를 더 많이 주세요.

9월 | 봄만큼은 아니지만 많은 털이 빠지는 시기이니 헤어볼 및 피부병 예방 차원에서 브러싱을 철저히 해주세요.

10월 | 식욕이 본격적으로 돋는 계절입니다. 호르몬의 영향을 받아 임신과 출산에 좋은 몸을 만드는 과정으로 비만이 되기 쉬우니 필요 열량을 잘 계산하여 급여해주세요.

11월 | 일교차가 심해지고 갑자기 대기가 건조해져 감기에 잘 걸리는 시기입니다. 기온 변화에 맞춰 실내 온도와 습도를 조절해주세요.

12월 | 크리스마스 시즌을 대표하는 포인세티아와 시클라멘은 고양이에게 설사와 구토를 유발하는 위험한 식물입니다. 그밖에도 여러 현란한 장식들을 고양이가 입에 넣거나 목에 감겨 생명을 위협할 수 있으니 주의해야 합니다. 화려한 크리스마스는 좋지만 장식과 꽃은 자제하는 편이 좋아요. 자칫 크리스마스가 고양이에게 재앙이 될 수 있습니다.

겨울철 건강 관리법

온도가 일정한 실내에서 생활하는 집고양이들에게 겨울이 뭐 그리 다를까 싶겠지만 그렇지 않아요. 고양이는 수천, 수만 년을 계절의 변화 즉 일조량의 변화에 따라 생리적인 활동이 바뀌는 동물이에요. 그에 맞추어 건강 관리에 신경을 써주어야 합니다.

안락한 실내 공간
겨울에는 실내 온도가 더 낮아지니 안락하고 따뜻한 곳을 좋아하는 고양이를 위해 몸을 구겨 넣고 쉬거나 잘 수 있는 포근한 공간을 만들어주세요. 고양이가 좋아하는 창가의 캣타워에는 더 푹신한 담요나 방석을 깔아주고 평소 즐겨 찾는 숨숨집도 더 아늑하게 꾸며주세요. 햇빛이 잘 드는 창가에 담요를 깔아놓은 바구니 등을 놔두어도 좋아요. 체온 조절이 잘 안 되는 노령묘의 잠자리에 온수를 담은 페트병을 담요로 감싸 넣어주면 큰 도움이 됩니다.

계절별 건강 관리법

몇 도부터 더위를 느낄까?

여름철 건강 관리 요령

일정한 온습도 유지

겨울은 건조한 계절인데 온열기구까지 사용하면 실내는 더욱 건조해져요. 그래서 고양이를 쓰다듬거나 빗질을 할 때 정전기가 자주 일어나고, 이로 인해 고양이가 스트레스를 받기도 합니다. 실내가 너무 건조하면 피부 트러블이나 비듬이 생길 수 있고, 차갑고 건조한 바닥 때문에 고양이의 발바닥이 트거나 갈라질 수 있으며 면역력도 떨어져요. 실내 습도는 50~60%, 온도는 20~26℃를 일정하게 유지해야 사람과 고양이의 건강에 좋습니다.

음수량 보충

겨울은 더운 여름보다 체온 유지를 위해 소모되는 수분의 손실이 적어 고양이가 물을 덜 마시게 됩니다. 고양이는 개보다 소변 농축 능력이 뛰어나 평소에도 소변이 진한데, 물을 적게 마시면 소변이 더욱 진해져 화장실을 덜 가요. 특히 갑자기 추워지거나 기온이 떨어지면 음수량이 적어져 소변을 덜 보게 되고 그 결과 요로계통에 결석이 생기거나 FLUTD 같은 하부비뇨기계질환이 발생하기도 합니다.

물그릇을 여러 곳에 많이 배치하고, 수분이 많이 포함된 습식사료를 더 자주 주세요. 필요하다면 주사기를 사용해서 물을 자주 급여하는 방법도 사용합니다. 겨울에는 화장실을 하루에 1~2회 이상 규칙적으로 치워주며 배뇨의 양과 횟수를 점검하세요.

칼로리 및 활동량 조절

고양이의 비만은 여러 질병의 원인입니다. 추위를 견디기 위해 포유동물은 대체로 겨울에 살이 찌고 고양이도 마찬가지입니다. 하지만 평소 체중의 10% 이상 증가하면 관절질환이 생기고, 지방간이 생길 수 있어 위험합니다. 겨울철에는 활동량이 적어지니 급여 방식을 바꿔보는 것도 좋아요. 사료를 그릇에 그냥 담아주기보다 여기저기 뿌려서 움직이면서 먹게 하거나, 먹이 퍼즐 등을 사용해 급여해주세요.

난방용품에 의한 화상 유의

전기 난방 기구를 사용한다면 고양이가 전깃줄을 긁거나 물어서 감전되지 않도록 전깃줄에 보호기구를 감아주세요. 쓰러지면 전원이 자동으로 꺼지는 안전장치나 타이머가 있는 난방기구를 사용합니다. 전기장판 위에서 한 자세로 오래 누워 있으면 털이 적은 부위는 저온 화상을 입을 수 있으므로 담요를 깔아 화상을 방지해주세요.

충분한 환기

창문을 열기 어려운 추운 계절이어서 각종 먼지와 냄새, 고양이 털 등으로 실내 공기가 오염되기 쉬워요. 공기청정기를 가동하고 방향제나 디퓨저 등은 사용을 자제해주세요. 집에 흡연자가 있다면 실외에서 흡연하고(전자담배 포함) 밖에서 옷을 충분히 털고 10분 이상 지난 후 집에 들어와야 유해 입자들이 실내를 오염시키는 것을 방지할 수 있어요. 각종 먼지나 실내 부유물은 고양이처럼 바닥에서 지내는 작은 동물들에게는 기관지염과 결막염의 원인이에요.

잦은 브러싱

추운 겨울철에는 체온 유지를 위해 피부 주변의 혈관이 수축되므로, 피부 건강을 유지하려면 혈액순환을 도울 수 있는 마사지나 빗질을 자주 해줘야 합니다. 습도까지 낮아 건조해지면 피부 저항력이 떨어져 피부병에 걸리기 쉬워요. 또한 과한 난방으로 실내가 너무 더우면 고양이는 그루밍을 심하게 하게 되고, 그로 인해 털이 심하게 빠지면 헤어볼을 토하거나 소화기 문제가 발생할 수 있지요. 겨울철에는 털을 부풀려 공기층을 만들어 체온을 유지하고 헤어볼을 예방할 수 있도록 빗질을 더 정성스럽게 해주세요.

실내외, 낮밤의 온습도 차이 조절

난방 등으로 실내 온도가 높아지고 습도가 낮아지면 공기는 매우 건조해집니다. 그러면 부유 먼지가 늘어나고 기관지 점막의 저항력이 떨어져 고양이가 호흡기질환에 걸리기 쉬워요. 고양이 감기나 호흡기질환은 대개 허피스바이러스, 칼리시바이러스, 클리미디아chlamydia 등의 단독 혹은 복합 감염으로 발생하며 고양이호흡기증후군feline respiratory complex이라고도 합니다. 이러한 질환에 걸리면 열이 나고 재채기, 콧물, 눈곱이 늘어나며 결막염이 생기거나 침을 많이 흘리는데, 증상은 10일에서 20일까지 지속됩니다.

겨울철 고양이의 질병 예방을 위해, 환기가 어려운 실내에서는 수시로 공기청정기를 가동하고 적절한 온습도를 유지하며 밤낮의 기온 차를 줄여주세요.

세심한 발바닥 관리

차가워진 방바닥과 건조한 공기로 인한 고양이의 젤리 즉 육구 관리에 신경 써주세요. 특히 겨울이면 발바닥이 쉽게 건조해지고 심하면 갈라지기도 하니, 바셀린이나 고양이용 밤 제품류보다는 코코넛오일을 얇게 발라주면 좋아요. 바셀린 등을 고양이가 계속 핥으면 소화흡수에 좋지 않지만, 코코넛오일은 대표적인 중쇄 지방산으로 노령묘의 치매 예방이나 각종 노령성질환에 좋은 영양성분을 함유하고 있거든요.

노령묘 혹은 심장병이 있다면 특히 주의!

치매 증상이 있는 노령묘는 겨울에 급격히 상태가 나빠질 가능성이 큽니다. 사람과 마찬가지로, 찬 공기에 지속적으로 노출되면 혈관이 수축하며 뇌에 충분한 혈류 공급이 이루어지지 않아 뇌혈관계질환과 치매 증상을 촉발할 수 있기 때문입니다. 심장병을 앓는 고양이도 날씨의 영향을 많이 받아요. 기압이 낮아지고 찬 공기에 노출되면 심장에도 무리가 가서 상태가 심각해지는 경우가 많습니다.

항상 온습도를 일정하게 유지하고, 동물병원의 방문 등 외출 시에도 갑작스레 찬 공기에 노출되지 않도록 담요로 이동장을 감싸는 등 세심하게 관리해주세요.

겨울철
건강 관리팁
10가지

겨울철
감기
예방법

겨울철
주의 사항

5

생활 속 스트레스 요인

고양이는 스트레스에 매우 취약한 동물입니다. 대뇌변연계의 편도체는 공포, 불안, 긴장 같은 정동행동을 담당하는 뇌의 부분입니다. 사람도 심한 스트레스를 받으면 이 편도체가 과민 반응을 일으켜 뇌의 신경전달물질인 세로토닌이 저하되고, 이 상태가 지속되면 불안장애나 우울증, 공황장애 같은 질환에 걸리지요. 그런데 고양이는 이 편도체의 기능이 사람보다 발달해 있어 다양한 스트레스 자극에 더욱 예민합니다. 일상에서 고양이가 받는 스트레스는 어떤 것들인지 살펴봅시다.

갑작스러운 큰 소리 │ 고양이는 예상하지 못한 소리에 쉽게 놀라고 불안해합니다. 전화벨이나 알람처럼 자주 들은 소음은 익숙해져 괜찮지만, 초인종이나 청소기, 믹서기 같은 갑작스러운 소리는 고양이를 당황하게 하지요. 텔레비전 소리를 줄이고, 바깥 소리가 크게 들린다면 창가나 문가에 백색소음기를 켜 외부 소음을 완화해주세요. 고양이가 초인종 소리를 싫어한다면 벨을 누르기보다 문을 두드려달라고 안내문을 붙여두는 것도 방법입니다. 청소기나 믹서기처럼 큰 소음이 예상되는 기기를 사용할 때는 고양이에게 미리 보여주고 작동해보세요. 몇 번 반복하면 고양이도 상황을 이해하게 됩니다. 고양이는 생각보다 똑똑하답니다.

고주파 소음 │ 고양이는 사람이 들을 수 없는 주파수 대역의 소리까지 들을 수 있습니다. 사람 귀에는 거의 들리지 않는 전자기기의 고주파 소음도 고양이에게는 크게 느껴질 수 있지요. 집 안에서 미세하게 '삐이ㅡ' 하는 소리가 나는 전자기기가 있다면 사용하지 않을 때는 꺼두는 것이 좋습니다.

사이가 나쁜 동물과의 합사 │ 고양이에게 매우 큰 스트레스 요인입니다. 사람도 잘 맞지 않는 사람과 같은 방을 써야 한다면 늘 긴장하게 되지요. 고양이 역시 마찬가지입니다. 서로 으르렁대지 않고 싸우지 않는다고 해서 반드시 합사가 잘된 것은 아닙니다. 싸우지 않더라도 서로를 노려보거나 함께 있지 않고 떨어져 지낸다면 이미 스트레스를 받고 있는 상태일 수 있습니다. 갑자기 다가오지 않을지, 자신의 공간을 침범하지 않을지 늘 신경 쓰며 제한된 영역을 나눠 쓰는 상황을 떠올려보세요. 고양이에게는 꽤 큰 부담이 됩니다.

방향제와 식물 | 고양이는 대부분의 향을 좋아하지 않습니다. 향은 사람을 위한 것이지 고양이를 위한 것이 아니지요. 고양이를 안정시키는 아로마 향 같은 것도 없습니다. 특히 디퓨저나 고급 방향제에 사용되는 천연 식물 추출물은 고양이 건강에 치명적일 수 있습니다. 꽃향기나 꽃가루 역시 좋지 않습니다. 고양이와 함께 산다면 디퓨저나 향초, 강한 향의 제품 사용은 가능한 한 피하는 것이 좋습니다.

갑작스러운 스킨십 | 고양이는 강아지와 달리 무조건적인 스킨십을 즐기는 동물이 아닙니다. 스스로 다가와 치댈 때 쓰다듬는 것은 괜찮지만, 예고 없이 안거나 만지면 싫어할 수 있습니다. 만지기 전 잠시 멈추고 "만져도 될까?" 하고 생각하는 여유를 가져보세요. 고양이가 손길을 피하거나 받아들일 준비를 할 시간을 줄 수 있습니다. 고양이는 소유물이 아니라 가족이므로 스킨십에도 존중이 필요합니다.

마음에 들지 않는 화장실 | 화장실의 위치나 크기, 형태, 모래가 마음에 들지 않으면 고양이는 큰 스트레스를 받습니다. 하루에도 여러 번 사용해야 하는 화장실이 불편하면 배변 횟수가 줄어들고, 그 결과 소변 실수를 하거나 방광염 같은 질환으로 이어질 수 있습니다. 화장실을 꺼리는 고양이는 화장실 주변을 서성거리거나, 모서리에 앉아 엉덩이만 넣은 채 용변을 보기도 합니다. 배변 후 모래를 덮지 않거나 배변 시간은 길어지는데 횟수는 줄어드는 모습도 나타납니다. 고양이가 좋아할 만한 크기와 형태의 화장실을 편안한 위치에 두고, 선호하는 모래를 사용해주세요.

단조로운 실내 환경 | 관찰할 대상이 없는 단조로운 실내 환경은 고양이에게 좋지 않습니다. 창가에서 바깥 풍경을 볼 수 있게 해주거나, 어항이나 펫 채널처럼 움직임을 관찰할 수 있는 요소를 만들어 주세요. 고양이의 호기심을 자극하는 시각적 자극이 필요합니다.

깜박이는 조명 | 형광등이나 일부 LED 조명에서 나타나는 플리커 현상은 사람 눈에는 잘 보이지 않지만, 고양이는 초당 수십 번 깜박이는 빛을 인식할 수 있습니다. 이런 빛은 시력 저하, 신경계질환, 두통, 피로, 집중도 저하, 광과민성 발작, 스트레스 등을 유발할 수 있습니다. 가능하면 플리커 프리 LED 조명이나 안정적인 조명을 사용하는 것이 좋습니다. 집 조명의 플리커 여부는 휴대폰 슬로모션 모드로 실내 영상을 촬영했을 때 화면에 검은 줄이 생기는지 확인해보면 알 수 있습니다.

너무 과묵한 집사 | 고양이는 독립적인 동물이지만 동시에 사회적인 동물이기도 합니다. 집에서 유일한 가족인 보호자의 반응을 늘 살피며 나름의 방식으로 소통하려 하지요. 하루 종일 혼자 있다가 만난 보호자가 아무 말도 하지 않으면 외로움을 느낄 수 있습니다. 고양이에게 자주 말을 걸어 주세요. 말을 완전히 이해하지는 못하더라도 억양과 반복되는 단어를 통해 많은 것을 느낄 수 있습니다. "밥 먹었어?" "오늘 심심하진 않았어?" "이건 어때? 맛있어?"처럼 간단한 말부터 시작해 하루 동안 있었던 이야기를 들려주며 대화를 나눠보세요.

만성통증성질환 | 고양이뿐 아니라 사람에게도 가장 큰 스트레스는 신체의 통증입니다. 정신적인 스트레스보다 훨씬 크게 느껴지지요. 스트레스가 건강 이상을 유발하기도 하지만, 건강 이상 자체가 또 다른 스트레스가 되기도 합니다. 특히 10세 이상의 노령묘는 관절염을 앓는 경우가 많은데, 그중 상당수가 통증을 동반합니다. 정기적인 건강 검진을 통해 고양이에게 아픈 곳은 없는지 보호자가 꾸준히 확인해주세요.

체벌이나 호통 | 때리거나 큰 소리로 혼내는 등의 잘못된 훈육은 예민한 동물인 고양이에게 독이 됩니다. 고양이는 체벌이라는 부정적인 경험을 자신의 행동과 연결해 이해하지 못하고, 단지 체벌을 가한 보호자와 그 상황만을 기억합니다. 그 결과 보호자를 두려워하거나 피하게 되고, 심하면 공격성을 보이기도 합니다. 고양이는 체벌을 통해 아무것도 배우지 못하며 오히려 불안과 스트레스만 커질 뿐입니다.

🐾 심한 관절염으로 굽은 발

아프게 만드는 생활 습관

고양이는 우리보다 4~5배 빠른 시간을 살아갑니다. 우리가 조금만 방심해도 수명은 금세 짧아지지요. 사랑하는 고양이와 오랫동안 함께할 수 있는지는 전적으로 보호자인 우리 손에 달려 있다는 사실을 잊지 마세요.

스트레스 무시 | 적응에 실패한 두려움과 공포, 오랜 시간 혼자 지내며 생긴 분리불안, 동거묘나 동거인과의 갈등 등 고양이의 스트레스 요인은 다양합니다. 환경개선, 적극적 약물 치료 등으로 해결해주지 않고 그냥 놔두면 심각한 여러 이상 징후를 보이다가 기대수명마저 단축됩니다. 고양이를 항상 유심히 관찰하며 스트레스 요인이 될 만한 것은 최대한 제거하고 고양이가 안심하고 지낼 수 있는 환경을 만드는 데 노력을 아끼지 마세요. 생존 본능에서 기인한 고양이의 이런 습성을 이해하고 수용하는 일도 집사의 임무랍니다.

안이한 양치질 | 고양이의 구강 건강은 수명에 직접적인 영향을 끼치며, 구강 건강을 지키는 최선책은 양치질입니다. 양치질만으로 생각보다 많은 구강 질병을 예방할 수 있으니 잊어버리거나 그냥 넘어가지 말고 제때제때 꼭 시켜주세요. 여러 구강 염증은 고양이의 기대수명을 줄인다는 사실을 기억해야 합니다. 양치질이 힘들다면 1년에 1번은 스케일링이라도 시켜주어 치아를 관리해주세요.

가족의 흡연 | 간접흡연은 각종 질병의 원인이며 고양이의 수명을 급격히 줄입니다. 특히 니코틴, 타르, 일산화탄소는 대표적인 유해물질로 니코틴은 뇌신경계 전달물질을 교란하고 중독을 일으키며, 타르는 폐암과 구강암을 유발하지요. 비교적 안전하다고 생각하는 액상 전자담배도 다르지 않아서 니코틴과 더불어 포름알데히드, 벤젠, 벤조피렌 같은 1급 발암물질이 다수 함유되어 있어요. 그런데 고양이는 그루밍 과정에서 담배 입자가 묻은 털을 먹기까지 하니 3차 노출까지 이루어지고, 이로 인해 심장 및 호흡기질환은 물론 구강암과 림프암의 발병률이 급격히 상승합니다. 고양이는 후각이 예민해서 담배 냄새에 민감하게 반응하고 매우 싫어합니다. 담배는 고양이의 수명을 줄인다는 사실을 명심하세요.

건강검진 무시 | 고양이가 병원에 가면 스트레스를 받는다며 병원 방문을 미루는 보호자들이 있습니다. 그러나 정기적인 건강검진을 통해 영양학적 조언과 현재 건강 상태를 확인하고 병을 초기에 발견하는 것은 고양이의 수명을 늘리는 데 꼭 필요한 과정이에요. 고양이는 병을 숨기는 특성이 있어, 보호자가 이상 징후를 발견했을 때는 이미 늦어버린 경우도 많습니다.

특히 6세가 넘어가면서 갑자기 발생하는 고양이 하부요로계질환, 비대성심근증, 신장질환과 갑상샘기능항진증 등은 증상이 발견될 때는 이미 심각한 상태일 가능성이 크므로 매년 정기적인 건강검진을 통해 점검해야만 고양이의 기대수명을 늘릴 수 있습니다.

비만을 방치 | 사냥할 필요도 몸을 움직일 이유도 없는 실내 고양이에게 지나치게 많은 사료는 당연히 비만의 원인입니다. 비만은 삶의 질을 떨어뜨리고, 발병률을 높여 수명을 줄이지요. 즉 우리는 사료를 너무 많이 줘서 사랑하는 고양이를 서서히 죽이고 있는 것입니다.

비만한 고양이는 심장병, 당뇨, 관절염에 걸릴 확률이 월등히 높고, 수술이나 마취의 위험성도 몇 배나 크며, 모든 종류의 질병에 취약합니다. 지방세포 자체가 염증 인자를 방출해 피부병, 귓병을 포함한 염증성질환을 더욱 악화시키지요. 비만은 고양이의 수명을 줄이는 일종의 질병으로 인식하고, 고양이가 살찌지 않도록 관리해주세요.

서투른 투약법 | 중요한 순간에 고양이가 약을 먹을 수 있는지 없는지에 따라 수명이 달라지는 경우는 생각보다 많아요. 그래서 투약 습관을 제대로 들여놔야 하는데, 평소 간식을 손으로 먹여주는 연습을 자주 하면 도움이 됩니다. 이렇게 교육해야 투약이 필요할 때 고양이가 알약을 받아먹기를 거부하지 않아요. 고양이가 아파서 약을 먹여야 한다면, 전적으로 보호자가 약을 먹일 수 있는지 없는지에 따라 고양이의 수명이 결정된다는 사실을 꼭 명심하세요.

건식 사료만 급여 | 건사료의 수분함량은 10% 미만이지만 습식사료의 수분함량은 80% 이상입니다. 고양이에게 하루 수분의 섭취량은 기대수명에 영향을 미치는 아주 중요한 요소이고요. 건사료보다는 습식사료가 고양이 건강에도 좋고 생리에도 잘 맞아요. 충분한 수분을 섭취할 수 있고 소화가 잘되며 기호성도 뛰어난 데다 낮은 탄수화물과 풍부한 단백질과 지방을 함유하고 있으니까요. 칼로리를 기준으로 건사료와 습식사료를 1:1 비율로 급여하면 좋습니다. 여기에 간혹 습식간식(간식캔)을 더해주면 고양이의 모질과 건강에 좋아요. 이마저도 힘들면 최소한 하루 섭취 칼로리의 25% 이상은 습식사료로 급여해주세요. 고양이의 건강에 도움을 줍니다.

스트레스 신호 알아보기

혼자 있으려 한다 │ 우울하거나 스트레스를 받으면 소심한 고양이들은 혼자 있으려는 성향이 강해집니다. 우리도 스트레스가 심하면 남들과 어울리기보다는 혼자 있거나 조용히 쉬고 싶어 하듯이 말이지요. 좋아하는 보호자가 다가와도 반기지 않고, 평소처럼 다가오지 않는다면 무슨 일이 있는지 알아봐야 합니다.

어깨와 등에 탈모가 진행된다 │ 심한 스트레스의 결과로 과도하게 그루밍을 하거나 몸을 긁고 심하면 입으로 자신의 털을 뽑아서 탈모가 진행되기도 합니다. 의외로 많은 고양이들의 탈모가 이와 같은 신경성입니다. 고양이는 사람 이상으로 예민한 동물이에요. 사람도 스트레스 때문에 탈모가 생길 수 있듯 고양이의 신경성 탈모는 불안, 우울, 고독에서 오는 스트레스가 주요 원인입니다.

보호자를 따라다니며 유난히 울어댄다 │ 무료한 환경에 오래 노출된 어린 고양이나 노령묘가 종종 보이는 현상입니다. 이런 행동을 보이면서 홀로 있는 스트레스를 표현하고 보호자의 관심을 받으려는 거예요. 보호자가 집에 있으면 껌딱지처럼 딱 붙어서 떨어지지 않으려 하고 치대기도 합니다. 혼자 있는 시간을 가능한 한 줄여주고, 독립심을 키울 수 있도록 사냥 놀이 등을 열심히 해주며 같이 놀아주세요.

인형이나 사냥물을 물고 울며 돌아다닌다 │ 애착 인형이나 담요 등을 물고 우는 진정 행동을 합니다. 우리가 스트레스를 받으면 마음을 가라앉히기 위해 머리를 긁어대거나 손톱을 뜯는 행동과 비슷해요. 자신이 좋아하는 대상을 물고 다님으로써 스트레스 상황에서 벗어나 기분을 전환하려는 의도입니다. 이때 뇌에서 세로토닌이 분비되며 불안을 잠시나마 해소할 수 있거든요. 하지만 불안이나 스트레스를 근본적으로 해소할 수 있는 해결법이 아니므로 오히려 행위만 더 심해질 수 있어요. 이런 행동이 너무 심하다면 상담과 치료가 필요합니다.

화장실 아닌 곳에 배변한다 │ 다묘 가정에서 화장실이 아닌 곳에 소변 실수나 마킹을 한다면 큰 문제가 생긴 것입니다. 고양이들 사이에 문제가 생겨 지내기 힘들다는 극심한 스트레스의 표현이에요. 다묘 가정에서 고양이가 소변을 실수한다면 스트레스의 정도가 심각하다고 판단하고 곧바로 약물 치료를 시작하는 편이 좋습니다.
반면 혼자인 고양이의 배변 실수는 스트레스보다는 건강상의 문제가 원인인 경우가 많습니다. 방광염이나 변비 같은 질병 때문일 가능성이 크니 병원에 데려가 검진을 받으세요.

식욕과 활동성이 저하된다 | 과도한 스트레스가 지속되면 고양이도 사람처럼 입맛을 잃고 의욕이 사라집니다. 구석에 숨어서 잘 나오려 하지 않기도 합니다. 소심한 아이들은 잠을 많이 자고 움직이려 하지 않지요. 이처럼 식욕이나 활동성의 변화를 보일 정도라면 스트레스의 정도가 심하다는 의미입니다. 다묘 가정에서 동거묘들의 사이에 문제가 생기면 왕따나 괴롭힘을 당하는 고양이에게서 나타나는 증상입니다. 질병으로 인한 만성통증이 있는 고양이도 종종 이런 증상을 보입니다.

갑자기 사나워지거나 숨어서 나오지 않는다 | 동물병원을 방문한 후 충격을 받았거나 무방비 상태에서 갑자기 극심한 공포를 경험한 고양이에게서 주로 나타나는 증상입니다. 보호자를 거부하며 심하게 사나워지거나 겁에 질려 있고 극도의 경계심을 보입니다. 웅크리고 계속 숨으려 하며 불러도 반응하지 않습니다. 일종의 정신적 트라우마로 수일이나 수개월 혹은 거의 평생 지속되는 사례도 있어요. 실제로 간단한 중성화수술 후 고양이가 완전히 돌변하여 사나워지는 바람에 2년 동안 만지지도 못했다는 보호자도 만나보았습니다.

고양이 스트레스 줄이는 방법

다채로운 환경 조성하기 | 캣타워나 선반 등을 두어 고양이가 숨거나 머물 공간을 다양하게 만들어주세요. 창가에 캣타워를 두거나 창문 해먹을 설치해 바깥을 볼 수 있게 하면 좋습니다. 스크래처와 장난감을 마련하고, 어항이나 펫 채널처럼 움직임을 관찰할 대상도 제공해주세요.

보호자와 교감하는 시간 갖기 | 고양이는 독립적으로 사냥하는 동물이지만 매우 사교적이며 사회적인 동물이에요. 그러니 장난감 등을 이용하여 하루에 적어도 4번 이상, 15분씩 놀아줘야 합니다. 놀이를 통해 보호자와 교감하고 스트레스도 줄일 수 있어요. 마사지 역시 좋은 교감 방법입니다. 겨드랑이, 사타구니, 목덜미 등을 부드럽게 어루만지며 낮은 목소리로 이름을 불러주면 고양이를 안정시키는 데 도움이 됩니다. 이런 스킨십은 고양이의 스트레스를 완화하고 보호자와의 유대감을 높여 줍니다.

 **윤샘 TIP** 여러 조치를 했는데도 고양이가 몸을 떨거나 개구 호흡 같은 심각한 증상을 보인다면 단순한 스트레스를 넘어 불안증일 수 있어 투약 등 치료가 필요합니다. 또한 많은 스트레스 증상이 질병으로 인한 통증에서 비롯될 수 있으므로, 고양이의 건강 상태를 항상 살펴보세요.

스트레스 보조제 10가지 스트레스 받을 때의 행동

좋은 음악 들려주기 | 사람이나 다른 생물과 마찬가지로, 고양이는 잔잔한 클래식을 들으면 심리적 안정감을 느낀다고 합니다. 특히 하프나 오르골 연주가 심신 안정에 탁월하다고 하네요. 요즘에는 고양이의 심신 안정과 스트레스 해소용으로 제작된 음악들도 있으니 찾아서 들려주면 우울감이나 긴장, 불안 등의 스트레스를 완화하는 데 도움이 될 거예요.

맛있는 음식 주기 | 고양이가 먹고 싶어 하는 음식을 주는 것도 스트레스 해소에 매우 좋은 방법이에요. 아주 가끔은 기름진 캔을 주거나 고양이를 위해 직접 요리를 해주세요. 여러 종류의 자연주의 식단이 인터넷이나 책에 나와 있으며, 주식이 아닌 가끔 주는 간식이라면 안전하게 만들어 줄 수 있는 음식도 생각보다 많답니다. 특히 캣닢, 마따따비 같은 허브를 주면 매우 좋아합니다.

영양제 급여하기 | 이사나 방광염, 공격성 증가 등으로 고양이가 스트레스성 문제 행동을 보인다면 스트레스 완화에 도움이 되는 영양제 급여도 고려하세요. 대표적인 영양제 '질켄'은 우유 추출물인 알파카소제핀이 함유되어 심신을 안정시키는 효과가 있습니다. 사람도 불안하거나 잠이 잘 안 올 때 따뜻한 우유를 마시면 도움이 된다고 느끼지요. 이와 관련된 성분이 알파카소제핀입니다. 사납거나 쉽게 흥분하여 스트레스를 받는 고양이가 이를 장기간 복용하면 약간 차분해지는 효과를 기대할 수 있어요. 우유 추출물이 주성분이므로 별다른 부작용은 없으며 동물병원에서나 인터넷으로 구매할 수 있어요.

합성 페로몬 사용하기 | 페로몬 제제를 사용해 고양이의 전반적인 스트레스를 완화하는 방법도 있어요. 합성 페로몬 제제인 펠리웨이는 고양이가 친근감을 표시할 때 뺨에서 분비되는 페로몬을 합성한 제제입니다. 콘센트에 꽂아두면 고양이가 기분 좋고 편안해하며 친숙하게 느끼는 성분이 마치 방향제처럼 공간에 퍼지며 1개월 정도 유지되지요. 1~2개월 꾸준히 사용하면 고양이가 그 공간을 익숙하게 느끼는 효과가 있습니다.
고양이에게 편안함을 느끼게 하는 페로몬을 분비하는 센트리 카밍칼라도 추천합니다. 국내에서 구매 가능하며 고양이의 목에 채워서 사용합니다.

스트레스를 줄이는 유산균 사용하기 | 퓨리나에서 만든 카밍케어캣이라는 유산균은 매일 먹이는 유산균을 사용해 고양이의 불안감을 낮추고 차분한 행동을 유발하게 만드는 제품이에요. 고양이의 불안감이나 공포심, 공격적인 행동 혹은 분리불안이나 낯선 사람의 방문 등의 불안장애에 효과가 있어요. 아직 정식으로 수입하여 판매하지 않아 오픈마켓을 통해 구입할 수 있어요.

🐾 퓨리나 카밍케어 캣

스트레스
치료법

스트레스가
고양이를
아프게 한다

고양이
행복을 위한
7가지

8

위험한 식물

고양이의 건강에 치명적인 해를 입히는 식물은 알려진 것만 700종이 넘어요. 그중에는 극소량만으로도 죽음에 이르거나 냄새만 맡아도 신부전을 일으키는 식물도 있지요. 육식동물인 고양이의 진화 과정에서 식물의 여러 독성을 해독하는 능력이 발달하지 못해 그런 듯합니다.

하지만 고양이가 스스로 식물을 먹고 싶어 하는 경우도 있습니다. 상한 음식을 먹어 속이 불편하거나, 몸속에 쌓인 헤어볼을 토해내기 위해서이지요. 고양이는 거칠고 섬유질이 많은, 소화할 수 없는 식물을 먹어 위를 자극해 이물질이나 헤어볼을 토해냅니다. 마치 우리가 속이 불편할 때 손가락으로 목젖을 건드려 억지로 토하는 것과 비슷한 원리입니다. 이는 야생에서 더 오래 살아남기 위해 발달한 고양이만의 생존 본능이에요. 이럴 때 주로 사용하는 식물이 바로 비교적 안전한 볏과 식물, 캣그라스입니다. 집사라면 고양이를 위해 이런 안전한 식물을 준비하는 것도 좋은 방법이에요. 단, 그 밖의 다른 식물은 고양이와 상성이 맞지 않으므로 반드시 치우거나, 고양이가 닿을 수 없는 곳에 두어야 합니다.

백합

백합과 식물을 고양이가 먹으면 호흡곤란, 전신마비 등의 증상이 나타나며 심하면 죽음에 이르기도 합니다. 냄새만 맡아도 신부전을 유발할 정도로 고양이에게는 맹독과 다름없지요. 구토와 무기력증도 일으키니 절대 집 안에 두거나 백합이 들어간 꽃다발을 집에 가져가면 안 됩니다.

은방울꽃

고양이에게 맹독인 백합과 식물로 구토와 설사, 복통을 유발하며 심하면 심부전으로 사망에 이르게 합니다.

스킨답서스(포토스)

물꽂이만으로도 쉽게 키울 수 있고 실내 공기 정화용으로 인기 있는 관엽식물이지요. 하지만 고양이에게는 독성물질이라서 피부염을 일으키고 입을 붓게 만듭니다. 잎이 넓고 팔랑거려 고양이가 가지고 놀다가 사고가 자주 일어나는 식물입니다.

아이비

잎, 줄기, 씨앗 등 모든 것이 고양이에게 위험합니다. 구토, 설사, 복통을 유발하며 먹으면 입안에 심한 염증을 일으킵니다.

알로에

백합과 식물입니다. 알로에즙에 포함된 알로인이라는 노랗고 쓴 성분이 고양이의 체온을 떨어뜨리고 복통과 설사를 유발합니다.

툴립

백합과 식물로, 특히 알뿌리 부분은 피부 염증을 유발하며 먹으면 자칫 사망에 이를 수 있습니다. 키우거나 꽃다발을 집에 들이면 안 됩니다.

나팔꽃

실내외에서 흔하게 접할 수 있는 나팔꽃은 씨앗에 독성이 있어 고양이가 먹으면 구토와 설사를 일으킵니다.

포인세티아

꽃이나 줄기를 먹으면 입안에 심한 통증을 느낄 수 있고, 피부염과 구토, 복통, 설사를 유발합니다.

윤샘 TIP 이밖에도 시클라멘, 히아신스, 재스민, 꽈리, 창포, 수선화, 철쭉, 도라지꽃, 서향, 마거리트, 살구꽃, 매화 등 수많은 식물이 고양이에게 유해하고 위험합니다. 이처럼 고양이와 식물은 상극이니 실내에서는 둘 중 하나를 선택해 키우는 것이 좋습니다. 너무나 이질적인 두 종이 살기에 우리의 실내는 좁으니까요.

위험한
식물

9

'나 아파요' 아플 때
보이는 행동

고양이도 사람처럼 통증을 표현하는 방식이 제각각입니다. 몸이 아프면 행동이 달라지지만 변화가 미묘해 놓치기 쉽습니다. 특히 관절염이나 치통 같은 만성통증은 알아차리기 어렵습니다. 고양이가 아플 때 보이는 행동들을 살펴봅시다.

눈을 깜박인다

한쪽 또는 양쪽 눈을 계속 깜박거린다면 눈에 이물감이나 통증을 느끼는 것입니다. 이물질이 들어 갔거나 허피스바이러스성결막염 같은 질환일 수 있으니, 눈을 긁어 2차 손상이 생기지 않도록 엘리자베스 칼라를 씌우고 바로 병원에 데려가세요.

수면 시간이 길어지고 활동량이 감소한다

평소보다 자는 시간이 늘어나고 활동량은 줄어들며 자주 몸을 웅크린다면 어딘가 불편한 것입니다. 식빵 자세는 몸을 움직이기 힘들거나 아픈 고양이가 에너지와 체온 손실을 최소화하려는 자세입니다. 건강하고 활기 넘치는 고양이는 실내에서 식빵 자세를 잘 취하지 않아요. 만성통증이나 에너지를 소모하는 질병이 있는 고양이는 수시로 잠을 자고 깨어 있을 때도 웅크려 있는 시간이 많습니다.

식욕이 저하 혹은 증가한다

식욕 저하는 대표적인 질병 시그널입니다. 사람도 동물도 아프면 입맛을 잃지만, 고양이의 식사량이 줄거나 아예 안 먹는다면 매우 심각한 상황이니 빨리 병원에 데려가 어떤 문제인지 확인해야 합니다. 사람이 정말 아프면 식음을 전폐하듯 고양이도 그렇습니다. 체내의 호르몬 균형이 깨지면 식욕이 비정상적으로 증가하기도 합니다. 나이든 고양이가 식욕은 증가했는데 살은 오히려 빠진다면 갑상샘항진증일 수 있어요. 기생충이나 당뇨 때문에 식욕이 상승해 많이 먹기도 합니다. 치매여도 식탐이 생길 수 있으니 노령묘가 갑자기 많이 먹는다면 진찰을 받아보세요.

몸을 긁는다

불필요하게 자주 몸을 긁어댄다면 피부에 문제가 있을 가능성이 큽니다. 상한 음식으로 인한 식중독 증상이거나 알레르기질환, 벼룩이나 진드기 같은 기생충에 의한 피부염일 수 있어요. 비듬이나 각질까지 있다면 사람에게도 전염되는 곰팡이질환일 수 있으니 신속하게 병원에 데려가 확인하고 조치해야 합니다.

물을 많이 마신다

고양이가 이상하리만큼 평소보다 물을 많이 마신다면 신장 문제를 의심할 수 있어요. 고양이에서 다발하는 만성신부전증의 초기 증상이 지나친 수분 흡수와 배출이어서 물을 많이 마시고 소변을 많이 봅니다. 당뇨나 자궁축농증에 걸려도 물을 많이 마십니다. 특히 7세가 넘은 노령묘가 갑자기 물을 많이 마시거나 화장실에서 감자의 크기와 개수가 늘어난다면 신부전일 확률이 높으니 혈액검사와 초음파검사를 받으세요.

배변 실수를 한다

대소변을 흘리는 등 실수하기 시작한다면 좋지 않은 징조입니다. 통계적으로 소변 실수의 원인 70%는 방광염이나 관절염이며, 대변 실수 원인의 90%는 관절염이나 변비 같은 소화기장애입니다. 혹시라도 고양이가 화장실을 제대로 사용하지 못하고 배변 실수를 계속한다면 병원에 데려가야 합니다. 고양이는 "나 아파"를 화장실 실수로 표현하고는 한다는 사실을 기억하세요.

숨을 헐떡거린다

개와는 달리, 고양이는 웬만큼 숨이 차지 않으면 입으로 호흡하지 않아요. 만약 고양이가 입을 벌리고 헉헉대며 숨을 쉰다면 생각보다 심각한 문제일 수 있습니다. 중독, 극심한 통증성질환, 폐렴이나 심장병일 가능성이 있으니 병원에 가야 합니다.

코를 훌쩍인다

칼리시바이러스나 허피스바이러스는 상부 호흡기 감염을 유발해 감기 증상을 보입니다. 고양이에이즈나 범백혈구감소증 같은 위험한 질환도 원인이 될 수 있어요. 콧물이 나면 후각 기능이 떨어지고, 이는 곧 식욕 저하로 이어지므로 지체 없이 치료가 필요합니다.

털이 뭉치고 피모가 거칠어진다

아픈 고양이는 그루밍을 할 에너지가 부족해요. 열심히 털을 고르고 몸을 단장할 여유가 없습니다. 더구나 노령묘는 관절염 등이 심해지면 몸을 구부릴 때 심한 통증을 느껴 구석구석 꼼꼼히 핥고 다듬지 못해요. 통증이나 질병 때문에 제대로 그루밍하지 못하면 털이 푸석해지고 여기저기 엉키기 쉽습니다. 심지어 통증 있는 부위는 너무 심하게 핥거나 입으로 물고 털을 뽑아버리기도 하지요. 고양이의 털이 고르지 못하거나 윤기가 사라지고 거칠어지거나 뭉쳤거나 군데군데 빠졌다면 몸이 아프다는 증거입니다.

구석에 숨어서 나오려 하지 않는다

자연 생태계에서 고양잇과 동물은 아프거나 약해지면 구석진 곳에 숨어, 적이나 경쟁자에게 약해진 자신을 노출시키지 않으려 합니다. 야생에서 아프다는 사실은 결국 생존경쟁에서 도태됨을 의미하니까요. 방해받지 않는 조용한 곳에 숨어 들어가 회복을 꾀하며, 몸이 나아지면 다시 나와 활동하지만 끝내 회복하지 못하면 찾아내기 어려운 구석진 곳에서 외롭고 쓸쓸하게 죽음을 맞습니다. 그래서 강아지나 고양이가 죽을 때가 되면 몸을 숨긴다는 말이 있지요. 아프면 아프다고 치대고 울어주면 좋겠는데, 오히려 꼭꼭 숨기려 하니 마음 아픈 현실입니다. 고양이가 갑자기 숨기 시작한다면 꼭 병원에 데려가세요.

엉덩이를 바닥에 문지르고 끈다

고양이가 엉덩이를 바닥에 문지르면서 질질 끄는 행동을 보인다면, 항문 옆에 있는 항문낭에 염증이 생겼거나 분비물이 너무 많이 쌓여 이물감을 느끼기 때문이에요. 기생충이 있거나 항문 주위의 염증으로 가려워서 그러기도 하니 병원에 데려가 진찰을 받아보세요.

머리를 흔든다

귀에 이물감이나 통증이 있으면 고양이는 고개를 부자연스럽게 흔듭니다. 귀에 염증이 생겼거나 혹시 벌레 등의 이물질이 들어갔는지 병원에 가서 확인하고 치료해주세요. 드문 경우이지만 귀가 아닌 내이의 전정기관이나 뇌 문제일 수 있어요.

갑자기 손길을 거부하거나 극도로 싫어한다

평소에는 집사가 쓰다듬고 만지면 좋아하던 고양이가 어느 날 갑자기 손길을 거부하며 피하거나 나아가 공격성을 보이고 하악질을 한다면 분명 어디가 아파서입니다. 사람도 몸이 안 좋을 때 누가 건드리면 싫고, 아픈 부위를 직접 건드리면 기겁하고 피하며 화를 내듯이 고양이도 마찬가지예요. 몸이 불편하면 평소 즐기던 보호자의 손길도 싫어지고, 아픈 데를 건드린다면 당연히 공격적인 행동을 보이며 자기 몸을 보호하려는 보호 기제가 발동합니다.

만지지 마

으윽…
똥꼬가
이상해

갑자기 심하게 울어댄다

평소보다 더 많이 집사에게 응석을 부리고 우는 고양이들이 있어요. 통증이나 질병의 생소한 감각에 불안을 느껴 냐옹거리며 의지의 대상인 보호자에게 더욱 기대려는 행동입니다. 아픔을 이기지 못해 평소 내지 않는 비명을 지르기도 하고, 치매에 걸린 노령묘의 경우 웅얼거리며 돌아다니거나 성격에 변화가 생겨 울음소리로 짜증을 표현하기도 합니다.

평소 고양이가 가르릉대는 골골송은 편안하고 즐거운 기분을 극대화하고 알리기 위해서이지만, 몸 상태가 나빠 고통이 심한 정반대의 상황에서도 골골송을 부릅니다. 골골거릴 때 몸의 미세한 떨림으로 인해 뇌에서 베타 엔돌핀이 분비되는데, 이 호르몬이 고양이의 통증을 완화하고 행복감을 증폭시키거든요. 고양이가 옆에서 골골거리고 있다면 기분이 좋아서 그러는지, 너무 아파서 고통을 줄이려고 그러는지 구분해야 합니다.

AI가 고양이 통증을 진단한다고?

일본 스타트업 케어로지Carelogy와 니혼대학교 연구진이 수많은 고양이 얼굴 이미지를 학습시킨 AI를 활용해 개발한 '캣츠미'는 AI로 고양이 얼굴을 분석해 통증 단계를 알려줍니다. 고양이가 통증을 느끼고 있는지 평소와 다른 상태인지를 구분해 불필요한 동물병원 방문을 줄이도록 도움을 주기 위해 만들어졌다고 해요. 고양이 사진을 업로드하면 학습된 데이터를 바탕으로 '통증 없음, 양호, 심각' 중 하나로 판별해줍니다. 놀라운 점은 이 앱의 정확도가 무려 약 95%이며 누적 사용자 수는 이미 23만 명이 넘었다는 겁니다. 사용하는 사람이 많아지면 AI가 학습하는 데이터가 더 많아지고 그렇게 되면 AI의 정확도는 앞으로 계속 높아지겠죠. 이 기술로 고양이 질병의 진단까지는 힘들겠지만, 고양이의 상태가 괜찮은지 알려주는 도구 정도로서는 큰 도움이 될 것 같습니다.

 **윰쌤 TIP** 앞서 언급한 행동들은 얼핏 보면 별로 이상하지 않을 수 있어요. 그러나 이처럼 미묘한 고양이의 행동 차이가 사실은 위험한 질병을 암시할 수 있다는 점을 잊지 말고 잘 살펴야 합니다.

'나 아파' 고양이 언어

아플 때 보이는 10가지 신호

아플 때 보이는 7가지 행동

고양이 통증 스케일

고양이가 아픈 정도를 0~4단계로 표현한 통증 지표가 있습니다. 콜로라도주립대학에서 발표한 고양이 통증 스케일은 다음과 같습니다.

0단계

통증이 없는 정상 상태입니다. 휴식 중인 모습은 편안해 보이고 만족스러운 표정이며 항시 주위에 호기심을 보입니다. 몸을 편안하게 펴고 누워 있거나, 집사 앞에서 배를 보여주며 뒹굴기도 합니다.

1단계 (경도 통증)

평소보다 조금 더 얌전해진 느낌을 줍니다. 주변의 변화에 흥미나 호기심을 보이는 행동을 하지 않고 눈으로만 좇는 관심 정도는 유지합니다. 아픈 곳을 만지면 예민하게 반응하기도 합니다.

2단계 (경도-중등도 통증)

웅크린 자세로 많은 시간을 보냅니다. 머리는 어깨보다 내려가 있고, 네 발을 몸 아래 접어 넣은 식빵 자세를 유지합니다. 외부에 대한 반응이 줄어들고 접촉을 피하려 합니다. 활동성이 눈에 띄게 줄어들며, 장난감에 대한 반응이 시큰둥해집니다. 몸을 굽히는 것이 힘들어져 등쪽 그루밍을 못하게 되고, 이로 인해 털이 뭉치는 현상이 나타납니다. 식욕을 보이지 않고 음식에도 흥미가 없으며 통증 부위를 핥기도 합니다. 아픈 곳을 만지면 공격성을 보이거나 도망치려 하지만, 건드리지 않으면 신경 쓰지 않습니다.

3단계(중등도 통증)

계속 울거나 으르릉거리며 통증을 호소합니다. 통증 부위를 심하게 핥거나 물어뜯습니다. 움직이려 하지 않고 아픈 곳을 건드리려 하면 매우 공격적으로 반응합니다. 외부 자극에 거의 반응하지 않고 구석에 숨으려 합니다.

4단계(심한 통증)

움직임이 거의 없으며 표정이 매우 경직되어 보입니다. 통증으로 인해 몸을 웅크린 채 고정된 상태를 유지하려 합니다. 평소 집사의 손길을 거부하는 아이조차도 손길을 받아줍니다(포기 상태). 아픈 곳을 건드려도 더는 반응하지 않습니다. 반응할 기력조차 없으니까요.

표정으로 보는 통증 정도

사람도 그렇듯 아프면 표정이 달라지기도 하는데 눈을 약간 찡그리거나 일명 '마징가 귀'라고 하는, 귀를 뒤로 젖히는 경우도 종종 있습니다.

🐾 정상 상태   🐾 약간의 통증   🐾 심한 통증

통증
신호

펫테크
기술

아픈 고양이 돌보기

언젠가 우리는 집사로서 아픈 고양이를 집에서 돌봐야 할 때가 올 것입니다. 일시적인 치료가 필요할 때든, 노령으로 호스피스 케어가 필요할 때든 말이지요. 대부분은 병원에서 입원 치료를 받지만, 상황에 따라 집에서 돌보는 편이 고양이에게 더 편안할 수 있습니다. 수의사의 지시에 따라야 하지만, 선택할 수 있다면 낯선 병원보다는 익숙한 집에서 지내게 해주고 싶은 게 집사의 마음이겠지요.

아픈 고양이를 위한 환경 만들기

조용하고 아늑한 공간이 필수입니다. 몸이 불편한 고양이가 쉽게 사용할 수 있도록 턱이 낮은 화장실을 준비하세요. 거동이 불편한 상태라면 시간마다 화장실로 옮겨주고 볼일을 다 볼 때까지 잡아주세요. 잠자리는 깨끗하고 건조하게 유지하고, 대소변을 눕는 채로 볼 경우 패드를 깔아 몸이 젖지 않게 합니다. 장모종이라면 변이 털에 묻지 않도록 항문 주위의 엉덩이 털은 짧게 잘라주고, 관절염이나 거동이 불편한 고양이는 욕창을 막기 위해 욕창 방지 매트나 라텍스 방석 등을 깔아주세요.

집이 춥다면 동물용 전기방석을 깔아주고 옆에 일반 방석도 깔아주어 스스로 온도를 선택하게 합니다. 평소 고양이가 자주 올라가던 곳에는 계단을 놓아주어 쉽게 오르내리도록 도와주면 좋아요. 잠자는 곳과 먹이와 물, 화장실은 가능한 한 서로 가까이 두어 많이 움직이지 않게 해주세요.

밀착 케어와 교감

아픈 고양이는 스스로 그루밍할 수 없으니 보호자가 빗질해줘야 합니다. 매일 빗질하면서 털이 엉키진 않았는지, 욕창이나 피부병이 생기진 않았는지, 어딘가 짓무르거나 상처가 나진 않았는지 살펴보세요. 한쪽으로만 오래 누워 있으면 욕창이 생길 수 있으니, 브러싱 후에는 몸을 돌려 눕히는 등 자세를 바꿔줍니다. 스크래치를 하며 발톱을 스스로 정돈하기도 어려우니 발톱도 꼼꼼히 잘라주세요.

만약 고양이가 보호자에 대한 의존도가 높다면 잠자리 등을 옮겨서 같은 공간에 두면 심리적으로 안정될 거예요. 자거나 텔레비전을 보거나 작업할 때 항상 고양이를 옆에 두고 가끔 만져주면 심리적, 신체적 안정에 도움이 됩니다.

먹을 수 있도록 돕기

고양이가 아프다면 더더욱 영양을 신경 써야 합니다. 질병이나 통증으로 식욕이 떨어진 고양이에게 맛없는 처방식을 먹이는 일은 정말 힘들고 어렵거든요. 처방식을 잘 먹으면 다행이지만 거부한다면 회사별로 습식사료와 건사료를 모두 구비한 뒤 기호성이 좋은 것을 선택해 먹여주세요. 습식사료는 데워주면 더 좋아하고, 건사료도 물을 살짝 뿌린 후 전자레인지 등으로 따뜻하게 해주면 훨씬 잘 먹을 거예요. 만약 고양이가 먹기를 완강히 거부하고 입도 대지 않는다면 주사기를 사용해 강제로 급여해야 합니다. 서두르지 말고 물과 함께 주사기로 조금씩 억지로라도 먹여주세요. 강제 급여는 약간의 요령과 훈련이 필요한 방법입니다. 집에서 관리해야 하는데 강제 급여가 필요한 상황이라면 수의사가 친절히 요령과 방법, 안전한 자세 등을 설명해줄 거예요. 강제 급여용 음식은 로얄캐닌 리퀴드를 추천합니다.

지금은 아무 문제 없이 건강한 고양이라도 신장이나 방광염 관련 처방식은 언젠가 반드시 먹여야 하는 때가 옵니다. 미리 가끔 먹여서 그 맛에 익숙하게 하면 도움이 될 거예요.

🐾 **주사기로 처방식 급여하는 모습**

집에서
아픈 고양이
돌보는 요령

호스피스 케어,
삶의 질
평가

11

동물병원 선택의 기준

고양이가 건강하고 오래 살기 위해서는 병원 선택이 무엇보다 중요합니다. 단순히 치료를 잘한다고 좋은 병원은 아니에요. 고양이의 평생을 함께할 주치의를 찾는 과정이라 생각해야 합니다. 같은 병원이라도 어떤 사람에게는 좋은 병원이지만, 다른 사람에게는 전혀 그렇지 않을 수 있습니다. 그러니 어느 병원이 나와 내 고양이에게 잘 맞는지, 명확한 기준을 세워두고 선택해야 합니다. 고양이가 아플 때 제대로 치료하려면 수의사에 대한 믿음과 신뢰도 매우 중요합니다. 좋은 병원을 선택하여 그곳의 사람들과 충분한 신뢰를 쌓는 것은, 약 20년을 사는 고양이의 생명이 달린 중요한 일이에요.

좋은
동물병원
선택 요령

어떤
동물병원이
좋은 곳일까?

윤샘의
병원을
소개합니다

윤샘의
고양이 상담소
238

병원이 해주는 일은 치료만이 아니다

많은 사람들이 간과하는 사실이 있습니다. 동물병원 혹은 담당 수의사는 그저 고양이가 아플 때 치료만 해주는 데서 그치지 않는다는 점이지요. 그러니 단순히 치료를 잘한다고 병원을 선택하는 것은 경솔한 결정일 수 있어요. 고양이가 평생을 사는 동안 동물병원에서 받아야 하는 치료 외의 서비스는 생각보다 다양하거든요.

- 정기검진을 통한 전반적 건강 관리
- 나이와 체중에 따른 영양학적 조언
- 이상행동이나 행동 훈련 상담
- 위급 상황 시 응급 처치
- 새로운 치료법 정보 제공
- 유기묘 입양 안내
- 안과, 피부과, 종양 등 전문병원 의뢰
- 만성질환 장기 관리 및 위기 상황 상담

앞의 항목과 같이 진료 외에도 고양이를 키우는 데 필요한 많은 것들을 동물병원에서 다룬답니다. 무려 20년에 걸쳐서 말이죠. 그러니 내게 맞는 병원 선택은 매우 중요한 일입니다. 무엇보다 자신이 어떤 병원과 수의사를 선호하는지 파악해야 합니다. 대형병원 혹은 소형병원, 고양이 전문병원, 고양이를 키우는 수의사, 여자 혹은 남자 의사를 선호하는지 등 여러 사항을 고려하고 따져서 선택하세요.

집에서 가깝고, 설명이 친절한 병원

고양이가 아무리 차를 잘 타고 다닌다고 해도 한 시간이 넘는 거리의 병원은 배제하세요. 집에서 가까운 병원이 가장 좋습니다. 또한 고양이의 스트레스를 줄여주기 위해 적어도 개와 고양이용 진료실이 별개로 있는 병원을 추천합니다. 너무 바쁘지 않고 대기 시간이 길지 않으며, 대기실 역시 강아지와 한 공간이 아니면 더욱 좋아요. 친절한 전화 응대는 기본이며, 진료 중에도 진료 내용에 대해 자세히 설명하고, 보호자의 질문에도 성의 있게 답변하는 의사를 추천합니다. 필요한 검사가 있다면 필요한 이유를 알려주고 검사 결과까지 자세히 설명해주며, 진료 외에 고양이를 키우는 데 필요한 상담도 성실하게 응대하는 병원이어야 합니다. 병원에 데려가는 목적은 질병의 치료만이 아닙니다. 병원을 방문하는 궁극적인 목표는 고양이와 나의 건강하고 행복한 생활이라는 사실을 기억하세요.

전문 기관으로 연결해주는 병원

혹시라도 중한 병이나 부상을 입었을 때, 주저 없이 더 큰 병원이나 전문 치료 기관으로 컨설팅을 보내는 병원이 좋은 병원입니다. 수의사가 모든 질병을 다 알거나 치료할 수는 없어요. 병원의 진료 수준을 넘어서거나 자신의 전문 분야가 아니라면 망설이지 않고 더 잘 치료해줄 병원으로 보내는 것은 주치의의 의무입니다.

도쿄
JAMC
동물병원 소개

도쿄
모자모자
동물병원 소개

수의사라는 직업이 궁금한가요?

겉으로 보면 수의사는 깨끗한 병원에서 전문적인 지식과 기술로 소중한 생명을 구하는 아름답고 숭고한 직업으로만 보입니다. 하지만 그 이면에는 보이지 않는 곳에서 묵묵히 감내해야 하는 현실과 무게도 함께 존재합니다. 수의사는 사랑하는 동물의 생명을 지키기 위해 최선을 다하지만, 그 과정에서 늘 외로움과 불안, 도덕적 딜레마 속에 서 있습니다. 누군가의 반려동물이 마지막 숨을 내쉴 때 그 곁을 지켜야 하고, 보호자에게 그 사실을 전해야 하며, 때로는 슬픔과 비난까지 함께 받아들여야 합니다. 생명과 비용 사이에서 끝없는 고민을 거듭하고, '내가 내린 결정이 정말 옳았을까'라는 질문을 스스로 수없이 던집니다. 미국 CDC 국립보건통계센터의 2019년 보고에

따르면, 1979년부터 2015년까지 약 36년간 미국에서만 약 400명의 수의사가 스스로 생을 마감했습니다. 또한 10명 중 6명의 수의사가 전문가의 도움이 필요할 정도로 심각한 업무 스트레스, 불안, 우울증을 경험했다고 합니다. 우리나라 조사에서도 수의사의 직무 스트레스 지수는 무려 98.36점으로 다른 어떤 직업군보다 높았고, 심지어 의사나 간호사 같은 다른 의료 전문직보다도 더 높은 수준을 보였습니다.

겉으로 보이는 차분한 이미지 뒤에서 정신적인 피로와 도덕적 고통에 항시 시달리는 직업이지만, 그럼에도 수의사는 매일같이 다시 진료실 문을 엽니다. 누군가의 반려동물이 조금 더 편안히 숨 쉴 수 있도록 돕기 위해서입니다.

윤샘 TIP 결국 좋은 병원이란 믿고 맡길 수 있는 주치의가 있는 곳입니다. 훌륭한 수의사는 고양이가 오랫동안 건강하고 행복하게 지낼 수 있도록 최선을 다하는 사람입니다. 이를 위해 보호자 역시 병원과 주치의를 신뢰하고 꾸준히 소통하는 노력이 필요합니다. 이미 우리는 묘연으로 소중한 고양이와 함께 살고 있습니다. 이제 그 인연을 오래도록 지켜줄 좋은 수의사를 가까운 곳에서 찾아보세요.

수의사가 느끼는 도덕적 고통과 불안

수의사의 마음을 상하게 하는 보호자 유형

수의사가 우울증에 잘 걸리는 이유

병원 방문 스트레스 줄이기

병원 갈 때마다 큰맘을 먹어야 하는 집사들을 위해, 고양이가 스트레스를 조금이라도 덜 받게 하면서 병원에 데려갈 수 있는 요령을 소개합니다.

이동장 고르기

고양이를 편안하게 이동시키고 병원 진료를 받게 하려면 이동장 선택이 중요합니다. 질이 좋고 알맞은 이동장을 준비한 뒤 평소 집에서는 문을 열어두어 잠자리나 숨숨집처럼 사용하게 해주세요. 고양이가 이동장을 익숙하고 편안한 공간으로 인식하면 이동이나 병원 방문 시 스트레스를 줄일 수 있습니다.

강아지용보다는 윗부분이 통째로 열리는 고양이용 이동장이 좋아요. 입구가 하나뿐인 강아지용 이동장은 꺼낼 때 이미 공포와 흥분 상태가 되어 진료가 어려울 수 있습니다. 소음이 큰 플라스틱 상하 분리형보다는, 지붕이 부드럽게 열리고 안전벨트 고리가 있는 제품을 고르세요(안전벨트에 걸어놓지 않으면 이동 중 사고 시 이동장이 통째로 튀어나가버려요). 내부는 간단한 진료가 가능할 만큼 적당히 넓은 중형 사이즈를 추천합니다. 추천하는 이동장은 슬리피파드입니다. 외부 재질은 매우 질기고 튼튼하며 구겨지지 않을 정도로 단단해야 합니다. 평소 햇볕이 드는 곳에 이동장를 두어 고양이가 자유롭게 드나들게 하면, 급할 때 억지로 넣느라 힘들어할 필요가 없습니다. 이동장은 단순한 이동 가방이 아니라 고양이의 스트레스를 줄이고 진료를 돕는 중요한 도구입니다.

이동할 때

이동장에 고양이를 넣은 뒤에는 집에서 사용하던 담요를 그 위에 덮어주세요. 이동장 안에도 집에서 사용하던 담요나 수건을 깔아놓아 고양이의 영역인 집 안의 냄새를 이동하면서도 계속 느낄 수 있도록 합니다. 호기심 많고 밖을 보기 좋아하는 아이라도 병원에 갈 때는 담요로 덮어주세요. 안정적인 상태로 병원에 도착하

는 것이 무엇보다 중요하니까요. 이동장 안에는 펠리웨이 스프레이를 뿌려주면 더 좋습니다. 병원 방문 전에 병원의 위치와 주차장 등을 먼저 파악해두고, 응급 상황이 아니라면 미리 예약하여 오래 대기하지 않고 곧장 진료를 받는 편이 좋습니다. 만약 대기해야 하는 상황인데 고양이가 예민한 성격이고 병원을 싫어한다면, 대기실이 아닌 차 안에서 대기하며 연락을 달라고 하면 좋아요.

병원에서

강아지와 고양이의 진료실이 분리된 병원이 좋으며, 대기 공간도 분리되어 있다면 고양이에게 더욱 좋아요. 진료실은 강아지 냄새가 나지 않고 청결하며 너무 넓지 않고 적당히 좁은 공간이 고양이에게 더욱 안정감을 줍니다.

능숙한 수의사는 먼저 이동장에 적힌 무게를 참고하여 고양이를 꺼내지 않고 통째로 무게를 측정합니다. 고양이를 보기 전에 보호자와 문진 과정을 거치면서 고양이의 문제점과 진료할 것들을 파악합니다. 이동장에서 고양이를 꺼내기 전에 할 수 있는 모든 과정을 마무리하는 것이지요. 간단한 접종이나 주사 정도라면 굳이 꺼내지 않고 이동장 윗부분만 열어도 모든 처치가 가능해요. 그러면 고양이는 스트레스를 받지 않고 진료를 마칠 수 있지요.

반면 채혈을 통한 혈액검사나 엑스레이검사, 초음파검사가 필요하다면, 이동장 위를 덮었던 담요로 고양이를 감싸 부드럽게 안아 꺼냅니다. 이때 보호자가 곁에서 부드럽게 이름을 불러주거나 머리를 쓰다듬어 고양이를 안심시켜주면 훨씬 수월하게 진행됩니다. 이 과정에서 츄르 같은 간식을 활용하는 것도 효과적입니다. 핵심은 불필요한 힘을 쓰지 않고, 고양이가 공포에 빠지지 않도록 하는 것입니다. 모든 처치가 끝나면 다시 이동장에 넣고 담요로 덮어 귀가하세요.

작은 알약의 큰 도움, 항불안제

평소보다 심하게 예민하거나 병원 방문 후 구토, 설사, 스프레이 같은 스트레스 반응이 나타나는 고양이라면, 출발 1~2시간 전에 항불안제를 복용하는 것도 방법입니다. 예민하고 불안이 높은 고양이에게 처방하는 항불안제는 부작용도 거의 없으며 마취나 검사 등에 큰 영향을 미치지 않는다고 알려져 있어요. 영미권에서는 고양이의 병원 방문 스트레스를 줄이고 검사와 진료의 편의를 위해 내원 전 항불안제를 미리 복용하도록 지역 수의사회나 병원 자체에서 권하기도 합니다. 방문 전 해당 병원에 이런 항불안제를 처방받을 수 있는지 문의하는 것도 좋습니다. 고양이를 재우거나 몽롱하게 만드는 약이 아니라, 약간의 진통 작용과 함께 공포심과 불안감을 일시적으로 낮추는 약이라고 생각하면 됩니다.

스트레스 없이 병원 방문하는 요령

병원에서 고양이가 사나워지는 이유

수의사가 알려주는 병원비 절약 꿀팁

반려동물을 키우면 의료비 지출이 부담스러운 것은 당연합니다. 그래서 유튜브나 SNS 등에서 이런저런 방법으로 절약하는 팁들이 공유되고 그중 효과적인 것들이 노하우로 알려져 퍼져나가기도 하지요. 수의사의 관점으로 반려동물의 의료비를 절약할 수 있는 몇 가지 팁을 공유합니다.

진료 기록 수집하기

동물병원 진료비는 치료비보다 검사 비용이 70% 이상을 차지하는 경우가 많습니다. 말 못 하는 고양이의 아픈 곳을 찾으려면 다양한 검사가 필요하기 때문이지요. 이때 빛을 발하는 것이 바로 보호자가 꼼꼼히 모아둔 진료 기록입니다. 그간 받아둔 여러 진료 기록은 신중하고 경력이 많은 수의사들이 질병의 범위를 좁히고 병을 찾아내는 데 큰 도움이 되지요. 검사 결과, 날짜, 식습관, 사료 브랜드와 섭취량, 복용 약, 이상 증상 등이 적힌 진료기록을 바인더에 정리해두면 경력 많은 수의사에게 큰 도움이 됩니다. 추후 심각한 질병이 생겼을 때 검사 범위를 좁혀주어 빠른 진단과 비용 절감으로 이어집니다.

투약 습관

가벼운 질환은 약만 먹어도 금방 낫는데, 고양이가 약을 거부하면 매일 주사 치료를 받거나 입원해야 해요. 약 먹는 훈련을 해두면 고양이 삶의 질도 높이고 병원비도 아낄 수 있어요. 약을 잘 먹는 고양이와 그렇지 않은 고양이는 평균 수명에서도 차이가 납니다.

또한 6개월 이전의 어린 고양이라면 처방식을 먹여봐야 합니다. 특히 c/d, 유리너리 같은 방광염 케어용 처방식과 키드니, k/d 등의 신부전 사료도 꼭 먹여보세요. 고양이는 방광염과 신부전 발병률이 높고, 특히 방광질환은 살면서 한 번 이상은 걸릴 확률이 높습니다. 성묘가 되어 방광염이나 신부전이 생겼을 때, 어릴 적 경험이 없으면 처방식을 거부하는 경우가 많습니다. 반대로 일찍 접한 고양이는 거부감 없이 잘 먹습니다.

🐾 힐스 c/d 멀티케어

병원비
절약
꿀팁

양육에
드는
비용

동물병원
진료비는
왜 비쌀까?

엘리자베스칼라(넥칼라) 구비하기

사소한 상처나 귀·피부·눈질환이 밤새 심해져 병원에 왔을 때, 털을 밀거나 수술까지 해야 하는 경우가 많습니다. 원인은 단순합니다. 고양이가 긁고 핥고 빨아서 상처를 악화시키기 때문이지요. 집에 넥칼라를 항상 구비해두고, 이상이 보이면 바로 씌워주세요. 2차 손상과 감염을 막아 소독만으로 끝낼 수도 있고, 병원에서도 간단한 처치로 마무리할 수 있습니다.

🐾 넥칼라를 착용한 모습

보험 가입

'들어간 돈에 비해 혜택이 적어서' '실익이 크지 않아서' 등 보험에 대한 부정적인 견해나 아쉬움이 있을 거예요. 그러나 7세에 접어든 노령묘라면 보험을 꼭 들어놓아야 합니다. 사실 수의사의 관점으로 볼 때 보험의 혜택이 본격적으로 필요한 시기는 11세 이후입니다. 여러 가지 노령성 만성질환으로 의료비 지출이 이때부터 정말 기하급수적으로 늘어나기 때문이지요. 신부전, 심장질환, 만성 피부병, 갑상선질환, 귓병, 호르몬질환, 관절염, 각종 종양, 수술적 처치 역시 11세 이후의 고양이들이 받는 비율이 압도적으로 높습니다. 11세가 넘어가면 그동안 들었던 의료비의 몇 배가 앞으로 더 들 수도 있다는 사실을 꼭 기억하세요.

 **윤쌤 TIP** 보험에 가입했다면 반드시 갱신 가능한 상품을 선택하세요. 일부 보험은 11세까지만 갱신을 허용하기도 하므로, 최소 20세까지 갱신 가능한 상품을 선택해야 합니다. 고양이는 생각보다 오래 삽니다. 보험이 진짜 필요해지는 시기는 11세 이후라는 사실을 꼭 기억하세요.

보험을 들까, 적금을 들까?

고양이를 키우는 데는 생각보다 많은 비용이 듭니다. 잘 키우려 할수록 더 많이 들지요. 제일 많은 비중을 차지하는 것은 사료와 간식이고 그 뒤를 이어 의료비가 다음으로 큰 지출일 것입니다.

고양이 병원비, 현실 체크

- 질병으로 인한 연간 병원 방문 횟수: 2.1회
- 질병 치료비 평균: 18만 5천 원
- 상해 치료비 평균: 67만 5천 원
- 정기검진: 19만 원
- 예방접종: 16만 원

2018년 펫사료협회 조사에 따르면, 예방을 제외하더라도 질병·상해 치료에만 연간 평균 86만원이 쓰입니다. 다만 이는 당시 조사 대상 고양이들의 평균 나이가 4.1세였음을 기억해야 합니다. 나이가 들수록 의료비는 더 늘어납니다.

보험에 언제 가입해야 가장 유리할까?

반려묘의 경우 4~5세에 의료비 지출이 급격히 늘어난다는 통계가 있습니다. 이 시기부터 건강검진이나 스케일링을 시작하고, 심장병이나 구내염, 치아흡수성병변 같은 질환이 나타나기 때문입니다. 또한 많은 보험 상품이 만 8세 이후에는 신규 가입을 제한하므로, 보험 가입을 고려한다면 8세 이전에 진행해야 합니다. 따라서 일반적으로는 5~8세 이전이 보험 가입의 적기라고 볼 수 있습니다. 다만 이는 평균적인 기준으로, 고양이의 품종, 유전적 소인, 질환 발생 가능성, 건강 상태 등을 함께 고려해 판단해야 합니다.

보험 vs 적금, 어떤 게 좋을까?

대부분의 고양이 보험은 70% 정도의 의료비를 보장하는 실손보험 형태입니다. 앞서 언급한 2018년, 평균 4.1세 고양이를 기준으로 하면 86만 원의 70%인 61만 원 정도의 의료비용을 보험으로 커버할 수 있어요. 보험회사, 고양이 나이, 보장 범위에 따라 차이가 있지만 매달 보험료는 평균 4만 5천 원, 1년이면 약 54만 원입니다. 6만 원 정도의 차이가 발생하지요. 이것으로 큰 질병이나 예상치 못한 사고로 갑자기 발생할 큰 비용의 지출에 대한 심적 부담을 덜 수 있는 것은 덤이지요. 통계로만 봤을 때 현재 고양이 연령이 4.1세 이상이라면 당연히 적금보다는 보험을 드는 것이 유리하다는 결론이 나옵니다. 이 6만 원이라는 근소한 차이는 고양이의 나이가 들수록 점점 더 크게 벌어질 것입니다. 노령기에 접어들면 의료비 지출은 기하급수적으로 늘어나거든요.

보험이 유리할까?
적금이
유리할까?

어떤
보험에
가입할까?

펫 보험
가입 전
확인할 것들

약 먹이는 방법

고양이에게 약을 먹이는 건 집사의 필수 과제입니다. 연습을 해두느냐 안 하느냐가 고양이의 건강과 수명을 가를 정도로 중요해요. 병원 입원 대신 집에서 간단히 치료할 수 있는 경우도 많으니, 지금부터 차근차근 방법을 익혀봅시다.

약 먹이기는 혼자 하는 게 아니라 보호자와 고양이가 함께하는 훈련입니다. 알약, 가루약, 물약, 음식에 섞어 먹이는 방법 등 여러 가지가 있으니, 고양이 성격에 맞는 방식을 찾아야 합니다. 대부분은 약을 거부하지만, 반드시 넘어야 할 관문입니다.

알약 투약법

손으로 먹이기

한 손으로 고양이의 턱을 잡고 입을 벌립니다. 입의 양 끝에 엄지와 검지를 넣으면서 머리를 감싸듯 얼굴을 잡고, 반대편 손의 중지로 아래턱을 눌러 벌린 후 알약을 입안 깊숙한 곳에 넣어주세요. 최대한 깊게, 혀 뒤쪽의 목구멍 바로 앞에 알약을 놓아두는 느낌으로 슥 밀어 넣으세요. 그렇지 않고 바깥쪽에 약을 놓으면 바로 뱉어버릴 거예요. 알약을 넣었다면 재빨리 입을 닫고 목을 문질러주세요. 고양이의 머리를 위로 향하게 한 채로 목을 쓰다듬는데, 이때 코에 바람을 불어주면 도움이 됩니다. 약을 삼키지 않고 계속 입에 물고 있을 수도 있으니 조금 후에 풀어주고 반드시 입안을 살펴보세요.

투약기 사용하기

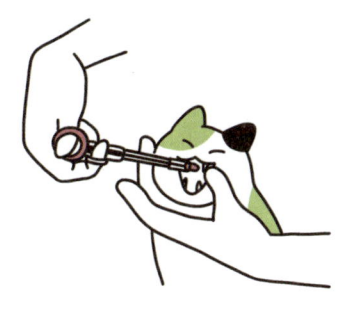

사나운 고양이라서 손가락을 물릴 위험이 크다면 필건 같은 투약기를 사용해 먹일 수 있습니다. 투약기에 알약을 넣은 후 역시 엄지와 검지로 얼굴을 감싸면서 입을 벌리세요. 그런 다음 목구멍 깊숙히 투약기를 넣고 알약을 쏴주면 됩니다. 츄르나 투비캣 같은 간식을 알약에 조금 바르면 거부감을 덜 수 있어요.

평소에 간식을 줄 때 투약기를 숟가락으로 사용하세요. 그렇지 않으면 보호자가 투약기 근처만 가도 숨어서 나오지 않을 거예요. 항상 투약기로 캔이나 간식을 주는 습관을 들여야 합니다.

가루약 투약법

주사기 사용하기

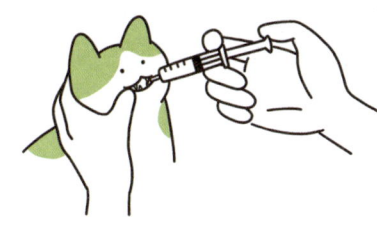

병원에서 가져온 주사기에 물을 약간 채워 약봉지에 넣어 물약으로 만듭니다. 약을 잘 섞은 후 다시 빨아들여 주사기에 물약을 채워요. 고양이의 머리를 잡고 고개를 살짝 들어 올리세요. 손가락으로 고양이 윗입술을 조금 들고, 송곳니 뒤쪽 틈으로 물약을 천천히 밀어 넣습니다. 얼굴을 위로 들어 올리고 잠시 있으면 삼킬 거예요.

간식에 섞여 먹이기

고양이가 좋아하는 간식에 가루약을 섞어서 급여합니다. 투비캣이나 츄르 혹은 딸기잼 같은 페이스트 형태의 간식에 가루약을 섞어 코끝이나 입천장에 묻혀주세요. 소심한 애들은 발에 묻혀줘도 온종일 빨아 먹을 거예요. 길고양이들에게 약을 먹여줄 때는 가루약을 캔에 섞어서 주세요. 아픈 개체 1마리만 급여할 수 있을 때만 투약을 실시해야 하고, 다 먹을 때까지 지켜봐야 합니다.

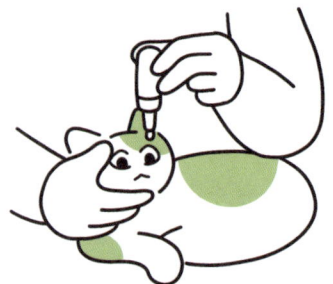

안약 넣는 방법

대부분의 고양이는 눈이 크고 돌출된 형태라서 안약을 넣기 쉬운 편이에요. 고양이는 생각보다 시야가 좁습니다. 눈앞의 사냥감을 주목하는 시야만 발달해서 주변부 시야가 좋지 않아요. 그러니 고양이를 안고 위쪽 눈꺼풀을 살며시 밀어 올린 후, 시야 밖에서 눈으로 안약을 한 방울 떨어뜨리면 끝입니다. 간단하지요? 하지만 정면에서 얼굴을 들고 안약을 넣으려 했다가는 그야말로 난리 납니다. 보이지 않는 곳에서 안약을 살짝 떨어뜨린다고 생각하세요.

 **윰샘 TIP** 어떤 경우라 해도 고양이가 너무 싫어하고 괴로워하면 잠시 중단한 후 천천히 다시 시도하세요. 억지로 지속했다가 고양이가 트라우마가 생기거나 한동안 숨어서 나오지 않거나 보호자를 거부하는 부작용이 생길 수도 있으니까요. 사랑하는 고양이와 원수가 될 필요는 없습니다.

14

중성화수술에 관한 모든 것

중성화수술을 두고 "자연의 섭리를 거스른다"거나 "인간의 욕심"이라는 의견도 있습니다. 하지만 수의사로서 제가 보는 중성화수술의 목적은 고양이가 보호자와 함께 오래 건강하고 행복하게 살도록 돕는 것입니다.

중성화수술 방법과 주의 사항

수컷은 수술이 비교적 간단해 입원이 필요 없는 경우가 많습니다. 다음 날 병원에서 한 번 점검을 받고 약 일주일 정도 넥칼라를 착용하면 됩니다. 수술 부위가 작아 생체 접착제로 마무리하는 경우가 많아 실밥 제거도 필요 없습니다. 반면 암컷은 복부를 열어 난소와 자궁을 제거하는 수술을 받습니다. 비교적 큰 수술이지만 흔히 시행되는 수술이므로 지나치게 걱정할 필요는 없습니다. 보통 하루 정도 입원한 뒤 퇴원하며, 약 일주일 동안 엘리자베스칼라를 착용하고 약 복용이나 병원 방문을 통해 회복 상태를 관리합니다.

넥칼라는 부드러운 천 소재보다 병원에서 제공하는 단단한 플라스틱 제품을 사용하는 것이 좋습니다. 일부 고양이는 부드러운 칼라를 변형시키거나 벗어 수술 부위를 건드릴 수 있기 때문입니다.

중성화수술이란?

암컷의 경우 난소와 자궁을 제거하고, 수컷의 경우 고환을 제거하는 수술입니다. 사람처럼 간단하게 정관을 묶는 수술과는 매우 다른, 비교적 공격적인 수술법이지요. 또한 비가역적, 즉 원래대로 되돌릴 수 없는 수술입니다. 성호르몬 분비 기관을 완전히 제거함으로써 호르몬으로 유발되는 임신, 발정 외에도 그로 인해 발병 가능 여러 질병을 사전 차단하는 데 목적이 있습니다. 수술의 시기는 정답은 없지만 대부분의 학자들은 생후 6개월 전후에 하기를 권합니다.

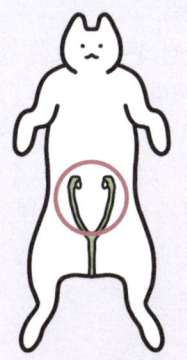

🐾 암컷의 중성화 부위   🐾 수컷의 중성화 부위

중성화수술의 장점

질병 예방

중성화하지 않은 암컷의 경우 유선종양, 자궁축농증, 난소종양 등이, 수컷은 전립선질환, 고환암 등이 발생할 수 있습니다. 이런 질병은 성호르몬으로 인해 발생하기 때문에 중성화수술을 통해 대부분 예방이 가능해요. 일례로 고양이에게 많이 생기는 유선종양은 85%가 진행이 매우 빠른 악성종양이지만, 생후 6개월 이전에 중성화하면 발병 확률이 91% 감소하고, 생후 1년 내에 중성화할 경우 85% 감소한다고 합니다.

여러 질병 예방과 기대 수명 증가

중성화수술을 일찍 받은 고양이와 받지 않은 고양이의 수명 차이에 대한 정확한 통계는 아직 없지만, 경험상 저는 3년 이상이라고 추측합니다. 서울대학교의 한 조사에 따르면 길고양이의 평균 수명은 4~5년 남짓이라고 합니다. 반면 집고양이의 평균 수명은 7년에서 10년으로, 다시 15년에서 요즘은 20년을 바라보고 있어요.

보호자의 헌신적인 노력과 질 좋은 사료 공급, 수의학 발달로 인한 의학적 혜택 등도 장수의 이유이지만, 중성화수술의 비율이 거의 90% 가까이 늘어났기에 가능한 결과라고 생각합니다. 중성화수술은 사랑하는 내 고양이가 얼마나 더 내 곁에 머물며 삶을 함께할 수 있는지를 결정한다는 사실을 잊지 마세요.

발정 스트레스로 인한 행동 문제 예방

고양이는 1년에 여러 번 발정하는 다발정 동물이에요. 발정기에는 심한 스트레스와 불안을 느끼며 이를 호소하는데, 특히 암컷은 아기 울음과 비슷한 소리로 울며 힘들어합니다. 고양이가 발정기마다 발정 스트레스로 받는 고통은 출산의 고통과 비슷할 정도로 심하다고 하네요. 고양이는 교미하여 번식하는 행위에서 쾌락이나 기쁨, 로맨스 따위를 전혀 얻지 못합니다. 이는 인간이 고양이를 의인화하여 만들어내는 대표적인 착각에 불과합니다. 그저 괴롭고 불안해서 교미 대상을 찾고 그 과정에서 경쟁을 통해 힘센 DNA를 남기려는 본능에 따를 뿐입니다. 그 과정 역시 통증뿐이고요. 발정 시 고양이의 불안과 고통은 우리의 상상을 초월합니다. 발톱이 너덜너덜해질 때까지 문을 긁어대기도 하고 자기 털을 뽑아버리고 방바닥을 굴러다닐 정도이지요. 발정 스트레스로 인한 불안을 조금이라도 해소하려고 굉장히 심한 냄새의 스프레이를 사방에 뿌려대고 목이 쉴 때까지 울어댑니다.

마취는 얼마나 위험할까?

중성화수술을 해줘야 하는 이유

중성화수술 꼭 필요할까?

스프레이나 가출 등을 예방

수컷 고양이는 생후 7개월부터 언제든 교미할 수 있어요. 암컷처럼 발정기가 따로 있지는 않지만, 습관적으로 다른 수컷이 침범하지 못하도록 경계하고 암컷을 유인하기 위해 강한 냄새의 오줌을 여기저기 뿌리면서 영역을 표시하고 다니지요. 그래서 중성화하지 않은 수컷은 소변을 여기저기 보기 시작합니다. 배뇨할 때와 달리 쭈그려 앉지 않고 네 발로 꼿꼿이 서서 벽, 가구, 커튼 등 수직면에 분사하는 행동을 스프레이라고 합니다. 이때 분사하는 오줌은 비록 소량이지만 암컷에게 어필하고 다른 수컷을 쫓기 위한 강력한 페로몬이 함유되어서 냄새가 매우 심하고 고약해요.

이외에도 암컷처럼 반려인이나 주변 사물에 비비적대고, 심한 경우 발정난 암컷의 울음소리에 스트레스를 참지 못해 울거나 공격성이 강해져 다른 수컷들과 자주 싸우기도 합니다. 암컷을 찾아 가출을 시도하는 경우가 많아 집을 나갔다가 돌아오지 못하는 경우도 아주 많아요.

임신 방지로 개체 수 조절

암컷 고양이는 발정기에 교미에 의한 배란이 일어납니다. 즉 단 한 번의 교배로도 100% 임신하지요. 실수로라도 발정기에 수컷과 잠깐의 접촉만으로도 임신이 가능하며 이는 예상치 못한 출산으로 이어집니다. 이처럼 원치 않은 임신과 출산으로 분양에 애를 먹는 경우를 종종 봅니다. 물론 아기 고양이는 참으로 사랑스럽지만, 봄과 가을 잠깐 동네만 돌아다녀도 이런 아가들을 너무 많이 볼 수 있어요. 결국 전부 입양되지 않으면 큰 문제가 되기도 합니다.

중성화수술의 단점

마취의 위험성

수술 시 전신마취로 인한 부작용 발생은 중성화수술의 최대 단점일 거예요. 그러나 수의사로서의 경험상 이는 지극히 드문 경우입니다. 여러분이 까다롭게 선택한 병원의 믿음직한 의사 선생님은 올바른 절차를 밟아 안전하게 마취하고 수술을 진행할 거예요. 그럴 경우 문제가 생길 가능성은 거의 없으며, 마취 시간도 겨우 30분 내외이니 지나치게 걱정하지 않아도 괜찮아요.

비만

중성화수술 후 고양이는 살이 찌기 쉬워집니다. 식욕이나 먹는 양이 이전과 같아도 난소나 정소가 사라지면서 성호르몬 분비가 줄어들고 대사율이 낮아지기 때문입니다. 그 결과 같은 양을 먹어도 체중이 늘 수 있습니다.

중성화수술 전과 후의 고양이는 대사율이 달라지므로 급여량을 조절해야 합니다. 평소 먹던 양보다 약 20% 정도 줄이거나, 자율 급식이라면 칼로리가 낮은 중성화 고양이용 사료를 사용하는 것이 좋습니다. 이는 수술의 부작용이라기보다 에너지 소비가 줄어들면서 나타나는 자연스러운 변화입니다.

길냥이
중성화수술
TNR

마취해도
될까?
_이인형 교수

중성화한
고양이가
왜 마운팅을 할까?

중성화수술 전 준비와 수술 후 관리법

수술 전 준비

가장 먼저 적당한 날을 골라 동물병원에 수술을 예약합니다. 고양이의 건강 상태가 양호하고, 집에 따로 돌봐줄 사람이 없다면 보호자의 휴일이 가장 적합한 날입니다. 수술 전날 밤 12시부터는 금식을 시작해야 하므로, 물그릇과 밥그릇을 모두 치워둡니다. 또한 수술 며칠 전부터 넥칼라를 가끔 씌워서 미리 익숙해지도록 연습시켜주세요. 만약 고양이가 식음을 전폐할 만큼 넥칼라를 심하게 거부한다면 대신 환묘복을 준비합니다.

쉽게 흥분하거나 불안도가 높아 병원을 매우 힘들어하는 고양이라면 미리 항불안제를 처방 받아 병원 예약 2시간 전에 먹이고 가는 방법을 추천합니다. 마취 직전까지 고양이가 최대한 흥분하지 않아야 마취의 안전성을 높일 수 있기 때문입니다. 입원이 필요한 암컷 고양이라면 평소 먹던 캔이나 사료를 챙기고, 이동장 이동 시 사용한 담요나 타월을 입원실에 깔아달라고 요청하면 고양이가 훨씬 더 수월하게 안정할 수 있어요.

수술 후 관리

수술 직후 안정 취하기 | 수술 후 바로 귀가했다면 마취 후 18시간까지는 메스꺼움, 구토, 식욕부진, 어지럼증을 보일 수 있습니다. 이 시간에는 최대한 고양이가 익숙한 장소에서 편안하게 쉬게 해주세요. 동거묘나 다른 동물이 있다면 접근을 막아 혼자 조용히 있을 수 있도록 해야 합니다.

평소 먹던 사료 선택하기 | 마취 후 6시간이 지나고 구토 증세가 없다면 음식을 먹어도 괜찮으니 고양이가 원할 때 먹을 수 있도록 평소 먹던 사료와 물을 놓아두세요. 다만 기름진 음식이나 새로운 간식은 금물입니다. 마취 후 24시간 정도는 위장 운동의 저하로 소화력이 떨어져 있는 상태라 기름진 음식이나 간식을 주었다가 자칫 문제가 생길 수 있어요. 평소 먹던 사료가 최고의 회복식입니다.

점프와 이동은 최소화하기 | 점프 동작은 수술 부위를 자극해 회복을 더디게 만들 수 있으니 밥그릇이나 물그릇 혹은 잠자리 위치가 높은 곳에 있다면 낮은 데로 옮겨주세요. 화장실이 베란다처럼 접근하기 어려운 곳에 있다면, 움직임을 최소화하기 위해 잠자리와 가까운 곳으로 조금 이동해주세요.

수술 부위 고려해 모래 선택하기 | 수술 부위에 모래가 묻지 않도록 화장실 모래도 벤토나이트에서 두부나 펠렛 모래로 바꿔주면 좋지만, 고양이가 익숙하지 않아서 화장실 사용을 꺼린다면 다시 벤토나이트로 교체해주세요.

수술 부위와 넥칼라는 매일 점검하기 | 수술 부위에서 피나 진물이 나진 않는지, 혹여 고양이가 핥아서 수술 부위가 벌어지진 않았는지 매일 점검해주세요. 만약 수술 부위에 이상이 발견되면 곧바로 병원에 데려가세요. 넥칼라를 임의로 자르거나 풀어주면 안 됩니다. 식사 시간같이 잠깐이라도 풀어야 한다면 계속 곁에서 관찰하며 고양이가 수술 부위를 핥지 않도록 밀착 감시해야 합니다.

수술 후 2주는 격한 활동 피하기 | 수술 후 2주 정도는 움직임에 제한을 두어야 합니다. 평소처럼 다니는 것은 괜찮지만 사냥 놀이 같은 격한 활동은 자제하는 편이 좋아요.

약 먹이기 | 병원에서 지어준 약은 대부분 항생제와 소염진통제입니다. 아침저녁으로 빠짐없이 잘 먹여주세요. 위장장애를 일으킬 수 있으니 약은 반드시 식후나 식간에 먹이고, 절대 빈속에 먹이지 마세요. 약을 먹이기가 너무 힘들거나 아예 불가능하다면 당분간 매일 병원을 방문해 항생제 주사를 맞거나 처음부터 2주 정도 지속되는 롱텀 항생제를 처치받으면 좋습니다.

수술 후 부작용 | 만약 고양이가 중성화수술을 마친 고양이가 집에서 아래와 같은 모습을 보인다면 즉시 수술한 병원에 연락하고 데려가 상태를 점검하세요.

- 구토, 설사 증상을 보인다.
- 수술 부위에서 피가 나거나 매우 아파한다.
- 급격한 식욕 저하를 보이며 음식물 섭취를 거부한다.
- 구석에 숨어서 나오지 않는다.
- 등을 구부리고 잘 움직이지 않는다.
- 우울해하고 무기력해한다.
- 잇몸이 창백하다.
- 대소변을 24시간 이상 보지 않는다.

암컷과 수컷의 회복 과정 차이

암컷 고양이는 수술 후 복부에 붕대를 감게 됩니다. 붕대를 오래 두면 피부가 쓸려 습진이나 상처가 생길 수 있으므로 2~3일 후 풀어주는 것이 좋습니다. 회복 상태가 양호하다면 수술 후 7~10일 사이 병원을 방문해 실밥을 제거합니다. 실밥을 제거한 뒤에도 1~2일 정도는 넥칼라를 유지해주세요. 봉합 부위에 남아 있는 실 자국을 그루밍하면 염증이 생길 수 있기 때문입니다. 흔적이 사라질 때까지 약 24~48시간 정도 착용하면 더욱 안전합니다.

반면 수컷 고양이는 봉합사를 사용하지 않고 생체 접착제로 마무리하는 경우가 많아 실밥 제거 과정이 필요 없습니다. 수술 후 일주일 정도 지나 특별한 이상이 없다면 넥칼라를 풀어주면 됩니다. 가능하다면 병원에서 수술 부위를 확인한 뒤 넥칼라를 제거하는 것이 좋습니다.

수술 전후
관리법

구충제, 어떤 것이 좋을까

동물병원에는 다양한 고양이용 구충제가 있습니다. 진드기 같은 외부기생충부터 심장사상충 같은 내부기생충까지 예방 범위가 넓으며, 그만큼 기생충 예방은 고양이 건강에 중요한 관리입니다. 특히 심장사상충은 검사도 어렵고 치료가 쉽지 않으며, 진드기는 고양이뿐 아니라 사람에게도 SFTS(중증열성혈소판감소증후군)나 바베시아 같은 질병을 옮길 수 있습니다.

따라서 실내에서만 지내는 고양이라도 정기적인 구충이 필요합니다. 현재 동물용 구충제 시장은 조에티스, 베링거인겔하임, 바이엘 등 주요 제약 회사가 주도하고 있습니다.

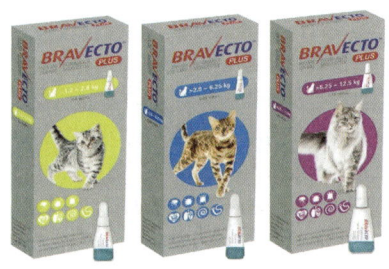

🐾 MSD동물약품 브라벡토

브라벡토 플러스캣 | 다국적기업 MSD동물약품에서 출시한 바르는 형태의 구충제입니다. 외부기생충 예방 성분인 플루랄라너와 심장사상충을 포함한 내부기생충 예방 성분인 목시덱틴으로 구성된 장기 지속형의 3세대 구충제입니다. 1회 투여로 약 3달간 심장사상충을 포함해 작은소참진드기, 귀진드기, 고양이벼룩, 구충, 회충등 광범위하게 예방할 수 있습니다. 고양이가 까탈스러워서 투약하기 힘들거나 보호자가 바빠서 매달 구충제를 챙겨 발라주기 쉽지 않다면 추천하는 광범위 구충제입니다.

🐾 바이엘 애드보킷

애드보킷 | 다국적 제약 기업 바이엘에서 만든 심장사상충 예방 및 종합 구충제입니다. 목 뒤에 바르는 스팟온 제품이며 목시덱틴이 주성분입니다. 참진드기를 제외하면 심장사상충을 포함한 대부분의 기생충을 예방할 수 있어 실내에서 생활하는 고양이에게 적합합니다. 다만 작은소참진드기를 포함한 참진드기류에는 효과가 제한적이므로 실외 활동이 있는 고양이에게는 적합하지 않습니다.

레볼루션플러스 | 조에티스에서 레볼루션의 뒤를 이어 출시한 새로운 고양이용 구충제입니다. 바르는 스팟온 형태로 기존의 레볼루션 성분인 셀라멕틴에 세롤레이너라는 이속사졸린 계열의 약을 첨가한 제품입니다. 세롤레이너 성분을 첨가하여 기존 레볼루션의 단점인 셀라멕틴 제제의 좁은 구충 범위를 크게 보완했습니다. 참진드기를 포함한 대부분의 내·외부기생충 예방에 효과가 있어 매우 광범위하게 사용할 수 있습니다. 이속사졸린 계열 성분은 강아지에서 드물게 신경계 부작용이 보고된 바 있지만, 고양이에서는 아직 뚜렷한 부작용 보고가 많지 않습니다. 내·외부기생충 예방 범위가 넓어 외출하는 고양이나 길고양이, 또는 폭넓은 예방이 필요한 경우에 적합합니다.

🐾 조에티스 레볼루션플러스

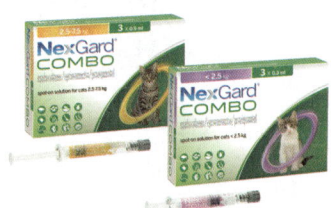

넥스가드캣콤보 | 베링거인겔하임에서 출시한 고양이용 광범위 구충제입니다. 목뒤에 바르는 액상형 스팟온 형태로, 1회 투여만으로 심장사상충과 진드기·벼룩 등 대부분의 내·외부기생충을 예방할 수 있습니다. 국내에서 사용되는 고양이 구충제 가운데 예방 범위가 넓은 3세대 구충제로 최근 많이 사용되고 있습니다.

🐾 베링거인겔하임 넥스가드캣콤보

윤샘 TIP 고양이용 구충제는 대부분 바르는 형태이며 심장사상충을 포함한 내·외부기생충을 함께 예방하는 종합 구충제가 일반적입니다. 부작용 때문에 구충제를 꺼리는 보호자도 있지만, 기생충 감염은 고양이뿐 아니라 사람에게도 위험할 수 있으므로 생활환경에 맞는 구충제를 매달 꾸준히 사용하는 것이 중요합니다.

구충제
어떤 것이
좋을까?

예방접종
가이드

구충제
매달
발라야 할까?

질병
알아채기

심장병

고양이에게 비교적 흔하게 나타나는 심장병(비대성심근증, HCM)은 대부분 노령묘에서 발병하지만, 렉돌·페르시안·메인쿤·데본렉스·브리티시쇼트헤어·아메리칸쇼트헤어 등 유전적 소인이 있는 품종에서는 어린 나이에 발생하기도 합니다.

고양이는 심장질환이 있어도 겉으로 티가 잘 나지 않습니다. 그래서 호흡 이상 등 증상이 나타났을 때 병원을 찾으면 이미 병이 상당히 진행된 경우가 많고, 갑작스럽게 무지개다리를 건너기도 하는 무서운 질환입니다. 이 병에 걸리면 심장 근육이 두꺼워지면서 심장 내부 공간이 좁아지고, 그 결과 심장이 혈액을 충분히 내보내는 기능이 떨어집니다. 이렇게 심장의 펌프 기능이 저하되면 간과 신장 등 여러 장기에 악영향을 미치게 됩니다. 대부분의 경우 증상이 나타났을 때는 이미 병이 진행된 상태인 경우가 많습니다.

증상

무기력하고 힘이 없으며 전보다 잘 놀지 않고 잠을 많이 잡니다. 정상 호흡수는 분당 16~30회인데 이 병에 걸리면 호흡수가 분당 40회 이상으로 치솟아요. 더 심해지면 배가 부풀어오르고 입으로 숨을 쉽니다. 혈전 때문에 갑자기 뒷다리 같은 부위에 마비가 오기도 합니다. 종국에는 폐에 물이 차기 시작하며 호흡곤란 증상을 보이다가 갑자기 사망합니다.

심장병
이란

심장병
체크법

진단

일단 앞서 언급한 유전적 소인이 있는 품종의 고양이라면 정기적인 조기검사를 적극 권장합니다. 노령묘라면 매년 NT-proBNP(심장질환 조기진단검사)를 반드시 받으세요. 혈액으로 심장병을 조기 진단할 수 있는 간단한 키트검사입니다.

비대성심근증은 개들이 많이 걸리는 심장판막질환과는 달리 방사선검사로는 확진이 어렵고, 청진해도 심잡음이 거의 들리지 않아 조기 검사가 어려운 질환입니다. 그래서 예전에는 검사가 쉽지 않았고, 증상이 진행되어야 비로소 심장 초음파로 확진할 수 있었어요. 절차가 복잡하고 비용도 비싼 심장 초음파는 아무 때나 쉽게 받을 수 있는 만만한 검사가 아닙니다. 하지만 이제는 피 한 방울로 간단하게 심장병을 조기검사할 수 있으니 병원에 가서 꼭 검사를 받으세요. NT-proBNP검사는 비교적 저렴하고 방법이 쉬우며 정확도가 높고 결과가 빨리 나옵니다. 이 검사에서 양성이 나왔다면 그 이후 병의 진행 정도와 현재 상태를 알아보기 위해 심장 초음파를 받아 확인해야 합니다.

치료 및 관리

약물 치료 | 가장 좋은 방법은 조기에 발견해 병원에서 처방받은 약을 꾸준히 복용하는 것입니다. 고양이의 심장병은 약으로 완치되는 질환이 아니라, 심장이 망가지는 진행 속도를 늦추는 것이 치료의 목표입니다. 이 과정만으로도 삶의 질을 높이고 수명을 연장하는 데 도움이 됩니다. 치료에는 이뇨제, 베타차단제, 혈전 방지제 등이 사용되며 병의 진행을 늦추고 합병증을 예방하는 역할을 합니다. 또한 액티베이트 같은 항산화제 계열의 영양제를 보조적으로 사용할 수도 있습니다.

응급 상황 대비 | 응급 상황에 대비해 리빙박스를 이용한 산소방을 준비해두는 것도 도움이 됩니다. 갑자기 숨을 쉬기 힘들어하거나 호흡이 심하게 가빠지면 그 안에서 산소를 공급할 수 있습니다.

생활 관리 | 비만은 심장에 큰 부담이 되므로 반드시 체중을 관리해야 합니다. 과도한 운동이나 심한 스트레스로 심장과 호흡에 무리가 가지 않도록 주의하는 것도 중요합니다.

고양이 119 | 심장병 응급 상황

다음과 같은 증상이 나타나면 지체하지 말고 동물병원을 방문하세요.

- 입을 벌리고 숨을 쉰다.
- 숨이 매우 빠르거나 거칠다.
- 호흡수가 분당 40회 이상으로 지속된다.
- 갑자기 뒷다리에 힘이 빠지거나 마비가 온다.
- 무기력하고 활동량이 줄어든다.

 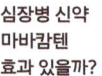

2

천식

우리에게 천식은 비교적 흔한 질환입니다. 미세먼지 등의 대기오염으로 환자 수가 폭발적으로 증가했지요. 고양이 천식 역시 오염된 대기 영향 혹은 진단 기술의 발달로 많이 나타나는 질환으로, 평균 100마리당 1마리꼴로 걸린다고 합니다. 그러나 고양이 천식은 알레르기성 하부호흡기질환으로 완치는 어려우며, 증상이 심해지면 사망까지 이어질 수 있는 무서운 질병입니다.

증상

고양이 천식은 기침보다 호흡곤란 증상이 두드러지는 경우가 많습니다. 숨을 내쉴 때 '끼익' 하는 소리가 나거나, 들숨은 비교적 원활하지만 날숨을 힘들어하는 모습이 보이기도 합니다. 호흡이 어려워지면 몸을 웅크리고 목을 길게 뻗어 조금이라도 숨쉬기 편한 자세를 취합니다. 증상이 심해지면 입을 벌리고 숨을 쉬는 개구 호흡을 보이기도 합니다. 또한 호흡이 불편해 활동량이 줄고, 잠을 많이 자거나 계속 엎드려 있는 등 무기력한 모습을 보일 수 있습니다. 더 진행되면 입술이나 잇몸이 푸르게 변하는 청색증이 나타날 수 있는데, 이 경우에는 응급 상황으로 판단해야 합니다.

원인

아직까지 정확한 원인은 밝혀지지 않았으며, 알 수 없는 면역계 이상으로 공기 중 특정물질에 반응하여 알레르기가 생겨서 기관지가 좁아지는 질환으로만 알려져 있습니다. 기관지 자체가 갑자기 좁아져 숨을 내쉬기 힘들어지고 염증까지 진행되어 공기의 통로인 세기관지에 염증 삼출물들이 가득 차 더는 숨을 못 쉬게 되는, 고통스럽고 무서운 병이에요. 고양이가 발작적으로 기침을 하거나 호흡을 힘들어하거나 끼익거리며 숨 쉴 때 특이한 소리를 낸다면 가까운 동물병원을 찾아가 반드시 진단을 받으세요. 너무 늦게 발견하면 관리가 매우 어려워집니다. 천식은 완치는 힘들지만 조기 발견하여 잘 관리하면 삶의 질을 유지하며 살 수 있는 질환이에요. 우리 주변에도 많은 천식 환자가 있지만 잘 관리하며 정상적으로 사회생활하고 잘 지내고 있듯 말이지요.

🐾 잇몸이 푸르게 보이는 응급 상황

진단

천식은 병원에서 엑스레이 사진만으로는 정확한 진단이 어려워요. 만성기관지염이나 고양이심장사상충, 다른 여타 질병과 구분하기가 쉽지 않기 때문입니다. 그래서 다른 질병이 아닌지 검사를 통해 확인하고, 천식약을 한번 처방해본 후 경과를 보는 치료적 진단을 하거나, 마취 후 CT 촬영을 해서 진단합니다.

치료 및 관리

약물 치료 | 천식은 주로 흡입제로 관리합니다. 사람의 천식 치료처럼 흡입기를 이용해 기관지 확장제와 스테로이드성 소염제를 들이마시는 방식입니다. 기관지 확장제만 사용할 경우 증상은 완화되지만 염증을 충분히 억제하지 못해 상태가 악화될 수 있습니다. 증상이 심하면 병원에서 객담 제거제, 항생제, 추가적인 기관지 확장제를 처방하기도 합니다.

환경 관리 | 집에서는 천식을 악화시키는 원인 물질을 최대한 줄여야 합니다. 실내 습도는 50~60% 정도로 유지하고 헤파필터 공기청정기를 사용해 공기 중 미세 부유물을 줄이세요. 집먼지진드기가 서식하기 쉬운 카펫은 제거하고, 천 소파 대신 가죽이나 인조가죽 소재가 좋습니다. 또한 향수, 방향제, 디퓨저, 담배 연기, 화분, 꽃다발 등 기관지를 자극하는 물질은 피해야 합니다. 헤파필터가 포함된 진공청소기로 집 안을 자주 청소하세요.

생활 관리와 예방 | 심장사상충 같은 질환은 천식을 악화시킬 수 있어 예방을 철저히 해야 해요. 예방접종을 통해 호흡기질환을 막고, 실내 온도를 일정하게 유지하며 충분한 수분 섭취와 체중 관리를 해주세요. 천식은 완치가 어렵지만 꾸준히 관리하면 삶의 질을 유지할 수 있는 만성질환입니다.

고양이 119 | 천식 응급 상황

다음과 같은 증상이 나타나면 지체하지 말고 동물병원을 방문하세요.

- 입을 벌리고 숨을 쉰다.
- 숨을 내쉴 때 '끼익' 같은 소리가 난다.
- 숨을 쉬기 위해 몸을 웅크리고 목을 길게 뻗는다.
- 입술이나 잇몸이 푸르게 보인다.

만성신부전

만성신부전은 모든 연령의 고양이에서 발병 가능한 질환입니다. 만성신부전은 악성종양인 암에 이어 고양이 사망률 2위인 무서운 질병이에요. 확률적으로 7~10세에서 12%가 발병하고 10~15세 고양이의 30%가 만성신부전을 앓고 있을 만큼, 노령묘의 대표 질환이기도 합니다.

증상

다음 다뇨, 즉 물을 많이 마시고 소변을 많이 봅니다. 식욕부진, 체중감소, 구토 및 설사, 변비도 발생하며 근력이 떨어지고, 구취가 나기 시작해요. 구강 점막이 창백해지며 털에 윤기가 사라지고 푸석해집니다. 눈에 띄게 기운이 없어지며 종국에는 발작하다가 사망에 이릅니다.

원인

태생적으로 고양이의 조상은 사막 출신입니다. 고양이라는 종 자체가 사막에서 유래한 품종이기에 평소 수분 섭취 습관이 덜 형성되어 있어요. 물이 적은 환경에서 생존하기 위해 필요한 수분량의 대부분을 사냥감의 혈액 등으로 섭취했으며, 체내 수분 손실을 최대한 막기 위해 신장에서 가능한 한 수분을 최대한 재흡수하여 매우 농축된 소변을 만들지요. 즉 선천적으로 수분을 더 많이 재흡수해야 하므로 다른 동물보다 신장이 더 많은 일을 하는 것입니다. 아비시니안, 페르시안, 버만, 메인쿤 등이 선천적인 만성신부전에 걸릴 위험이 큰 유전적 품종 소인이에요.

단계

신부전은 보통 혈액검사로 진단하는데 혈액검사 지표 중 주로 크레아티닌 수치로 단계를 분류합니다.

신부전 1기 | 정상 신장 상태입니다. 보통 신장 기능이 25% 이상만 남아 있어도 정상 생활이 가능해요. 그래서 한쪽 신장을 남에게 주어 이식할 수 있지요. 이처럼 신장 하나가 없고, 남은 신장의 기능이 절반만 있다 해도 평생 사는 데 문제가 없습니다. 이때 크레아티닌 농도는 1.6 mg/dl 이하이며, 이는 신장 기능이 33% 이상 남아 있다는 뜻입니다. 정상 상태이므로 별다른 치료나 지시 사항은 없으며 주의해서 지켜보는 단계입니다. 되도록 물을 많이 마시게 하고, 더 나빠지지 않도록 정기적으로 검사하면서 관리해줍니다.

신부전 2기 | 혈중 크레아티닌 농도가 1.6~2.8mg/dl입니다. 신장 기능이 약 33~25% 정도 남아 있다는 의미입니다. 2기에 접어들면 다음 다뇨, 구토, 식욕 감소 증상이 나타나며 체중이 줄고 혈압이 미약하게 상승하기 시작합니다. 본격적으로 단백질이 제한된 식이를 시작해야 하는 시기입니다.

단백질은 분해 후 신장에 무리를 주지 않는 고급 단백질을 재료로 한 사료를 먹이고, 인 흡착제나 신부전에 사용되는 유산균 제제도 적극적으로 먹이기 시작해야 합니다. 대부분 이때 병원에 와서 검사를 하고 신부전임을 확인하는 시기이기도 합니다.

신부전 3기 | 혈중 크레아티닌 농도는 2.9~5.0ml/dl, 이때부터 BUN(혈중 요소 질소 수치)도 오르기 시작해서 40mg/dl 이상을 나타냅니다. 신장 기능은 약 25~10% 정도만 남으며, 생명 유지를 위한 신장 기능이 정상 이하이므로, 본격적으로 요독증(노폐물이 혈액에 축적되면서 나타나는 전신 중독 상태)에 의한 여러 증상이 나타나는 시기입니다. 위염과 구내염, 대사성 산증 등을 보이며 이제 생명이 위협을 받기 시작합니다. 입원하여 수액요법을 포함한 필요한 모든 조치를 적극적으로 취해서 수치를 2기로 떨어뜨리지 않는다면 오래 살기 어렵습니다. 구토와 설사 고혈압과 빈혈이 나타나고 오랜 기간 생존을 장담하기 힘든 상태입니다.

신부전 4기(말기 신부전) | 혈중 크레이타닌 수치는 5.0ml/dl 이상이며 이는 신장 기능이 10% 미만이라는 의미입니다. 사실상 생명을 유지할 만한 신장 기능이 거의 없는, 위중한 상태입니다.
구토, 의식 혼미, 경련 등 요독증으로 인한 증상이 자주 나타납니다. 빨리 입원시켜서 전해질 교정, 혈압 조절, 수액요법을 통한 간접 투석 등 적극적인 치료가 필요합니다. 크레아티닌 수치를 빠르게 3기로 낮추지 못하면 생존이 어렵습니다.

치료 및 관리

손상된 신장은 재생할 수 없어요. 신부전 치료의 목적은 증상을 완화하고 식욕을 안정시키며 병의 진행을 최대한 늦추는 것입니다. 지속적으로 모니터링하면서 식이요법, 충분한 수분 보충, 투약 등을 병행하세요.

처방식

치료의 첫 번째는 처방식과 충분한 수분 섭취입니다. 신장에 무리를 줄 수 있는 찌꺼기(질소 노폐물)가 덜 발생하도록 처리된 고급 단백질을 적절하게 제한한 사료를 처방식으로 사용합니다. 힐스의 k/d와 로얄캐닌의 레날이 대표적인 처방식 사료이며, 단백뇨 및 체내 단백 대사 노폐물 축적을 줄여 고질소혈증을 방지합니다. 2~3기 신부전 고양이의 경우 처방식을 먹은 고양이와 먹지 않은 고양이의 생존 기간이 약 2배 정도 차이를 보였다는 연구 결과가 있습니다. 이처럼 신부전 고양이에게 처방식은 치료와 관리에 있어서 가장 중요한 항목입니다. 그러나 아무리 좋은 처방식이라도 고양이가 먹지 않으면 소용이 없어요. 회사 혹은 사료 형태에 따라 고양이마다 기호성이 다르니 다양한 사료를 먹여보며 맞는 처방식을 찾아내세요.

 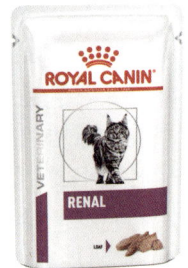

🐾 힐스 k/d   🐾 로얄캐닌 레날

보조제

신부전 관리에는 처방식과 함께 보조제를 병행하기도 합니다. 장내 질소 노폐물 감소, 인 수치 조절, 단백뇨 감소 등을 통해 신장 부담을 줄이고 요독증 증상을 완화하는 데 도움을 줍니다. 대표적으로 아조딜, 레날어드밴스드캣, 세민트라, 크레메진 등이 사용됩니다.

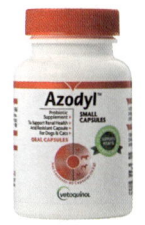

🐾 베토퀴놀 아조딜

아조딜 | 베토퀴놀에서 출시한 아조딜은 많이 사용되는 신부전 치료 보조제입니다. 음식물 소화 후 장내에 생기는 질소 노폐물들은 흡수되어 몸의 질소혈증을 유발하므로 최대한 제거해야 합니다. 아조딜은 장내 유익균을 늘리고 질소 노폐물을 장내 단위에서 처리하는 3가지 유산균인 엔테로코커스, 락토바실루스, 비피도박테리움으로 이루어져 있습니다. 생균 제제이므로 냉장 보관해야 하고 캡슐째 먹여야 효과가 있습니다. 캡슐을 뜯어 먹이면 위산에 의해 유산균주들이 다 죽어버려요. 생균 제제 특성상 항생제와 같이 복용하면 효과가 많이 반감됩니다.

레날어드밴스드 캣 | 역시 신부전에서 많이 사용되는 보조제로 주로 크레아티닌 수치의 감소와 고인산혈증 및 요독증 완화가 목적입니다. 신부전에 도움되는 유산균과 항산화제, 각종 비타민으로 구성되어 있습니다. 미세한 분말 형태이며 포함된 작은 스푼으로 아침 저녁 1스푼씩 사료에 섞어 먹이세요.

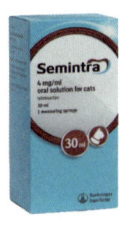

🐾 베링거 인겔하임 세민트라

세민트라 | 베링거 인겔하임에서 출시한 고양이용 만성신부전 치료 보조제로 주성분은 텔미살탄입니다. 전 세계적으로 오래전부터 많이 사용된, 비교적 안전한 약으로, 혈압 조절과 단백뇨 감소에 효과가 입증되었습니다. 하루 1번 급여하는데 물약 제제라 급여하기 쉬우며 쓴맛이 없어 고양이들이 쉽게 먹는 편이에요. 신부전에 걸리면 혈압이 오르고 오른 혈압은 다시 신장에 압력을 가해 신부전을 급속히 악화시킵니다. 세민트라는 혈압을 효과적으로 조절해 단백뇨를 줄이며 장기간 복용해도 부작용이 없습니다.

크레메진 | 탄소 다공질의 구형 미립자로 한 알의 크기가 0.2mm가 안 되는, 매우 작고 가벼운 검은 가루입니다. 장내 세균이나 대사 과정에서 발생한 요독물질을 장내에서 흡착해 대변으로 내보내는 작용을 합니다. 즉 신부전일 때 특히 몸에 해로울 수 있는 인돌, 인독시 황산염을 흡착해 몸이 흡수하지 못하게 하고 대변으로 배설시키는 활성탄의 일종이지요. 보통 하루 400mg을 먹이는데 국내에 있는 크레메진은 사람용 2000mg짜리라 5일분으로 소분해야 합니다. 소분할 때는 최대한 공기에 노출하지 않도록 주의하세요. 사람용이 아닌 고양이용으로 400mg 단위로 포장된 제품을 구매해 한 번에 먹여도 좋아요.

윤샘네 고양이
7가지
신부전 관리법

줄기세포 치료
정말 효과
있을까?

신장을
건강하게
지키는 방법

기적의 신부전 치료제, AIM 단백질이란?

AIM 단백질은 1999년 도쿄대학 의학부 미야자키 도루 교수 등이 참여한 연구에서 보고되었고, 2016년에는 고양이 신장질환과의 관련성이 본격적으로 주목받았습니다. AIM 단백질은 동물 체내의 쓰레기인 죽은 세포의 잔해를 제거하는 대식세포를 돕습니다. 대식세포는 특히 신장세포 사이의 쓰레기를 제거함으로써 신장이 제대로 작동하게 하는 역할을 한다고 알려져 있습니다.

신장은 일종의 거름망입니다. 수십만 개의 거름망으로 만들어진 구조물로, 쓰레기는 걸러서 내보내고 수분을 포함한 필요 요소들은 꽉 잡아서 다시 몸에서 사용하게 만듭니다. 그런데 이 거름망이 죽은 세포들과 잡다한 쓰레기로 가득 차 막혀버리면 더는 사용하지 못하고 죽어버려요. 즉 막히는 거름망의 수가 많아질수록 신장은 기능을 점점 더 상실합니다. AIM 단백질은 대식세포의 수명을 연장해 거름망이 막히지 않도록 제때 죽은 세포들을 흡착해서 제거하는 일을 돕습니다.

그런데 고양이는 다른 동물에 비해 AIM 단백질이 잘 기능하지 못해, 죽은 세포의 잔해가 쉽게 쌓이고 막혀 신장의 수명이 짧습니다. 즉 AIM은 신장의 수명을 연장하는 데 결정적인 역할을 하는 대식세포의 수명을 연장시켜 주는 단백질이지요. 현재 AIM 단백질 치료는 아직 일반 진료 현장에서 널리 쓰이는 치료법은 아니며, 연구와 임상 검증이 이어지고 있습니다. 하지만 신약이라는 특성상 안전성을 검증하고 생산과 유통까지 완료한 제품으로 상품화하려면 많은 시간이 걸리고 그 과정도 절대 쉽지 않아요. 우리 고양이들이 실제로 AIM 치료제의 혜택을 보려면 많은 시간이 걸릴 듯합니다. 고양이의 장수에 결정적인 역할을 할 것으로 기대를 모으는 AIM 단백질 치료제를 저도 기다립니다.

새로운
신부전 치료제,
AIM 단백질

AIM 단백질
치료제에 대하여
_미야자키 도루 교수

구토

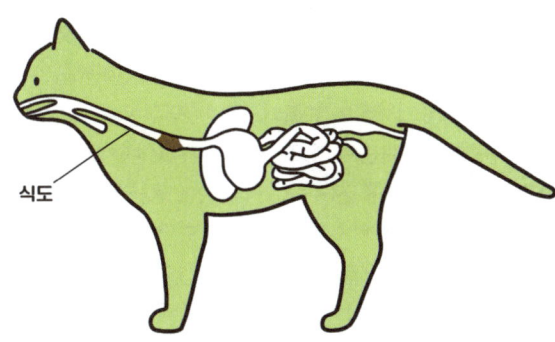

식도

고양이는 다른 동물보다 구토가 잦은 편입니다. 아침에 자고 일어나 보면 토사물의 흔적이 있거나, 밥을 먹자마자 내가 보는 앞에서 바로 토하기도 하지요. 어디를 다치지도 않았고 소화가 안 되는 음식을 먹지도 않았고 아프지도 않은 것 같은데, 왜 고양이는 자주 토할까요?

원인
고양이의 입은 사람과 달리 소화기관이 아닙니다. 사람은 입에서 음식물을 충분히 씹어 1차 소화를 시킨 후 위로 음식물을 보내지만, 고양이의 입은 단지 음식물을 위장으로 보내는 도구에 불과해요. 그래서 일단 입에 들어오면 위로 보내고, 위에 들어온 음식물이 소화에 적합하지 않다고 판단되면 곧바로 토해내는 것입니다. 즉 동물의 뼈나 풀이나 사료나 뭐든 본인이 먹을 수 있다고 판단하면 일단 삼키고, 이후 위에서 소화하지 못하면 구토를 통해 배출하도록 구토중추가 발달했지요. 보호자 입장에서는 괴롭지만 야생에서 이것저것 사냥해 먹고살아야 하는 고양이의 생존 능력을 높여주는 순기능 중 하나입니다.

사람의 식도는 수직으로 서 있고 식도의 모든 근육 자체가 횡문근으로 운동성을 지녔기 때문에 음식을 삼키자마자 곧바로 위장에 들어갑니다. 하지만 고양이의 식도는 수평으로 위치하고 식도 후반부 근육은 수축 능력이 떨어지는 평평한 평활근으로 이루어져 있어요. 그래서 사료를 삼켜도 위에 들어가기까지 제법 많은 시간이 걸립니다. 사료 알갱이가 모두 보이는, 사료를 먹자마자 하는 사료토는 위에 도착하기도 전에 식도에 정체되어 있던 사료 알갱이들이 다시 나온 것입니다. 이럴 때는 격하게 배를 꿀렁거리다가 토하지 않고, 마치 기침하듯 캑캑거리며 바로 게워내는 양상을 보입니다. 또한 고양이는 음식물이 조금이라도 좋지 않다고 생각하거나 자신의 소화 능력을 넘어선다고 느낀다거나 위에 작은 자극이라도 생기면 바로 토해내는 능력이 발달해 있습니다. 야생에서 상했거나 먹으면 안 되는 음식을 먹었을 때 곧장 토해내지 않으면 생존할 수 없기 때문이에요. 우리는 고개를 숙이고 손가락으로 목젖을 자극해야 토할 수 있지만, 고양이는 생각만으로도 구토할 수 있는 동물입니다. '아, 이거 영 이상한데… 토해야겠네' 하면 바로 실행하는 수준이지요. 게다가 항상 그루밍을 통해 자신의 냄새를 지우고 털을 관리하는 고양이는 털이 위장에 쌓여 소화되지 않는 현상을 방지하기 위해서 정기적으로 위에 쌓인 털 뭉치, 즉 헤어 볼을 토해냅니다.

치료 및 관리

그럼 자주 토하는 고양이는 어떤 경우에는 병원에 데려가야 하고, 어떤 경우는 조금 더 집에서 지켜봐도 될까요? 구토 후에도 식욕에 변함이 없고, 사료나 간식을 먹고 토한 후에도 정상 식욕을 유지한다면 집에서 더 지켜봐도 됩니다. 일주일에 1~2번 구토한다면 사료를 바꿔보고 일단 지켜봐도 괜찮지만 이후에도 같은 증상을 보이면 병원에 데려가세요. 구토 후 활력이 정상이고 식욕도 정상이라면 좀 더 지켜봐도 좋습니다.

고양이 119 | 구토 응급 상황

다음과 같은 증상이 나타나면 지체하지 말고 동물병원을 방문하세요. 상황이 모호하다면 병원에 전화해 주치의에게 상담 후 지시에 따르는 것이 좋습니다.

- 하루에 3회 이상 구토한다.
- 3일 이상 연속으로 구토가 이어진다.
- 구토 후 24시간 이상 식욕이 없다.
- 무기력하거나 열이 나고 축 처진다.
- 토사물에서 붉거나 갈색 피가 보인다.
- 토사물 색이 녹색이다.
- 이물질이나 먹으면 안 되는 것을 먹은 뒤 토한다.

토하면
어떻게
해줘야 할까?

구토,
어떨 때 병원에
가야 할까?

윤샘의
고양이 상담소

266

색깔 및 형상별 증상

투명한 거품토
급하게 마신 물이나 식도에 쌓인 침이 역류해 나온 경우가 많습니다. 위액이 조금 섞여 끈적거리며 약간의 점도가 있어요. 1~2번 이내라면 굳이 병원에 데려갈 필요는 없습니다.

투명한 노란색 구토
가장 흔하게 볼 수 있는 형태로 흔히 '공복 구토'라고도 하지요. 주로 아침녘 식사 전이나 새벽에 이런 구토를 하는데, 자주 이런다면 새벽에 밥을 조금 더 주고 자는 것이 좋아요. 이런 현상이 오래 지속되면 만성위염으로 발전할 수 있으니, 너무 자주 하면 동물병원을 방문해 의사와 상담하세요. 여기서 더 심해져 위염으로 진행되면 녹색 담즙이 섞인 구토를 하거나 붉은 피가 섞인 구토를 하게 됩니다.

사료토
소화되지 않은 사료 알갱이가 그대로 보이게 토했다면 구토라기보다는 역출regurgitation, 즉 역류에 해당하는 현상입니다. 급하게 먹은 사료가 식도에 정체되어 있다가 식도 모양 그대로 길게 나온 것이지요. 위는 아직 음식물을 받아들일 준비가 안 되었는데 너무 많은 사료를 꾸역꾸역 삼킨 경우입니다. 이런 일이 잦다면 소화가 더 잘 되는 사료로 바꿔주거나, 고개를 덜 숙이고 조금 천천히 먹을 수 있도록 식기의 위치를 좀 높게 조절하고 요철이 있는 슬로우 식기로 바꿔주면 도움이 됩니다.

붉은색 구토
위나 식도에 출혈이 있는 경우입니다.

진갈색 혹은 검은색 구토
십이지장 같은 상부 소장에서 출혈이 있는 경우입니다.

녹색 구토
담즙이 섞인 소장의 내용물 일부가 역류한 심한 구토입니다. 단 한 번이라도 이런 구토를 하면 병원에 데려가는 것이 좋습니다.

구토
색상별
원인

자주 토한다면
췌장염일 수
있다

변비

장내의 내용물이 원활하게 이동하지 않거나 장 속에 머무는 시간이 길어져 배변이 힘든 상태를 변비라고 합니다. 특히 노령묘는 장 운동 능력이 떨어지고, 운동 부족·비만·식이섬유 부족·수분 부족 등으로 인해 만성변비에 걸리기 쉽습니다. 대변이 장에 오래 머물면 수분이 빠져나가 바싹 마르고 딱딱해지며, 이로 인해 더욱 배출이 어렵게 됩니다. 게다가 노령묘는 관절과 복근이 약해져 배변 자세를 유지하며 힘을 주는 것도 힘들어, 자세만 취하다가 결국 포기하는 경우도 잦습니다. 만성변비가 오래 지속되면 변이 쌓인 결장이 늘어나 수축력이 떨어지고, 결국 거대결장증으로 이어져 변비가 반복되는 악순환이 생깁니다.

증상
식욕부진 및 구토 증상이 나타납니다. 배변 횟수가 줄고, 배변 자세는 취하지만 나오지 않는 배변 곤란을 겪어요. 아주 딱딱하거나 토끼 똥 같은 대변을 보고, 화장실에 자주 들락거리며, 배를 만지면 싫어하고 배변 시 아파서 울기도 합니다. 마른 체형일 경우 배를 만지면 뱃속의 딱딱한 대변 덩어리가 느껴집니다.

치료 및 관리
고양이 변비는 대부분 식이와 수분 관리만으로도 충분히 호전될 수 있습니다. 무엇보다 물과 습식 사료 섭취를 늘리는 것이 가장 중요한 관리 방법입니다.

식이 관리 | 사료를 바꾸는 것이 가장 효과적인 해결책입니다. 습식사료로 교체하는 것이 가장 좋으며, 주식 캔으로 모든 식단을 바꾸는 방법이 추천됩니다. 생식은 오히려 변비를 악화시킬 수 있어 피하는 편이 안전합니다. 만약 습식사료를 전혀 먹지 않는다면 건사료 중 힐스 GI 바이옴을 권장합니다. 이 사료는 장내 프리바이오틱스로 작용해 유익균 활동을 늘리고 장내 균형을 회복시켜 변비나 설사 같은 만성 장 문제를 개선하는 데 효과가 있습니다. 로얄캐닌 가스트로 인테스티널도 가용성 식이섬유(실리움)와 프럭토올리고당이 풍부해 변비 완화에 도움이 됩니다.

🐾 **힐스 GI 바이옴**

수분 공급 | 수분 섭취를 반드시 늘려야 합니다. 보통 고양이는 체중 1kg당 50ml의 물을 마셔야 하지만, 만성변비라면 60ml/kg까지 권장됩니다. 이때는 사료에 포함된 수분을 제외하고 계산해야 합니다.

보조 식이와 영양제 | 약국에서 차전자피를 사서 소량씩 급여해주세요. 질경이 씨앗을 갈아 분말로 만든 차전자피는 가용성과 불용성 식이섬유의 특징을 모두 가지고 있어 장내에서 쉽게 발효, 분해되지 않아요. 물에 섞이면 젤 형태로 부풀어 올라 점성을 유지한 채 대변과 함께 배출되므로 변을 더 무르게 만들어주고 미끄럽게 해 배변 활동에 도움을 줍니다. 차전자피를 먹일 때는 반드시 물을 충분히 같이 먹어야 합니다. 물 없이 차전자피만 먹이면 효과가 없거나 오히려 변비가 심해질 수 있어요. 하루에 1/8티스푼 정도로 아주 적은 양으로 시작해야 하며, 먹이면서 서서히 양을 늘려가며 조절하세요.

분말 형태의 올리고당을 소량씩 먹이는 방법도 좋아요. 사료에 0.5g 정도만 섞어서 먹여보세요. 올리고당은 장내 세균에 영양을 공급해 활동을 촉진하는 역할을 합니다. 호박 페이스트 또한 수용성 식이섬유를 많이 포함한 데다 고양이들이 거부감 없이 좋아하는 맛이어서 급여하면 효과적입니다. 어린 아기용 베이비푸드를 구입해 먹여도 괜찮아요. 하루 1/2티스푼 정도면 충분한 섬유소를 공급할 수 있습니다. 유당이 함유된 플레인 요거트를 1티스푼 정도 급여하는 방법도 있어요. 하지만 유당불내성에 대한 반응은 고양이마다 다르기 때문에 잘 관찰한 후 소량만 급여해 변이 잘 나오는지 확인하고 설사하면 곧장 중단하세요.

병원 치료가 필요한 경우 | 여러 방법을 시도해도 변비가 심하다면 동물병원에서 처방받아 락툴로스를 급여하거나 장내 운동성을 증진시키는 약물을 먹여야 합니다. 하지만 위에서 언급한 방법들만 잘 사용해도 대부분의 변비는 호전될 거예요. 병원에서 내과적인 약물을 사용했는데도 별다른 효과가 없다면 최후의 수단으로 관장을 해야 합니다. 노령묘에서 관장까지 갈 때는 대부분 거대결장이 형성된 경우입니다. 필요하면 해야 하지만 고양이도 괴롭고 보호자도 힘들어서 쉽게 권하지는 않아요. 그러니 최선을 다해 위의 방법들을 사용하여 변비를 미리미리 개선하기를 바랍니다. 무엇보다 물과 습식사료를 꼭 기억하세요.

변비의 원인과 해결책 변비 예방과 영양 관리

6

기생충질환

실내에서만 지내는 고양이도 심장사상충 같은 기생충질환에 걸릴 수 있다는 사실, 알고 계신가요? "집고양이는 안전하다"는 생각은 착각일 수 있습니다. 몇몇 기생충은 고양이에게 치명적일 뿐 아니라 사람에게 전염되기도 하지요. 고양이 기생충은 크게 내부기생충(심장사상충, 회충, 조충 등)과 외부기생충(벼룩, 진드기 등)으로 나눌 수 있습니다.

내부기생충

심장사상충(필라리아)

모기가 옮기는 기생충으로 실내 고양이에게 쉽게 퍼집니다. 심장사상충에 걸린 개나 고양이의 피를 빤 모기가 다시 건강한 고양이의 피를 빠는 과정에서 전파되지요. 모기에 의해 고양이 체내에 들어온 심장사상충의 자충은 5~6개월에 걸쳐 성장하고, 6개월 뒤 성충이 되면 무려 27cm 정도로 자라 심장에 기생하며 고양이에게 여러 증상을 일으키다 호흡곤란으로 급사시키고 맙니다.

하지만 다행히도 자충은 강아지와는 달리 고양이에서는 성충으로 자라지 못하고 중간에 대부분 죽어버려요. 그래서 고양이 심장사상충의 위험성이 과소평가되는데, 사상충이 다 자라지 못하고 죽더라도 그 과정에서 자충, 즉 작은 새끼벌레들이 폐동맥 근처에서 죽으면서 고양이 폐 조직에 영구적이고 치명적인 손상을 입힙니다. 이런 만성심장사상충은 잦은 심한 기침, 빈호흡(비정상적으로 빨라진 호흡), 체중감소, 잦은 구토, 식욕부진, 활력 저하에 심해지면 개구호흡까지 일으킵니다. 마치 고양이 천식과 비슷한 증상이

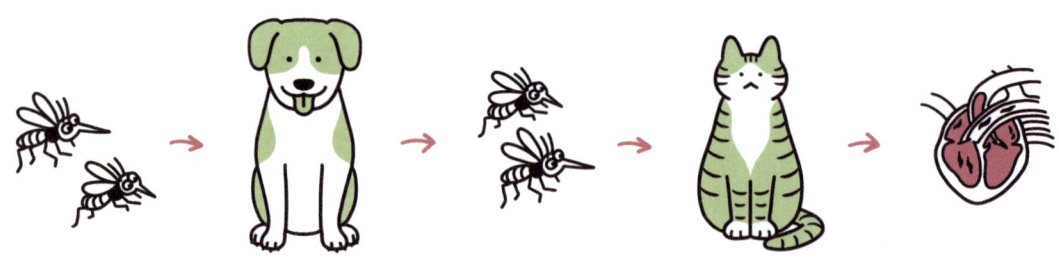

🐾 심장사상충이 전파되는 경로

나타나지요. 이처럼 고양이 심장사상충은 폐혈관과 폐의 심한 염증반응을 유발해 기관지 폐렴이나 천식으로 오진되는 경우가 매우 흔합니다. 고양이 심장사상충은 진단도 어렵고 치료는 불가능해서 현재로는 예방이 최선입니다. 의외로 우리 생각보다 흔하고 광범위하게 퍼져 있는 질환이어서 많은 고양이가 고생하고 있다는 사실을 명심하고 반드시 예방해야 합니다.

회충

회충은 사람에게 옮길 수 있는 내부기생충입니다. 실내 고양이의 경우 무분별하게 급여하는 생식을 통해 혹은 화분의 흙이나 벌레를 먹다가 감염됩니다. 실외의 고양이는 무려 절반 이상이 이미 회충에 감염된 상태입니다. 만성적인 구토나 잦은 설사, 혈변, 식욕부진, 체중감소, 배의 더부룩함 등의 증상을 보입니다. 심하게 감염된 고양이는 간혹 살아 있는 회충을 토하거나 대변에 회충이 묻어나와 집사를 놀라게 합니다.

조충

작은 마디를 가진 1m 정도 길이의 기생충으로 주로 벼룩이나 다른 동물에 의해 감염됩니다. 만약 고양이에게서 벼룩이 발견되었다면 당연히 조충도 있다고 판단해야 합니다. 조충에 걸린 고양이는 항문 주변을 심하게 간지러워해서 자주 항문을 그루밍하거나 바닥에 엉덩이를 비벼댑니다. 심한 경우 체중이 감소하며 설사를 계속합니다.

외부기생충

진드기나 귀진드기, 벼룩 같은 외부기생충은 외출냥이가 풀숲에서 감염되거나 쥐 등의 설치류를 잡으면서 감염됩니다. 실내에서 곤충류를 잡아먹다가 감염되기도 하지요.

참진드기는 고양이에게 심각한 빈혈을 일으키는 바베시아를 유발하고 사람에게는 SFTS(중증열성혈소판감소증후군)를 유발할 수 있어 각별히 주의해야 하는 기생충입니다. 진드기는 주로 풀숲 같은 데서 고양이에게 달라붙거나 다른 고양이 혹은 보호자의 옷에 붙어 있다 고양이에게 옮겨갑니다. 빗질하거나 털을 가르며 주의 깊게 살펴보다가 귀 안쪽이나 털 사이에서 1마리라도 발견한다면, 이미 많은 진드기가 있다고 판단하고 동물병원에 꼭 데려가세요. 진드기 자체보다는 진드기가 유발하는 여러 심각한 질병들이 문제이므로 식욕 변화가 있는지, 잇몸이 창백해진 않은지, 평소보다 피곤해하며 더 많이 자진 않는지 등을 잘 관찰해야 합니다.

기생충질환 예방법

당연히 매달 1회는 구충해야 합니다. 실내 고양이는 기생충에 걸리지 않는다며 안심하지 마세요. 고양이와 보호자의 건강을 위해서라도 반드시 매월 1회의 정기적 구충으로 여러 내·외부기생충질환을 예방해주세요.

동물병원에는 쉽게 구매할 수 있는 수많은 구충제가 있어요. 1개월에 1번 고양이 목뒤에 발라주기만 하면 심장사상충을 포함한 다양한 구충 효과를 보이는 스팟온 제품이 있습니다(254~255쪽 참고). 매우 편리한 광범위 구충제이지요. 반드시 고양이의 털을 손으로 갈라서 털이 아닌 피부에 액상 구충제의 내용물을 직접 발라주세요. 고양이가 핥기 힘든 목 뒤에 주로 바르는데 한군데가 아닌 2~3군데 나누어 발라주면 좋습니다.

고양이의 건강을 위해, 또 함께 생활하는 우리 사람의 위생과 건강을 위해서 1개월에 1번 꼭 구충제를 발라주세요. 심장사상충이나 다른 기생충성 질환은 예방이 최선의 치료입니다.

집에서 할 수 있는 기생충 예방법

- 매월 정기적으로 구충제를 사용한다.
- 고양이가 날것, 곤충, 흙을 먹지 않도록 한다.
- 외출 후 집에 들어오면 옷에 붙은 진드기를 확인한다.
- 벼룩이 발견되면 조충 감염도 의심한다.

잘 걸리는
기생충질환
예방법

심장사상충의
위험성

융냥이
고양이 상담소

272

7

전염성질환

고양이도 다양한 전염성 질병에 걸립니다. 다른 고양이와의 접촉으로도 걸리기도 하지만, 사람이 감기에 걸리듯, 다른 고양이와의 직접적인 접촉이 없는 실내 환경에서도 걸릴 수 있어요.

고양이바이러스성 비기관지염

일명 허피스바이러스감염증입니다. 고양이의 타액으로 전염되는 허피스바이러스가 원인이며, 고양이호흡기질환 중 가장 흔하고 악성이에요. 바이러스성 비기관지염은 성묘에게는 그리 위험하지 않지만 새끼에게는 치명적일 수 있어요. 새끼 때 한번 감염되면 다 자란 후에도 한동안 체내에 잠복해 있다가 다른 고양이를 감염시키기도 하며 다른 질병 등으로 건강이 나빠지면 재발하는 성향을 보입니다. 고양이 종합백신이라고 하는 백신으로 예방할 수 있지만, 완벽한 예방책은 아니에요. 그저 걸렸을 때 조금 더 병에 대한 저항성을 가져 심하게 악화되는 것을 막아주는 정도이지요. 보통 고양이 3종 백신FVRCP이나 4종 백신FVRCPCH으로 예방이나 증상 완화가 가능합니다.

고양이칼리시바이러스

고양이의 타액과 호흡기 분비물을 통해 전염됩니다. 사람의 독감과 유사한 증상이 나타나며 역시 어린 고양이에게는 치명적입니다. 일단 감염되면 치료 후 증상이 완전히 사라져도 몇 년 동안 보균상태로 다른 고양이를 감염시킬 수 있는 바이러스성 전염병입니다. 역시 고양이 3종 혹은 4종 백신으로 예방이나 증상 완화가 가능합니다.

고양이홍역

고양이범백혈구감소증, 줄여서 범백이라고도 합니다. 개나 사람의 홍역과는 증상이 완전히 달라요. 고양이 장내에서 파보바이러스가 감염된 장벽을 뚫고 고양이의 몸에 침입하여 전신의 장기와 골수에 심각한 감염을 일으킵니다. 설사, 구토, 발열, 경련, 심각한 탈수, 백혈구 세포의 파괴 등의 다양한 증상을 보이다가 결국은 죽음에 이르게 하는 무서운 전염병이에요. 특히 전염력이 매우 높아서 사실상 직접 접촉한 모든 고양이를 감염시키기 때문에, 격리 시설이 없으면 입원조차 불가능한 병입니다. 어린 고양이의 치사율이 무려 75% 정도에 이르는 무서운 질병으로, 고양이 3종 혹은 4종 백신으로 예방이 가능합니다.

클라미디아

흔한 호흡기질환으로 심한 결막염을 동반하는 특징이 있습니다. 가벼운 콧물이나 기침, 결막이 심하게 부었거나 눈을 못 뜰 정도의 결막염 증상을 보인다면 클라미디아 감염증을 의심해야 합니다. 사람에게는 성병의 일종인 클라미디아 감염증과는 완전히 다른 질환으로, 사람에게 옮기거나 어떤 증상을 나타내지는 않습니다.

아기 고양이가 어미에게 수직감염 형태로 전염되

거나, 다른 고양이와의 접촉을 통해 감염되며 4주 정도 안약과 항생제를 처치해야 합니다. 고양이 4종 백신으로 예방이 가능합니다.

고양이보데텔라감염증

보데텔라 브론키셉티카bordetella bronchiseptica가 원인인 상부호흡기 감염으로, 기침·재채기·콧물·눈물·발열을 동반한 식욕부진 등이 나타날 수 있습니다. 주로 고양이들이 밀집된 보호소나 다묘 사육 가정에서 발생할 수 있는 전염성이 높은 질환이에요. 일반적인 가정환경에서는 걸릴 일이 거의 없고, 백신도 필수 백신이 아니라서 맞을 일도 별로 없어요. 사실 고양이용 켄넬코프 백신이 있는 병원도 거의 없습니다. 혹 고양이가 밀집 사육되는 보호소 같은 환경이라면 필수 접종을 권하지만 보통 가정에서 굳이 접종할 필요는 없습니다.

고양이에이즈FIV

고양이면역결핍바이러스Feline immunodeficiency virus, FIV는 고양이의 면역체계를 파괴시키는 바이러스입니다. 인간의 에이즈와 양상이 비슷하여 고양이 에이즈라고 불리기도 합니다. 사람의 경우와 마찬가지로 면역체계를 파괴하여 암, 여러 박테리아질환 및 바이러스성질환을 유발하며 각종 다양한 질병에 취약하게 만듭니다. 치료약은 없으며, 수년간 무증상으로 잘 지낼 수도 있어요. 하지만 다른 병에 걸리지 않도록, 다른 고양이와 접촉하지 않도록 철저한 관리가 최선입니다. 사람은 감염되지 않지만 다른 고양이에게는 전염될 수 있어요. 자체 면역성이 없으므로 혹시라도 여타 질병이 발생하면 매우 빠르게 악화된다는 점을 명심해야 합니다. 고양이의 1~5% 정도가 감염되어 있

다고 알려져 있으며, 백신은 비필수여서 정상적인 가정에서 지내는 고양이는 굳이 맞을 필요는 없어요. 하지만 외출냥이거나 많은 고양이를 집단 사육하는 가정이거나 동거묘가 면역결핍바이러스에 감염되어 있다면 반드시 접종해주세요. 함께 마시는 물을 통해 타액을 공유하거나 교미 등으로 전파됩니다.

고양이백혈병바이러스FeLV

고양이의 면역체계를 무너뜨리며 암으로도 전이될 수 있는, 매우 위험한 바이러스입니다. 백신이 있지만 비필수라서 그 효과를 완전히 신뢰하기는 힘들어요. 질병 자체가 만성으로 초기에는 증상이 없고 치료법도 없어서, 고양이를 입양한다면 반드시 동물병원을 방문해 검사를 진행한 후 입양을 결정하는 편이 좋습니다. 역시 사람에게는 전염되지 않으니 걱정할 필요는 없습니다. 백혈병에 걸렸더라도 다른 고양이와의 접촉을 피하고 잘 관리하며 키운다면 오랫동안 건강하게 살 수 있어요.

고양이전염성복막염FIP

매우 치명적인 바이러스이지만 고양이 간의 전염력은 낮은 편입니다. 여러 마리의 고양이가 함께 생활할 때 신체 접촉을 통해 감염된다고 알려졌지만, 사실 동거묘에게서 감염되는 경우는 매우 드물어요. 최근에는 태어날 때 어미로부터 수직감염 형태로 잠복해서 감염된다는 주장도 있는 등 의견이 분분한 질환입니다. 현재까지 고양이 전염성 복막염을 확진할 수 있는 진단법은 없습니다. PCR검사로도 확인할 수 없어서 걸렸는데도 음성으로 나오는 경우가 너무 많아 확진이 어려워요. 복막염 백신이 있긴 하지만 효과가 검증되지 않았

고, 많은 수의사들도 백신의 효과를 신뢰하지 않아 그리 권장하진 않습니다. 아직은 걸렸다는 확신이 들면 신약을 구해서 치료하는 방법이 최선입니다.

원인 | 전염성복막염은 변이된 코로나바이러스로 감염되는 질병으로 알려져 있습니다. 3세 이하의 어린 고양이에서 비교적 많이 나타나는데 진단도 어렵고 치료는 거의 불가능한, 사망률이 100%에 가까운 치명적인 질환입니다.

일반적인 코로나바이러스는 고양이의 장 세포를 공격하여 장염을 유발하지만, 변이된 복막염 바이러스는 고양이의 면역세포 중 하나인 마크로파지를 공격합니다. 이에 마크로파지는 폭주하며 신체 여기저기를 공격하여 몸에 염증반응을 일으킵니다. 감염된 면역세포가 스스로 자기 몸을 죽을 때까지 공격하는 겁니다.

이처럼 치명적인 질병을 치료하기 위해 많은 수의사와 학자들이 다양한 약으로 치료를 시도했으나 스테로이드를 포함한 유효한 치료약이나 치료 프로토콜은 그간 없었습니다. 바이러스 자체를 죽일 수 있는 약이 없기 때문입니다. 그래서 코로나바이러스로 유발되는 고양이 전염성 복막염은 최근까지 100%의 치사율을 보이는, 고양이의 대표적인 불치병으로 여겨졌습니다.

치료(신약) | 2019년도에 미국의 UC Davis 대학에서 고양이 전염성 복막염의 신약인 GS-441524를 발표했습니다. 바로 우리가 알음알음 구해서 사용하는 고양이 복막염 치료제의 원료물질이지요. GS-441524도 바이러스를 직접 죽이는 약은 아닙니다. 하지만 고양이전염성복막염바이러스에 직접 개입해 바이러스 증식을 막고 그사이에 고양이

스스로 정상 면역세포들이 개입하여 감염된 대식세포를 제거하여 치료하는 원리입니다. 치료 효과가 100%는 아니지만, 전염성 복막염에 걸린 31마리의 고양이 치료에서 GS-441524를 12주간 주사한 후 무려 26마리의 고양이가 증상이 완화되었으며 2년 이상 생존 중이라는 연구 결과를 발표했습니다. 이것만 놓고 본다면 거의 90%의 치료율을 보이는 기적의 신약이라 해도 과언이 아닙니다.

하지만 아쉽게도 이 약은 아직 미승인되어 국내에서 사용할 수 없습니다(2024년 기준). 혹시 있을지 모르는 잠재적 부작용이나 실험으로 검증하고 허가받아야 하는 많은 과정이 남아 있는 것입니다. 그래서 중국 암시장에서 미승인된 비정규품 GS-441524를 이용하여 만든 불법 약들이 국내로 들어와, 많은 사람들이 이를 사용하고 있습니다. 정식으로 허가받지 않았고 대부분 GS-441524를 카피했지만 효과는 좋은 편입니다.

보통 총 12주 동안 매일 하루도 빠지지 않고 주사를 놓으며 바이러스의 증식을 계속 억제해야 하고, 억제하는 동안 고양이는 체내 정상 면역을 찾아가며 스스로 바이러스를 죽이게 됩니다. 12주간 주사를 맞으려면 체중에 따라 17~20병 이상이 필요합니다.

GS-441524는 효과적인 고양이 전염성 복막염의 치료약이 분명합니다. 전염성 복막염에 걸린 고양이의 생존율을 크게 높이고 치료 프로토콜도 획기적으로 바꿀 것으로 기대하고 있습니다. 현재 국내외 많은 회사들이 GS-441524 신약의 정식 승인을 준비 중이니 가까운 시일 안에 정상적으로 생산하고 승인된 고양이 전염성 복막염 약을 사용할 수 있을 거예요. 전염성 복막염으로 고통받는 많은 고양이와 보호자들이 조금 더 편해지면 좋겠습니다.

예방 │ 고양이 전염성 복막염에 관한 백신은 별로 효과적이지 않으며 저를 포함한 많은 수의사들도 백신의 효과를 그리 신뢰하지 않습니다. 그러므로 전염성 복막염의 발병을 완전히 막을 방법은 없습니다. 더구나 원인인 고양이 코로나바이러스는 이미 많은 고양이가 보유하고 있어 감염을 막기도 어렵습니다.

따라서 최선의 예방법은 많은 고양이가 이미 보유 중인 고양이 코로나바이러스가 전염성 복막염 바이러스로 변이되지 않도록 하는 것입니다. 즉, 스트레스나 면역이 저하될 만한 다른 질병에 걸리지 않도록 관리해야 합니다. 평소 예방접종과 구충을 철저히 하고, 양질의 사료를 급여하며 고양이가 살기 좋은 환경을 만들어주고, 다묘 가정에서는 아이들의 사이가 나빠지지 않도록 충분한 자원을 제공해주세요.

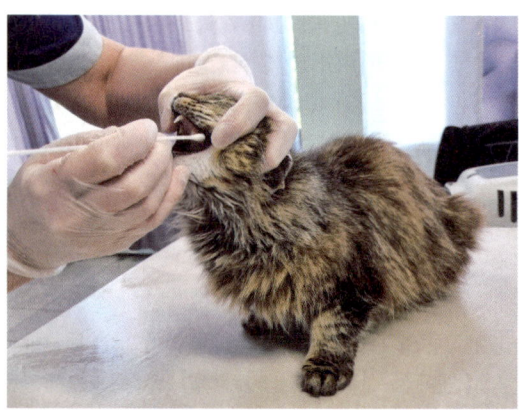

🐾 PCR검사를 받는 고양이

사람에게 옮길까?

고양이의 주요 전염병은 대부분 사람에게 전염되지 않습니다. 다음 질병들은 고양이끼리만 전염되는 질환입니다.

- 허피스바이러스
- 칼리시바이러스
- 고양이홍역
- 클라미디아
- 고양이보데텔라감염증
- 고양이에이즈
- 고양이백혈병
- 고양이전염성복막염

전염성 복막염의 최신 치료법

전염성 복막염 치료제

안과질환

심한 눈곱

갑자기 눈곱이 심하게 끼면 색깔과 점도를 유심히 살펴보세요.

흰색 · 회색 눈곱

흰색이나 회색의 점도 높은 눈곱, 혹은 작고 딱딱한 검은 눈곱은 대부분 가벼운 자극이나 먼지, 건조한 환경에서 생기는 정상 범위의 눈곱으로, 눈 세정제를 화장솜에 묻혀 부드럽게 닦아 제거해주면 됩니다.

물기 많은 투명 눈곱

눈썹 등의 이물질 자극이 있을 때 발생해요. 허피스바이러스 초기 증상일 수 있으므로 1~2일 정도 지켜보되, 색이 붉어지면 병원에 가야 하며 눈 세정제나 인공눈물이 도움이 됩니다.

노란색 · 연녹색 · 붉은색 눈곱

원인은 세균 감염입니다. 허피스바이러스에 의한 2차 세균 감염 혹은 샴푸 등의 자극으로 인한 결막염일 가능성이 높으므로 즉시 병원을 방문해야 해요. 세정제로 닦아주되 눈을 직접 문질러 자극하지 않도록 주의하고 넥칼라를 착용해 추가 손상을 막는 것이 좋습니다.

갑자기 부은 눈

눈의 어느 부위가 부었는지 먼저 확인해야 하며, 눈꺼풀·결막·안구 등 부위에 따라 원인과 치료가 달라집니다.

눈꺼풀 붓기

부은 곳이 눈 주위나 눈꺼풀이라면 다른 고양이와 싸우다가 긁혀서일 수 있어요. 접종 이후라면 접종에 의한 알레르기이거나 새로운 간식이나 사료를 먹었다면 음식으로 인한 식이성 알레르기가 원인일지도 모릅니다. 이 경우에는 양쪽 눈꺼풀이 붓는데 정도가 심하면 병원에 가서 알레르기를 가라앉히는 주사를 맞혀주세요. 보통 소양증 간지러움증을 동반하니 긁지 않도록 넥칼라를 씌워주어 2차 손상을 방지하세요. 눈 자체가 아닌 전신 면역계의 문제이므로 심하면 병원에 데려가 주사를 맞아야 합니다.

결막 붓기와 충혈

눈의 흰자 위에 붙어 있는 결막이 붉게 충혈되고 부었다면 대부분 결막염입니다. 허피스바이러스에 감염된 고양이가 세균에 의해 2차 감염이 일어나 결막염으로 진행했거나, 샴푸나 모래 먼지 혹은 다른 고양이와 싸우다 눈에 자극을 받은 후 계속 비벼서 2차 손상으로 악화된 경우입니다. 추가 손상을 막기 위해 넥칼라를 씌우고 가까운 병원에

눈에
문제가
생겼다면

고양이
눈 이야기
_안재상 원장

데려가 진단을 받은 후 안약을 처방받아 넣어주세요. 안약은 반드시 새로 처방받은 제품만 사용하고 개봉 후 2주가 넘으면 버려야 합니다.

안구 자체가 붓는 경우

안구 자체가 부었다면 최대한 빨리 병원으로 데려가세요. 녹내장이거나 안내염이 진행하는 경우인데 모두 응급 상황입니다. 빠른 처치만이 시력을 유지할 수 있는 방법입니다.

😸 안과질환에 걸린 고양이

이물질이 들어갔을 때

털이나 티끌 같은 이물질이 들어갔다면, 눈을 아래쪽으로 향하도록 고개를 살짝 기울이고 눈 세정제를 충분하게 뿌려주어 자연스럽게 흘러나오도록 합니다. 쉽게 나오지 않으면 거즈나 화장솜에 눈 세정제를 충분히 묻힌 후 살짝 눈을 쓸어내듯 닦아주면 제거할 수 있어요. 생리식염수는 따가워서 오히려 눈에 자극을 줄 수 있으니 고양이 전용 눈 세정제를 사용하세요. 목욕 전후에는 눈 세정제를 꼭 넣어주어 샴푸로 인한 결막염을 방지해줍니다.

9

당뇨병

고양이도 당뇨병에 걸립니다. 고양이 당뇨병은 고양이 삶의 질을 급속히 떨어뜨릴 뿐 아니라 그 병을 관리해줘야 하는 보호자의 삶의 질까지 심하게 저하시키는 무서운 난치병입니다. 당뇨병이란 인슐린이 잘 분비되지 않거나 제 기능을 못해서 혈중의 당 농도가 증가하고 세포가 이 당을 에너지원으로 사용하지 못하는 상태입니다. 당뇨병에 걸리면 2가지 문제가 발생합니다. 첫째는 세포를 먹여 살리는 당이 혈중에 풍부한데 정작 세포는 인슐린이 없어서 굶어 죽게 되는 문제입니다. 둘째는 혈중 당 농도가 높아져 발생하는 혈전 문제나 말초 혈류량 감소 등으로 인해 생기는 심각한 전신적인 문제입니다. 그로 인해 고양이는 급격히 수명이 줄어들고 각종 합병증에 시달리다가 사망에 이릅니다.

고양이 당뇨병은 대부분 제2형 당뇨병이며 갑상샘항진증과 더불어 비교적 흔한 내분비계의 질환으로 8세 이상의 고양이에게서 자주 발견됩니다. 이 2형 당뇨는 살찐 고양이에게 흔하게 발병하며 특이하게도 암컷보다 수컷이 발병률이 높습니다. 집고양이의 정상 체중이 평균 5kg 정도이니 6kg이 넘는 고양이들은 2형 당뇨병에 걸릴 가능성이 큽니다.

증상

당뇨가 있는 고양이는 물을 많이 마시고, 오줌을 많이 싸며, 식욕은 많은데 체중은 줄어듭니다. 인슐린이 제대로 기능하지 못해서 섭취한 영양분이 세포 내로 들어가지 못해 활용되지 않기 때문이지요. 그래서 물을 마셔도 탈수가 계속되고 음식을 먹어도 세포에게 영양이 도달하지 않습니다. 인슐린은 몸의 세포에 영양분을 넣어주어 사용하게 만드는 호르몬인데 이 역할을 하지 못하니 다음, 다뇨, 다식, 마름의 4가지 증상이 발생합니다.

진단

소변을 시험지에 묻혀 여러 성분을 확인하는 뇨스트립(소변 간이검사키트)로 이상 여부를 먼저 집에서 확인합니다. 사람용도 괜찮고 동물병원에서 구입한 것도 좋아요. 고양이가 소변을 볼 때 조금 채취해 뇨스트립에 묻혀 검사합니다. 검사에서 당이 검출되었다면 동물병원에 데려가 혈당검사를 해야 합니다. 실제 피 안에 당이 있는지 검사해서 혈당이 180mg/dl 이상 나오면 당뇨병으로 확진합니다.

치료 및 관리

먼저 세밀한 검사를 통해 혈당의 정도를 파악한 후에 치료의 경도를 정해야 합니다. 식사는 어떻게 해야 하고 인슐린은 얼마나 투여해야 정상 혈당을 유지할 수 있는지 검사합니다. 심하지 않으면 체중 및 식단 조절만으로도 좋아지지만, 심하면 평생 인슐린 주사를 맞으며 살아야 합니다.

인슐린 주사 | 대부분의 경우 인슐린 처치는 기본입니다. 매일 투여하는 인슐린의 양은 주치의 선생님과 상담하여 세밀하게 조정하세요.

식이요법 | 저탄수화물 고단백 식이요법도 필요합니다. 저탄수화물 식이는 장에서 당의 흡수량을 감소시키고 체내 인슐린 분비를 줄이도록 돕습니다. 하지만 보통 가정에서의 식이요법으로는 영양 균형을 맞추기 어려우니 당뇨 처방식을 먹이는 것이 좋아요. 힐스의 w/d와 로얄캐닌의 다이아베틱 캣 사료를 추천합니다.

🐾 힐스 w/d 멀티베네핏

체중조절 | 체중조절도 해야 합니다. 영양학적으로 체중이 줄어든다는 것은 영양분이 소모되는 세포의 수가 적어진다는 의미이고 인슐린의 소모를 줄일 수 있다는 뜻입니다. 고양이의 식단과 체중조절에 성공하여 체내 필요한 인슐린 양이 적어진다면, 몸에서 적게나마 생산되는 인슐린으로 생활 유지가 가능할 수도 있고 그럼 더는 인슐린 주사를 맞지 않아도 되겠지요. 이처럼 고양이 당뇨병 치료의 핵심은 몸이 최소로 인슐린이 필요한 환경을 조성하고 나머지 부족분을 매일 보충하여 혈당이 높지도 낮지도 않은 상태를 유지하는 것입니다. 혈당이 높으면 여러 합병증으로 고양이의 생명이 위협받게 되고, 혈당이 낮다면 저혈당으로 인한 쇼크로 생명의 위협을 받을 수 있습니다.

기록 관리 | 당뇨병에 걸려 인슐린 주사를 매일 맞고 있다면 가장 유의해야 하는 사항은 첫째도 기록, 둘째도 기록, 셋째도 기록입니다. 항시 같은 상태를 유지하는지가 가장 중요하니 매일 기록하세요. 먹는 양, 마시는 양, 체중, 인슐린의 양 가능하면 혈당검사까지 빠짐없이 기록하며 현 상태가 과거와 같은지 계속 확인해야 합니다. 체중이든 먹는 양이든 변화가 생겼다는 것은 인슐린의 투여량을 변경해야 한다는 의미입니다. 그러므로 먹고 마시고 투여하는 양과 혈당을 매일 모니터링하며 반드시 기록해야 합니다. 얌전하고 치료에 협조적인 고양이라면 동물용 혈당기를 구입하여 집에서 매일 혈당을 잴 수 있고, 사람용 부착식 혈당 측정기인 리브레를 부착해서 측정할 수도 있어요. 이 방법이 힘들다면 주치의 선생님이 알려주는 날짜에 그때그때 병원을 찾아 혈당을 재어 잘 유지되고 있는지 확인하고 기록하면 됩니다.

당뇨병의 원인과 예방

당뇨병의 증상과 치료

관절염

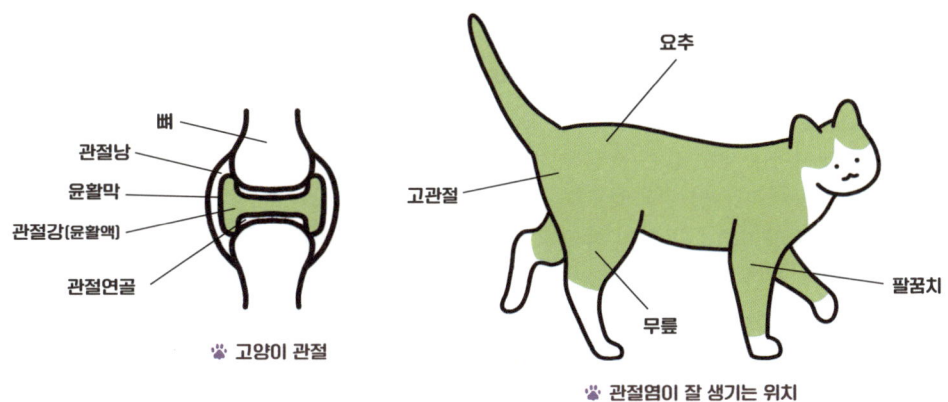

뼈
관절낭
윤활막
관절강(윤활액)
관절연골

🐾 고양이 관절

요추
고관절
팔꿈치
무릎

🐾 관절염이 잘 생기는 위치

고양이 관절염은 사람의 질병과 비슷합니다. 관절을 보호하는 연골이 서서히 손상되거나 나이가 들면서 생기는 퇴행성 변화로, 관절을 이루는 뼈와 인대 등에 염증과 통증이 생기는 질환이에요. 관절염이 생기면 관절 통증이 심해져 움직임이 줄어듭니다.

10세가 넘은 노령묘의 70% 이상이 고양이 관절염을 앓고 있다는 연구 결과가 있습니다. 고양이 4마리 중 1마리는 관절염이라는 연구도 있고요. 2011년 진행된 연구에서는 병원에 내원 중인 고양이 100마리의 방사선 사진 결과를 평가했는데, 61%의 고양이가 관절염 소견을 보였으며, 2020년 비슷한 연구에서도 101마리의 고양이 중 무려 74%가 관절염의 징후를 가진 것으로 나타났습니다. 엄청 유연하고 튼튼한 관절을 가졌을 것 같은 고양이가 알고 보니 엄청나게 높은 비율로 관절염을 앓는다니, 놀랍지 않나요? 보통 고양이가 많이 걸리는 신장병이나 심장병, 고양이 구내염보다 압도적으로 높은 비율이며, 개의 관절염 비율보다도 3배 이상 높습니다.

증상

고양이가 보내는 관절염의 신호들은 무엇이 있을까요? 보호자에게 직접 말해주면 좋겠지만, 고양이는 오히려 질병과 통증을 숨기는 데 익숙한 동물이니 우리가 주의를 기울여 자세히 관찰해야 합니다. 고양이는 사람이나 강아지처럼 절뚝거리는 등 누가 봐도 명백한 관절염의 증상을 결코 보여주지 않아요. 아픈 관절을 가능한 한 사용하지 않으려 하기 때문에 소심해지거나 움직임이 줄어들고, 통증 때문에 일상생활의 변화가 생길 수 있습니다.

치료 및 관리

고양이의 행동에 변화가 보인다면 병원을 찾아 수의사와 상담하세요. 관절염 진단을 받았다면 고양이의 나이나 병의 진행 정도에 따라 그에 맞는 처방을 받습니다.

통증 완화 해주기 │ 관절염을 확인했다면 반드시 메타캄(먹는 약)이나 솔렌시아(주사제) 같은 소염진통제를 사용하여 통증을 줄여주는 일이 무엇보다 중요합니다. 관절 통증은 고양이의 전반적인 삶의 질을 떨어트리고 움직임에 제한을 주어 근육량을 감소시켜요. 다리를 잘 움직이려 하지 않고 힘을 빼고 걸으니 근육이 손실됩니다. 줄어든 근육 탓에 관절에 더더욱 하중이 가해지며 무리가 가고, 그로 인해 관절염은 더욱 심해지는 악순환이 일어납니다. 나이 든 고양이가 원래 잠을 많이 자고, 움직이기 싫어하는 것은 절대 아닙니다. 고양이는 기본적으로 병을 숨기는 습성이 있기도 하지만, 우리가 통증으로 인해 활동성이 떨어진 모습조차 그간 당연하게 넘겨버린 것이지요. 주의를 기울이고 자세히 관찰한다면 일찍 관리를 시작하고 관절용 소염진통제를 사용해 치료할 수 있습니다. 좀 더 주의를 기울이면 사랑하는 고양이가 덜 아프고 더 활기찬 노후를 보낼 수 있어요.

생활환경 만들기 │ 고양이의 통증을 완화해주기 위한 환경을 조성하면 도움이 됩니다. 부드럽고 편안한 침대를 조용하고 따뜻한 곳에 설치하고, 고양이가 선호하는 높은 곳에 오를 때 충격을 줄일 수 있도록 계단이나 경사를 만들어주세요. 사료와 물을 쉽게 접근할 수 있도록 가깝게 놓아주고 화장실도 들어가기 편하도록 입구의 턱이 낮은 것이 좋습니다. 스크래치가 힘드니 발톱을 자주 잘라주고 평소 점프나 착지하는 곳에는 발톱을 사용할 수 있도록 작은 카펫을 깔아주어 관절의 부담을 줄여주세요. 살이 찌면 관절염이 심해지니 영양균형이 잘 잡힌 노령묘용 사료를 정량 급여하고, 염증 완화에 도움이 되는 오메가3 성분의 영양제도 먹여주세요.

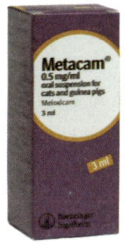
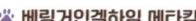
🐾 베링거인겔하임 메타캄

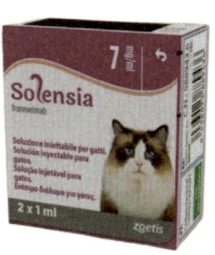
🐾 조에티스 솔렌시아

고양이 119 │ 관절염 의심 신호

- 식탁이나 높은 곳에 오를 때 의자 등을 밟고 천천히 올라간다.
- 캣타워나 계단 앞에서 한참 망설인다.
- 높은 곳에서 뛰어내리기 전 오래 머뭇거리거나 내려오지 못한다.
- 노는 시간이 줄고 활력이 떨어지며 잠자는 시간이 늘어난다.
- 그루밍을 하지 않거나 아픈 관절 부위를 계속 핥는다.
- 통증이 심해지면 손길을 피하거나 만지려 할 때 공격적인 반응을 보인다.

관절염의 모든 것
관절염의 신호
관절염 치료제 솔렌시아

과잉 행동을 유발하는 질환

야생 고양이의 평균 하루 활동량은 전체 시간의 15% 이내로, 평균 3시간 정도를 사냥하거나 탐색하는 데 사용합니다. 실내에서 사람과 함께 살며 사냥 활동을 하지 않는 고양이도 하루 중 일정 시간은 움직이고 활동해야 하지요. 그중 30분 정도는 몸에 쌓인 에너지를 풀기 위해 폭발적으로 움직이는 '우다다'를 하기도 하며 이 정도는 정상입니다. 그럼 고양이를 비정상적으로 지나치게 활발하게 하는 질병은 무엇이 있을까요?

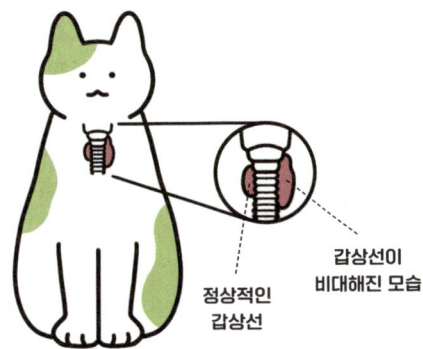

정상적인
갑상선

갑상선이
비대해진 모습

갑상샘기능항진증

노령묘에게서 가장 흔히 나타나는 내분비계질환 중 하나입니다. 갑상선에서 호르몬이 과다하게 분비되고 신체 대사가 활발해져 심장이나 간, 신장에 영향을 미치는 질병이에요. 갑상선호르몬은 몸의 생체시계를 돌리는 일을 담당하는데, 그 시계를 빨리 돌린다고 생각하면 이해가 쉬워요. 갑상선이 항진되어 호르몬이 많이 분비되면 생체시계가 빨리 돌게 되고, 이로 인해 활력이 넘치며 온몸의 대사가 빨라집니다. 호흡과 심박수가 증가하고 혈압도 높아지며 이전보다 많이 먹고 마시지만 몸의 대사율이 높아져 살은 찌지 않는 병입니다. 신진대사가 활발해지니 활동력도 눈에 띄게 증가하지요. 잠시도 가만히 있지 않고 지나치게 활동적이며 흥분 상태를 유지하고 공격성을 보이기도 합니다. 증상이 더 심해지면 털은 윤기를 잃고 탈모가 발생하며 간, 심장, 신장 등의 신체 장기에 무리가 오기 시작하면 설사와 구토를 반복하다가 활동성이 떨어지고 무기력해집니다. 결국 수명이 짧아지고 맙니다.

만약 8세가 넘은 고양이가 갑자기 이상하리만큼 활발해지고 활력이 넘친다면 반드시 갑상선호르몬검사를 받아보세요. 건강검진을 할 때도 갑상선검사를 꼭 포함해야 합니다. 노령기에 접어드는 고양이는 결코 그냥 활발해지지 않으니까요.

갑상샘
기능
항진증

고양이과잉행동장애

주의력이 산만하고 집중력이 떨어지며, 잠시도 가만히 있지 못하고 감정을 통제하지 못하는 이상행동장애를 ADHD(주의력결핍 과잉행동장애)라고 합니다. 대부분 들어본 익숙한 병명일 거예요. 그런데 최근 강아지나 고양이에게도 ADHD가 나타난다는 사실이 밝혀졌습니다. 고양이 ADHD의 특징은 집중력이 부족하고, 새로운 것에 대한 학습이 거의 불가능하며, 새로운 환경에 적응하지 못하고 편하게 쉬질 않습니다. 그래서 보호자가 벌을 주거나 야단을 치는 등 교정을 하려고 하면 공격성을 나타내기도 하지요.

ADHD가 있는 고양이는 새끼 때부터 다른 또래들보다 차분하지 못하고 과잉행동을 보입니다. 선천적 질환이니 사람과 마찬가지로 어렸을 때부터 증상이 나타나지요. 스스로 움직임을 잘 조절하지 못하고 놀이를 끝내지 못합니다. 작은 소리에도 금방 눈을 뜨며 지나치게 예민하게 반응하고 수면 시간도 짧은 편입니다. 외부 자극에 과민하게 반응하고 여기저기 마구 스크래치하며 심하면 물건을 부수기도 하지요. 사냥 놀이 도중에 너무 흥분한 나머지 종종 보호자를 공격 대상으로 삼아 달려들기도 합니다.

고양이지각과민증후군

지각과민증후군FHS, Feline Hyperesthesia Syndrome이라는 생소한 병명을 들어본 적이 있나요? 얼마 전까지도 수의사들조차 '실체가 있는 질병이다(혹은 아니다)' '일종의 강박증이다' '신경성 통증일 것이다' '사람의 틱처럼 부분적 경련 증상이다' 등 여러 진단을 내리고 실체조차 논란이 된 질환입니다. 하지만 최근 들어서는 원인이나 발병기전이

명확하진 않아도 실체가 있는 질병으로 분류하는 추세입니다.

많은 고양이들이 실제로 겪고 있지만 수의사들도 명확하게 규정하지 못하는, 그래서 증후군이라는 이름을 가진 고양이지각과민증후군을 살펴봅시다.

증상 │ 경증의 지각과민증후군일 때 주로 등 쪽의 피부가 물결치듯 움직이거나 갑자기 귀를 탁탁 털어댑니다. 갑자기 몸을 긁거나 동공이 확장되며 한곳을 응시하고 집중하거나 꼬리를 심하게 치고, 느닷없이 우다다를 하기도 하지요.

증상이 심해지면 동공을 확장한 채 한곳을 쳐다보며 침을 흘리거나 심하게 울어대고, 다리나 꼬리를 상처가 나도록 긁거나 물어뜯는 등 자해를 합니다. 강박적으로 집 안 곳곳에 스크래치를 하거나 때에 따라서는 발작처럼 심한 증상도 나타납니다. 갑작스러운 공격성을 보이며 보호자나 동거묘에게 달려들기도 하지요. 대부분 이런 증상은 1~2분 이내로 아주 짧게 나타났다가 언제 그랬냐는 듯 어이없을 만큼 갑자기 싹 사라집니다.

원인 │ 지각과민증후군의 원인은 아직까지 명확히 밝혀지지 않아, 수의사들은 증상을 기반으로 여러 추정을 합니다. 사람의 신경통처럼 단순한 신경성 통증이다, 관절염이나 디스크 같은 통증이 원인이라는 주장도 있어요. 부분적인 발작이나 경련과 비슷한 증상을 보이는 것으로 봐서 부분적인 간질 같은 뇌신경계질환이라고 생각하는 의사들도 있습니다. 저는 뇌의 신경전달물질 부족으로 인한 강박증이 주요 원인이라고 생각합니다.

제가 이렇게 생각하는 이유는 샴이나 버만, 러시안블루에서 지각과민증후군 증상이 많이 나타난

다는 특징 때문이에요. 흥미롭게도 이들 셋 모두 유전적으로 강박증 소인이 있는 품종입니다. 또한 제 경험상, 증상이 심한 고양이를 약물을 사용해 치료할 때 의외로 강박증에 사용되는 약물이 매우 효과가 좋았습니다. 이처럼 품종 특이성이나 증상을 보면 일종의 강박증 종류가 아닌가 생각할 수 있어요.

치료 및 관리 | 우선 병원에서 벼룩 등에 의한 피부 알레르기나 관절염 같은 근골격계질환이 있는지 감별 진단을 받아야 합니다. 지각과민증후군처럼 보이지만 실제로는 벼룩이나 진드기로 인한 심한 간지럼증을 동반한 피부 알레르기인 경우도 있기 때문입니다.

피부질환이나 근골격계 통증이 아니라 지각과민 증후군으로 진단되면, 고양이의 삶의 질을 유지하고 불편을 최소화하는 것을 목표로 관리합니다. 무료함을 느끼지 않도록 풍부한 환경을 조성하고,

필요하면 병원에서 처방한 항불안제를 사용합니다. 펠리웨이 페로몬 훈증기나 센트리 카밍칼라, 질켄 같은 보조제를 활용하는 것도 도움이 됩니다. 또한 사냥 놀이를 자주 해주어 에너지를 발산하고 스트레스를 해소하도록 도와주세요. 경증이나 중등도의 경우 이러한 관리만으로도 증상이 호전되는 경우가 많습니다.

하지만 이런 방법에도 효과가 없고 증상이 계속되며 심한 공격성이나 흥분, 경련까지 나타난다면 약물 치료가 필요할 수 있습니다. 이때는 사람의 우울증이나 강박증 치료에도 사용되는 세로토닌 재흡수 억제제를 사용하기도 합니다. 보통 1~2개월 정도 복용하면 증상이 많이 호전되지만 장기간 복용이 필요한 경우도 있으므로 수의사와 충분히 상담한 뒤 신중하게 결정해야 합니다.

지각과민증후군이 의심된다면 증상이 나타나는 빈도와 시간을 기록하고 동영상을 촬영해 병원에서 정확한 진단을 받는 것이 좋습니다.

윤샘 TIP 고양이가 지나치게 활발하여 문제가 있는 것 같다면 우선 동물병원에 방문하여 상담하거나 혈액검사를 통해 진단을 받고, 위의 증상들에 해당한다면 치료를 해야 합니다. 갑상샘기능항진증이면 갑상선의 기능을 조절하는 약을 평생 복용해야 할 수 있어요. ADHD나 지각과민증후군이라면 항불안제나 항우울제 혹은 뇌전증 약이나 진통 작용을 하는 약물을 처방받을 거예요.

호르몬의 문제이든 뇌의 변연계 이상이든 일단 고양이 삶의 질이 저하되었다고 판단되면 이를 개선하기 위해 약물의 도움을 받아 적극적으로 처치해야 고양이와 우리의 행복을 지킬 수 있습니다.

고양이
과잉행동
장애

지각과민
증후군
완화법

지각과민
증후군의
증상과 치료

12

감기 · 허피스바이러스

고양이허피스감염증은 사람의 감기와 증상이 비슷해 '고양이감기'라고도 합니다. 안면부 감염을 포함한 바이러스성 비기관지염으로 주로 어린 고양이에게 호흡기질환과 안구질환을 유발하며 심한 경우 폐렴 증상까지 나타납니다. 전염성이 강하기 때문에 다묘 가정은 더욱 주의해야 하며, 특히 아기 고양이에게는 위험할 수 있는 질병이므로 사람 감기처럼 가볍게 여기면 안 됩니다. 허피스바이러스는 일단 감염되면 사라지지 않고 잠복 상태로 남아 고양이가 면역력이 떨어지거나 스트레스를 받을 때 증상이 재발합니다. 초기에 제대로 치료하지 않으면 식욕부진과 중증으로 발전할 수 있어 예방과 조기 발견 및 적절한 치료가 매우 중요합니다.

증상

허피스에 감염된 고양이는 보통 일주일 정도의 잠복기를 거쳐서 눈곱, 콧물, 기침 등 코와 눈에 문제를 보입니다. 눈은 충혈되고 눈물을 흘리며 심하면 결막염이나 각막염이 발생합니다. 더욱 심해지면 식욕이 떨어지고 탈수 증상 및 구내염까지 일어납니다.

만약 어린 고양이에게서 위의 증상이나 감기 같은 증상이 관찰된다면 허피스바이러스 감염증일 가능성이 매우 큽니다. 허피스는 전염력이 강하고 아직은 완치가 거의 불가능한 질환입니다. 적절한 치료를 받으면 증상은 금세 좋아지지만, 바이러스는 잠복 감염 형태로 몸에 계속 남아 있다가 면역력이 떨어지면 언제든 쉽게 재발합니다.

고양이가 흔하게 받는 일상의 다양한 스트레스나 여타 질병들은 면역력 저하와 매우 밀접한 연관성이 있기 때문에, 고양이가 스트레스를 받거나 다른 질병에 걸리지 않도록 항상 주의하세요.

원인

허피스바이러스는 고양이 간의 그루밍 같은 직접 접촉이나 콧물, 침, 눈곱 등의 분비물을 통해 전파됩니다. 직접 닿지 않더라도 감염된 고양이와 식기, 잠자리, 화장실을 같이 사용하면 바이러스가 퍼집니다.

만약 길고양이를 구조했다면 반드시 기존 고양이와 격리 기간을 갖고, 병원에서 검사 후에 천천히 합사를 진행해야 허피스바이러스가 다른 고양이에게 감염되는 것을 막을 수 있어요. 사람에게는 전염되지 않지만, 밖에서 길고양이를 만졌다면 집에 돌아와 반드시 손을 깨끗하게 씻은 후 고양이를 만져야 안전합니다.

치료 및 관리

다행히도 허피스바이러스 자체는 생명에 치명적이지 않으며 잘 치료되는 편이고, 건강한 고양이는 적절히 관리만 잘해줘도 사람의 감기처럼 스스로 이겨내는 질환입니다. 현재로는 치료 근거가 희박한 엘라이신 같은 영양제를 사용하기보다는, 증상이 심하지 않은 고양이는 영양균형이 잘 잡힌 사료를 먹이고 스트레스를 줄여주며 푹 쉬게 해주고 온습도 등 환경을 관리하여 스스로 회복하게 해주세요. 그러나 증상이 심각하거나 새끼라면 동물병원에 데려가 적절한 치료를 받는 편이 좋습니다.

아무리 가벼운 허피스바이러스 증상이라도 계속 진행하여 부비동염 등으로 번지면 심한 콧물로 냄새를 못 맡고 그로 인해 식욕이 급속히 떨어집니다. 식욕이 떨어지면 식사량이 줄고 탈수 및 영양부족으로 심각한 합병증이 빠르게 진행되어 생명이 위험할 수 있어요. 그래서 허피스바이러스 관리에 가장 중요한 점은 식욕 유지입니다.

증상이 심하면 병원에 데려가 수의사의 처방에 따라 항생제나 안약을 처방받으면 도움이 됩니다. 다묘 가정이라면 추가 전염을 예방하기 위해서 감염된 고양이를 격리하고, 알코올 소독약 등으로 고양이 물품을 소독하며 화장실이나 밥그릇, 물그릇도 따로 사용하게 해야 합니다. 허피스바이러스의 유일한 해결법은 예방이므로 해마다 예방접종을 철저히 해주세요.

🐾 **허피스바이러스로 콧물 흘리는 고양이**

다묘 가정 추가 전염 예방법

- 감염된 고양이는 완전히 회복될 때까지 격리한다.
- 고양이 물품은 알코올이나 소독제로 소독한다.
- 밥그릇, 물그릇, 화장실은 따로 사용한다.
- 다른 고양이를 만지기 전에는 손을 씻는다.
- 예방접종을 통해 감염 위험을 낮춘다.

허피스
바이러스의
모든 것

기침의
원인과
치료법

왜
콧물을
흘릴까?

미묘한 Q&A
겨울철 감기 예방법

Q 고양이와 사람 사이에 감기가 전염될 수 있나요?

A 사람과 고양이 간에 허피스바이러스는 교차 감염되지 않아요. 종이 다르면 감염을 유발하는 바이러스도 달라집니다. 즉 이름이 같더라도 사실은 다른 타입의 바이러스이지요. 고양이의 허피스바이러스는 사람에게 아무 영향을 미치지 않고, 사람의 허피스바이러스 역시 고양이에게 어떤 영향도 미치지 않아요. 사람과 고양이가 서로에게 옮길 수 있는 감기 바이러스는 발견된 적은 아직 없으니 안심하세요.

Q 고양이 간에는 전염되나요?

A 당연합니다. 그것도 아주 쉽고 빠르게 전염됩니다. 고양이 간에는 전염성이 강하기 때문에 고양이 여러 마리를 키우는 다묘 가정은 주의해야 하며, 특히 새끼에게는 꽤 위험한 질병이에요. 사람 감기와 비슷하게 생각하고 가볍게 여기지 마세요.

Q 고양이감기를 예방하려면 어떻게 해야 하나요?

A 매년 예방접종을 해주세요. 특히 고양이 종합 백신이라고 불리는 4종 백신은 해마다 꼭 접종하기를 권합니다. 겨울에는 실내 습도를 50% 이상으로 올려주면 좋아요. 겨울철 건조한 실내 공기는 상대적으로 사람보다 약한 고양이의 기관지를 자극해 바이러스가 더 쉽게 침입하거든요.

당연히 실내에서는 금연입니다. 고양이의 기관지에 치명타를 입힐 수 있으니 전자담배를 포함한 어떤 담배도 안 돼요. 밖에서 흡연했다면 옷이나 머리카락에 묻은 담배 분진을 충분히 털고 난 후에 집에 들어오세요. 실내 환기가 어려운 겨울에는 작은 미세먼지나 요리 후 주방에서 나오는 각종 유증기 유해가스, 타르 등이 고양이의 기관지 점막을 자극할 수 있으므로 항상 공기청정기를 가동하세요.

길고양이의 허피스바이러스가 내 손을 통해 실내 고양이에게 전염될 수 있으니 밖에서 길냥이를 만졌다면 귀가 후 반드시 손을 깨끗이 씻으세요. 실내 온도는 특별히 따뜻하게 할 필요는 없고 일정하게 유지하는 것이 좋아요.

Q **고양이가 감기에 걸렸다면 어떻게 해야 할까요?**

A 사람용 종합 감기약 등은 절대로 먹이면 안 됩니다. 기침약이나 종합 감기약 대부분은 아세트아미노펜과 슈도에페드린, 페닐에프린을 함유하고 있어요. 우리가 많이 사용하는 감기약에는 흔한 성분이지만, 고양이의 간은 이런 약들을 원활히 대사할 수 없기 때문에 간과 신장이 완전히 망가질 수 있어요. 심한 간독성과 신독성을 보이고 응급 상황으로 병원에 오는 고양이가 많을 정도로 매우 위험합니다.

충분한 휴식이 중요합니다. 영양이 풍부한 사료와 충분한 물을 급여하고, 적정 실내 온도를 유지하며 공기청정기와 가습기를 가동시켜 쾌적한 실내 공기를 유지해주세요. 콧물을 흘리거나 기침이 심하거나 식욕이 줄었거나 활동성이 떨어지면 병원에 데려가 치료를 받으세요. 특히 코가 막히면 식욕을 잃기 때문에 매우 주의해야 합니다.

감기 증상은 참으로 다양하고 고양이의 체력이나 허피스바이러스에 대한 항체 유무에 따라 천차만별입니다. 푹 쉬기만 해도 좋아질 수 있지만, 식욕 저하나 활동성에 영향을 미칠 정도의 상태라면 병원에 데려가 치료받기를 권합니다.

감기
예방법

아토피 피부염

고양이의 아토피 피부염은 치료가 어려운 난치성 피부질환입니다. 가려움증이 있으며 털이 빠지고 심하면 온몸에 붉은 반점이 생기기도 합니다. 완치는 어렵지만 적절한 관리와 치료로 증상을 완화할 수 있습니다.

실내 환경 정리 | 고양이 아토피 피부염의 주요 원인 중 하나는 집먼지진드기입니다. 주로 천, 소파, 침대, 매트리스, 카펫 등에 서식하므로 반려동물이 아토피성 피부염을 앓고 있다면 카펫처럼 바닥에 까는 패브릭 제품은 치우고, 천 소재의 소파는 가죽 혹은 인조가죽으로 교체하면 좋아요. 침구류는 자주 세탁하거나 소독하고 고양이가 사용하는 방석도 자주 빨고 햇빛에 널어 소독해주세요. 화분의 흙에는 곰팡이가 서식할 수 있으니 치우고, 헤파필터가 달린 진공청소기로 자주 청소합니다.

적정 습도 유지 | 아토피 피부염의 증상은 습도에 민감하다는 사실을 간과하는 사람이 의외로 많아요. 겨울처럼 건조한 계절에는 소양감, 가려움증이 심해지고 여름처럼 너무 습하면 피부염이 악화될 수 있습니다. 실내를 상대습도 50% 내외로 유지하여 쾌적한 환경을 조성해주세요.

처방식 제공 | 아토피는 대개 유전질환으로 가려움증과 습진을 동반한 알레르기성 피부염을 통칭합니다. 즉 알레르기성질환이며 유전적 알레르기질환은 진드기 같은 외부 요인뿐 아니라 음식물에도 매우 민감하며 알레르기가 잘 일어나는 체질입니다. 다른 요소에 알레르기 반응이 있다면 음식물에도 그렇다는 의미이지요. 음식물이 직접적으로 피부염을 유발하지 않는다고 해도, 몸 안의 알레르기 유발물질의 총량을 늘려서 증상을 악화시킬 수 있습니다.

아토피질환을 앓고 있는 고양이는 음식물에 주의해야만 합니다. 원칙적으로는 단일 단백질로 제한된 식이를 권장합니다. 어떤 단백질이 내 고양

😺 로얄캐닌
하이포알러제닉

😺 로얄캐닌
아날러제닉

😺 힐스 z/d

이에게 알레르기를 유발하는지 모르기 때문에 여러 단백질이 섞인 사료가 아닌, 단일 단백질로 만든 사료를 먹어보는 거예요. 그것도 먹어본 적 없는 특이한 단백질, 예를 들면 악어나 캥거루나 도마뱀 고기로 만든 사료를 말입니다. 안 먹어본 단백질은 알레르기를 유발하지 않는다는 이론에 따라 이런 사료를 주는데, 현실적으로는 일단 국내에서 구하기조차 어려워요. 가격도 매우 비싸고 이런 단일 단백질 사료 중 영양균형이 완벽한 사료를 찾기란 거의 불가능합니다. 그래서 대안으로 처방식을 권합니다. 이런 처방식 사료를 가수분해 사료라고 하는데, 고양이의 면역세포가 단백질로 인지하지 못하도록 가수분해로 잘게 잘라 만든 것이죠. 로얄캐닌 하이포알러제닉과 아날러제닉, 힐스의 z/d가 효과가 좋습니다.

피부 보호 | 너무 잦은 목욕은 피부 보호층을 깨뜨리기 때문에 피부 건강에 좋지 않아요. 2주에 1번 정도 목욕시키고 목욕을 시켜줄 때는 일반 샴푸보다 순한 알레르기용 약용 샴푸를 사용합니다. 샴푸 후에는 보습제를 충분하게 뿌리고 발라주세요. 피부가 건조해 긁거나 상처가 나면 2차 세균 감염이 진행되어 농피증이 생기거나 더 심한 세균성 피부염으로 악화될 수 있으니 긁지 않도록 신경써주세요. 2차 감염으로 단순 피부염이 지루성 피부염으로 바뀌면, 항지루성 샴푸를 써서 피부를 항상 건조하고 청결하게 유지해주세요. 털이 짧거나 없는 부위는 보습용 컨디셔너나 보습 크림을 수시로 발라주면 좋습니다.

무엇보다 피부를 긁지 못하게 해야 합니다. 소양감과 약해진 피부를 긁으면 발톱으로 인해 금세 심한 상처가 생기고, 2차 감염이 진행되어 피부염이 걷잡을 수 없을 만큼 악화되기 쉬워요. 긁거나 핥지 못하도록 넥칼라를 씌워주고, 그래도 계속 심하게 긁으려 하면 옷을 입히거나 소양감을 가라앉혀 주는 연고나 약을 처방받아야 합니다.

약물 치료 | 증상이 심하면 주저하지 말고 약물 치료를 시행해야 합니다. 보통 이런 종류의 아토피 피부염을 포함한 알레르기성피부질환 치료에는 스테로이드를 사용합니다. 그래서 기피하는 보호자가 많아요. 스테로이드가 몸에 좋지 않은 건 맞지만 이런 알레르기성질환은 몸 안에 생기는 과면역 현상입니다. 즉 반응하지 않아도 되는 것이 어떤 원인에 의해 과하게 반응하는 바람에 몸에 열이나 질환이 나타나는데, 이런 면역성을 억제하는 방법은 스테로이드뿐이므로 선택의 여지가 없습니다.

물론 오랫동안 과량의 스테로이드를 사용하면 여러 부작용이 생기지만, 그렇게 처방하는 수의사는 없으니 안심하세요. 당연히 고양이의 건강과 과거 약물사용 이력에 맞춰 충분히 안전한 용량과 기간 내에서 사용합니다. 스테로이드가 아닌 약 중에는 조에티스의 아포퀠이 효과가 좋습니다. 아포퀠은 강아지용으로 사용허가를 받은 제품이지만 고양이에게도 아주 효과가 뛰어나 세계적으로 고양이에게도 많이 처방되고 있어요. 스테로이드 사용이 부담스럽다면 수의사 선생님과 상의해 아포퀠 처방도 고려해보세요.

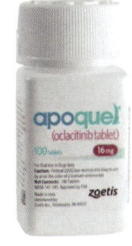

🐾 조에티스 아포퀠

집에서
관리하는
아토피 피부질환

여기저기를
긁는다면?

아토피
피부질환의
증상과 치료

고양이하부요로계질환

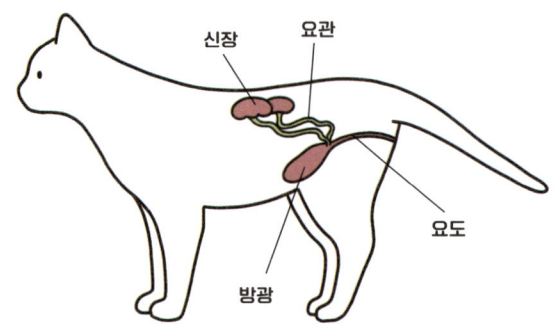

신장   요관

요도

방광

🐾 수컷 고양이 비뇨기계 구조

하부요로란 비뇨기 중 방광에서 요도까지이며, 여기에 발생하는 병을 '고양이하부요로계질환FLUTD'이라고 통칭합니다. 고양이에게 흔한 질병이며, 주로 수컷이 잘 걸리지만 암컷에게도 발생합니다. 한번 걸리면 자꾸 재발하며 심하면 신부전으로 이어져 생명을 위협하기도 합니다. 방광염과 방광 내 생긴 요석이 주원인이며 요도가 폐색되어 하루 만에 죽을 수도 있는 위험한 질환입니다. 고양이하부요로계질환에 걸리는 이유는 무엇이며 어떻게 관리해야 하는지 살펴봅시다.

증상

화장실을 자주 드나들지만 소변량이 적고, 소변을 보려 자세를 취해도 잘 나오지 않으며 화장실에서 울거나 힘들어하는 모습을 보이기도 합니다. 혈뇨나 탁한 소변이 나타날 수 있고, 반짝이는 알갱이(결정)나 심한 냄새가 동반되기도 합니다. 배를 만지면 통증을 느끼고 싫어하며 배나 생식기 주변을 과하게 그루밍하기도 합니다. 또한 화장실이 아닌 다른 장소에 소변을 보는 행동이 나타날 수 있습니다.

원인

유전적 요인 | 결석이나 방광염 발생을 방지하는 여러 인자 중 하나가 망가진 경우입니다. 즉 방광염에 대한 소인이나 결석을 막는 대사적 메커니즘 중 일부가 유전적 결함으로 고장 나서 발생합니다.

식습관 | 멸치나 다시마, 가다랑어포, 조미김 등을 많이 주면 음식 속 미네랄 성분 때문에 질환이 발병합니다. 건사료를 많이 먹고 물을 잘 마시지 않

아도 방광 내 미네랄 성분이 결정화되어 요도를 막기 쉬우니 식사와 음수량을 항상 주의 깊게 살펴보세요. 특히 방광염에 한번 걸렸던 고양이가 건사료만 먹으면, 방광염의 1년 내 재발률이 40%가 넘으므로 반드시 캔과 병행해서 급여하세요.

스트레스 | 특발성 방광염은 특별한 이유 없이 갑자기 발병하지만, 스트레스와 연관 있다고 하니 가능한 한 스트레스 받지 않는 환경을 조성해주세요. 간혹 외부에서 손님이 오고 난 후나 이사 후 일주일 뒤에 특발성 방광염으로 고생하는 아이들이 병원을 많이 찾습니다. 안락하고 평안한 환경을 만들어주는 것이 매우 중요합니다.

예방

고양이하부요로계질환은 한번 발생하면 재발이 잦은 만큼, 무엇보다 예방과 관리가 중요합니다. 일상에서의 작은 습관과 환경 조성만으로도 발병 위험을 크게 줄일 수 있습니다.

물 섭취 | 물을 많이 마셔서 소변을 묽게 하여 결정 상태나 방광 내벽의 세포들이 섞인 소변을 밖으로 배출시키는 것이 가장 좋은 해결책입니다. 음수량이 적거나 비만하거나 만성비뇨기질환을 앓고 있는 고양이라면 강제로라도 음수량을 꼭 늘려주세요.

영양제 및 처방식 | 시스테이드 같은 영양제를 꾸준히 복용하여 개선하는 방법도 좋아요. 고양이하부요로계질환이 한 번이라도 발병했다면 처방식 사료로 바꿔주기를 권합니다. 힐스의 c/d나 로얄캐닌의 유리너리 사료를 추천합니다.

환경 관리 | 여러 가지를 개선해 스트레스를 줄일 수 있는 환경을 조성하고 무엇보다 화장실을 더욱 쾌적하게 만들어야 합니다. 개수를 늘리고 위치나 모래 종류를 바꿔보거나 더 자주 청소하는 등 화장실을 더욱 깨끗하고 사용이 편하도록 개선하여 고양이 삶의 질도 높이고 스트레스를 줄여주세요. 소변 보기 편한 환경을 조성해주어 고양이하부요로계질환과 방광염을 예방합니다.

예방을 위해 물 섭취 늘리는 법

- 물그릇을 여러 곳에 두어 접근성을 높인다.
- 급수기를 사용해 흐르는 물을 제공한다.
- 건사료만 주기보다 습식사료를 함께 급여한다.
- 사료에 물이나 육수를 섞어 수분 섭취를 늘린다.
- 물은 자주 갈아주고 물그릇은 청결하게 유지한다.
- 물그릇의 재질과 형태를 바꿔 기호를 확인한다.
- 편안한 환경을 만들어 물 마시는 행동을 방해하지 않는다.

고양이
하부요로계
질환이란

특발성
방광염의
원인과 치료

화장실에서
5가지
응급 상황

만성구내염

구내염은 사람과 마찬가지로 입안에 생기는 염증성질환의 통칭입니다. 노령기에 접어드는 고양이 삶의 질을 떨어뜨리는 대표적인 질환입니다. 적절한 조치를 취하지 않으면 생명까지 위협하는 무서운 병으로, 고양이가 걸릴 수 있는 최악의 치과질환이지요. 생각보다 많은 고양이가 구내염으로 고생합니다.

증상

구내염은 시간이 지나면서 증상이 점점 심해집니다. 진행 정도에 따라 초기와 진행 단계로 나누어 살펴볼 수 있습니다.

초기(치은염) │ 잇몸과 이빨의 경계면에 붉은 줄이 생기며 약간 부어오른 듯합니다. 예민한 보호자는 이 단계에서 고양이의 입냄새가 심해졌다고 느낍니다. 적절한 약물 처치와 소독, 양치만으로 좋아지는 사례가 많이 있습니다.

진행 단계(구내염) │ 본격적인 구내염에 접어들면 고양이는 심한 통증을 느끼고 침을 흘리며 식욕부진 등의 증상을 보입니다. 구내염의 대표적인 증상으로는 침 흘림, 식욕부진, 심한 구취, 털이 거칠어지고 침이나 고름으로 인해 떡지는 현상이 있습니다. 통증이 심해 고양이가 자기 얼굴을 때리기도 합니다. 사료를 먹다가 비명을 지르거나 뱉어버려요. 건사료보다 습식사료만 선호하기 시작합니다. 통증 때문에 성격도 사나워져서, 순둥이조차도 심한 공격성을 드러내기도 하지요.

원인

원인은 아직 명확하게 밝혀지지 않았습니다. 다만 치주질환이 진행되며 치석이나 박테리아가 쌓여 염증이 생기거나, 면역계 이상으로 잇몸 조직에 비정상적인 면역반응이 나타나면서 발병하는 것으로 보고 있습니다. 허피스바이러스, 칼리시바이러스, 고양이면역결핍바이러스 등의 감염으로 발생한다고 추정할 뿐입니다. 면역 이상 상태에서 입속 세균이 방아쇠 역할을 하며 구내염이 발생하는 것으로 이해할 수 있습니다.

최근 연구에서는 병원체의 종류보다 고양이의 면역반응 양상이 발병 여부를 더 크게 좌우한다고 봅니다. 즉 특정 질병 때문이라기보다 면역 기능 이상과 개체별 유전적 소인이 복합적으로 작용해 발생하는 질환에 가깝습니다. 또한 품종, 성별, 나이와 뚜렷한 관련 없이 비교적 무작위로 발생합니다. 한때 사료가 원인이라는 설도 있었지만, 길고양이에게서도 흔히 발견되는 점을 보면 사료와의 직접적인 연관성은 크지 않은 것으로 보입니다.

치료

구내염은 상태에 따라 치료 방법이 달라지므로, 단계에 맞게 적절한 치료를 진행해야 합니다.

스케일링과 양치 | 초기 단계를 지나 어느 정도 진행된 구내염은 스케일링과 약물 치료, 발치 같은 적극적인 외과 치료를 병행해야 합니다.
스케일링으로 쌓인 치석을 제거하여 입속 세균을 물리적으로 제거하고 이빨과 잇몸 사이에 있는 세균을 양치질로 매일 제거합니다. 항생제는 잇몸 밖의 세균에게는 영향을 미치기 어렵기 때문에 물리적인 세균 제거는 필수입니다. 필요하다면 1개월에 1번씩 스케일링으로 이빨과 잇몸 사이사이의 치석, 치태, 세균을 없애야 합니다.

약물 치료 | 증상에 따라 염증 완화를 위한 스테로이드, 세균 감염을 막는 항생제나 면역억제제를 투여합니다. 인터페론, 락토페린 같은 항바이러스성 물질도 사용합니다. 최근에는 만성치은구내염 치료법으로 인터페론, 면역억제제, 줄기세포를 이용한 면역조절요법 등을 사용하지만 별 효과는 없습니다.

발치(전발치) | 여러 치료에도 불구하고 구내염이 계속 진행되고 자주 재발하면, 만성구내염을 촉발하는 원인이자 세균의 주된 서식처인 이빨 자체를 제거하는 공격적인 방법밖에 없습니다. 송곳니와 앞니를 제외한 전발치를 추천합니다.
전발치의 목적은 그저 이빨을 없애는 것이 아니라 입속에 세균이 생기거나 서식할 만한 곳을 제거하여 세균 자극으로 인한 구내염의 악화를 막는 것입니다. 입안을 매끈하게 만들어 세균이 살 곳을 없애는 작업이지요. 송곳니와 앞니까지 몽땅 제거하면 혀를 내밀고 다니는 등 표정 변화가 나타나고, 작은 아래쪽 턱뼈 끝부분이 염증으로 인해 무너져 얼굴 형태가 변하기도 합니다. 또한 발치를 해도 송곳니만 남길 수 있다면 고양이의 삶의 질은 떨어지지 않기 때문에 되도록 송곳니를 살리려고 합니다.
우선 입속을 관찰하여 구내염 범위가 뒤쪽 어금니와 목 안쪽으로 국한된다면 1차로 송곳니 뒤쪽만 발치를 시도합니다. 1~2개월 정도 경과를 살핀 후에 구내염이 줄어들지 않았다면 남은 송곳니와 앞니를 제거합니다. 하지만 이미 송곳니나 앞니까지 잇몸 염증이 나타났다면 처음부터 송곳니를 포함한 전체 이빨을 제거해야 합니다.
처음 전발치를 하고 구강이 아물고 입안이 잇몸으로 덮혀 매끈해지면 더는 치석이 낄 공간이 없으므로 구강 세균의 수가 급격히 감소합니다. 이후 구강 내 부분적인 면역기전이 안정화되기까지 1~2개월 정도 소요되며 증상 완화 비율은 70~80%입니다. 모든 이빨을 제거하는 큰 수술을 했는데도 20~30%는 증상이 남아 있다는 뜻이에요. 하지만 증상을 완화하는 것만으로도 충분히 유의미한 치료이므로 고양이가 구내염으로 괴로 위한다면 전발치를 권합니다.

이빨을 모두 빼면 사료를 잘 먹을 수 있을지 걱정되지만, 걱정하지 마세요. 잘 먹습니다. 우리의 걱정과 달리 고양이는 이빨이 없어도 사료를 씹고 먹는 데 별 지장이 없어요. 오히려 구내염으로 인한 이빨과 잇몸 통증 때문에 못 먹고 괴로워하지요. 심한 구내염의 경우, 발치를 망설이는 기간만큼 고양이는 고통에 시달립니다.

🐾 혀를 내밀고 있는 경우 만성구내염의 징후일 수 있어요

예방

구내염을 비롯한 치주질환을 예방하는 5가지 방법이 있습니다.

- 예방접종을 통한 전염병 관리
- 정기적 구강검진
- 치석 제거를 돕는 용품 및 보조제 사용
- 하루에 1번 이빨 닦기
- 외과 시술(스케일링)을 통한 치석 제거

이들 중 가장 효과적인 예방법은 규칙적인 양치질입니다. 양치질의 중요성은 아무리 강조해도 지나치지 않아요. 어릴 때부터 열심히 양치를 시켜주세요.

윤샘 TIP 만성구내염은 먹는 즐거움을 빼앗을 뿐만 아니라 합병증으로 고통받다가 죽음에 이르게 만들 수 있는 무서운 질병입니다. 사랑하는 고양이의 구강에 관심을 두고 미리미리 관리하여 고양이가 건강하게 지내도록 해주세요.

16

치아흡수성병변

무려 고양이의 절반 이상이 앓고 있으며 이빨에 통증을 유발하는, 대표적인 고양이 치과질환이에요. 통계적으로 60%가 넘는 고양이에게서 발견되는 치아흡수성병변은 말 그대로 이빨이 턱뼈에 서서히 흡수되며 결국 없어지는 병입니다. 뼈에 묻혀 있는 뿌리 부분은 턱뼈로 치환되고 잇몸 위로 드러난 이빨은 뿌리가 없어지면서 부서지는 통증성질환이지요. 즉 눈에 보이지 않는 뿌리가 턱뼈로 바뀌며 사라지기 때문에 눈에 보이는 이빨이 마치 서서히 부서지는 것처럼 보입니다.

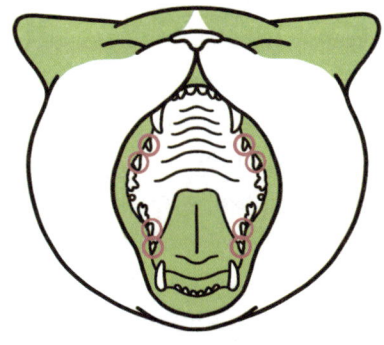

🐾 **치아흡수성병변이 발생하는 위치**

증상

증상은 주로 이빨의 통증으로 인해 발생합니다. 식욕부진, 음식물 섭취를 피하거나 한쪽으로만 씹거나 먹다가 자주 흘립니다. 고개를 기울인 상태로 먹거나 입을 쩝쩝거리기도 합니다. 어느 정도 진행되면 드러난 이빨을 통해 확인할 수 있어요. 입을 벌려 보면 이빨과 잇몸의 연접 부분에 빨간색 점처럼 치수가 노출되어 출혈이 보이기도 합니다.

치아흡수성병변은 주로 아래쪽 턱뼈에 송곳니와 바로 뒤 작은어금니와 뒤어금니 양측에 대칭적으로 발생합니다. 대부분 이 8개 이빨에서 발생하므로 치아흡수성병변을 확인하고 싶으면 고양이의 입술을 살짝 벌리고 아래턱의 송곳니 바로 뒤쪽 이빨과 그 뒤쪽 큰어금니를 유심히 확인하면 쉽게 발견할 수 있어요.

치아흡수성병변은 충치가 아닙니다. 고양이는 충치가 없어요. 충치는 세균 침착과 산성의 환경으로 치아 표면의 칼슘이 빠져나가는 바람에 부서지는 현상인데, 고양이 침의 ph는 사람과 달리 약알칼리 상태이므로 이빨의 칼슘이 빠져나가는 탈회 현상이 일어나기 힘듭니다. 이렇듯 치아흡수성병변은 우리가 생각하는 충치와는 상관이 없어요.

원인

대칭적으로 발생하는 것으로 미루어보면 교합으로 인한 기계적인 자극, 즉 윗니와 아랫니의 기계적인 움직임을 원인 중 하나라고 추정합니다. 그밖에도 고양이면역결핍바이러스, 백혈병바이러스, 치석에 의한 자가면역질환 등이 의심되나 뚜렷한 원인은 아직 발견하지 못한 상태입니다.

치료

발치가 답입니다. 치아흡수성병변이 진행하는 이빨을 뽑아 통증 원인을 제거하는 것이 치료의 목적이지요. 구내염과 달리 전발치하지 않고 치아흡수성병변이 진행하는 이빨만 제거합니다. 다른 고양이에게 전염된다거나 이빨에서 이빨로 옮는 병이 아니며, 이 질환이 생기는 이빨은 대부분 양측 아래쪽 작은어금니와 큰어금니이므로 최대 4개 정도만 발치하면 됩니다.

그러나 이미 많이 진행되어 이빨 뿌리가 턱뼈로 치환되고 뿌리 신경이 없어진 상태라면, 더는 통증이 없기 때문에 굳이 발치할 필요가 없고 경우에 따라 뿌리 제거 없이 위에 노출된 이빨만 제거합니다. 만약 노출된 이빨도 이미 부서졌다면 그걸로 치료 끝입니다. 뿌리가 턱뼈로 치환되는 과정에서 통증이 발생하기 때문에 빨리 발견하면 발치해주고 너무 늦게 발견해서 이미 치수나 신경이 죽었다면 뿌리의 발치 없이 마무리합니다. 그쯤 되면 뿌리가 다 턱뼈로 치환되어 발치할 방법도 없어요.

치아흡수성병변 예방법

- 예방접종을 통해 백혈병바이러스나 전염성질환을 예방한다.
- 정기적인 칫솔질로 치석과 구강 내 세균을 관리한다.
- 치석이 생기면 즉시 스케일링으로 제거한다.
- 스케일링 시 치과 엑스레이 등 구강검진을 함께 진행한다.
- 정기적인 검진으로 치아흡수성병변을 조기에 발견한다.

치아흡수성병변의
치료와
예방

고양이가
사람에게
옮기는 병

인수공통감염병

고양이와 함께 행복하게 살려면 우리에게 전염되는 질병이 있는지 알아야 합니다. 고양이가 우리에게 옮길 수 있는 인수공통감염병을 예방하려면 먼저 정확한 지식을 알아야 하고, 그에 따른 적절한 위생과 예방에 힘써야 합니다. 사람이 고양이에게서 걸릴 수 있는 질병은 무엇인지 살펴보고 위생과 예방법을 알아봅시다.

대표적인 고양이 인수공통감염병

톡소플라스마 감염증

톡소플라스마는 고양이가 옮길 수 있다고 알려진 대표적인 인수공통감염병입니다. 톡소포자충이라는 기생충이 고양이에게서 사람으로 옮겨 가면서 생기는 질병이지요. 건강한 사람이라면 아무 문제가 없지만 초기 임산부일 경우 유산까지 유발할 수 있어 매우 주의해야 하는 기생충이에요. 톡소플라스마에 감염된 고양이가 변으로 톡소포자충의 알을 배출하고, 이것을 임산부가 입으로 먹으면 유산 등의 문제를 유발할 수 있어요. 임신 외의 정상적인 건강 상태인 사람에게는 아무 문제도 일으키지 않으며 고양이에게도 어떤 문제를 유발하지 않는 기생충질환입니다.

사람이 톡소플라스마에 감염되는 주요 경로는 고양이가 아니라 톡소플라스마 충란에 오염된 물을 마시거나 날생선, 날고기, 충분히 씻지 않아 기생충 알이 묻은 생채소를 먹는 경우입니다. 국내에서는 지금까지 2건의 톡소플라스마 감염에 의한 태아 유산 사례가 보고되었으나, 두 경우 모두 고양이를 키우지 않았고 밭일을 하다가 흙에서 감염된 것으로 추정됩니다.

예방법 | 임산부가 있다면 고양이 화장실 청소는 다른 가족이 맡는 것이 좋습니다. 불가피하게 직접 치울 경우에는 반드시 비닐장갑을 착용하세요. 고양이의 외출을 제한하고, 고양이와 사람 모두 생식은 피하는 것이 안전합니다. 야외에서는 흙을 맨손으로 만지지 말고, 물은 반드시 끓여 마십니다. 무엇보다 임신 중에는 고양이 배설물을 먹거나 접촉하는 일을 철저히 피해야 합니다.

묘소병(바토넬라증)

아마 저 같은 수의사들은 한 번쯤은 걸렸을지도 모르는 병입니다. 일명 고양이할큄병CSD, Cat Scratch Disease이라고도 하는데 벼룩에 의해 바토넬라균에 감염된 야생 고양이가 사람을 발톱으로 할퀴면서 균을 옮겨 감염되는 질병이지요. 바토넬라균에 의해 상처와 통증, 화농성 염증이 생기고 빨갛게 부어오르기도 하며 심하면 주변 림프샘이 붓거나 전신에 발열이 생기기도 합니다. 즉 고양이가 할퀴었더니 열이 나고 고름을 동반한 채 퉁퉁 붓는다면 묘소병에 감염된 것입니다. 주로 15세 미만의 미성년자들이 어린 길고양이를 만지다가 발톱에 긁혀 감염되는 경우가 대부분입니다.

예방법 | 예방을 위해서는 기생충에 감염되었을지 모르는 고양이와의 직접적인 접촉을 최대한 피합니다. 특히 어린 길냥이에게 상처를 입지 않도록 주의하세요. 실내 고양이에게는 기생충 특히 외부 기생충 예방약을 철저히 발라주어 벼룩에 의한 바토넬라 감염을 차단하고 외출을 시키지 않으며, 항시 발을 짧게 잘라주어 발톱에 의한 상처가 생기지 않도록 주의해야 합니다.

파스튜렐라

파스튜렐라는 고양이의 구강에서는 100%, 고양이 발톱에서는 25% 정도 발견되는, 고양이에게는 항시 존재하는 상재균입니다. 일반인 대부분은 이 균에 면역력을 갖고 있어서 무증상입니다. 즉 고양이가 할퀴거나 문다면 상처는 생기겠지만 파스튜렐라에 감염되지 않아요. 하지만 면역력에 이상이 있거나 심각한 문제가 있다면 주의해야 합니다. 병약한 노인이나 당뇨병 환자, 간 기능이 매우 저하된 상태라면 2차 감염으로 폐렴이나 전신 감염이 일어날 수 있습니다.

예방법 | 나이가 많은 노인이나 면역력 저하 질병을 가진 사람이 고양이를 키운다면 입을 맞추거나 발톱에 상처를 입지 않도록 각별히 주의해야 합니다. 하지만 건강한 보통 사람에게는 아무런 문제가 없습니다.

사람에게
옮기는 병

코로나19
바이러스를
옮길 수 있을까?

피부사상균증(링웜)

고양이 피부사상균증 일명 '링웜'이라고 하는 일종의 곰팡이 감염증으로, 사람으로 치면 피부에 생기는 무좀 정도라고 볼 수 있어요. 보통 2세 미만의 어린 고양이에게 다발하며 머리나 얼굴, 다리에 국소적으로 털이 손톱만큼 빠지며 원형 탈모같은 피부염이 발생합니다. 상처나 주변 부위에 흰 각질이 보이며, 사람이 옮으면 손톱만 한 붉은 원형 반점이 생기기도 합니다. 피부가 약한 사람이 감염된 어린 고양이와 직접 접촉할 경우 전염되며 팔이나 목 주변 등 연한 피부에 반점이 잘 나타나는 편입니다.

증상이 조금이라도 나타나면 고양이는 곧바로 가까운 동물병원에 데려가 약을 먹이며 치료에 들어갑니다. 사람은 감염된 고양이와 최대한 접촉을 자제하고 역시 병원을 방문해 약을 처방받아 복용해야 합니다.

예방법 | 주로 위생적이지 못한 환경에서 지내는 어린 길고양이에게서 다발하니 길고양이와의 접촉을 최대한 자제하는 편이 좋습니다. 어린 고양이를 만진 후에는 항상 손을 철저하게 씻고 모르는 어린 길냥이는 직접 만지지 마세요.

🐾 **길고양이를 만진 후 손 씻기**

 **윤샘 TIP** 이처럼 고양이에게서 감염될 수 있는 질병은 여러 가지가 있지만, 대체로 실내에서 생활하는 성묘는 깨끗하고 안전합니다. 이런 종류의 전염성 질병은 대부분 야생 상태의 어린 길고양이에게서 감염되는 경우가 많으며, 직접적인 접촉을 통해서 사람은 물론 실내에서 함께 지내는 고양이에게도 전파될 수 있다는 사실을 꼭 기억하세요. 길고양이와의 직접적인 접촉은 최대한 자제하고, 항상 손을 잘 씻어야 해요. 실내 고양이는 매월 철저하게 정기적인 구충을 해주는 것이 가장 좋은 예방책입니다.

조류독감으로부터
보호하는 법

고양이를 만지면
중증혈소판감소증에
걸릴 수 있을까?

피부병, 사람에게 전염될까

피부병은 대부분 전염되지 않아요

사람과 고양이의 피부 구조는 완전히 다릅니다. 고양이의 피부는 따뜻한 털이 빽빽하게 많은 대신 피부층이 매우 얇고 땀샘이 없어요. 반면 사람은 털이라는 강력한 보온층이 없는 대신 대신 엄청나게 두꺼운 각질층과 땀샘이 있습니다. 시멘트처럼 차곡차곡 쌓인 각질들이 두꺼운 층을 이루어 피부 표면 전체를 덮어서 보호하지요. 각질층은 외부의 오염과 세균으로부터 우리 몸을 보호하고 몸 안의 수분이나 여러 가지 이로운 물질들이 몸 밖으로 빠져나가는 일을 막아주는 역할을 합니다.

이런 차이로 인해 대부분의 동물 피부병은 사람에게 전염되지 않습니다. 고양이나 다른 동물의 피부병을 유발하는 미생물이나 기생충류는 두꺼운 각질층을 지닌 사람의 피부 환경에서 생존할 수 없기 때문입니다. 개벼룩, 개이, 개옴진드기, 모낭충처럼 고양이 피부에서 발견되는 대부분의 기생충 역시 사람의 피부에서는 생존할 수 없습니다. 혹여 고양이 몸에 있는 진드기 같은 기생충이 우리 몸에 붙었다 해도 잠시 간지러울 뿐 금세 죽어버립니다. 이처럼 동물의 몸에 사는 기생충이 사람의 몸에서는 살 수 없어요.

피부사상균증은 예외

링웜이라고도 부르는 이 곰팡이성질환인 피부사상균증은 드물게 사람에게 전염이 가능한 인수공동감염성질환이에요. 면역력이 저하된 어린 고양이들이 주로 걸리며 성묘는 잘 걸리지 않아요. 링웜에 감염된 어린 고양이를 직접 만진 사람이나 피부가 약한 어린이, 여성이 옮을 수 있기 때문에 각별히 주의해야 합니다. 아기 고양이를 주워서 입양한 사람이 감염된 사례가 많고, 고양이를 키우는 가정이 늘면서 곰팡이성피부질환 환자도 늘어나는 추세입니다.

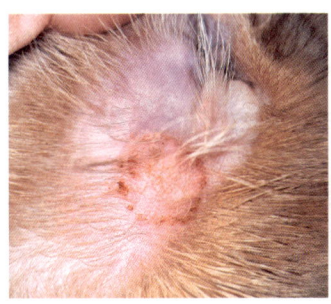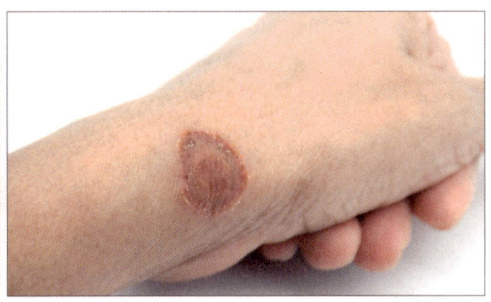

🐾 링웜에 감염된 고양이와 사람

증상

주요 증상은 탈모와 각질입니다. 고양이는 털이 원형으로 빠지고 흰 각질이 생기며, 심한 가려움증이 동반됩니다. 고양이에게 이러한 증상이 보이면 동물병원에 데려가 자외선형광등검사나 곰팡이배양검사를 통해 비교적 간단하게 진단할 수 있습니다. 사람에게 감염된 경우에도 붉은 원형 발진이 나타나고 가려움이 심해지므로 병원에서 검사를 받고 약물 치료를 받아야 합니다.

원인

다행히 피부사상균증은 고양이가 평소 가지고 있는 상재균이 아니라 외부에서 감염되는 질환입니다. 주로 피부가 약한 어린 시기에 고양이 사육 농장이나 길에서 감염되며, 한번 치료되면 일반적인 가정 환경에서는 재발하지 않는 경우가 많습니다. 건강한 고양이에게서 사람으로 전염될 가능성은 낮지만, 피부가 약한 어린이와 일부 성인은 감염될 수 있으므로 가능한 한 접촉을 삼가고 만진 후에는 손을 잘 씻어야 합니다.

치료

고양이의 피부사상균증은 털을 매개로 사람에게 전염될 수 있기 때문에 감염 부위의 털을 제거하고 1개월 정도 항진균제를 복용하면 대부분 치료됩니다. 털이 없는 부위에는 매일 소독약을 발라 관리합니다.

항진균제는 일반적으로 간에서 대사되기 때문에 간에 무리를 줄 수 있으나 정상적인 간 기능을 가진 고양이에게는 크게 무리되지 않으니 처방받은 약은 끝까지 먹여야 해요. 간 기능이 약한 고양이는 복용 전 간 기능검사를 받는 것이 좋습니다. 또한 공복 상태에서는 흡수가 떨어지므로 반드시 음식과 함께 또는 식사 직후에 투여해야 합니다.

> ### 피부사상균증 예방법
>
> 치료를 시작하면 대부분 잘 회복되므로 과도하게 걱정하지 않아도 됩니다. 무엇보다 빠른 처치가 중요해요.
>
> - 감염된 고양이는 즉시 격리하고 치료한다.
> - 다묘 가정이라면 다른 고양이도 함께 검사한다.
> - 각질이나 부분 탈모가 보이면 즉시 병원에서 진단받는다.
> - 집 안에 털과 각질이 쌓이지 않도록 자주 청소한다.

3

알레르기 대비법

성인 5명 중 1명은 작게라도 고양이 털에 알레르기 반응을 보인다고 합니다. 생각보다 꽤 많지요? 제 주변만 해도 알레르기가 있는데도 힘들게 고양이를 키우거나, 키우고 싶지만 알레르기 때문에 고민하는 사람들이 적지 않습니다. 아이가 고양이 알레르기가 있어 고민하는 경우도 있고, 결혼을 앞두고 배우자의 알레르기로 고민하는 경우도 있습니다.

그렇다면 고양이 알레르기가 있다면 정말 고양이를 키울 수 없을까요? 알레르기 때문에 이 아름다운 생명체와 함께하는 경험을 포기해야만 할까요? 증상이 심하지 않다면, 알레르기가 있어도 조금 더 편하게 고양이를 키울 수 있는 방법이 있습니다.

증상

증상의 정도에는 차이가 있지만, 생각보다 많은 사람들이 고양이 알레르기를 경험합니다. 하루 정도 함께 지내면 눈물이나 재채기, 콧물이 흐르는 알레르기성 비염처럼 가벼운 증상이 나타나기도 하고, 고양이를 쓰다듬기만 해도 피부가 붉어지거나 발진과 두드러기가 생기고 눈이 충혈되며 계속 눈물을 흘리는 등 심한 반응이 나타나기도 합니다.

원인

고양이 알레르기는 털 때문에 생기는 것이 아닙니다. 정확히는 고양이 털에 묻은 침 때문입니다. 고양이의 타액에는 사람에게 알레르기를 유발하는 Fel d1이라는 단백질이 포함되어 있습니다. 이 물질이 그루밍 과정에서 털과 피부에 묻고, 털과 각질이 공기 중에 떠다니다 사람에게 닿아 알레르기 반응을 일으킵니다.

그래서 털이 없는 스핑크스 고양이를 키워도 알레르기가 생길 수 있습니다. 다만 털이 덜 날리는 만큼 발생 빈도는 낮아질 수 있습니다. 비교적 알레르기를 덜 유발하는 품종으로는 발리니즈, 오리엔탈쇼트헤어, 자바니즈, 데본렉스, 코니시렉스, 스핑크스, 사이베리안 등이 알려져 있습니다.

증상 완화를 위한 방법

알레르기 증상을 줄이기 위해서는 그루밍 후 빠지는 고양이의 털과 각질을 최대한 빠르게 치워서 접촉을 줄여야 합니다. 다음과 같은 생활 수칙을 지키면 도움이 될 거예요.

- 매일 털을 빗어 빠질 털을 미리 제거한다.
- 브러싱은 환기가 잘되는 공간에서 하고 장갑과 마스크를 착용한다.
- 브러싱 전에 브러싱 스프레이를 털에 분사한다.
- 헤파필터가 포함된 공기청정기와 진공청소기를 사용해 실내 털과 각질을 제거한다.
- 침구류는 털이 잘 묻지 않고 떨어지는 알레르기 방지용 소재로 바꾸고 테이프클리너 등으로 자주 청소한다.
- 카펫은 사용하지 않는 것이 좋다.
- 고양이가 사람의 피부를 핥지 못하게 한다.
- 고양이를 만진 후에는 반드시 손을 씻는다.

백신과 사료

사실 많은 고양이 알레르기 환자들이 앞에서 열거한 방법들을 매우 잘 지키고 있습니다. 그런데도 증상이 지속되는 경우를 위해, 고양이 침에서 분비되는 알레르기 원인 물질인 Fel d1 단백질의 생성을 줄이려는 연구도 진행되고 있습니다.

대표적으로는 Fel d1 단백질을 표적으로 하는 백신과 퓨리나에서 개발한 리브클리어 사료가 있습니다. 먼저 스위스 취리히대학교 연구진이 개발한 백신은 고양이에게 접종할 경우, 체내에서 강한 면역반응을 유발하여 Fel d1을 중화시켜 이 단백질의 배출을 60% 이상 줄이는 효과가 있다고 발표했습니다. 단순히 Fel d1 단백질만을 중화시키는 백신이기 때문에 고양이에게는 무해하며, 아직 상용화 단계는 아니지만 충분히 기대할 만한 알레르기 방지법입니다.

또한 반려동물 사료 회사 중 거대 기업에 속하는 퓨리나에서 Fel d1 항체를 줄여주는 리브클리어 사료를 선보였습니다. 몇 년 전 미국에서 출시하여 선풍적인 인기를 끈, 효과가 검증된 사료로 최근 국내에도 런칭했지요. 고양이 알레르기로 고

🐾 퓨리나 리브클리어

생하는 보호자들에게 대안을 제시해주는 사료로, 리브클리어를 3주 이상 꾸준히 섭취하면 Fel d1이 최대 47% 감소한다고 합니다. 실제 먼저 출시한 미국의 사용 사례를 보면 사람의 고양이 털 알레르기 증상이 30% 이상 줄었다는 보고가 있습니다. 계란에서 추출한 핵심 단백질이 Fel d1 단백질을 중화시키는 원리이므로 장기적으로 급여해도 고양이 건강에는 문제가 없어요. 현재 우리나라와 일본, 미국 등 전 세계에서 판매되고 있으며 효과가 매우 좋아서 세계적으로 품절 사태를 겪고 있는 혁신적인 사료입니다. 저희 병원에도 들어오자마자 다 팔려서 품절되는 사료 중 하나예요. 간단하고 안전하게 고양이 사료를 교체하는 것만으로 나와 내 가족의 고양이 털 알레르기를 어느 정도 덜 겪을 수 있게 해주는 좋은 사료입니다. 물론 아직은 이 2가지 방법 모두 고양이 타액에서 Fel d1의 분비를 완벽하게 막진 못합니다. 그래도 사람의 알레르기 증상을 상당 부분 완화시켜 준다는 측면에서 매우 의미 있다고 볼 수 있습니다.

윰쌤 TIP 키우던 고양이를 파양하는 원인은 다양하지만 미국에서도 1위를 차지하는 표면적인 파양 사유가 고양이 털 알레르기입니다. 아마 우리나라도 크게 다르진 않을 거예요. 앞서 언급한 여러 방법을 잘 사용하여 알레르기 때문에 고양이를 키우지 못하거나 파양하는 일이 줄어들면 좋겠습니다.

알레르기
대비법

고양이
알레르기가 있다면
퓨리나 리브클리어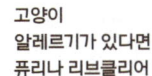

알레르기가
있으면
못 키울까?

임신, 육아와
함께할 때

털, 아기에게 해로울까

예전에 "모 유명인의 아기가 강아지 털 때문에 숨이 막혀 죽었다더라"는 루머가 마치 도시 전설처럼 급속히 퍼진 적이 있었습니다. 이 말도 안 되는 유언비어로 인해 수많은 강아지들이 순식간에 유기견으로 전락했고, 아직도 많은 어르신들이 아기가 태어날 예정인 집에는 강아지나 고양이를 키우지 못하게 만류하거나, 이미 키우고 있다면 곱지 않은 시선으로 바라보기도 하지요.

털이 아기 몸속에 들어갈 수 있을까?

정말 강아지나 고양이 털이 신생아나 아기의 몸에 들어가 해를 입힐 수 있을까요? 결론부터 말하면 불가능합니다. 굳이 의학 지식까지 갈 필요도 없이, 상식적으로만 생각해도 말이 안 되는 소리예요. 우리 몸의 대부분은 외부와 완전히 고립되어 철저하게 보호받습니다. 아주 작은 세균은 물론 바이러스까지 대부분 걸러내는 치밀한 여러 겹의 방어막을 가지고 있는 것입니다.

우리 몸에 침입하기에는 너무 큰 물질인 고양이의 털은 대부분 코에서 걸러져 폐나 폐포, 기관지까지 못 가고 제거됩니다. 만약 이렇게 길고 큰 털이 우리의 기관지를 거쳐 폐까지 도달해 어떤 해를 입힐 수 있다면, 고양이 털보다 수천 배는 더 작은 먼지로 인해 인류는 이미 멸종했을 거예요. 고양이 털이 폐에 들어가 문제를 일으킬 확률은 마치 커다란 비행기가 하늘에서 떨어져 작은 맨홀 뚜껑 속으로 들어갈 확률과 비슷합니다.

혹시라도 폐에 유해한 것이 들어갈까 두렵다면 커다란 동물의 털이 문제가 아니라, 폐까지 들어갈 수 있는 아주 아주 작은 물질들을 걱정해야 합니다. 미세먼지나 초미세먼지 혹은 여러 유해 화학물질 등은 입자의 크기가 매우 작아요. 동물의 털처럼 몇 밀리미터 혹은 몇 센티미터 정도의 크기가 아닌, 그보다 수천 배는 작은 $10\mu m$(마이크로미터)보다도 작아요. $10\mu m$보다 작은 물질은 코나 비강, 기관지 점막의 방어기전을 통과해 폐까지 갈 수 있습니다. 우리가 걱정하는 미세먼지나 대기 중의 중금속, 석면, 화재현장에서 나오는 유독가스는 모두 $10\mu m$ 이하의 유독성 분진들로 폐까지 들어가 몸에 문제를 일으키는 작은 크기의 유해물질입니다.

아기 위생에 나쁘지 않을까?

아이의 위생이나 세균 등을 걱정한다면 실상 고양이 털보다는 다른 것들을 더 주의해야 합니다. 우리 몸에서 수없이 떨어져 나오는 피부 각질, 손이나 휴대폰에 묻어 있는 세균… 이런 것들보다 동물의 털을 더 걱정하는 이유는 우리 몸에서 떨어진 미세한 각질이나 휴대폰, 컴퓨터 자판의 세균은 눈에 보이지 않지만, 동물의 털은 눈에 잘 띄기 때문이지요. 아이의 몸은 치밀한 여러 방어체계로 철저히 보호되고 있어요. 혹 세균이 몸속에 침범하더라도 면역 체계가 발동하면 대부분의 세균을 빠르게 몰아내기 때문에 건강에 나쁜 영향을 미치지 않습니다. 비교적 덜 위험하고 다양한 외부 자극 기재들은 오히려 아이의 면역력을 강력하게 만들어주지요.

알레르기를 유발하진 않을까?

돌 이전에 개나 고양이 2마리 이상과 지낸 아이들은 그렇지 않은 아이들에 비해 6~7세가 되었을 때 아토피 등의 알레르기질환을 앓을 확률이 낮다는 연구 결과가 있습니다. 보통 아이들의 아토피 양성 반응률이 33% 정도인 데 반해 강아지나 고양이와 살았던 아이들은 15% 정도로, 절반 가까이 낮아요. 이는 비교적 안전한 항원인 강아지나 고양이의 털 혹은 박테리아에 미리 노출됨으로써 면역력이 강해져 향후 알레르기질환을 예방한다는 이론으로, '위생 가설'이라고 합니다. 어릴 때 덜 위험한 외부 박테리아나 항원에 많이 노출되면 자라면서 저항력이 커져 알레르기질환의 발생을 막아준다는 이론이지요.

실제로 우리나라도 놀이터에 흙이 사라지고, 아이를 너무 자주 씻기는 등 지나치게 깨끗한 환경에서 키우기 시작하면서 유소년 아토피 비율이 급증했습니다. 독일의 유치원에는 산으로 소풍 가서 씻지 않은 맨손으로 샌드위치를 먹게 하는 프로그램이 있다고 합니다. 자연에 존재하는 비교적 안전한 박테리아 항원 등에 미리 노출되어 면역력을 강화하고 더 건강하게 지내게 하자는 목적이지요.

윤쌤 TIP 고양이 털은 아이에게 그리 해를 입히지 않습니다. 보호자가 구충을 철저히 하고 정상적이고 청결한 환경에서 고양이를 키운다면 아이와 고양이가 함께 건강하고 안전하게 자랄 수 있어요.

고양이와 임신에 관한 오해

상담하다 보면 '임산부에게 고양이는 안 좋다' '고양이 때문에 유산하거나 기형아를 낳을 수 있다'는 말을 종종 들을 수 있습니다. 과연 사실일까요? 고양이가 유산 혹은 기형아 출산과 관련 있다는 말이 나도는 이유는 톡소포자충이라는 기생충 때문이에요. 우리나라를 포함해 전 세계적으로 많이 퍼져 있으며 세포 내에 기생하는 흔한 원충류인데 정말 아주 작아서 특이하게도 태반을 통과하여 태아에게까지 도달해 임신 초기 기형을 유발할 수 있습니다.

톡소포자충이란

톡소포자충 감염증은 기생충에 오염된 물이나 흙, 날고기, 생채소 등을 먹다가 감염됩니다. 사람은 한 번 감염되면 항체가 형성되어 평생 면역이 유지되며, 고양이 역시 마찬가지입니다.

고양이가 톡소포자충의 종숙주로 감염된 경우 일정 기간 동안 분변을 통해 기생충 알을 배출합니다. 이 때문에 고양이가 감염원으로 지목되며 "고양이가 톡소플라스마를 옮긴다"는 인식이 생겼습니다.

고양이를 통해 사람에게 감염될 가능성은 이론적으로 존재합니다. 그러나 현실적으로는 매우 드문 경우입니다.

실제 태아 감염 사례를 보면 대부분 고양이보다는 토양이나 물의 오염, 날고기 섭취, 채소 세척 부족 등과 관련이 있습니다. 즉, 일상생활에서의 식습관과 환경이 더 주요한 감염 경로입니다. 고양이로 인한 감염 사례는 국내에서는 보고된 적이 없으며, 해외에서도 고양이와의 직접적인 연관성이 확인된 경우는 없습니다.

고양이로 감염되기 어려운 이유

고양이를 통해 임신부가 톡소포자충에 감염되려면 다음과 같은 조건이 모두 충족되어야 합니다. 우선 집에 고양이가 있어야 합니다. 그 고양이는 이전에 톡소포자충에 노출된 적이 없어야 합니다. 임산부 역시 톡소포자충에 노출된 적이 없어야 합니다. 고양이가 외출해 감염된 쥐 등을 먹고 돌아와야 합니다. 이후 약 2주간 분변으로 충란을 배출해야 합니다. 그 변을 24시간 이상 치우지 않아야 합니다. 그리고 임신부가 그 변을 섭취해야 합니다. 톡소포자충은 접촉이나 냄새로 감염되지 않고, 반드시 충란을 섭취해야 감염됩니다. 따라서 실내에서 키우는 고양이를 통해 감염되는 경우는 사실상 불가능에 가깝습니다.

임신 중 톡소포자충 감염 예방법

고양이를 피하기보다 일상생활에서의 위생 관리가 중요합니다.
다음과 같은 생활 수칙을 지키면 도움이 될 거예요.

- 물은 반드시 끓여서 마신다.
- 채소를 다룰 때는 일회용 장갑을 착용한다.
- 흙을 맨손으로 만지지 않는다.
- 야외 활동 후에는 손을 깨끗이 씻는다.
- 날음식을 피한다.
- 고양이에게도 생식을 주지 않는다.
- 고양이 화장실 청소는 임산부가 아닌 다른 사람이 담당한다.
- 고양이의 외출을 제한한다.
- 화장실은 매일 바로바로 청소한다.
- 정기적으로 고양이 구충을 실시한다.

고양이가
유산의
원인이라고?   임신했다면
무엇을 조심하고
준비해야 할까?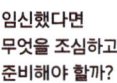

윤쌤의
고양이 상담소
312

119
응급 상황

1

생명을 위협하는 3가지 응급 증상

어느 순간 고양이가 다음 3가지 증상 중 하나라도 보인다면 곧장 병원으로 데려가 상황을 설명하고 응급처리를 받아야 생명을 구할 수 있습니다.

뒷다리를 쓰지 못한다

단순히 뛰거나 달리다가 다리를 다쳤거나 접질렸을 수 있습니다. 하지만 불편해하는 정도가 아니라 아예 다리를 사용하지 못한다면 대동맥 혈전증인 경우가 많습니다. 나이 든 고양이나 심장병 유전 소인이 있는 아메리칸쇼트헤어, 스코티시폴드 같은 종에서 호발하며 대부분 고양이 심장병에 의한 증상입니다. 심장이 제 기능을 못 해서 발생한 커다란 혈전이 허벅지 혈관을 막아 혈행이 나빠져 생기는 마비 형태의 질환이에요. 사용하지 못하는 다리를 만져보면 혈행이 좋지 않아 확연히 차갑게 느껴지며 발바닥도 핑크 젤리가 아닌 검은색이나 진한 파란색을 띱니다. 극도로 위급한 상황으로, 빨리 적절한 조치를 취하지 않으면 대부분 하루 혹은 며칠 이내로 목숨을 잃고 맙니다. 혈전이 막은 부위에 따라 한쪽 다리만 혹은 뒷다리를 모두 사용하지 못하거나 심하면 허리를 펴지도 못합니다.

일단 발병하면 다행히 적절한 치료로 증상이 완화되었다 해도 언제든 재발할 수 있으므로 평생 관리를 받아야만 합니다. 사람으로 치면 뇌졸중에 해당해요. 우리의 경우 뇌에 혈전이 혈관을 막아 생기는 질환이지만, 서 있지 않고 네 다리로 생활하는 고양이는 뒷다리 혈관에 혈전이 발생하기 때문에 뒷다리를 사용하지 못하게 됩니다.

즉 갑작스러운 후지 마비는 심장병에 의한 혈전 증상이므로 빨리 병원에 데려가야 합니다.

입을 벌리고 개구 호흡을 한다

고양이가 호흡곤란을 보이면 지체하지 말고 병원에 데려가세요. 엎드려서 입을 벌리고 금붕어처럼 입을 뻐끔거리며 숨을 쉬거나, 편하게 엎드리거나 웅크리지 못하고, 몸은 엎드린 채 고개만 위로 치켜들고 가슴을 쭉 펴고 숨을 쉬는 모습을 보입니다. 혹은 배와 가슴이 크게 움직이며 호흡하려고 노력하거나, 머리를 위아래로 까딱거리며 힘겹게 숨을 쉬려고 합니다.

이럴 때 대부분 잇몸은 짙은 푸른색을 띠며 발바닥도 핑크 등 원래의 색이 아닌 어두운 색으로 변합니다. 호흡곤란으로 인한 노력성 호흡은 보통 심장병으로 인해 발생하는 증상입니다. 폐에 물이 차기 시작해서 숨을 제대로 쉬지 못하고 서서히 익사하는 상태라고 볼 수 있어요. 심장병을 진단받은 적이 있는 고양이나 심장병 호발 품종이 이런 호흡을 보인다면 최대한 빨리 병원에 데려가야 생명을 구할 수 있습니다.

소변이 나오지 않는다

소변이 아주 가늘게 조금씩 나오거나 방울 방울이라도 나온다면 응급 상황까지는 아니지만 병원에 데려가야 합니다. 하지만 소변을 거의 누지 못하고 있다면 방광으로부터 소변이 나오는 곳까지 막힌 요도 폐색으로 매우 심각한 응급 상황입니다. 보통 이런 경우 하루 정도만 방치해도 방광에 소변이 가득 차다가 요관을 타고 신장으로 소변이 역류합니다. 소변이 역류하는 순간 신장은 순식간에 신수종(신장에 액체가 차는 현상)이 생기며 영구히 망가지고 맙니다.

고양이가 화장실에 들어갔다 나오기를 반복하거나, 자세를 잡아도 소변을 보지 못하거나 힘들게 본 소변에서 붉은 피가 방울방울 나오거나 소변을 볼 때 비명을 지른다면 곧장 병원에 데려가세요.

보호자는 외출 전 화장실을 청소하고, 귀가하면 반드시 화장실을 점검하여 소변량이 정상인지, 감자의 크기와 개수가 줄지는 않았는지 확인하세요. 하루라도 소변을 보지 않았다면 곧장 병원에 데려가 방광 초음파검사를 받아 소변 배출이 원활한지 확인해야 합니다. 만약 소변이 제대로 배출되지 않고 있다면 바로 응급으로 고양이 요도 카테터(urinary catheter, 소변줄)를 설치하여 소변을 제거해야 합니다. 하루라도 소변을 못 본다면 신부전과 요독증으로 고양이가 얼마 살지 못하고 죽을 수 있다는 사실을 명심하고 매일 소변을 잘 보는지 꼭 확인하세요.

죽을 수 있는
3가지
위험 징후

갑자기
다리를
불편해한다면

상황별 대처 요령

열사병

여름철 기온이 30도를 웃도는 상황에서 창문까지 닫힌 집에 고양이만 남겨두거나, 자동차로 이동하다 잠시 휴게소에 들르며 고양이를 차 안에 두었다면 열사병이 발생할 수 있습니다. 이때 차량 내부 온도는 단 5분 만에 70도 이상으로 상승해 순식간에 위험한 상태에 이를 수 있습니다. 열사병은 단순히 몸이 뜨거워지는 것이 아니라, 체온 조절 능력이 무너지면서 의식을 잃고 호흡곤란으로 이어질 수 있는 치명적인 질환입니다. 실제로 매년 열사병으로 사망하는 반려동물이 발생하므로 각별한 주의가 필요합니다.

응급 처치 | 열사병은 일반적으로 위험도를 1~4단계로 구분합니다. 고양이가 의식이 없거나 불러도 반응하지 않고 시선을 마주치지 못한다면 가장 위험한 4단계로, 즉시 아래와 같이 응급 처치가 필요합니다.

- 즉시 그늘이나 시원한 곳으로 옮긴다.
- 에어컨이나 선풍기를 사용해 체온을 낮춘다.
- 젖은 수건이나 아이스팩(수건에 감싼 것)을 양쪽 앞다리 또는 뒷다리 사이에 대어 체온을 낮춘다.
- 빠르게 동물병원으로 이동한다.

예방 | 열사병은 대부분 고양이가 혼자 있는 동안 발생합니다. 따라서 여름철 외출 시에는 실내 온도가 과도하게 올라가지 않도록 미리 대비해야 합니다. 창문을 약간 열어 환기를 유지하되 방충망을 반드시 설치하고, 에어컨은 약 28도로 설정해두는 것이 좋습니다. 또한 제습 모드를 활용하면 습도로 인한 체감 온도 상승을 줄이는 데 도움이 됩니다.

이물 섭취

밥을 주지 않았는데 고양이가 무엇인가를 입에 넣고 오물거리고 있다면 즉시 꺼내줘야 합니다. 집사라면 한 번쯤 겪게 되는 매우 당황스러운 상황이에요. 이물질을 삼킨 경우 고양이는 보통 구토를 시도하며, 이때 이물질이 함께 나오면 다행입니다. 그러나 이물질은 나오지 않고 노란 위액만 토하며 괴로워한다면 즉시 병원으로 이동해야 해요. 또한 무엇을 삼켰는지 확인하는 것이 매우 중요합니다. 삼킨 물건의 종류, 크기, 재질에 따라 검사 방법과 치료 방향이 달라지기 때문이에요. 만약 정확히 알 수 없다면 집 안에서 없어진 물건이나 의심되는 물건을 확인해 수의사에게 전달하는 것이 도움이 됩니다.

응급 처치 | 이물 섭취가 의심될 때는 다음과 같이 대응합니다.

응급 상황
대처 요령 집에서
하는
응급 처치

옴생어
고양이 상담소
316

- 고양이를 진정시키고 조심스럽게 이물을 제거한다.
- 끈, 실, 리본 등이 보일 경우 무리하게 잡아당기지 않는다(장기가 손상될 수 있음).
- 심하게 흥분하거나 제거가 어렵다면 세탁망 등으로 몸을 감싼 뒤 즉시 병원으로 이동한다.

다리를 절뚝거릴 때

고양이가 다리를 절뚝거린다면 당황하지 말고 먼저 상태를 살펴봐야 합니다. 어느 쪽 다리를 저는지, 발을 딛지 못하는지, 딛기는 하지만 힘을 싣지 못하는지, 다리가 비정상적으로 꺾이거나 움직이는지 등을 확인합니다. 상처나 출혈이 있다면 수건 등으로 가볍게 압박해 지혈한 뒤, 추가 손상을 막기 위해 세탁망이나 수건으로 감싸 병원으로 이동합니다. 다리를 조금 절면서도 체중을 싣고 걷는다면 가벼운 염좌일 수 있습니다. 하루 정도 살펴보고 계속 절뚝거리면 병원에 데려가 엑스레이 검사를 받아야 합니다. 한쪽 다리를 전혀 딛지 못한다면 골절이나 인대 손상 가능성이 크므로 즉시 병원에 데려가야 합니다.

응급 처치 │ 다리를 절뚝거릴 때는 다음과 같이 대응합니다.

- 보행 상태와 다리 이상 여부를 확인한다.
- 출혈이 있으면 가볍게 압박해 지혈한다.
- 움직임을 최소화해 안전하게 이동한다.
- 한쪽 다리를 딛지 못하면 즉시 병원으로 간다.

고양이를 잃어버렸을 때

응급 상황 중에서도 가장 당황스러운 상황이 고양이를 잃어버렸을 때입니다. 이럴 때는 우선 집에서 가까운 곳부터 찾아야 합니다. 대부분의 고양이는 멀리 도망가지 않고 집 근처의 어둡고 좁은 곳에 숨어 있는 경우가 많습니다. 집 주변에서 차분한 목소리로 이름을 부르며 구석구석 천천히 살펴보세요. 큰 소리를 지르거나 흥분한 상태로 찾으면 고양이가 더 깊이 숨어버릴 수 있습니다. 담벼락 구석, 베란다 밑, 화단 뒤, 지하실 입구처럼 어둡고 숨기 좋은 공간을 중심으로 꼼꼼히 확인합니다. 집 근처를 충분히 확인했는데도 보이지 않는다면 반경을 조금씩 넓혀가며 수색합니다. 고양이를 발견했다면 서두르지 말고 천천히 접근해야 합니다. 평소와 같은 목소리로 부르며 긴장을 풀어주고, 수건이나 세탁망으로 부드럽게 덮어 안전하게 확보합니다. 이런 상황을 대비해 이름과 연락처가 적힌 목줄을 착용해두는 것이 도움이 됩니다. 그래도 찾지 못했다면 전단지를 붙이고, 지인이나 커뮤니티, SNS 등을 통해 도움을 받는 것이 좋습니다.

응급 처치 │ 고양이를 잃어버렸을 때는 다음과 같이 대응합니다.

- 집 주변부터 차분한 목소리로 천천히 수색한다.
- 담벼락, 베란다 밑, 화단 뒤 등 어둡고 숨기 좋은 곳을 먼저 확인한다.
- 큰 소리를 내거나 여러 사람이 쫓아가지 않는다.
- 발견하면 서두르지 말고 천천히 접근한다.
- 수건이나 세탁망으로 덮어 안전하게 확보한다.

고양이를 잃어버렸다면

각종 사고 대처 요령

갑자기 발작할 때 대처 요령

3

열이 날 때 대처법

고양이의 몸이 뜨끈뜨끈하고 열이 나는 것 같다면 체온을 정확히 측정해야 합니다. 고양이의 정상 체온은 사람보다 약 2도 정도 높기 때문에 손으로 만져서는 정확히 판단하기 어렵습니다. 특히 비가 오거나 습도가 높은 날에는 체감온도가 더 높게 느껴져 정상 체온임에도 열이 있는 것처럼 느껴질 수 있습니다. 손으로 확인해야 한다면 등이나 목이 아닌 허벅지 안쪽 털이 없는 부위를 만져보세요. 이곳에서 열감이 강하게 느껴진다면 체온계로 다시 확인하는 것이 좋습니다. 체온계에 윤활제를 바른 뒤 항문에 1~2cm 정도 넣어 측정합니다. 정상 체온은 38~39도입니다.

증상

다음과 같은 경우 발열로 판단합니다.

- 체온이 39.5℃ 이상이다.
  (운동을 해도 이보다 크게 상승하지 않아요)
- 찬 곳에 엎드려 몸을 떤다.
- 호흡이 거칠고 움직임이 줄어든다.
- 소변량이 줄고 색이 진해진다.

원인

발열은 다양한 원인에 의해 나타나는 증상으로, 동반 증상에 따라 원인을 추정할 수 있습니다.

호흡기 증상 동반 | 눈곱, 재채기, 콧물 같은 호흡기 증상이 동반된다면 허피스바이러스나 칼리시바이러스에 감염되었거나 폐렴에 걸렸을 수 있어요.

설사 동반 | 설사를 동반한다면 장염이거나 범백혈구감소증일 수 있습니다.

그 밖의 원인 | 신우신염, 농양성질환, 담관간염, 고양이전염성복막염, 전신의 세균 감염이나 기생충 감염 등 고양이에게 발열을 유발하는 원인은 셀 수 없이 많아요.

치료 및 관리

발열이 확인되면 체온을 낮추는 응급 조치와 함께 관리가 필요합니다.

응급 처치 │ 얼음이나 아이스팩을 수건에 감싸 허벅다리나 겨드랑이 사이에 끼워 넣어 체온을 낮춥니다. 이때 체온이 과도하게 떨어지지 않도록 주기적으로 확인해 38도 이하로 내려가지 않게 합니다.

이후 정상 체온으로 돌아오고 증상이 사라진다면 주의 깊게 관찰하면 됩니다. 그러나 체온 이상과 함께 식욕 저하, 구토 등의 증상이 나타나면 즉시 병원에 데려가야 합니다. 식욕과 활력이 정상이라도 24시간 이상 발열이 지속되면 진료가 필요합니다. 평소 체온계를 구비해두고 이상이 의심될 때 수시로 측정하는 습관을 들이는 것이 좋습니다.

관리 │ 열이 있을 때는 에너지 소모가 크므로 조용한 곳에서 충분히 쉬게 합니다. 열이 나면 물을 잘 마시지 않게 되고 발열로 인해 탈수가 생길 수 있으니 물을 소량씩 자주 급여합니다. 다묘 가정이라면 전염 가능성을 고려해 접촉을 최소화합니다. 한 가정 내에서 완벽한 격리는 어렵지만, 최대한 접촉을 자제시키는 것만으로도 전염 위험을 많이 낮출 수 있습니다.

> 🐾 어떤 경우에도 타이레놀 같은 사람용 해열제를 먹여서는 안 됩니다. 자칫 고양이를 죽일 수도 있을 만큼 위험하니 절대로 먹이지 마세요.

열이 난다면
어떻게
해야 할까?

4

고양이를 살리는 심폐소생술

끔찍한 일이지만, 평소 심장병이 있거나 예상치 못한 사고로 인해 심장이 갑자기 정지하는 일이 생길 수 있습니다. 그런 순간에는 일분일초가 중요합니다. 물론 빨리 병원에 데려가는 것이 정답이지만, 병원까지 가는 15분, 20분 동안 숨을 쉬지 않거나 심장이 멎은 상태라면 살아서 도착할 수 없을 거예요. 이런 만일의 사태에 대비하여 보호자는 고양이 심폐소생술을 배워두어야 합니다.

각종 반사 확인
먼저 심폐소생술을 해야 할 정도로 의식이 없는지, 심장이 안 뛰는지 반드시 확인해야 합니다. 느리게라도 심장이 뛰고 있다면 심폐소생술을 할 필요가 없고 빨리 병원에 데려갑니다.

의식 확인 | 의식이 없는 고양이는 눈을 뜨고 있습니다. 눈에 가볍게 손가락을 대어서 깜빡이는지 동공반사를 확인합니다. 동공반사가 없고 눈을 깜빡이지 않는다면 의식이 없는 상태입니다.

호흡 확인 | 가슴과 배를 관찰하여 숨을 쉬는지 확인합니다.

통증 반응 확인 | 발바닥과 발등을 검지와 중지로 집고 세게 눌러 통증에 반응하는지 살펴보세요. 반응이 없다면 통각을 소실할 정도로 의식을 잃은 것입니다.

맥박 확인 | 허벅지 안쪽 사타구니에 있는 대퇴동맥에 검지와 중지를 대어 맥이 뛰는지 확인합니다. 여기서 맥이 느껴지지 않는다면 심장이 멈춘 상태이니 바로 CPR(심폐소생술)에 들어가야 합니다.

⬤ 분홍색 원: 심박수 측정 부위
⬤ 파란색 원: 맥박수 측정 부위

기도 확보

호흡이 멎고 심장이 멈춘 상태의 고양이는 각종 토사물이나 침 등이 입안 가득 고여 있거나 혀가 말려 들어간 경우도 많습니다. 입을 벌려 혀를 손가락으로 쭉 잡아뺀 후 손가락과 거즈를 사용해 구강 속 이물질들을 모두 신속히 제거하여 기도를 확보합니다.

심폐소생술 실시

심폐소생술은 고양이의 입과 코에 보호자가 입을 대고 숨을 2회 불어넣은 후 심장 부위를 30회 압박하는 것이 1세트입니다. 너무 강하게 숨을 불어넣으면 작은 고양이의 폐에 오히려 손상을 주어 상황을 더 악화시킬 수 있습니다. 큰 사람이나 개는 코를 막고 입으로 숨을 불어넣는 것이 원칙이지만, 덩치가 작은 고양이의 경우 입과 코를 한번에 입으로 덮어 숨을 불어넣는 것이 더 효과적입니다.

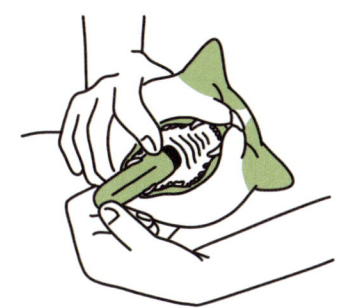

① 기도 확보

고양이를 눕힌 후 목을 부드럽게 당겨 살짝 뒤로 젖히고 입을 벌려 혀를 살짝 당겨 기도를 더 확장합니다. 목이 굽혀 있으면 기도 확보가 어려우므로 목을 쭉 펴주세요.

② 인공호흡

한 손으로 고양이 얼굴을 받치고 입과 코에 입을 대고 천천히 숨을 불어넣습니다. 일정한 강도로 2번 숨을 불어넣으면서 고양이의 가슴을 관찰하며 천천히 가슴이 부풀어 오르고 다시 내려가는지 확인해야 합니다.

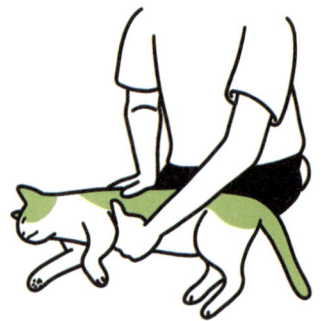

③ 흉부 압박(심장 마사지) 30회

흉부를 30회 압박합니다. 여러 매체에서 흔히 보는, 양손을 깍지껴서 손바닥을 사용한 흉부 압박법은 사람이나 커다란 개에게 유용한 방법입니다. 고양이는 손가락을 사용하거나 심장 부위의 가슴을 손으로 쥐고 주물주물 눌러줘도 충분해요. 심장의 위치는 고양이의 팔꿈치를 접었을 때 가슴에 닿는 부위입니다. 고양이는 흉부가 작고 좁으며 갈비뼈가 유연하여 한 손으로 심장을 움켜쥘 수 있어요. 바닥에 눕히고 힘을 실어 손으로 압박하면 오히려 폐와 심장 갈비뼈에 심한 손상을 줄 우려가 있으므로 사람이나 큰 동물에게 하듯 누르면 절대 안 됩니다.

④ 중간중간 상태 확인

CPR 중간중간 호흡은 돌아왔는지, 허벅지 사이 대퇴동맥에 손가락을 넣어 맥이 다시 뛰는지 확인합니다. 이를 반복하며 최대한 빨리 동물병원으로 이동합니다.

이송 전·중 유의사항

이송 전 병원에 현재 상황을 알려서 도착 즉시 응급 처치를 할 수 있게 준비하도록 하고, 이동 중 체온이 떨어지지 않도록 따스한 상태를 유지해야 합니다. 응급 상황에는 골든타임이 있습니다. 심장이 멎었다면 4분 이내에 심폐소생술을 해야 합니다. 인공호흡 2회, 심장 마사지 30회를 기억하고, 절대로 체중을 실어 손바닥 전체로 가슴을 압박하면 안 되며, 심폐소생술 중에도 최대한 빨리 병원에 데려가야 한다는 점을 명심하세요.

심폐소생술
방법

하임리히법,
심장 마사지

구급상자 준비하기

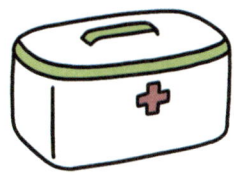

고양이와 함께 살다 보면 어처구니없는 사고가 종종 일어납니다. 그래서 고양이가 다치기도 하고 급하게 처치해야 할 일들이 생기기도 하지요. 언제 어떤 사고가 일어날지 예측할 수는 없지만, 구급상자에 비상약이나 필요한 물품을 준비해 놓는다면 응급 상황을 효율적으로 대처하고 고양이를 병원에 데려가기 전에 최상의 대응을 할 수 있어요. 그럼 고양이 구급상자 안에는 무엇을 넣어둘까요?

소형 이발기 | 고양이가 상처를 입었을 경우나 부분적으로 피부염에 생겼을 때 상처 부위의 털을 정리하여 연고를 바르거나 소독을 해줄 때 유용하게 사용합니다. 생각보다 내 고양이에게 사용할 일이 많으며, 가위는 절대로 사용하지 마세요. 해마다 많은 고양이가 보호자의 서투른 가위질 때문에 피부를 다쳐서 병원에 오거든요. 많은 동물병원에서도 사용하는 하성 반려동물 이발기를 추천합니다.

빨래망 | 뜬금없게 느껴지겠지만, 고양이가 상처를 입거나 심하게 다쳤을 때는 심한 흥분 상태이기 때문에 붙잡아서 병원에 데려가기가 힘들어요. 이때 빨래망이 유용합니다. 흥분한 고양이에게 일단 빨래망을 뒤집어씌운 다음에 담아서 그 상태 그대로 이동장에 넣고 병원으로 데려갑니다. 병원에서는 빨래망 안에 든 고양이를 꺼내지 않은 상태로 주사를 놓거나 엑스레이검사 등 대부분의 처치가 가능합니다. 위급 상황에서 다치거나 심하게 흥분하거나 경련 중인 고양이를 잡아서 데려올 때 꼭 필요한 물품입니다.

의료용 핀셋, 족집게 | 가시나 날카로운 뭔가가 피부에 끼었을 때 제거에 유용합니다. 발바닥에 유리나 이물질 같은 것이 박혔다면 족집게를 사용합니다. 때로는 입안에 낀 이물질, 장난감이나 간식 등이 걸렸을 때도 제거에 유용해요. 일자 형태의 핀셋은 입안에 사용하기는 좀 힘들고, 끝이 구부러진 형태의 의료용 핀셋이 입속의 이물질을 제거하는 데 매우 효과적입니다.

 **수건** │ 커다란 비치 타월이 좋아요. 흥분한 고양이를 둘러싸서 옮기거나 얼굴 부분을 가리고 발톱을 손질할 때, 체온 유지를 위해 따뜻하게 해주거나 상처가 심해서 몸을 감싸고 병원으로 옮길 때 등 모든 경우에 매우 유용합니다. 고양이를 병원에 데려갈 때는 이동장 바닥에 깔아주거나 이동장 위에 덮어주세요. 이동 중에도 익숙한 집 안의 냄새를 맡을 수 있어 고양이가 덜 흥분하고 덜 불안해합니다.

 **진드기 후크** │ 고양이에게 붙은 진드기를 효과적으로 제거할 수 있어요. 일반 핀셋으로 떼어내면 진드기 머리 부분이 고양이 피부 속에 그대로 남아 있는 경우가 많이 발생합니다. 그러면 피부염이나 알레르기성 피부염이 생길 수도 있어요. 진드기 제거용 후크를 사용하면 진드기를 깨끗하게 떼어낼 수 있어 편리합니다. 몇천 원짜리 플라스틱 조각 하나 장만해놓으면 거의 평생 사용할 수 있는 가성비 좋은 아이템이에요.

 **바늘 없는 주사기** │ 동물병원이나 약국에서 바늘을 제거한 주사기 3mm, 10mm, 30mm 3종류를 구매하면 편리하게 사용할 수 있어요. 약을 먹일 때는 3mm 주사기가 유용하고, 식사를 하지 못해 강제 급여할 때는 10mm를 사용합니다. 30mm짜리는 상처 부위를 소독하거나 세척할 때 사용할 수 있습니다.

 **항불안제** │ 동물병원에서 처방받아 구급상자에 넣어두세요. 급하게 병원에 가야 하거나 갑작스레 차로 장거리를 이동해야 할 때 멀미를 방지하기 위해, 혹은 예상치 않은 손님의 방문 등으로 고양이가 심하게 스트레스를 받거나 지나치게 흥분할 상황이 예측될 때 한 알 먹여두면 도움이 됩니다.

 **눈 세정제 / 인공눈물 / 각막 보호제** │ 갑자기 눈이 붓거나 충혈되거나 눈에 이물질이 들어갔다면 생리식염수를 사용하지 말고 동물용 눈 세정제나 인공눈물 혹은 각막 보호제를 사용하세요. 동물용 눈 세정제는 생리식염수보다 눈에 자극이 적어서 목욕 전후나 단순히 눈을 씻어낼 때도 사용할 수 있어요. 인공눈물이나 각막 보호제는 눈을 보호할 목적으로 사용합니다.

 **소독약(포비돈 요오드, 클로르헥시딘)** │ 상처 부위를 소독할 때 사용합니다. 털이 없는 부위는 일단 포비돈 요오드를, 털이 있는 부위에는 무색무취이고 남지 않는 클로르헥시딘 소독약을 사용하면 좋아요. 털이 있는 부위에 포비돈을 도포하면 털과 함께 엉켜 딱딱해지며 오히려 더 안 좋을 수 있습니다. 클로르헥시딘은 거즈에 묻혀서 구강 소독에 사용해도 좋아요.

 **엘리자베스칼라(넥칼라)** │ 작은 것으로 하나 구비해두면 다양한 용도로 사용할 수 있어요. 주로 눈에 질환이 생겼을 때 눈을 비비거나 긁어서 생기는 2차 손상을 방지할 목적으로 사용합니다. 몸의 상처나 수술 부위를 핥아서 염증이 생기는 것을 막을 때, 다쳐서 치료하려는데 고양이가 심한 흥분 상태라 핸들링이 힘들 때 씌워주면 어느 정도 핸들링이 가능해집니다. 부드러운 천 재질보다는 동물병원에서 사용하는 불편하고 딱딱한 플라스틱 재질을 추천합니다.

 **거즈 / 면봉** │ 상처 부위나 눈 주위를 닦을 때 눈에 들어간 이물질을 제거할 때, 상처에 소독약이나 연고를 도포할 때 등 다양하게 사용할 수 있어요. 4인치x4인치 크기의 멸균 거즈를 추천합니다.

탄력 붕대 / 코반 / 의료용 테이프

| 탄력 붕대는 상처 부위를 압박하거나 복부나 등 부위를 긁거나 핥아 상처를 확대하는 걸 막기 위해 일시적으로 사용합니다. 어떤 경우에도 탄력 붕대를 앞다리나 뒷다리에 사용하면 안 됩니다. 너무 압박해 죄여서 위험할 수 있어요. 수의사들도 탄력 붕대를 사지 말단에 사용할 때는 매우 주의합니다. 일반 거즈로 된 탄력성 없는 붕대는 절대 사용하지 마세요. 말리면서 심하게 압박하고 탄성이 없어 늘어나지 않아 살을 파고들기도 합니다. 코반은 발 같은 말단 부위의 상처를 거즈로 감쌀 때 거즈를 고정하는 목적으로 사용합니다. 부드러운 것을 사용하고 너무 세게 감지 마세요. 천천히 살살 천천히 감으면 자체의 탄력과 접착력으로 잘 유지됩니다. 3M사의 제품이나 손으로도 잘 찢어지는 제품이 좋아요. 의료용 테이프는 3M 마이크로포어를 구입하세요. 탄력 붕대나 거즈를 고정할 때 사용하며 무독성에 공기가 잘 통해서 상처에 덜 손상을 줍니다.

멸균 티슈

| 고양이의 상처를 다루기 전에 우리의 손을 소독할 목적으로 주로 사용합니다.

플래시 라이트

| 털 속의 상처를 살피거나 눈에 들어간 이물을 살필 때, 입안이나 귓속을 살펴볼 때 등의 모든 경우에 매우 유용합니다.

의료용 가위

| 고양이에게 직접 사용하기보다는 붕대나 거즈를 자를 때 사용합니다. 고양이 털을 자를 목적으로는 절대 사용하지 마세요. 털은 동물용 이발기로 잘라야 안전합니다.

체온계

| 약국에서 판매하는 1만 원 안팎의 디지털 체온계를 준비합니다. 고양이 상태의 심각성을 파악하는 데는 체온이 제일 중요합니다. 정상 체온은 38.5도 정도이니 39.3~39.4도가 넘어간다면 빨리 병원에 데려가세요.

필건(알약 투여기)

| 평소 알약을 잘 받아먹는 습관을 들였더라도 급박한 상황에서 흥분한 고양이는 알약을 먹지 않으려 하고 심하면 공격성마저 보이기도 합니다. 급하면 필건을 사용해 약을 투여해야 하는 경우는 많으니 구비해야 합니다.

라텍스 장갑

| 상처가 심한 고양이를 다룰 때 필요합니다. 고양이의 상처를 소독하거나 연고를 바를 때 보호자의 손에 있는 세균으로 인한 2차 감염을 예방할 수 있어요.

윤샘 TIP   생각보다 준비할 것이 많나요? 하지만 모두 인터넷이나 가까운 약국, 동물병원에서 손쉽게 구입 가능한 물품들입니다. 큰 비용이 들지 않으니 구비해 모아둔다면 사용할 일이 없더라도 마음이 매우 든든할 거예요.

고양이용
구급상자
만들기

소독약의 종류와 사용법

소독약은 고양이의 가벼운 상처나 피부병, 턱드름 등에 사용하거나 고양이의 주변 환경을 소독할 때 사용합니다. 종류도 다양하고 특징에 따라 사용법과 사용처도 각기 달라요. 소독약은 치료약이 아니지만, 각종 치료 중에 보조적으로 수의사의 지시에 따라 사용하면 치료에 도움이 됩니다. 여러 소독 약품의 종류와 용법을 살펴봅시다.

① 포비돈 요오드(베타딘)

우리가 흔히 '빨간약'으로 알고 있는 소독약으로, 오래전부터 사용되어온 안전하면서도 살균력이 뛰어난 약품입니다. 바른 뒤 마르면서 1~2분 후부터 작용하며, 세균·곰팡이·바이러스·원충류까지 광범위하게 살균하고 약 6시간 정도 효과가 지속됩니다.

사용 범위 | 가벼운 상처, 수술 부위, 부분적인 피부염 등에 사용합니다. 물에 희석해 구내염 소독에도 활용할 수 있으며, 특히 곰팡이 억제 능력이 뛰어나 링웜 같은 곰팡이성 피부질환에도 효과적입니다.

주의 | 요오드 성분이 포함되어 있어 갑상샘항진증 고양이에게는 사용하지 않습니다. 보호자 또한 갑상선 기능에 문제가 있다면 장갑을 끼고 만지기를 권합니다. 또한 깊은 상처에는 적합하지 않으며, 완전히 마르기 전에는 끈적이며 붉게 착색될 수 있으므로 옷이나 가구 등에 묻지 않게 주의해야 합니다. 고양이에게 발라준 후 완전히 마를 때까지 안고 있어야 해요.

② 클로르헥시딘

베타딘 이후 개발된 소독약으로, 무색무취이며 자극이 적어 고양이에게 비교적 안전하게 사용할 수 있습니다. 도포 후 30초 이내로 빠르게 살균이 시작되며, 일반 세균과 일부 곰팡이에 효과가 있고 피부에서는 1~2일 정도 소독 효과가 지속됩니다.

사용 범위 | 턱드름, 피부염, 가벼운 상처 소독, 구내염 관리 등에 사용합니다. 화장솜이나 거즈에 묻혀 부드럽게 닦아주거나, 넓은 부위에는 스프레이 통에 담아 뿌려주는 형태로 사용할 수 있습니다.

주의 | 바이러스에는 효과가 없으므로 범백혈구감소증이나 허피스바이러스 등 바이러스성질환 예방을 위한 소독에는 적합하지 않습니다.

③ 차아염소산

코로나 이후 널리 사용되는 환경 소독용 소독제로, 비교적 안전성이 높고 세균, 곰팡이, 바이러스까지 광범위하게 살균합니다.

사용 범위 | 고양이 집, 화장실, 생활 공간 등 주변 환경 소독에 사용합니다.

주의 | 고양이의 몸에 직접 사용하는 것이 아니라 환경 소독용으로만 사용해야 합니다.

④ 차아염소산나트륨(락스)

강한 소독력을 가진 화학 소독제로, 일반적으로 '락스'라고 불립니다. 광범위한 살균 효과를 가지지만 자극이 강한 편입니다.

사용 범위 | 충분히 희석한 후 환경 소독에 사용합니다.

주의 | 원액은 매우 자극적이며 인체에 유해한 염소 가스가 발생해 주의해야 합니다. 보다 안전한 차아염소산을 사용하는 것이 권장됩니다.

⑤ 알코올

자극이 강한 소독제로 과거에는 널리 사용되었으나, 현재는 자극이 적은 소독약이 많아 사용하는 곳이 제한적인 편입니다. 바르는 즉시 살균 효과가 나타나는 것이 특징입니다.

사용 범위 | 주로 동물병원에서 수술 전에 수술 부위를 소독하는 용도로 사용됩니다.

주의 | 피부 자극이 매우 강하므로 고양이의 상처에 직접 사용하는 것은 권장되지 않습니다. 한동안 고양이와 좋은 관계를 유지하기는 힘들 거예요.

⑥ 과산화수소수

소독약이라기보다는 단백질을 분해하는 성질이 강한 물질로, 세균뿐 아니라 노출된 조직까지 함께 분해하여 강한 자극을 유발합니다.

사용 범위 | 고양이의 상처 치료에는 사용하지 않습니다. 옷이나 천에 피가 묻었을 때 솜에 묻혀 닦아 지워낼 때 사용합니다.

주의 | 상처를 악화시키고 극심한 통증을 유발할 수 있으므로 사용하지 않습니다. 또한 고양이가 소량이라도 핥을 경우 구토를 유발해 사용에 주의해야 합니다.

소독약의
종류와
사용법

7

위험한 물질

호기심이 많고 기웃거리기를 좋아하는 고양이는 가끔 이상한 것을 먹기도 합니다. 보호자인 우리가 모르고 고양이에게 절대 주면 안 되는 위험한 먹을 것을 주는 경우도 있어요. 고양이가 절대 먹으면 안 되는 독극물에는 무엇이 있을까요?

아세트아미노펜

이 생소한 이름의 물질은 우리가 흔히 복용하는 해열 진통제 타이레놀의 주성분입니다. 코로나로 세계가 들썩였던 시절부터 타이레놀은 이제 각 가정의 상비약이 되었습니다. 타이레놀은 사람에게서는 해열과 진통에 효과적인 좋은 약이지만 고양이에게는 아주 소량만으로 생명을 위협하는 독약입니다. 보통 우리가 먹는 500mg짜리 타이레놀은 성묘 1마리를 죽일 수 있어요. 그럴 일은 없겠지만, 혹시라도 고양이가 열이 난다고 집에 있는 타이레놀을 함부로 먹이면 절대 안 됩니다.

타이레놀을 먹은 고양이는 구토, 침 흘림, 혈뇨, 검은색의 설사 같은 증상을 보이다가 신장이 망가져 사망합니다. 먹은 지 30분 이내라면 빨리 병원에 데려가 토해내게 하는 것이 최선이며, 이미 한 시간이 넘었다면 입원시켜서 수액 처치를 하며 고양이 간과 신장에 큰 손상이 없기를 기도하는 방법밖에 없습니다.

부동액

녹색을 띠는 자동차 부동액은 에틸렌글리콜이 주성분으로, 1티스푼 정도의 소량만으로도 고양이의 신장을 망가뜨리는 매우 치명적인 독성물질입니다. 실내 고양이는 노출 위험이 적지만, 길고양이는 부동액이 섞인 물을 마시고 중독되는 경우가 많습니다. 달콤한 냄새와 맛, 그리고 잘 얼지 않는 특성 때문에 특히 겨울철에 사고가 자주 발생합니다. 중독 시 급성 신부전으로 이어지며 발작, 경련, 구토, 혼수상태 등의 증상이 나타나고 결국 사망에 이를 수 있습니다. 흡수가 매우 빨라 병원에 빠르게 도착하더라도 치료가 어려운 경우가 많아 각별한 주의가 필요합니다.

위험한
7가지
물질

실내에서
생명을
위협하는 것들

백합

고양이에게 백합 종류의 꽃은 치명적인 독극물입니다. 일명 '백합 중독'이라고 하는데 먹지 않고 단지 냄새만 맡아도 신부전에 걸릴 수 있을 만큼 위험합니다. 역시 꽃에 있는 독성 성분을 분해하는 UGT1A6 유전자가 없어서 발생하는 현상입니다. 특히 백합의 독성 성분은 사람이나 개에게는 아무 문제를 일으키지 않지만, 이 유전자가 없는 고양이는 신부전이나 간이 손상됩니다. 고양이의 백합 중독은 백합과의 꽃들 모두에 해당하며 대표적인 백합과 꽃으로는 백합, 튤립, 은방울꽃, 참나리, 드라세나, 히아신스 등이 있습니다. 고양이를 키운다면 졸업식이나 축하받는 자리에서 받은 꽃다발은 절대 집 안에 갖고 들어오지 마세요.

아스피린

우리가 타이레놀과 더불어 가장 흔하게 사용하는 해열 진통제 아스피린 역시 적은 양으로 고양이에게 치명적인 독성물질이니 절대 임의로 먹여서는 안 됩니다. 잡식동물인 개나 사람과 달리 고양이는 완전 육식동물입니다. 그래서 수만 년 동안 진화하면서 식물을 섭취하지 않았지요. 그 결과 개나 사람에게는 존재하는, 식물 유래의 독성 성분을 분해하는 UGT1A6라는 복잡한 이름의 유전자가 퇴화하여 결손되었습니다. UGT1A6 유전자가 없는 고양이는 식물 유래의 아스피린 같은 약물을 간에서 해독하지 못해요. 분해나 대사과정을 거치지 못해 간독성을 띠게 되며 위궤양과 위출혈, 급성간염, 구토와 복통을 나타내다 사망에 이릅니다. 실수로라도 혹은 고양이가 열이 난다고 상비약인 아스피린을 임의로 먹여서는 안 되며 혹시 먹였다면 즉시 동물병원에 데려가 구토를 시키고 적절한 치료를 받아야 합니다.

집사가
고양이를
죽인다?

위험한
의외의
음식은?

간을
망가뜨리는
것들

쥐약

길고양이가 쥐 방제 목적으로 놓아둔 쥐약을 먹거나, 쥐약을 먹고 죽은 쥐를 먹어서 중독되는 경우가 많습니다. 요즘의 쥐약은 대부분 3세대 와파린 제제로 쥐나 고양이 몸속에서 비타민K의 활용을 방해하여 혈액의 응고를 막아 몸 전체에 출혈을 일으킵니다. 결국 서서히 심한 빈혈을 유발하여 죽음에 이르는데, 유일한 치료법은 수혈과 산소 공급입니다. 몸속에 들어간 와파린이 모두 대사되어 나올 때까지 지속적으로 수혈과 산소를 공급하는 치료를 해야 합니다. 사용되는 쥐약은 대부분 3세대 와파린 제제이지만 혹시 다른 성분일 수도 있으니 쥐약을 놓은 방제 회사를 안다면 효율적인 치료를 위해 쥐약의 성분을 문의하세요. 전화하여 어떤 성분의 약인지 확인해서 수의사에게 알려주면 치료에 도움이 됩니다. 참고로 경험상 세스코는 3세대 와파린을 살서제의 주성분으로 사용합니다.

살충제

정확히는 피레스로이드 성분의 모기약이나 개에게 바르는 외부기생충 구제제는 고양이에게 위험합니다. 피레스로이드와 그 성분의 유사 합성물질인 퍼메트린, 피레트린 성분은 국화꽃에서 추출한 성분으로 사람이나 개 등 대부분의 포유류에게 안전합니다. 그래서 여러 살충제에 광범위하게 사용되지요. 식물 유래의 독성물질로 강력한 살충 작용으로 인해 모기약이나 강아지용 외부기생충 구제제 성분으로 사용되지만, 식물성 독성물질을 해독하는 유전자가 없는 고양이에게는 독성을 띠는 것입니다. 피레스로이드 성분의 강아지용 외부기생충 구제제는 실수로 한 방울만 고양이에게 발라도 죽음에 이르게 할 수 있습니다. 이런 종류의 식물 추출물이나 자연 성분이라고 적힌 살충제 계통은 고양이에게는 매우 위험하다는 사실을 꼭 기억하세요. 자연 추출물이라고 모두 고양이에게 안전한 건 아니에요.

사람용 영양제

무분별한 영양제 남용이 좋지 않기도 하지만, 많은 고급 영양제들이 자연에서 추출한 성분을 사용하기 때문에 고양이에게 위험합니다. 식물 유래의 일부 성분은 고양이에게 치명적일 수 있으니, 영양제를 꼭 사용해야 한다면 반드시 고양이용 영양제를 먹이세요. 애초부터 고양이에게는 자연 추출물이나 식물 유래의 성분을 사용하지 않는 편이 안전합니다.

8

재난 대비

이상기온으로 매년 기록적인 폭우가 쏟아지며 많은 가정이 침수 피해를 겪고 있습니다. 침수된 집에 남겨진 고양이를 구하려다 끝내 돌아오지 못한 보호자의 안타까운 사고도 있었습니다. 이를 두고 "고양이 하나 때문에 위험을 무릅쓴다"라는 시선도 있지만, 반려동물을 가족처럼 여기는 이들에게는 결코 단순한 선택이 아닙니다. 어떤 사람에게는 고양이나 강아지가 자신의 생명만큼 소중한 존재이기 때문입니다. 그러나 우리나라 현행 제도는 재난 상황에서 반려동물 대책을 충분히 마련하지 못하고 있습니다. '반려동물 가족을 위한 재난 대응 가이드라인'이 배포되었지만, 실제로 반려동물과 함께 들어갈 수 있는 대피소는 거의 없습니다. 시각장애인 안내견을 제외한 반려동물은 국가 운영 대피 시설 출입이 제한되어 있어, 보호자가 직접 대비해야 하는 상황입니다. 재난 상황에서 고양이와 함께 안전하게 대피하려면 사전에 현실적인 준비가 필요합니다.

집에 두고 대피해야 할 때

보호자 안전이 우선 | 상황이 당장 급박하지 않다면, 사람만 먼저 대피하는 것도 방법입니다. 대부분의 대피 시설은 반려동물 동반이 어렵고, 고양이에게도 안전한 환경이 아닐 수 있습니다. 단수나 단전처럼 비교적 긴급하지 않은 상황이라면, 오히려 집이 더 안전할 수 있습니다. 무엇보다 고양이를 지키기 위해서는 보호자의 안전이 먼저입니다.

분실 대비 | 반드시 이름과 전화번호가 적힌 목걸이를 걸어주고 분실에 대비하여 마이크로칩을 꼭 삽입해야 합니다.

충분한 식량과 물 준비 | 최소 일주일 이상 버틸 수 있도록 집 안 여러 곳에 나누어 준비합니다. 수도가 끊길 수 있으므로 수돗물을 틀어두기보다는 물과 사료를 충분히 나누어 두는 것이 중요합니다.

구조 안내 | 현관문 앞에는 향후 구조에 대비하여 "반려동물이 아직 안에 있어요" 등의 문구가 적힌 반려동물 대피 카드나 스티커를 붙여놓아야 합니다.

고양이와 함께 대피해야 할 때

생존 가방 준비 | 먼저 고양이 생존 가방을 준비합니다. 어깨에 멜 수 있는 켄넬 혹은 배낭 형태의 이동장에 비상시 고양이와 함께 급히 탈출해야 할 때 필요한 것들을 넣어두세요.

얇은 담요

세탁망
(흥분한 고양이를 안전하게
넣고 이동하는 용도)

일주일분 사료

1L 물

배변 패드

생존 가방

가벼운 식기

고양이 약, 항불안제

이름·연락처가
적힌 목줄

하네스

예방접종 수첩,
접종 기록

보호자 연락처,
고양이 정보가 적힌 카드
(이름, 종류, 성별, 중성화 여부,
보호자·수의사 연락처, 접종 유무 등)

대피장소 | 대피할 곳의 목록을 미리 작성해두세요. 반려동물과 함께 갈 수 있는 대피소, 근처 친인척이나 지인의 자택 등을 알아두고, 문제 발생 시 고양이와 함께 이동할 수 있도록 대피 전에 부탁해둡니다. 그때그때 상황에 따라 이동 장소를 확보해놓아야 합니다. 상황이 여의치 않으면 한동안 차 안에서 지내야 할 수도 있습니다. 사실 많은 재난 상황 시 어느 정도 수습되어 대피 시설이 만들어지기 전까지는 차에서 지내야 하는 경우가 발생하며, 홍수나 화재 등의 도심형 재해 상황이 아니라면 의외로 차 안이 안전할 수 있어요.

이동간 절차 | 혼란스러운 환경의 변화나 이동 시 소음 등이 고양이에게 큰 스트레스를 줄 테니 이동하기 전에 항불안제를 한 알 먹여주세요. 고양이가 많이 흥분하여 이동장에 들어가지 않으려 하면 세탁망을 이용하여 안전하게 잡아서 그 상태로 이동장에 넣습니다. 고양이 생존 가방을 이동장에 부착하고 고양이의 정보 카드도 붙여놓습니다. 이동할 때는 이동장을 어깨에 메거나 배낭형 이동장을 사용하여 반드시 양손의 자유를 확보하고 절차나 통제에 잘 따르면서 최대한 신속하게 정부 지침에 따르세요. 충분히 안전이 확보되지 않은 장소라면 식사나 용변 모두 이동장 안에서 해결해야 합니다.

분실 방지 | 재난이 잦은 일본에서는 지진이나 화산 분화 같은 대형 재해 이후 많은 유기 동물이 발생합니다. 이때 동물구조센터가 설치되고, 자원봉사자와 수의사들이 참여해 구조된 반려동물을 치료한 뒤 보호자에게 인계하는 활동이 이루어집니다.

우리나라 역시 큰 재해가 발생하면 비슷한 상황일 거예요. 따라서 고양이를 잃어버리거나 함께 대피하지 못하는 상황에 대비해, 이름과 연락처가 적힌 목걸이를 해주거나 마이크로칩을 삽입하는 것이 좋습니다. 가능하다면 위치 추적 디바이스(갤럭시 스마트태그, 애플 에어태그 등)를 꼭 해줄 것을 당부드립니다. 무엇보다 고양이를 끝까지 지키기 위해서는 보호자의 안전이 가장 중요하다는 점을 잊지 말아야 합니다.

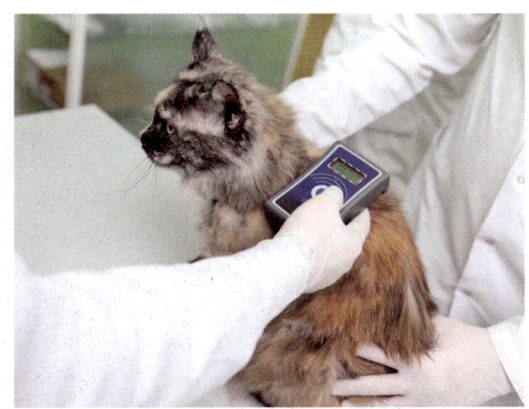

🐾 수의사가 마이크로칩을 스캔하는 모습

재난에 대비하는 방법  안전하게 대피하는 방법

5

집사 마스터반

끝까지 함께하기
위한 이야기

**노화, 이별, 그리고
그 이후까지**

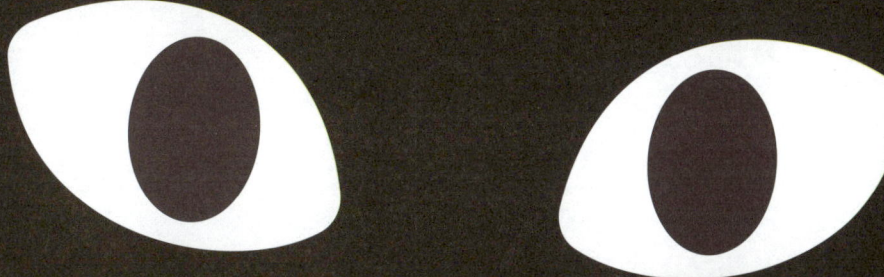

행복한 동행을
위하여

함께 여행하기

이제는 고양이를 가족 구성원으로 여기는 것이 당연한 시대입니다. 아침에 눈을 뜨고 밤에 잠들기까지 우리는 반려동물과 함께 웃고 먹고 시간을 보내지요. 그러다 보니 국내는 물론 해외여행도 반려동물과 함께하려는 사람들이 부쩍 늘고 있습니다. 사랑하는 내 고양이와 여행을 떠나고 싶다면 그 전에 먼저 알아야 할 주의 사항과 준비해야 할 일들을 살펴봅시다.

여행 전 고려해야 할 점

고양이가 이동장에 익숙하고 차를 잘 탄다고 해서 어디든 함께 여행할 수 있는 것은 아닙니다. 낯선 환경 자체가 큰 스트레스가 될 수 있으므로, 여행의 성격과 계절·날씨, 고양이의 나이·건강·성격 등을 충분히 고려해 결정하세요. 2~3일의 짧은 국내 여행은 비교적 가능하지만, 일주일 이상의 해외여행은 더욱 신중한 판단이 필요합니다.

보호자가 좋아하는 장소가 고양이에게도 편안하다는 보장은 없습니다. 특히 예민한 고양이를 낯선 사람이 많은 곳에 데려가는 것은 바람직하지 않으며, 비행기 화물칸 이동이 필요한 경우라면 여행을 권하지 않습니다. 페르시안, 히말라얀처럼 코가 눌린 품종은 더위와 습기에 취약하므로 여름 장거리 이동은 피하는 것이 안전합니다. 이러한 점들을 모두 고려했을 때도 동행이 더 낫다고 판단된다면, 충분한 준비를 갖춘 뒤 이동하세요.

반드시 준비해야 할 것들

이동장 | 고양이는 이동하는 동안 반드시 캐리어라 부르는 딱딱한 플라스틱 이동장 또는 복합소재로 된 튼튼한 이동장 안에 있어야 합니다. 이동장에 있는 안전벨트 고리를 차량 안전벨트로 단단히 고정해주세요. 이동 중에는 어떤 경우에도 고양이를 밖으로 꺼내지 않습니다.

이동장에는 'live animals(살아 있는 동물)' 표시 스티커와 보호자의 연락처를 부착해주세요.

안전장치 | 여행지에서 산책을 하지 않더라도 안전상의 이유로 고양이용 하네스를 꼭 채우고 인식표가 붙은 목줄을 채워주세요. 인식표에는 고양이의 이름과 보호자의 전화번호를 기재하세요. 필요하다면 위치 추적용 스마트태그를 부착하면 도움이 됩니다. 여행지에서 고양이를 이동장 밖으로 꺼내서 이동할 때는 하네스를 채우고 연결된 줄을 한 손에 감고 안아서 이동해야 합니다. 낯선 곳에서 흥분하거나 겁먹은 고양이가 어디로 튈지는 아무도 몰라요. 그러니 항상 안전장치를 이중, 삼중으로 하고 목줄에도 반드시 연락처를 기입하세요. 하네스나 목줄에 훈련이 안된 고양이라면 익숙해지도록 출발 1~2개월 전에 미리 하네스, 목줄, 이동장 안에서의 이동을 충분히 훈련시키세요.

준비물

모래와 일회용 화장실 | 평소 사용하는 모래와 일회용 고양이 화장실을 준비하세요. 여행지 호텔을 이동할 때마다 하나씩 사용하고 버리기를 추천합니다. 2~3일 혹은 길게는 일주일 정도 사용 가능합니다.

사료 | 1~2일의 짧은 여행이라면 습식사료 캔 몇 개 정도 챙기면 되지만, 5일 이상의 긴 여행이라면 습식사료와 더불어 평소 먹던 건사료도 챙겨야 합니다. 낯선 사료나 간식은 자칫 설사나 구토 등을 유발할 수 있으니 평소 먹던 것 위주로 급여하고 현지에서 파는 사료나 간식은 먹이지 마세요.

주치의 연락처 확보 | 언제나 연락 가능한 주치의의 전화번호를 확보해두세요. 미리 충분히 양해를 구해놓고, 여행지에서 돌발 상황이나 문제가 발생하면 신속하게 문의할 수 있어야 합니다. 현지 동물병원에 가서도 주치의와 현지 병원 의사가 통화하게 하면 더 빠르고 효율적인 처치를 받을 수 있습니다.

스트레스 완화 용품 | 고양이가 낯선 곳에 가면 지나치게 흥분하거나 질병에 걸릴 수 있으니, 스트레스를 낮춰주는 여러 장치들이 필요합니다. 고양이가 잘 갖고 노는 장난감, 배치플라워 레스큐레메디 같은 플라워에센스나 질켄도 좋아요. 펠리웨이 스프레이도 챙겨서 틈틈이 뿌려주면 심신을 안정시키는 데 도움이 됩니다. 혹 반응을 잘한다면 캣닢도 구비하세요.

비상약 | 만약을 대비해 병원에서 항불안제 같은 약도 미리 처방받아두면 큰 도움이 됩니다.

꼭 지켜야 할 안전수칙

어떤 경우에도 고양이를 차 안에 혼자 두지 마세요. 특히 여름철이면 자동차 내부 온도는 5분 안에 70도까지 치솟기 때문에 순식간에 열사병이나 질식사로 사망할 수 있습니다. 휴게소에 잠시 내릴 때도 반드시 고양이가 있는 이동장을 함께 들고 내리세요.

2

해외 이동 시 준비 사항

요즘은 고양이나 강아지를 데리고 외국을 가는 일이 흔해졌습니다. 유학, 이주 등의 목적으로 반려동물과 함께 떠나는 사람들이 많아졌어요. 고양이와 비행기를 탈 때 주의 사항, 필요한 서류 등을 알아봐야 합니다. 항공 탑승은 대부분 국가 간의 이동이기 때문에 검역에 필요한 서류나 준비물을 점검하지 않으면 공항에서 매우 난감한 상황이 발생할 수 있어요.

항공 탑승 조건

우선 탑승 전에 항공사에 고양이 기내 탑승이 가능한지 문의해야 합니다.

기내 동반 탑승 │ 생후 8주 이상, 이동장 포함 총 중량 7kg 이하인 고양이가 원칙이며 1승객당 1마리만 허용됩니다. 또한 항공기별로 동반 탑승 가능한 동물 수에 제한이 있으니 반드시 사전에 고지하고 예약해야 합니다.

위탁 수하물 탑승 │ 생후 16주 이상, 이동장 포함 총 중량 7kg을 초과하는 고양이는 객실에 함께 들어가지 않고 화물칸에 단독 탑재됩니다. 튼튼한 플라스틱 이동장을 사용해야 하고, 이동장 규격은 항공사마다 다르므로 사전에 항공사 규격을 확인하고 규정에 맞는 이동장을 준비하세요. 화물칸은 객실과 달리 기압, 온도 변화가 있을 수 있어 진정제나 수면제 투여는 금지됩니다. 또한 페르시안, 버미즈, 브리티쉬쇼트헤어, 히말라얀, 엔조틱 같은 얼굴이 납작한 품종의 고양이는 호흡기나 체온 조절 문제가 발생하기 쉬워 일부 항공사에서 제한하거나 탑재를 금지할 수 있습니다. 가능하다면 고양이와 이동장의 총 중량을 7kg 이하로 맞추어 기내 동반을 우선 고려하세요. 무게 초과가 우려된다면 항공사와 상담해 추가 좌석 예약 등 대안을 미리 확인하세요.

서류 준비

국내선(제주도 등) | 제주도와 같은 국내 여행의 경우 광견병 예방접종 증명서가 필요하며, 공항에서 발권 시 반려동물 운송 계약서를 작성해야 합니다. 대한항공 등 일부 항공사는 사전에 카카오톡 등을 통해 운송 계약서를 미리 작성할 수 있도록 안내하기도 합니다.

국제선 | 도착 국가의 검역 요건을 반드시 확인하고, 국가별로 요구되는 서류를 미리 준비해야 합니다. 동남아, 미국 등은 비교적 간단하여 광견병 예방접종 증명서와 건강검진 증명서 정도만 준비하면 됩니다. 반면 영국, 호주, 일본, 뉴질랜드, 홍콩, 일부 유럽 국가는 규정이 까다로워, 출발 최소 6개월 전부터 여러 서류를 준비해야 합니다. 반드시 해당 국가 대사관을 통해 요구 서류를 사전에 확인하세요. 여행 후 2년 이내에 귀국할 예정이라면 광견병 중화항체검사 결과지가 필요합니다. 이 검사는 동물병원에서 채혈 후 국립검역원으로 혈액을 보내 진행하며, 약 2주가 소요됩니다. 발급받은 결과지는 2년간 유효하므로 그 기간 내에는 재사용이 가능합니다. 고양이는 반드시 마이크로칩이 삽입되어 있어야 하며 모든 서류에는 마이크로칩 번호가 기재되어야 합니다.

공항 검역 절차 | 출발 당일에는 담당 수의사가 발급한 건강검진 증명서, 광견병 예방접종 증명서, 그리고 목적국에서 요구하는 추가 서류를 지참한 뒤, 출국 1~2시간 전에 인천공항 동·식물 검역소를 방문해 검역을 받아야 합니다. 검역을 통과하면 검역증명서가 발급되며, 이를 제출해야 발권 및 출국 수속이 가능합니다. 검역소 운영 시간은 오전 9시~오후 6시이므로 반드시 그 시간 안에 검역을 마쳐야 합니다. 국내 항공사 및 공항의 규정은 수시로 변경될 수 있으므로 출발 전 반드시 최신 정보를 확인해야 합니다.

출국 전 꼭 확인할 것

1 항공사에 반려동물 탑승 가능 여부, 이동장 규격, 추가 비용을 확인한다.

2 고양이에게 반드시 마이크로칩 시술과 광견병 예방접종을 해준다.

3 출국 당일 또는 하루 전 검역소에서 광견병 접종·건강진단서 확인 후 검역증명서를 발급받는다.

4 입국 시 필요한 광견병 중화항체검사 결과지는 최소 2주 전에 준비한다.

5 해당 국가별 검역 요건을 대사관과 검역소에서 확인하고, 추가 서류가 있으면 반드시 준비한다.

6 이동장에는 'live animals(살아 있는 동물)' 스티커를 붙이고, 목줄에는 연락처를 기재한다.

7 이동장은 튼튼하게 점검하여 절대 열리거나 파손되지 않도록 한다.

8 수면제나 진정제는 위험하므로 가급적 사용하지 않는 것이 원칙이며 필요시 수의사 상담 후 항불안제를 고려한다.

3

혼자 두고 외출해야 할 때

불가피한 사정으로 고양이를 홀로 두고 며칠간 집을 비워야 한다면, 고양이 혼자 집에 두거나 맡겨야 합니다. 이런 상황에서 주의해야 할 사항과 팁에 관하여 알아봅시다.

보호자의 부재 시, 고양이를 낯선 곳에 맡기기보다는 혼자라도 익숙한 곳에 두는 편이 훨씬 좋아요. 집을 비우는 기간이 사흘 이내라면 고양이가 집에서 홀로 지내는 데 불편하지 않도록 철저히 주변 환경을 잘 조성해두면 괜찮습니다. 단, 아프거나 너무 어려서 매일 손이 가야 한다면 당연히 탁묘를 해야 하고 절대 혼자 두면 안 됩니다. 반려묘를 혼자 집에 둔다면 생활에 불편함이 없도록 환경을 만들어줘야 합니다. 그러기 위해서는 가장 기본적인 사료와 물, 쾌적한 화장실 제공이 필수이지요.

혼자 두기 전 준비해야 할 것들

먹이 | 집을 비우는 기간 동안 고양이가 먹을 사료의 양을 계산하고 변질되지 않는 건사료를 급여해주세요. 자동 급식기를 사용하면 정해진 양을 정해진 시간에 줄 수 있어서 한꺼번에 사료를 다 먹어버리는 상황을 방지합니다. 자동 급식기를 사용하지 않는다면 사료를 여기저기 최대한 나눠서 놓아주세요.

청소 | 집을 비우기 전에 청소와 정리정돈을 철저하게 해놓아 위험 요소들을 없애야 합니다. 혹시라도 고양이가 먹거나 갖고 놀다가 사고가 날 수 있는 것들을 반드시 치워두세요. 그래도 걱정되면 IP 카메라 등을 설치해 언제 어디에서도 고양이를 휴대폰으로 항상 관찰할 수 있게 해두면 더욱 안심할 수 있을 거예요.

물 | 물도 여기저기 나눠서 그릇에 충분하게 담아줍니다. 혹시 고양이가 흐르는 물을 좋아한다면 수도꼭지를 약하게 틀어두고 나가거나, 자동 급수기를 설치해두면 좋아요.

화장실 | 화장실이 너무 지저분해지면 위생에도 나쁘고 고양이가 사용을 꺼리는 바람에 온 집 안이 난장판이 될지도 몰라요. 그러니 화장실을 2~3개 더 설치해주세요. 임시로 간이 화장실을 만들어주거나 여행용으로 나온 일회용 화장실을 구매해 추가해도 좋습니다. 요즘 판매되는 완전 자동 화장실은 자동으로 화장실을 청소하는 기능이 있어 보호자가 집을 비워도 스스로 청결을 유지합니다.

온도 | 보호자들이 가끔 실내 온도의 중요성을 간과하고는 합니다. 항상 실내 온도를 일정하게 유지할 수 있도록 대비를 해놓고 나가야 합니다. 집을 비우는 기간이 겨울이라면 온도가 너무 내려가지 않도록 난방 대책을 세워야 하고, 한여름이라면 절대 창문을 모두 닫아두어서는 안 됩니다. 반드시 튼튼한 방충망이나 방묘문을 설치하고 창문을 활짝 열어두거나, 에어컨을 틀어두어 실내 온도가 일정하게 유지되도록 조치해두지 않으면 고양이가 높은 실내온도로 인해 열사병에 걸릴 우려가 발생합니다.

4일 이상 집을 비워야 한다면?

고양이를 혼자 두는 것이 무리가 될 수 있습니다. 이때는 펫 시터나 지인 탁묘 혹은 고양이 호텔 등을 고려하세요.

펫 시터 | 가장 추천되는 방법입니다. 고양이가 익숙한 장소에서 지낼 수 있어 스트레스가 가장 적기 때문이지요. 펫 시터 면접은 철저하게 보아야 하며 펫 시터에게 사료 급여 방법, 화장실 청소 요령, 그 외에 필요한 돌봐주는 요령을 정확하고 자세히 전달하고 적어놓아 실수하지 않도록 해주세요. 펫 시터 역시 충분한 사전 교육을 받아 크고 급작스러운 행동 혹은 큰 소리로 고양이를 놀라게 하지 말아야 합니다. 고양이가 공포스러운 상황에 빠지면 예상치 못한 큰일이 발생할 수 있으니까요.

고양이호텔, 동물병원 | 혹시 노령묘이거나 지병이 있거나 예민한 고양이라면 호텔에 맡기지 말고 되도록 동물병원에 맡기는 것을 추천합니다. 가능한 한 여러 고양이가 같이 있는 곳은 피하고, 좁더라도 고양이가 1마리씩 개별로 들어가는 곳을 선택해 맡기세요. 다른 고양이와 함께 둘 경우, 개와는 다른 고양이의 특성상 낯선 고양이와 잘 지내기도 어려울뿐더러 오히려 심한 스트레스를 받아 여러 문제가 생길 수 있어요.
동물병원의 장점은 언제든 아플 때 곧바로 신속하게 대응할 수 있으며, 모든 스태프가 전문적인 교육을 받은 사람들로 구성되어 있다는 것입니다. 물론 병원이든 전문호텔이든 어디에 맡기든 예방접종은 완전하게 맞춰야 하는 것은 필수 사항입니다.

 며칠간 집에 혼자 둬야 한다면

 혼자 있는 고양이를 위한 장난감

집 비우기 전 체크리스트

	체크 항목	체크
기본 준비	**사료** 자동 급식기를 설정하거나 여러 곳에 나누어 충분히 준비한다. **물** 여러 개의 물그릇에 나누어 담고, 필요하면 자동 급수기나 약하게 틀어둔 수도를 활용한다. **화장실** 기존 것 외에 2~3개를 추가로 설치하고, 일회용 화장실 활용도 고려한다.	
환경 관리	**실내 온도** 여름에는 방묘창이나 에어컨을, 겨울에는 난방기를 활용해 실내 온도를 일정하게 유지한다. **청소** 전선, 작은 장난감, 음식물 등 위험한 물건은 미리 정리한다. **안전** 창문에는 방충망이나 방묘문을 설치하고, 가구나 문틈 등 탈출 가능 지점을 점검한다.	
모니터링	**IP카메라 설치** IP카메라를 설치해 외부에서도 고양이 상태를 확인할 수 있도록 한다. **비상 연락처** 가까운 동물병원이나 주치의의 연락처를 미리 확보해둔다.	
기간별 대처	**3일 이하** 집 안 환경을 충분히 준비해 혼자 지낼 수 있도록 한다. **4일 이상** 펫 시터, 지인 탁묘, 고양이 호텔이나 동물병원을 고려한다. **노령묘·질환묘** 반드시 전문적인 케어가 가능한 곳에 맡긴다.	

혼자
무얼 하며
지낼까?

혼자 있는
고양이를 위한
8가지 준비

고양이가
우리에게
바라는 것

싫어하는 집사의 행동

흡연 | 사람과 마찬가지로 고양이에게도 간접흡연은 각종 질병이 원인입니다. 더구나 고양이 털에 묻은 담배 입자를 그루밍하다가 먹기도 하면 3차 노출까지 진행되지요. 이로 인해 심장질환이나 호흡기질환은 물론 구강암, 림프암 발병률이 급격히 높아집니다. 고양이의 예민한 후각은 담배 냄새에 매우 민감하게 반응하며 전자담배도 마찬가지예요. 고양이는 집사의 몸이나 옷에서 나는 니코틴이나 타르 냄새를 싫어할 뿐만 아니라 건강에도 치명타를 입힌다는 사실을 명심하세요.

복종 요구 | 이것은 개와 고양이의 가장 큰 차이입니다. 개를 키우던 사람이나 권위적인 남자 집사들이 종종 저지르는 실수인데, 고양이에게 강아지와 같은 순종을 바라고 훈련시키려는 것이지요. 개는 서열 사회를 이루고 서열에 따라 행동하는 동물입니다. 당연히 주인에게 복종하며 그것을 자유에 대한 속박이 아닌 보호로 기쁘게 받아들이지요. 그러나 고양이는 완전히 다릅니다. 서열 개념이 희박하며 혼자 독립적으로 사냥하며 살던 동물이에요. 당연히 복종이나 순종, 충성이라는 개념 자체가 없습니다. 단지 한 영역권을 공유하는 동료 혹은 사냥을 대신해주는 어미 정도의 개념으로 인간과의 관계를 받아들이지요. 그런 고양이에게 훈련이나 교육으로 복종을 강요한다면 부작용이 생길 수밖에 없습니다.

과도한 스킨십 | 고양이의 세계에서는 안아주는 등의 스킨십은 존재하지 않는 행위입니다. 상대에 대한 존중이나 애정의 표현은 알로그루밍 혹은 알로러빙입니다. 가볍게 쓰다듬는 정도는 고양이가 알로그루밍에 해당한다고 이해하여 크게 거부하지는 않지만, 끌어안는 행동 등은 대체로 즐기거나 좋아하지 않아요. 오히려 움직임을 속박당한다고 생각하여 극혐하는 경우가 많지요. 스킨십은 되도록 가볍게, 고양이가 원할 때 고양이가 좋아하는 부위만 해야 합니다. 쉬고 있는데 시도 때도 없이 다가가 만지거나 껴안는 행동은 고양이가 선호하는 스킨십이나 애정의 방식이 결코 아닙니다.

향수나 화장품 등 강한 냄새 | 고양이는 보호자의 몸에서 나는 강한 향수나 화장품 냄새를 싫어합니다. 냄새를 맡는 것도 좋아하지 않지만, 그런 향이 자신의 털에 묻는 것을 싫어하므로 집사를 피하는 원인이 되지요. 혹시라도 보호자가 강한 향을 풍기면서 자신을 쓰다듬어 털에 그 향이나 냄새가 밴다면 고양이는 묻은 부위를 격렬하게 핥으며 냄새를 지우려고 노력합니다. 그래서 고양이를 키우는 사람들은 향수도 사용하지 않고 기초화장품이나 샴푸 등도 무향이나 향이 약한 제품을 선호하지요.

큰 목소리와 동작 | 고양이는 청력이 매우 예민하고 자기 보호 본능이 강해서 경계심이 매우 뛰어납니다. 큰 소리는 항상 고양이를 긴장시키며 본능적으로 놀라게 만들며, 갑작스러운 큰 동작은 고양이가 위협으로 받아들이기도 합니다. 고양이는 조용한 동물이고 혼자 사냥하는 야행성 동물입니다. 자신을 보호하고 사냥에 성공하기 위해 항상 조용히 움직이며 작은 소리도 경계하는 것이 일상화된 동물입니다. 아직 고양이와 충분히 신뢰가 형성되지 않은 상황이라면, 고양이가 놀라지 않도록 목소리 톤을 낮추고, 위협으로 받아들이지 않도록 크고 갑작스러운 동작을 자제하는 편이 좋아요.

눈 계속 쳐다보기 | 사람은 인사할 때나 관심이 있을 때 눈을 바라봅니다. 우리 사회에서는 그것이 예의니까요. 하지만 고양이는 달라요. 고양이 세계에서 눈을 빤히 쳐다보는 행위는 무례하며 도전의 표현이기도 합니다. 즉 눈을 주시하는 것은 고양이를 긴장시키는 행위입니다. 더구나 아직 친하지 않은데 눈을 계속 쳐다본다면 고양이는 더욱 긴장하고 경계하며 두려워할 거예요. 자신보다 훨씬 덩치 큰 존재가 도전의 의사를 표현하니까요. 고양이는 눈을 오랫동안 빤히 쳐다보는 집사를 싫어하며, 관심 있어도 약간 무심하게 대하는 집사에게 경계심을 빨리 풀고 호감을 느낍니다. 그런데 이건 인간관계에서도 통하는 밀당의 기본 아닐까요?

과묵한 집사 | 유달리 과묵한 사람이 있고, 고양이는 조용해서 좋다는 사람도 있습니다. 하지만 고양이는 보호자가 무언가 말을 걸어주면 좋아하고 즐깁니다. 고양이는 집에서 유일한 친구이자 엄마이자 동료인 우리의 반응을 항상 주시하고 있으며, 나름의 방법으로 우리와 소통하려고 끊임없이 노력합니다. 그런데 보호자가 과묵하게 있다면 무심하다고 생각할 테고, 이런 무심한 태도는 고양이를 불행하게 만듭니다. 고양이에게 끊임없이 대화를 시도해보세요. 대부분의 고양이는 무슨 말인지 이해하지 못해도 몇 가지 단어와 억양으로 많은 것을 유추할 수 있습니다. 자꾸 대화를 시도하다 보면 고양이도 다양한 소리를 내며 우리와 대화하려 할 거예요. 그러니 다양한 대화를 시도해서 고양이의 생활을 풍요롭게 만들어주세요. 그러면 우리의 삶도 풍요로워질 거예요. "밥 먹었어?" "오늘 심심하진 않았어?" "이건 어때?" "맛있어?"처럼 간단한 말부터 밖에서 있었던 애환도 털어놔보세요. 좀 더 고양이와 행복한 생활을 즐길 수 있을 거예요.

몸을 감싸듯 안기 | 고양이는 안기는 행동 자체를 그리 좋아하지 않아요. 더구나 아기 안듯 배가 보이도록 거꾸로 안는 행위는 고양이를 긴장시킬 뿐만 아니라 경우에 따라서는 심각한 위협으로 받아들일 수 있습니다. 고양이가 보호자를 무한히 신뢰하여 가만히 있을 수는 있지만 좋아하는 행동은 아니라는 사실을 명심하세요.

싫어하는 10가지 행동

좋아하는 소리, 싫어하는 소리

장시간 홀로 방치 | 우리가 오랜 시간 집을 비웠다가 돌아오면 고양이는 "냐옹~"거리며 집사를 반깁니다. 혹은 빤히 쳐다보다 후다닥 화장실을 가거나 빤히 쳐다보며 스크래치를 하기도 하지요. 모두 집사의 귀환에 흥분된 마음을 표현하는 고양이 나름의 격한 환영 인사입니다. '이제왔냥~ 나 혼자 심심하고 힘들었다옹~ 난 네가 돌아와서 너무 기쁘고 좋다냥~'이라고 생각하면 됩니다.

당연한 말이겠지만 독립적인 성격을 가진 고양이는 분리불안이 거의 생기지 않습니다. 그렇다고 홀로 있는 고독감과 무료함을 즐기는 것도 아니에요. 고양이도 외로움을 느끼고 고독감과 무료함에 힘들어합니다. 혼자 있는 고양이를 위해 혼자서도 놀 수 있는 여러 장난감과 보고 즐길거리를 만들어주세요.

너무 깔끔한 집사 | 청소를 열심히 하는 것은 당연히 좋습니다. 하지만 지나치게 깔끔한 나머지 여기저기 사료 그릇 두기를 싫어하고 여기저기 화장실을 놓는 것도 싫어하며 모든 것을 제자리에 두어야만 직성이 풀리는 성격이라면 고양이와는 상성이 맞지 않을 수 있습니다. 고양이는 깔끔한 동물이지만 사람이 생각하는 깔끔함과는 약간 결이 다릅니다. 고양이의 밥그릇이나 물그릇은 몇 군데 정해서 떨어뜨려 놓아줘야 하고, 때로는 인테리어를 해치는 장소에 캣타워를 설치해야 하며, 깔끔해 보이지 않는 곳에 숨숨집이나 해먹을 놓아야 합니다. 게다가 고양이가 원하는 바람에 집사는 원치 않는 곳에 고양이 화장실이나 스크래처를 설치해야 할 때도 있어요. 책장 위나 장식장을 다 치우고 고양이를 위한 캣스텝으로 양보해야 하는 경우도 있습니다. 집은 고양이와 함께 사용해야 한다는 사실을 받아들여야 합니다. 너무 깔끔하게 모든 것을 제자리에 두려고만 한다면, 고양이와 함께 살기는 힘들 수 있다는 사실을 꼭 알아두세요.

불행하게 하는
10가지 행동

싫어하는
7가지
습관

불행할 때
보이는
8가지 행동

집사라면 금연하세요

간접흡연이 비흡연자에게 많은 피해를 끼친다는 사실은 모두 잘 알고 있을 거예요. 특히 폐 조직이 아직 충분히 성숙하지 못한 어린이에게 더 큰 피해를 입히는데, 간접흡연에 노출된 어린이는 그렇지 않은 아이보다 암에 걸릴 확률이 무려 100배 이상 높다는 연구 결과도 있습니다.

담배는 인체에 해로운 화합물을 20종 이상이나 함유하고 있습니다. 특히 니코틴, 타르, 일산화탄소는 대표적인 유해물질로 니코틴은 뇌 신경계 전달물질을 교란하고 중독을 일으키며 타르는 폐암과 구강암을 유발합니다. 흔히 비교적 안전하다고 생각하는 액상 전자담배도 마찬가지로 니코틴과 더불어 폼알데하이드, 벤젠, 벤조피렌 같은 1급 발암물질들이 다수 함유되어 있어요. 이런 간접흡연의 피해는 사람만의 문제는 아닙니다. 한 공간에 거주하는 반려동물들도 똑같은, 아니 더 심한 피해를 받으며 개나 고양이, 햄스터 심지어 물고기까지 그 영향의 대상이지만 그중에서도 가장 큰 피해를 받는 동물은 단연코 고양이입니다.

고양이의 암 발생률이 높아져요

보호자가 담배를 피우면 곁에 있는 고양이들은 편평상피암, 림프종, 유선종양, 비강종양, 폐암 등의 발생률이 높아지는데 고양이는 담배 연기를 들이켜는 2차 흡연과 더불어 그루밍을 통해 3차 흡연까지 하기 때문에 더욱 위험합니다. 이때 일어나는 3차 흡연은 털에 묻은 담배 입자뿐 아니라 밖에서 흡연하고 들어온 집사의 옷이나 손에 묻 담배 분진, 타르, 니코틴, 집 안의 각종 가구와 카펫에 스며든 유해물질을 그루밍을 통해 먹거나 흡입하게 되어 피해가 더욱 커집니다.

실제로 흡연자와 함께 생활하는 고양이는 그렇지 않은 고양이보다 구강암인 편평상피암에 걸릴 확률이 4배나 높으며 림프육종은 3.2배, 임파선암에 걸릴 확률은 3배나 높습니다. 고양이들이 이런 종양들에 걸리면 기대수명은 길어야 1년도 되지 않아요.

전자담배도 다르지 않습니다. 오히려 전자담배는 냄새가 나지 않아서인지 간접흡연 피해가 적다고 생각해 집 안에서 피는 경우도 많아 실내 고양이에게는 더 해로울 수 있어요. 그래서 미국식품의약청FDA은 주인의 흡연이 반려동물의 건강을 심각하게 위협할 수 있다고 공식적으로 경고합니다.

반려동물은 어린이와 마찬가지로 흡연자와 함께 혹은 따로 살 수 있는 선택권이 전혀 없습니다. 우리 스스로 보호자임을 자각하고 내 아이의 건강과 안전을 위해서 금연하는 것이 최선입니다. 흥미롭게도, 흡연자 본인의 안전과 건강을 위해 금연을 권할 때보다 자신이 키우는 고양이나 강아지의 안전을 위해 금연을 결심한 경우가 성공률이 월등히 높았다는 통계가 있습니다. 자신이 아닌 사랑하는 반려동물을 위해서라면 힘든 금연이라도 더 확고히 결심하고 성공하는 듯합니다.

역시 집사의 마음은 다 똑같네요. 이렇듯 고양이를 키운다면 금연은 선택이 아닌 필수이지요. 하지만 가족 구성원의 금연이 불가능한 상황이라면, 고양이를 조금이라도 간접흡연에 덜 노출되도록 몇 가지 원칙을 정하고 꼭 지켜주세요.

집사야, 냄새나

고양이를 위한 흡연 수칙

손 씻기

흡연 후에는 반드시 비누를 사용해 손을 씻으세요. 담배의 수많은 유해물질들이 묻은 손으로 고양이를 만지면 털에 고스란히 묻게 되고, 고양이가 그 털을 그루밍하는 과정에서 3차 흡연이 이루어집니다. 고양이를 만지기 전에 손을 깨끗하게 씻어야 합니다.

실내 금연

당연히 집 안에서 담배를 피우면 절대 안 됩니다. 전자담배도 마찬가지로 흡연은 밖에서만 하세요. 담배의 여러 유해물질은 공기 중으로 퍼져나가 고양이에게 2차 흡연을 유발할 뿐만 아니라 고양이의 몸과 집 안 곳곳에 유해물질이 묻어 고양이가 다니면서 3차 흡연까지 유도합니다. 암을 유발하는 유해물질들은 전자담배도 마찬가지입니다.

환복 및 샤워

흡연 후 집에 들어오면 옷을 갈아입고 머리와 몸을 씻으세요. 고양이 털뿐 아니라 우리의 옷이나 몸, 머리카락에도 담배의 여러 독성물질이 묻어 있으니까요. 그 상태로 집에 들어오면 실내에서 다시 퍼질 수 있으며, 고양이의 털에 묻거나 이를 핥으면서 역시 3차 간접흡연이 일어납니다.

15분 후 귀가

흡연 직후에는 흡연자의 호흡을 통해 담배의 유해물질들이 공기 중으로 퍼집니다. 그러니 흡연 후에는 적어도 15분 정도의 시간을 보내고 집 안에 들어와 고양이와 만나야 안전해요.

윤샘 TIP 물론 이런 사항들을 잘 지켜도 흡연으로 인한 피해를 완전히 막을 수는 없어요. 하지만 피해 규모를 최소한으로 줄이려는 노력은 필요하지요. 이 기회에 사랑하는 내 고양이를 위해 금연을 결심하는 건 어떨까요? 흡연자에게는 물론 힘든 일이지만 저 역시 15년째 금연에 성공 중이니 여러분도 충분히 가능합니다. 고양이 집사라면 모름지기 금연은 선택이 아닌 의무임을 생각하기를 바랍니다.

담배를 끊어야 하는 이유 좋아하는 냄새 vs 싫어하는 냄새 vs 위험한 냄새

3

고양이가 보내는 편지

수많은 집사들이 제게 고양이에 대해 궁금한 것들을 물어봅니다. 게시판이나 영상 댓글 창 혹은 메일로도 질문을 주시지요. 이 장에서는 제 채널을 구독 중인 고양이들이 집사들에게 전해달라는 말을 모아봤습니다. 고양이들이 제게 전달한 내용들을 정리했고, 여기에 제 의견은 없다는 사실을 미리 말씀드립니다.

"스크래처는 큰 걸로 달라옹"

집사야, 스크래처가 너무 작아. 내가 몸을 쭉 펴고 기지개를 켜며 긁어댈 수 있도록 큰 스크래처를 사주면 좋겠어. 그리고 난 아직 젊고 허리도 짱짱해. 그러니 바닥에 두는 평평한 형태 말고 내가 일어서서 몸을 쭉 펴고 힘차게 긁을 수 있는 커다란 기둥 형태의 수직 스크래처를 준비해줘. 그리고 제발 스크래처를 구석에 두지 말고 내가 집사를 보며 흥분된 마음을 달랠 수 있도록 거실에 놔줘, 알겠지?

"창문 앞은 치워 달라냥"

나는 밖을 보고 싶다고. 하루 종일 혼자 집 안에 있어야 하잖아. 밖을 바라보고 있으면 재미있는 여러 가지가 항상 나를 자극한단 말이야. 게다가 누가 내 공간에 접근하는지 관찰도 용이하니 안심할 수도 있고. 그러니 내가 바깥을 볼 수 있도록 커튼은 활짝 열어둬. 창가에 올라가 편히 누워 햇볕도 쬐면서 밖을 볼 수 있게 창가에 아무것도 올려놓지 말아줘. 이왕이면 푹신한 방석 같은 걸 놔주면 더 좋고. 아니, 집사야. 캣타워를 아예 창가로 옮겨줘. 소파를 옆으로 조금만 밀고 캣타워를 창가에 놔주면 내가 더 관찰하기 좋을 거 같아서 그래. 거실도 조망하고 창밖도 볼 수 있으니 일석이조잖아? 창가에 캣타워를 놓기가 정 힘들다면 창문에 붙이는 해먹이라도 좀 사주라. 그거 얼마 안 하던데, 거기 편안히 누워서 일광욕도 하고 바깥도 보며 잠까지 편히 잘 수 있으니까 정말 하나 사주면 좋겠어. 집사야, 응?

"장롱, 선반, 냉장고 위 좀 비워주면 안 되겠냥?"

제일 최상단만 비워줘. 내가 그 위로 자유롭게 다닐 수 있도록 해주면 정말 행복할 거야. 어차피 최상단 위에는 1년에 1번 쓸까 말까 한 짐들만 놓여 있잖아? 그냥 시원하게 비워줘서 내가 올라가 쉬거나 걸어다니게 해주라. 그럼 내 공간이 더 넓어지니까 정말 좋아. 집사는 집을 넓히려면 평생 번 돈을 다 써야겠지만, 난 약간의 짐만 치워줘도 내 공간이 엄청 넓어진다고. 그리고 혹시 여유가 된다면 책장과 책장 사이, 장롱과 캣타워 사이에 폭이 20cm 좀 넘는 나무판자 하나만 단단히 연결해줄래? 그렇게 내가 우아하게 다닐 길을 만들어주면 정말 기쁠 거야. 나도 이 기회에 캣로드라는 걸 갖고 싶다고. 집사의 영역 위를 여유롭고 우아하게 걸어다니며 집사를 관찰하는 건 우리 고양이에겐 엄청난 행복과 안정감을 주거든.

"출근이나 외출하면 방문을 열고 나가주라냥"

그리고 집에서도 방문은 가급적 활짝 열어놓고 생활하는 게 어떨까? 난 항상 내 냄새가 묻어있는 영역권을 하루에 몇 번이고 순찰해야만 안심하는, 예민한 고양이라고. 근데 집사가 문을 닫아버리고 출근하면 내가 순찰하지 못하는 공간 때문에 마음이 불편하고 불안해. 고양이란 자고로 뭔가를 원하거나 불안을 느끼면 자기 영역이 안전한지 돌아다니며 마음을 달랜단 말야. 그리고 말이야, 영역을 공유하기로 하고 날 데려왔으면서 치사하게 내가 못 들어가게 방문을 닫아버리는 건 무슨 매너람? 나랑 함께 살 거면 정말 내가 들어가면 안 되는 한 공간 정도만 제외하고는 방문을 활짝 열어놔줘.

"더 많이 놀아달라옹"

놀이 시간이 내게 너무 부족한 거 같아. 그리고 너무 무성의하게 놀아주면 좀 섭섭하더라. 내가 놀이를 싫어하는 게 아니라고. 집사가 너무 재미없게 놀아줘서 그런 거야. 새롭고 재미있는 장난감이 세상에 얼마나 많은데, 장난감도 더 흥미로운 걸로 자주 바꿔주고 좀 더 성의있게, 좀 더 열심히, 좀 더 오래, 좀 더 자주 놀아주면 안 돼? 내가 즐거우면 집사도 즐겁잖아, 아니야? 벌써 마음이 변한 거야? 텔레비전이나 휴대폰만 뚫어져라 보면서 무성의하게 흔들어주는 낚싯대에 내가 낚일 거라고 생각하진 말아줘. 더 적극적으로, 재미있게, 신경 써서 흔들어달라고. 난 집사랑 더 즐겁게 놀고 싶어.

"화장실 냄새가 심한데, 더 자주 치워달라옹"

알잖아, 난 엄청나게 깔끔한 동물이야. 게다가 내 배설물 냄새는 적이나 경쟁자의 이목을 끌기 때문에 신중하게 다루고 잘 숨겨야 하는데…. 집사가 화장실 청소를 게을리하면 냄새 때문에 나는 스트레스를 받고 힘들다고! 그저 열심히 치우기만 하거나 집사의 빈약한 후각으로 냄새가 안 난다고 끝이 아니야. 화장실 저 밑바닥에서 올라오는 묵은 소변의 냄새는 항상 날 불안하고 머리 아프게 해. 더구나 굳은 모래를 치우면서 생기는 대소변 묻은 작은 모래 찌꺼기들은 꼼꼼하게 치워줘야 한다고. 커다란 스쿠프scoop로는 깔끔하게 치우기 어려워. 여기저기 소변 방울과 토사물 흔적이라니, 이건 마치 지저분한 술집 화장실처럼 너무 더럽잖아! 스쿠프는 구멍이 큰 것과 작은 것을 따로 사용해서 깨끗하게 치워줘. 1개월에 1번씩 전체 모래도 갈아주고, 화장실도 2년 정도 썼으면 새로 사줘! 화장실에 생긴 흠집 사이사이에서 세균이 너무 번식해서 닦아도 냄새가 심하고 UV코팅도 다 깨져서 플라스틱 냄새가 올라와 토할 거 같단 말야. 집사야, 오래된 화장실은 버리고 새것 하나 사자.

"나 이제 관절이 아프다옹"

이제 내 나이가 10세를 넘어서 예전 같지 않단다. 집사 보기엔 내가 멀쩡한 듯해도 요즘 걷고 뛸 때마다 관절이 많이 아파. 나를 병원에 데려가서 진단해보고 관절약이라도 처방받아주면 좋겠어. 통증이란 게 걷고 뛸 때는 참을 만한데 막상 아무것도 안 하고 쉴 때 왜 그렇게 여기저기 쑤시는지 모르겠더라. 메타캄이라고 요즘 노령묘들 사이에서 유행하는 약이 있다던데 그거 하나 좀 사와봐. 나도 다시 젊어지고 싶다고. 아직 마음은 젊어서 세상을 호령하며 마구 뛰어다니고 누비고 싶은데, 관절이 안 따라주니 너무 슬프구나.

"말 좀 걸어달라냥"

집사야, 넌 너무 과묵하구나. 내게 말 좀 자주 걸어줄래? 내가 시크하고 조용해 보여

고양이가
우리에게
원하는 것

행복하게
지내기 위한
7가지 규칙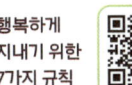

행복의
5가지
조건

도 사실 항상 널 향해 모든 감각을 열어두고 있단다. 네가 말을 걸어주고 밖에서의 일을 이야기해주면 난 정말 흥미롭게 듣는다고. 네가 너무 조용하면 내가 무료하고 슬퍼져. 난 네 말을 항상 잘 경청하고 네 생각보다 많은 말을 알아듣는단다. 그러니 내게 자주 말을 걸어주렴. 그럼 나도 사람과 더 능숙하게 소통할 테니까.

"캔을 많이 따 달라옹"

난 피가 흐르는 작은 동물을 사냥해 산 채로 먹던 육식동물이란다. 집사나 강아지 같은 잡식동물과는 근본적으로 영양분의 대사 체계가 달라서 건사료만으로는 건강하게 살기 힘들어. 최대한 캔이든 파우치든 주식이든 간식이든 따지지 말고 많이만 주렴. 내 건강과 행복은 캔을 얼마나 많이 먹고 사는가에 달려 있다 해도 과언이 아니거든. 맛나고 질 좋은 캔을 많이 따주면 좋겠어.

"집사야, 조금 더 편하게 살면 안 되겠냥?"

집사 너의 행복은 내게 아주 중요한 문제란다. 집사가 불행해하고 힘들어하면 나는 더 많이 불안해져. 네 감정 상태는 내게 고스란히 전달되는데 나의 유일한 가족이며 동료인 네가 슬퍼하고 힘들어하면 불안해서 견디기 힘들다고. 그러니까 조금만 더 편안하게 마음먹고 더 행복해지면 안될까? 너무 애쓰지 않아도 돼. 난 비싼 캣타워나 비싼 장난감 없어도 괜찮아. 집사 네가 조금만 더 시간을 내어 나랑 놀아주고 함께 있어주면 만족한다고. 넌 내게 이미 충분히 잘해주고 있어. 적어도 나 때문에, 내 건강 때문에 너무 애쓰지는 마. 넌 이미 내 최고의 집사이고 최고의 동료이며 최고의 가족이니까. 나한테 많은 걸 해주고 있어서 항상 고마워. 다시 태어나도 너와 함께하고 싶어. 내 마음을 꼭 알아주면 좋겠다. 항상 나 대신 사냥해주고 날 돌봐주어 고마워. 존경하고 사랑한다, 집사야.

행복하게 하는
10가지 팁 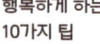 좋아하는
5가지
행동 좋아하는 것
10가지

융샘의
고양이 상담소
354

슬기로운 청소 생활

토사물 흔적

종종 아침에 거실에 나가면 노랗거나 녹색의 구토 흔적이 말라붙어 있는 모습을 봅니다. 고양이는 자주 토하거든요. 구토 흔적을 휴지 몇 장으로 덮은 후 스프레이로 물을 뿌려 몇 분 동안 불린 후에 닦으면 깨끗하게 지워지지요. 그리고 냄새나 자극이 없는 알칼리 전해수 소독제나 차아염소산 소독제로 닦아 소독해주세요.

변색되거나 마킹한 벽

고양이가 몸을 비벼 변색되었거나 마킹한 벽은 유린오프 고양이용 탈취제를 뿌려 냄새를 완전히 제거해야 합니다. 그렇지 않으면 닦아내도 또 같은 자리에 마킹을 하거나 몸을 비벼대어 변색시켜버리거든요. 탈취제를 뿌려둔 상태로 몇 분 있다가 닦아내고 다시 저자극 소독제를 뿌려서 한 번 더 닦아주세요.

패브릭(러그·카펫·침구) 얼룩

러그나 카펫, 침대에 묻은 구토 흔적을 청소할 때는 물에 적신 극세사 걸레로 감싼 솔로 얼룩진 곳을 문질러주세요. 얼룩이 깨끗이 사라지지 않으면 카펫용 얼룩 제거제를 뿌린 후 닦아줍니다. 그런 후 역시 알칼리 전해수 소독제로 한 번 더 닦아 소독하고 얼룩 제거제의 냄새를 지워줍니다.

물건 정리

자잘한 물건들은 최대한 수납하세요. 물건들을 여기저기에 올려놓거나 쌓아두면 고양이가 떨어뜨리거나 자칫 작은 물건을 먹어버리는 등 큰 사고로 이어질 수 있습니다. 고양이를 키우는 만큼 청소와 정리가 쉽지 않기 때문에, 가능한 한 물건들은 수납함에 넣어 보관하는 습관을 들여야 합니다. 특히 고양이 장난감 같은 고양이 관련 용품들은 반드시 수납함에 넣어두세요. 이케아의 삼라수납박스를 추천하는데, 비상시 고양이 화장실로도 활용하기에 매우 좋은 사이즈입니다. 또한 선반 위에 놓인 자잘한 물건들을 치우면 고양이를 위한 근사한 캣스텝이나 캣로드로 변신하지요.

가구 배치

고양이 털이 많이 굴러다니는 거실과 주방에는 최대한 가구를 적게 배치합니다. 화분이나 작은 협탁 같은 가구에는 접착식 바퀴를 붙여두면 청소와 이동이 쉬워요.

탈취제

스프레이나 마킹한 곳에는 고양이 페로몬의 흔적이 남으니 반드시 고양이용 유린오프 탈취제를 뿌려주어 냄새를 완전히 제거해야 합니다. 고양이에게 해가 없으며 냄새와 자극이 없는 EM 탈취제나 안전한 컨트리캣 냥빨 탈취제를 추천합니다.

털 청소도구

소파나 침대, 카펫처럼 패브릭 재질에 붙은 털을 치울 때는 상황에 맞게 청소 도구를 선택할 수 있도록 다양하게 구비해놓으면 좋아요. 간단하고 빨리 치울 때는 반영구 돌돌이를, 시간이 어느 정도 걸리더라도 공들여 청소할 때는 테이프클리너를 사용하고, 아예 날을 잡아 털을 최대한 제거할 때는 이치모다진 같은 제품을 사용해 꼼꼼히 제거해줍니다. 침구 전용 진공청소기가 있다면 가장 좋아요.

화장실 청소

고양이 화장실은 1개월에 1번씩 소독하고, 모래도 전량 교체해주세요. 화장실 바닥에서 올라오는 묵은 소변 냄새는 고양이와 사람 모두에게 불쾌한 악취가 됩니다. 모래를 모두 걷어내고 물로 세척한 뒤 전해수 소독제를 뿌려 소독하고 완전히 말린 후 새 모래를 채워주세요.
모래는 사용하며 잘게 부서지면서 작은 배변 부스러기들이 생기는데, 이는 일반 배변삽으로는 제거하기 어려우니 주 1회 정도는 촘촘한 삽을 사용해 꼼꼼히 제거해주세요. 악취와 세균 번식을 줄이는 데 도움이 됩니다.

무향 세제 및 소독제

청소에 사용하는 모든 세제나 소독제 혹은 탈취제는 가능한 한 무향 제품을 사용하세요. 특히 시트러스 계열이나 코를 뻥 뚫어주는 윈터그린 같은 향은 고양이에게 심한 두통을 유발할 수 있어요. 특히 천연향 중 일부는 고양이의 건강에 치명타를 입히는 성분이 포함되어 있으니 관련 제품을 사용해서는 안 됩니다. 가장 좋은 것은 동물용, 특히 고양이에게 사용해도 안전하다고 표시된 동물 인증이나 환경부 인증을 받은 제품입니다.

수세미

설거지 수세미는 동물용과 사람용을 따로 사용하세요. 싱크대에 항상 2개의 수세미를 따로 보관하고 고양이용 제품을 세척할 때와 우리 식기를 세척할 때 각기 사용해야 우리 위생에도, 고양이 건강에도 좋아요. 고양이의 입속에서 일부 사람에게 알레르기를 유발하는 물질이 옮길 수 있고, 고양이 발톱에 있는 세균이 우리에게 해로울 수도 있어요. 사람의 헬리코박터균 같은 경우는 고양이에게 옮길 수도 있습니다.

테이프클리너

현관문 앞, 소파 옆, 침대 근처, 카펫 옆 등 구석구석에 테이프클리너를 비치하세요. 찾으러 다니지 말고 털이 보이면 바로바로 테이프클리너로 치울 수 있어야 좋아요. 특히 현관문 앞에는 테이프클리너와 큰 거울을 두어 집을 나서기 전 옷에 붙어 있는 털을 꼼꼼히 제거하고 외출하는 습관을 들이면 여러모로 편합니다.

빗질

마당이 있으면 제일 좋겠지만 없다면 고양이의 빗질은 베란다나 욕실에서 해주세요. 장모종이면 슬리커를, 단모종이면 실리콘 브러시를 사용합니다. 빗질하기 전에 먼저 스프레이로 물을 고양이 몸에 가볍게 뿌리거나 고양이용 브러시 스프레이를 뿌리고 시작하면 털이 덜 날리고 빗질도 훨씬 더 쉬워요. 매일 해주면 집 안에 굴러다니는 털이 눈에 띄게 줄어든답니다.

청소기

진공청소기는 경험상 다이슨이 제일 고장 없이 오래 사용할 수 있었어요. 특히 모래 청소 시 모래의 미세한 입자와 수분이 뭉쳐서 필터를 막고 모터를 자주 망가뜨립니다. 물 세척 가능한 필터는 사용하지 말고 일회용 필터를 자주 갈아주는 것이 청소기를 오래 사용하는 최선의 방법입니다.

먼지떨이

선반이나 캣스텝, 캣로드처럼 높은 장소는 양모 먼지떨이를 사용해 정기적으로 털어주면 고양이 털이나 먼지를 쉽게 제거할 수 있어요. 고양이 털이 눈에 잘 띄고 잘 쌓이는 곳 근처에 걸어두어 보일 때마다 쓱쓱 털어주세요.

집사를 위한
17가지
청소 꿀팁

털을 쉽게
청소하는
방법

크집사가
추천하는
용품

키우면 비로소 깨닫는 것들

애교 | 고양이는 생각보다 애교가 많아요. 시크한 외모에 집사가 뭐든 다 맞춰줘야 할 것 같지만 의외로 귀찮을 만큼 치대기도 한답니다. '밥 줘. 화장실 치워. 왜 이제 들어와! 일어나. 놀아줘' 등등 요구 사항도, 애교도 많은 동물입니다.

수다 | 흔히들 고양이는 조용하고 말이 없는 동물로 착각하는데, 의외로 수다쟁이에다 경우에 따라서는 시끄럽기까지 합니다. 우리가 말을 많이 걸어주고 소통하려고 노력하면 고양이도 그에 응하듯 다양한 말을 하기 시작하지요. 이게 심해지면 가끔은 귀찮기도 해요. 문 열어달라고 울고, 밥 달라고 울고, 일어나라고 울고, 늦게 들어왔다고 울고, 아무 이유 없이 그냥 울고···. 이처럼 고양이는 생각보다 수다스러운 동물이랍니다.

지능 | 고양이는 관찰 동물이라 사람의 행동을 잘 보고 따라 합니다. 그래서 방문을 열거나 수도꼭지를 돌려 물을 틀기도 해요. 그런데 반대로 열린 방문을 닫거나 물을 잠그는 일은 절대 하지 않지요. 할 수 있는데 안 하는 것 같아요. 게다가 어떤 사고를 쳐야 집사의 관심을 끄는지 정확하게 계산할 수 있는 것 같습니다. 저렴한 물건을 떨어뜨렸는데 반응이 없으면 곧바로 더 비싼 물건을 떨어뜨려 집사의 관심을 끄는 데 성공하고야 마는 비상한 머리를 가지고 있어요.

표정 | 고양이는 표정이 없다고 알려졌지요. 실제로 야생의 고양이는 표정 자체가 없습니다. 시력이 좋지 않은 고양이의 특성상 표정을 소통을 위한 언어로 사용하지 않거든요. 그래서 고양이는 긴장이나 두려운 표정만 짓는데, 실내에서 사람과 함께 지내는 고양이는 사람의 표정을 보고 배우며 사람과 소통하기 위해 다양한 표정을 연출하기도 합니다. 그런데 이 표정이 생각보다 매우 다양합니다. 같이 살다 보면 집사들은 고양이의 표정만 보고도 지금 기분이 어떤지 짐작할 만큼 여러 가지 표정을 보여주지요. 가끔은 이해할 수 없는, 정말 이상한 표정도 지어서 우리를 혼란스럽게 만들기도 합니다.

식성 | 육식동물이니 당연히 고기나 생선을 좋아하리라 생각했는데, 생각보다 별로 좋아하지 않아요. 고기나 생선, 새우를 내놓아도 냄새만 맡고 그냥 지나쳐버리지요. 고양이에 따라 식성도 천차만별이라 건사료나 식빵, 스파게티 면처럼 의외의 음식을 먹기도 해요. 입도 짧아서 간식이나 캔을 계속 바꿔주는 경우도 허다합니다.

알람 기능 | 고양이는 매번 정확한 시간에 우리를 깨우려고 합니다. 매일 같은 시간에 밥을 달라고 졸라대지요. 집사가 평소보다 늦게 귀가하면 소리를 지르며 야단치기도 하고요. 처음엔 새벽 1시에 우리를 깨웁니다. 안 일어나면 3시에 깨워봅니다. 그래도 안 일어나면 6시에 깨웁니다. 그런데 우연히 6시에 일어나 캔이나 밥을 줬다? 다음 날부터 고양이는 정확히 6시만 되면 죽어라고 집사를 깨우기 시작할 겁니다. 고양이는 시간을 아는 게 분명해요.

까다로운 모델 | SNS에서 볼 수 있는 예쁘고 귀여운 고양이 사진 한 장을 건지려면 100장도 넘게 찍어야 합니다. 아무렇게나 카메라만 들이대도 화보가 나올 것 같지만, 고양이는 의외로 카메라를 싫어해서 사진만 찍으려 하면 귀신같이 움직이거든요. 강아지는 간식으로 유인하면 좋은 사진을 건질 수 있는데, 고양이는 간식도 잘 통하지 않아요. 평소 우리에게 보여주는 아름답고 귀여운 모습, 특이한 포즈를 사진으로 남기기란 거의 불가능하다는 사실을 깨닫습니다.

허당미 | 완벽한 동물 같은데 의외로 이상하거나 멍청한 행동을 많이 보여주는 반전 매력이 있습니다. 갑자기 이상한 포즈로 걷거나, 한쪽 다리를 수직으로 들고 엉덩이를 핥다가 집사와 눈이 마주치기도 하지요. 짧은 거리를 점프하다가 희한한 모습으로 넘어지기도 하고 이상한 표정과 포즈로 자기도 해요. 의외로 고양이는 허당일지도 몰라요.

공감력 | 집사가 슬프거나 우울할 때는 항상 옆에 있어줍니다. 아플 때도 옆을 지켜주지요. 사람의 감정 상태에 의외로 예민하게 반응하여, 집사가 불안해하고 힘들어하면 곁에 꼭 붙어서 골골거리며 위로하기도 합니다. 그런데 이 골골거리는 소리에 정말 감정이 편안해지며 위로받는 느낌이 든답니다.

털 | 생각보다 털이 훨씬 많이 빠집니다. 고양이를 키우기 전부터 털에 대한 이야기는 많이 들었을 거예요. 키우면서 알게 되지만 상상 이상으로 털이 많이 빠집니다. 청소를 아무리 열심히 하고 또 해도 항상 여기저기 털 뭉치들이 있습니다. 테이프클리너로 꼼꼼하게 털을 다 제거하고 출근해도 옷에서 갑자기 고양이 털이 발견되지요. 나중에는 털을 보고 갑자기 집에 있는 고양이가 보고 싶어집니다.

눈 | 키우기 전에는 고양이 눈이 세로로 길어서 무섭다고 생각했는데, 실제로 키워보니 고양이 눈은 항상 크고 동그랗고 예뻐요. 적대감이나 사냥 모드가 아닌, 집사와 편안히 유대할 때 고양이의 눈은 동공이 크게 열려 동그란 모습입니다. 그래서 고양이를 키우면 아무리 주변 환경이 밝아도 세로로 길어지는 눈 모양을 보기 어려워요. 언제나 사랑스러운 크고 동그란 눈만 보여주니까요.

키우기
전에는
몰랐던 것들

키운다면
포기해야 하는
10가지

윤샘 TIP 자, 어떤가요? 집사라면 충분히 공감할 수 있는 내용이지요? 하지만 고양이를 키워보기 전에는 알지 못했던 것들 아니던가요? 고양이는 멀리서 보면 도도하고 신비로운 동물이지만, 막상 함께 살아보면 이렇게 허술하고, 수다스럽고, 다정하고, 또 고집스러운 존재입니다. 책이나 영상으로는 다 알 수 없고, 결국은 같이 살아보며 하나씩 배우게 되지요. 그래서 고양이와의 삶은 '키운다'기보다 '함께 적응해간다'는 표현이 더 어울립니다. 오늘도 우리 집 고양이를 조금 더 이해했다면, 그걸로 충분합니다.

노후에
키운다면
고려해야 할 것들

키우면
좋은 점

윤샘의
고양이 상담소
360

집사가
행복해야 하는
이유

고양이에게 배우는 행복한 삶의 자세

당신은 지금 행복한가요? 고양이의 생활을 살펴보면 '고양이처럼 살면 행복할 텐데' 하는 생각이 듭니다. 고양이가 삶을 대하는 자세를 보고 우리가 배우면 좋을 점을 알아봅시다.

솔직한 감정표현

고양이는 남을 속이거나 자신을 속이지 않습니다. 좋고 싫은 것을 확실하게 표현하며 자기감정을 솔직하게 드러냅니다. 하기 싫은 건 하지 않고 하고 싶은 것만 하려 하지요.

자신의 감정에 충실한 사람이 정신적으로 건강합니다. 우리는 중뇌에서 발현되는 솔직한 감정들을 여러 가지 상황이나 이유로 핑계대며 외면하고 자신과 타인을 속이고는 합니다. 감정을 숨기거나 속이거나 외면하는 이런 행위는 조금씩 우리의 정신을 갉아먹고 급기야 마음을 병들게 합니다. 가볍게는 스트레스로, 심해지면 우울증 같은 임상적인 질병으로 나타나는 것입니다.

부정적인 감정이든 긍정적인 감정이든 자기감정을 솔직하게 바라보고 좋고 싫음을 분명히 표현해야 정신 건강에도 좋고 결과적으로 행복한 삶을 살 수 있습니다. 우리가 이 각박하고 힘든 사회를 열심히 살아가는 이유는 결국 행복해지기 위해서 아닐까요? 자기감정에 충실한 것이야말로 행복을 위한 출발점입니다. 고양이처럼 솔직하게 감정을 표현하세요.

독립적인 생활

고양이는 개나 사람보다 외로움을 덜 느끼는 동물입니다. 다시 말하면 누군가에게 의지하는 일이 상대적으로 적습니다. 태생적으로 집단을 잘 이루지 않고 홀로 사냥하며 살아가던 동물이라 기대거나 의지한다는 개념 자체가 없어요. 외로움은 결국 누군가에게 의지하고 싶다는 감정의 일부입니다. 성인이 되었는데도 자립심을 갖지 못하고 독립적으로 살아가지 못하면 타인에게 의지하려 하고, 이는 우리 삶의 질을 떨어뜨릴지도 몰라요. 물론 사람은 사회적 동물이라 누군가와 함께하기를 원합니다. 그래서 연애하고 결혼도 하며 여러 인간관계를 맺고 즐기지요. 하지만 정신적으로 자립한 상태로 인간관계를 맺는 것과 자립심이 미숙한 상태에서 의존적인 관계를 형성하는 것은 매우 다릅니다. 언젠가 맞닥뜨릴 인간관계에서의 갈등이나 단절을 겪을 때, 고양이와 같은 삶의 자세를 가지고 있다면 금방 변화를 극복하겠지만, 타인에게 기대려고만 한 사람은 크게 좌절하고 절망할 수 있어요. 수많은 사람들과 함께하더라도 우리는 결국 혼자임을, 독립적인 고양이처럼 살아야 한다는 것을 기억하세요.

눈치 안 보는 생활

고양이는 주변의 시선을 전혀 의식하지 않아요. 그저 자기가 하고 싶은 것을 누구의 눈치도 보지 않고 합니다. 우리는 그야말로 SNS 홍수의 시대를 살고 있어요. 자신이 하고 있고 먹고 있는 모든 일상을 남과 공유하고 타인의 일상도 엿보려고 하지요. 남들이 나를 어떻게 볼지 궁금해하고 내가 그들에게 어떻게 보일지 걱정합니다. 사회적 관계를 맺고 사는 사람은 나를 보는 타인의 시선을 의식하며, 이를 자의식이라고 합니다. 하지만 자의식이 너무 지나치면 행복에 방해가 됩니다. 자의식 과잉이 되면 타인이 가볍게 던지는 말 한마디에도 쉽게 상처받고 괴로워합니다. 이런 종류의 스트레스는 삶의 질을 떨어뜨리고 사고의 범위를 축소시켜 다양하고 풍요로운 생활을 누리는 것을 방해합니다. 그러니 주변을 너무 의식하지 말고 자기 인생을 즐기세요. 다른 사람은 그 사람의 인생을, 나는 내 인생을 살고 있어요. 남에게 피해를 주지 않는 범위에서 자신의 삶을 살아가세요.

고독 즐기기

고양이는 혼자 있는 시간을 즐길 줄 알아요. 우리가 함께 있을 때는 집사와의 유대를 즐거워하며 지내지만, 혼자 있을 때는 또 그 시간을 알차게 즐긴답니다. 창밖도 관찰하고 느긋하게 잠을 청하기도 하며 혼자 상상의 나래를 펴면서 사냥 놀이도 한답니다. 목숨을 걸고 사냥하러 다니며 투쟁하던 야생 시절보다는 무료하겠지만, 안온한 지금의 삶을 만족하고 즐길 줄 아는 동물이에요. 무료하게 잠만 자며 아무것도 안 하는 듯 보여도 고양이들은 나름의 방법으로 고독을 행복하고 다양하게 즐깁니다.

우리도 고독한 시간을 그저 외롭다거나 심심하게 여기지 말고, 재충전의 시간으로 여기고 다양한 방법으로 즐길 필요가 있습니다. 여러 사람과 함께 일할 때는 치열하게 일하더라도 혼자 되는 시간 역시 우리 인생에 많은 부분을 차지하는 중요한 순간인 만큼 고독을 즐기세요. 소중한 인생의 일부이니까요.

적정 거리 유지

고양이는 상대와의 관계를 정리하고 그에 따른 사회적 거리를 두고 지킵니다. 고양이의 사회적 거리는 물리적 거리와 같아요. 모르는 고양이, 영역권을 공유하는 고양이, 동료 관계를 형성한 고양이, 경계하는 사람, 경계심이 옅어지기 시작한 사람, 친한 사람, 동료인 사람 등 여러 관계를 나름의 방법으로 정의하고 그에 적합한 거리를 정확하게 유지하며 너무 가까워지지 않도록 항상 주의합니다. 우리도 마찬가지로 모든 사회적인 관계마다 적당한 거리가 필요해요. 이 거리를 잘 유지하는 사람이 다양하고 복잡한 인간관계들을 원만하게 조율하고 그 속에서 상처도 덜 받습니다.

자기 관리

고양이는 자신을 소중히 가꾸고 열심히 관리합니다. 항상 그루밍하여 털이 엉키거나 몸이 더러워지지 않도록 하며 작은 스트레스라도 받으면 풀어보려고 스트레칭을 하고 스크래칭도 하며 심신의 건강을 유지하려고 노력합니다. 우리도 고양이처럼 자기 관리를 열심히 하면서 몸과 마음의 건강을 위해 노력해야 합니다. 자신을 소중히 여기고 보호하지 못한다면 행복을 누리기 힘들어요. 건강이 좋지 않다면 적극적으로 치료를 받으세요. 타인의 비난이나 악플 때문에 정신적으로 피로하면 그냥 놔두지 말고 적극 대응한 후 충분한 휴식을 취해야 합니다. 견딜 만하다고, 별거 아니라고 방치했다가 어느 순간 몸도 마음도 회복하기 힘든 수준으로 나빠지는 경우를 종종 접합니다.

고양이처럼 자신을 소중히 여기고 꾸준히 관리하여 행복한 삶을 유지하려고 노력해야 합니다. 고양이는 모든 면에서 자신의 생존과 안위 그리고 행복에 집중하지요. 또한 그렇게 얻은 행복을 우리와 교감하며 나누려 합니다. 우리도 그렇게 살아야 하지 않을까요?

고양이처럼
사는
방법

함께하면
행복한
9가지 이유

사람보다
고양이가 더 좋은
10가지 이유

윤샘의
고양이 상담소
364

2

집사의 행복이 고양이의 행복

이 장에서는 행복이라는 주제를 다루려 합니다. 그것도 고양이의 행복이 아닌, 바로 우리 집사들의 행복에 대한 이야기입니다. 이제껏 고양이를 기쁘게, 행복하게, 즐겁게, 편안하게 해주는 방법을 충분히 다뤘다면, 이제는 우리 자신의 이야기를 해보려 합니다.

우리는 많은 시간과 노력을 들여 고양이를 행복하게 해주려 애씁니다. 그런데 정작 우리는 지금 행복한가요? 처음 고양이를 키우기로 마음먹었던 순간을 떠올려보세요. 이유는 다양했겠지만, 결국은 나 자신이 더 행복해질 것이라 기대했기 때문이 아니었을까요.

고양이는 우리의 외로움을 덜어주고, 위안을 주며, 조건 없는 사랑을 주고받게 합니다. 누군가 알아주지 않아도 나를 믿고 기다려주는 존재가 있다는 것만으로도 우리는 큰 힘을 얻습니다. 그래서 우리는 이렇게 고양이를 사랑하며 함께 살아갑니다. 고양이의 삶의 질도 중요하지만, 집사인 우리의 삶 역시 중요합니다. 고양이의 삶도 짧지만, 우리의 삶도 생각보다 짧아요.

왜 집사가 불행하면 고양이도 힘들까?

우리는 집이라는 좁은 영역권을 고양이와 공유하며 함께 살아갑니다. 그런데 우리가 행복하지 않으면 고양이는 어떨까요? 보호자가 안절부절못하거나 불안해하면 고양이는 그것을 매우 민감하게 받아들입니다. 자기 영역권에서 일어난 불안 요소로 정의하고 스트레스를 받습니다. 고양이의 예민한 감각은 영역권의 동거인인 집사의 불안이나 슬픔, 고민이 자신에게 안정감을 주지 않으며 뭔가 큰일이 벌어졌음을 직감합니다. 고양이는 슬프다는 감정을 이해하지 못해요. 단지 불안하다, 공격받을 가능성이 있다, 내 영역에서 문제가 생겼다, 뭔가 잘못됐다 등으로 인식하여 스트레스를 받는 겁니다. 그래서 편안하게 어리광부리고 싶다가도 보호자의 기분이 가라앉아 있다면 그 상태에 전염되어 불안해하며 구석으로 숨어버립니다.

우리의 불행, 불안, 슬픈 감정은 고양이에게 그대로 전달되어 고양이를 불안하게 만들고 스트레스 요인으로 작용합니다. 결국 스트레스로 인해 뇌의 코르티솔이 과다하게 분비되어 면역력 저하로 이어지며 이로 인해 방광염, 비뇨기질환, 각종 호르몬질환, 피부병 같은 질병에 시달리게 됩니다. 집사의 행복하지 못한 감정이 고양이까지도 불행하게 만들어버려요.

그래서 고양이를 키우는 집사는 항상 행복해야 합니다. 혼자만 사는 것이 아니라 고양이와 동거하는 사람이니까요. 우리가 명랑하고 잘 웃고 고양이의 행동이나 표정에 다양하게 반응하면, 고양이도 즉각 명랑한 반응을 보여줍니다. 보호자가 행복하고 밝은 기분을 유지하면 고양이도 활발하고 자유롭게 행동해요. 고양이의 그런 모습은 다시 우리를 웃게 만들고 즐겁게 해줍니다. 보호자가 행복하면 고양이도 행복하고, 고양이가 행복하면 그걸 바라보는 보호자도 덩달아 행복해집니다. 이런 것이 바로 행복 아닐까요? 세상은 험하고 삶은 힘들지만, 사랑하는 내 고양이를 보며 위로받고 힘내세요. 우리가 돌봐야 하는 아기이며, 집이라는 작은 영역을 공유하는 든든한 동료이고, 우리가 힘들 때 위로받을 수 있는 친구 같은 존재인 고양이를 생각하며 오늘도 힘내서 행복하게 지냅시다. 그들이 기댈 곳은 집사밖에 없으니까요.

왜 집사가
불행하면 고양이도
힘들어질까?

옮긴이
고양이 상담소
366

3

완벽하지 않아도 괜찮아요

많은 사람들을 상담하면서 느낀 것 중 하나는, 집사로서 너무 완벽해지려고 노력한다는 사실입니다. 최상의 치료를 해주지 못해서, 좋은 사료를 많이 주지 못해서, 충분히 시간을 같이 보내지 못해서, 넓고 좋은 환경을 조성해주지 못해서, 친구를 만들어주지 못해서, 아플 때 빨리 알아차리지 못해서 미안하고, 결국 이런 집사라서 미안하다고 합니다. 다른 사람이면 더 잘 키우지 않을까, 더 좋은 환경을 제공해주고 더 행복하게 해주지 않았을까 자책하기도 하지요. 하지만 그러지 마세요. 당신은 이미 충분히 잘하고 있어요. 완벽하지 않아도 괜찮아요.

사람과 마찬가지로 고양이도 갑자기 아플 수 있어요. 치료할 수 없는 병에 걸릴 수 있어요. 사고로 심하게 다칠 수 있어요. 절대 일어나길 바라지 않지만, 이 모든 일이 우리 책임은 아닙니다. 어떤 사람에게도, 고양이에게도 일어날 수 있는 일이에요.

그저 고양이와 즐겁게 지내세요

완벽한 집사가 되려고 너무 노력하지 마세요. 그저 고양이와 함께, 더 즐겁게 지내세요. 많이 놀아주고 함께 시간을 보내며 좋은 기억과 추억을 남기려고 노력하세요. 비싼 캣타워? 없어도 돼요. 저렴해도 올라가서 창밖을, 집사를 바라볼 수 있으면 좋아요. 비싼 장난감? 없어도 돼요. 집사가 열심히 흔들어주는 저렴한 낚싯대가 최고인걸요.

비싼 영양제? 최고급 사료? 안 먹어도 아무 문제 없어요. 시중에 파는 중가 이상의 사료면 균형 잡힌 영양 섭취가 가능해요. 몸에 좋은 음식만 주려고 너무 애쓰지 마세요. 가끔은 입이 즐거운, 약간은 불량한 음식을 줘도 돼요. 우리도 늘 몸에 좋은 음식만 먹진 않잖아요. 삶의 즐거움과 활력을 위해 고양이도 집사와 함께 맛난 것도 먹어봐야죠.

혼자 산다고, 집이 좁다고 고양이 들이기를 주저하지 마세요. 고양이 덕분에 우리가 행복하다면 고양이는 이미 충분히 행복해요. 집이 좋아도, 혼자 있어도, 고양이를 행복하게 해주는 방법은 정말 많아요.

먼저 자신의 행복부터 찾으세요. 충분한 시간을 같이 못 보내도 괜찮아요. 혼자 있는 고양이의 무료함을 덜어주는 방법은 아주 많아요. 같이 있는 시간만이라도 잘 놀아주고 행복하게 보낸다면 고양이는 그것으로 충분하답니다.

고양이는 그저 당신이 집사여서 감사하게 생각해요. 구해줘서 고마워하고 대신 사냥해줘서 늘 사랑하고 존경한답니다. 그러니 더 못 해주는 것만 생각하며 미안해하지 마세요. 완벽하지 않아도 괜찮아요. 당신은 이미 많은 걸 해주고 있고, 앞으로 더 많은 걸 해줄 테니까요.

무언가 더 해주려고, 완벽한 집사가 되려고 노력하지 말고 그저 함께해주세요. 같이 더 놀아주세요. 조금만 시간이 지나면 고양이는 당신이 사준 비싼 장난감도 쫓아다니기 힘들 정도로 관절이 아파지고 눈도 어두워져 더는 같이 놀아주지 못한답니다. 집사와 놀고 싶은데 몸이 따라주지 않는 순간이 찾아와요. 그러면 고양이도 슬퍼하지요. 집사를 보호자로, 엄마로 여기지만 자신이 돌봐야 하는 아기라고 생각하기도 하거든요. 고양이에게 집사는 든든한 동료이고, 믿음직한 엄마이며, 사랑하는 아기라는 사실을 기억하세요. 우리가 고양이의 행복을 바라듯 고양이도 우리의 행복을 바란다는 사실을 잊지 마세요.

그러니 너무 완벽해지려고 노력하지 마세요. 못 해주는 걸 곱씹으며 자책하지도 마세요. 누군가를 돌보고 책임지는 일에서 완벽은 불가능해요. 지금까지 한 것만으로도 충분히 훌륭해요. 당신은 이미 최고의 집사랍니다. 그저 고양이와 더 즐겁게 지내세요.

완벽한 집사가
아니어도
괜찮다

사랑받는
10가지
방법

행복을 위해
보호자가 해야 할
7가지

윤샘의
고양이 상담소
368

함께 나이 들어가기

노령묘와 살아가기

주변에 노령묘들이 많아졌어요. 고양이가 갑자기 인기를 끌면서 많은 사람들이 집사의 길에 들어서고 그들의 고양이가 나이 들면서 7세 이상의 노령묘가 늘어난 거죠. 노령묘 관리 방법과 노령묘 복지, 노령성 질환예방 등이 주목받고 있습니다. 나이 든 고양이를 장수하게 하려면 다음 사항들을 숙지하세요. 이 방법들만 잘 지켜도 사랑하는 내 고양이가 삶의 질을 유지하며 건강하게 나이 들 수 있습니다.

노령묘용 사료

단백질 함량이 높고 소화가 잘 되는 뇨령묘용 사료로 바꿔주세요. 이것만으로도 고양이는 더 좋은 영양 상태를 유지하고 소화도 잘할 수 있습니다. 노령묘는 근육 위축이 오기 시작하고 소화 흡수율이 낮아집니다. 그래서 성묘 때보다 더 소화하기 쉽고 단백질이 더 많이 함유된 사료가 필요해요. 노령묘용 사료로 교체하고 습식사료 즉 캔의 비중을 이전보다 늘려주세요. 캔 사료를 통한 충분한 수분 섭취와 노령묘용 사료를 통한 풍부한 단백질 공급만으로도 간, 신장, 심장의 혈액순환 상태를 개선하고 소화 기능과 면역력에 큰 도움이 됩니다. 반짝반짝한 눈과 윤기 있는 모질 덕분에 사랑하는 내 고양이가 다시 젊어진 듯 보일 거예요.

영양제 급여

액티베이트캣 같은 항산화 영양제가 노령묘에게 좋아요. 고양이가 건강하고 양질을 사료를 잘 먹는다면 굳이 영양제를 권하지는 않습니다. 항산화 영양제는 먹일 때와 안 먹일 때 차이가 나므로 노령묘라면 급여해주세요.

약 먹는 습관

고양이는 나이가 들면 여기저기 아프게 되고, 병원에 갔을 때 약을 먹일 수 있는지 없는지가 수명에 직접적인 영향을 미치는 경우가 매우 많습니다. 치료비에도 큰 영향을 주지요. 약만 먹여도 괜찮아지는 질환이 많거든요. 평소에 약 먹이는 습관을 들여놓지 않으면 나중에 관리가 매우 힘들어질 수 있어요. 보호자는 약 먹이는 훈련을, 고양이는 약을 먹는 훈련을 꼭 해두어야만 합니다.

물 마시는 습관

수분 섭취도 고양이에게 매우 중요한 일입니다. 평소 고양이는 갈증을 잘 느끼지 못해서 목이 말라도 물을 잘 마시지 않아요. 고양이가 좋아하는 형태의 물그릇을 여러 곳에 놓아두고 항상 신선한 물을 제공해주세요. 수도를 틀어놓는 것도 좋은 방법입니다. 흐르는 물에는 용존산소량이 많아서 고양이가 더 맛있고 신선하게 느끼거든요. 수도꼭지나 분수 형태의 물그릇 등을 사용하여 고양이가 물에 흥미를 느끼고 많이 먹게 해줘야 질병 예방과 노화 방지에 도움이 됩니다.

정기 건강검진

7세 이상의 고양이는 최소 1년에 1번, 10세가 넘었다면 6개월에 1번 정기적으로 병원을 방문해 건강검진을 받아야 합니다. 고양이의 1년은 사람의 7년과 같아요. 1년에 1번 건강검진은, 사람으로 따지면 7년에 1번 건강검진을 받는 셈이에요. 간, 신장, 심장 등이 1년마다 어떻게 변하는지 검사하고, 수치를 살피고 관리하는 일은 매우 중요합니다.

건강 기록부를 작성하는 것도 좋은 방법입니다. 고양이의 체온, 식생활, 체중, 음수량, 소변량, 체중, 호흡 상태, 병원 방문 등을 꼼꼼히 기록해두면 고양이의 이상 여부를 보호자가 집에서 조기에 진단할 수 있어요. 이러한 건강기록부는 병원 방문 시 매우 유용합니다. 정확한 진단과 치료를 위한 최고의 정보예요. 고양이의 상태를 진찰하는 데 이보다 좋은 자료는 없어요.

통증 관리

대부분의 노령묘는 정도의 차이가 있을 뿐 관절염을 보유하고 있습니다. 통계적으로 10세 이상 고양이의 70% 정도는 관절염이 있고, 모든 관절염은 통증을 수반합니다. 많은 보호자들이 집에서 진통제 사용을 꺼리지만, 고양이 관절염 통증을 예방하는 진통제들이 나오고 있으니 반드시 진통제를 먹여주세요. 통증 관리는 삶의 질과 바로 직결되는 중요한 문제이기 때문입니다. 통증이 계속되는 삶을 과연 행복할지 진지하게 고찰해야 합니다. 얼마나 사느냐만큼 어떻게 사느냐도 정말 중요합니다. 수의사로서 고양이의 통증이 예상되면 진통제의 사용을 주저하지 말라고 권하고 싶습니다.

편안한 생활환경 만들어주기

따뜻한 잠자리 마련 | 반려묘가 나이 들어 쇠약해졌다면 체온 유지가 어려우니 잠자리를 따뜻하게 해주세요. 겨울에는 탕파 등을 넣어주어 더욱 따뜻하게 해주고 아침에 일어났을 때 관절 통증을 덜 느끼게 해주세요. 관절이 좋지 않으면 움직임이 둔해집니다.

사료, 물그릇은 낮은 위치에 | 물그릇이나 사료그릇을 높은 데 두지 말고 생활 반경 안으로 옮겨주세요. 침대나 소파에는 편하게 오르내릴 수 있도록 전용 계단을 설치하세요. 너무 움직이지 않으면 관절이 굳고 욕창이 생기기도 하니 생활 반경 내에서 좀 더 편하게 다닐 수 있도록 해줘야 합니다.

빗질 | 관절이 아프면 그루밍하기 힘들어지니 자주 털을 빗질해주세요. 빗으면서 피부병 여부도 확인하고 죽은 털을 솎아내어 피부병을 예방할 수 있어요.

발톱 손질 | 나이 들면 스크래치도 힘들어져 스스로 발톱을 관리하기 어려우니 자주 발톱을 손질해줘야 합니다.

가벼운 운동 | 관절이 굳으면 잘 움직이지 않고, 움직이지 않으면 근육이 빠지며, 근육이 소실되면 관절 상태는 더욱 나빠집니다. 이런 악순환을 막기 위해 운동을 시키고, 식단은 단백질 위주로 바꾸며, 진통제를 급여하여 통증을 억제하고, 조금이라도 더 움직이게 도와주세요.

노령묘에게
좋은
사료는?

10세 이상
고양이에게
필요한 것

노령묘를
잘 돌보는
9가지 방법

2

생애 주기

모든 삶에는 끝이 있습니다. 고양이도 마지막에는 수명의 한계를 맞이하여 결국 무지개 다리를 건넙니다. 모든 생물은 매일 조금씩 죽어가고 있다는 시적인 표현도 틀린 말이 아니지요. 고양이의 전체 삶의 주기를 살펴보고 그에 따른 관리 방법을 알아보면 함께하는 데 큰 도움이 될 거예요. 생애 주기는 전미고양이수의사협회AAFP의 기준을 참고했습니다.

성장기(0~2세, 사람 0~24세)
대체로 생후부터 2세까지를 가리킵니다. 생후 6개월 무렵부터 아기 시기가 끝나고 2세 정도까지 대부분 신체적 성장을 마칩니다. 사람 나이 기준으로는 24살까지에 해당되는 시기입니다. 신체적으로 완벽하게 성장한 상태이지요. 가장 왕성하고 신체적으로 완벽한 시기로 성묘에 들어서기까지의 기간입니다.

성묘기(2~6세, 사람 24~40세)
성장기가 끝나는 2세 무렵부터 6세까지입니다. 사람으로 따지면 약 24세부터 40세에 해당하며, 가장 활발하고 생애 최고로 빛나는 찬란한 시기입니다. 집사와 트러블을 가장 많이 일으키고, 집사에게 가장 많이 치대며, 집사와 가장 많이 노는 활발한 시기입니다. 생각보다 아주 빨리 지나가버리는 시간이지요.

중년기(7~10세, 사람 40~59세)
7세부터 10세에 해당하며, 사람 나이로 환산하면 40~59세 정도인 시기입니다. 인생의 중반기에 접어들어 완숙한 시기로, 행동이나 외모는 전혀 변화가 없지만, 노화는 확실하게 다가오고 있어요. 증상 없이 서서히 노화가 시작되므로 건강검진을 철저히 해야 하고 반드시 보험을 들어야 하는 기간입니다. 눈에 띄는 증상은 나타나지 않지만 젊은 시절에는 없었던 불편함이 신체 곳곳에서 나타나기 시작합니다. 검진에서 조금씩 문제가 발견되는 시기이니 반드시 건강검진을 정기적으로 실시해줘야 합니다.

시니어기 (11~14세, 사람 60~75세)

11세부터 14세에 해당하며, 사람의 60~75세 정도인 시기입니다. 사실 시니어기란 말은 10년 전만 해도 생애 주기에 없었습니다. 원래는 노년기에 해당되어 고양이 생의 마지막을 가리키는 시기였지요. 하지만 의학과 사료의 발달, 집사의 노력으로 고양이의 평균 수명이 크게 늘어나 근래 들어 새롭게 시니어기라는 구분이 생겼습니다.

노령묘의 여러 특징이 확실히 나타나는 시기입니다. 관절염이 다발하고 눈도 조금 뿌예지고 시력도 떨어집니다. 늙어서라기보다는 노환으로 발생한 여러 질병 때문에 나타나는 증상들이지요. 이런 경우 미리 잘 점검하여 질병을 치료하거나 관리하면 고양이는 상당히 오랫동안 건강하게 삶의 질을 유지하며 지낼 수 있어요. 이전보다 더 세심한 보호자의 손길과 보살핌, 관찰이 중요하며 본격적으로 의료비 지출이 증가하는 시기입니다.

이때부터는 노령묘용 영양제와 질 좋은 노령묘용 사료를 급여하면 도움이 됩니다. 6개월마다 건강검진도 받게 하고 보험에 가입된 상태라면 연장을 지속해야 합니다. 이 나이가 되면 신규로는 보험에 가입할 수 없을 확률이 높아요.

노년기 (15세 이상, 사람 76세 이상)

15세 이상으로 사람 나이 76세 이상에 해당합니다. 그야말로 장수했다고 생각되는 시기입니다. 이 시기에 접어들면 슬프게도 고양이의 몸과 마음 모두 현저히 확실한 노화의 신호를 보냅니다. 50% 이상의 고양이가 인지기능장애를 보이며 80% 이상이 관절염으로 고통받습니다. 30% 이상의 고양이는 만성신부전을 겪는 시기이니 6개월마다 혈액검사를 받아야 합니다. 혹 인지기능장애가 의심된다면 항산화제와 더불어 병원에서 치매 진행을 늦추는 약을 처방받아 먹이면 효과가 있을 거예요.

움직임이 둔해지는 관절염 징후가 보이면 가까운 병원에서 검사 후 오메가3나 항산화제, 메타캄캣 같은 고양이 관절염 약을 급여해 삶의 질을 유지해주세요. 사랑하는 내 고양이의 노년을 관절 통증 속에 방치하면 안 됩니다. 지금까지 자립적으로 살아온 고양이라도 이 시기에는 집사의 손길에 크게 의존합니다. 다시 아기 고양이가 되었다고 생각하고 따스한 손길로 집중해서 돌봐주세요. 노령으로 온 치매나 관절염은 우리와 함께 오래 살았다는 증거이고 훈장 같은 일임을 꼭 기억해주세요. 고양이의 노후를 끝까지 잘 보살펴주는 따스한 보호자를 기대합니다.

삶의
단계별
식사

나이별로
어떤 걸 신경
써줘야 할까?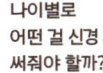

3

수명과 나이 환산법

고양이의 수명은 과거보다 많이 늘었습니다. 균형 잡힌 고급사료의 등장과 의료기술의 발달, 실내 배변에 편리한 모래 개발로 실내 사육이 증가하며 발생한 현상이지요. 예전에는 겨우 7년 남짓 살던 고양이가 지금은 15년을 넘어 20년까지 살기도 합니다. 아무리 고양이의 평균 수명이 늘었다 해도 사랑하는 내 고양이가 조금이라도 더 오래 곁에 있어주기를 바라는 간절한 마음은 모두 똑같을 거예요. 고양이의 수명과 사람의 나이에 대입하는 환산법을 알아보겠습니다.

집고양이
중성화수술이 완료된 집고양이의 나이를 환산하는 방법은 간단합니다. 생후 6개월까지는 사람 나이 10세, 성숙을 완전히 마친 2세 냥이는 사람 나이 24세로 잡고 매 해 4세씩 더하면 사람의 나이에 해당합니다. 즉 2세 냥이는 24세, 3세 냥이는 28세, 7세 냥이는 44세인 것이지요. 10세 고양이는 56세에 해당하며 15세 고양이라면 76세로 장수 고양이입니다. 매년 건강검진을 실시해줘야 하는 이유는 이처럼 고양이의 노화 속도가 사람보다 훨씬 빠르기 때문입니다.

길고양이
좋은 사료를 먹고 안락한 환경에서 의료 혜택을 받은 집고양이와는 달리, 밖에서 생활하는 길고양이의 나이 환산법은 다릅니다. 비교적 혹독한 환경에서 생활하는 길고양이의 경우 2세 때 완전 성숙이 끝나므로 사람의 24세인 것은 같지만 이후부터 1년을 사람의 8년으로 계산합니다. 집고양이보다 노화가 두 배는 빠르게 진행되는 것이지요. 물론 실제 평균 수명은 여러 사고로 인해 더 짧습니다. 집고양이가 장수하면 20년을 살 수 있지만 길고양이는 별다른 사고나 질병 없이 장수한다 해도 현실적으로 10세를 넘기기 어려워요.

고양이의 평균 수명은 보통 15~20년이라고 합니다. 이는 평균일 뿐 품종이나 개체별로 당연히 차이가 있습니다. 대체로 품종묘보다는 코리안쇼트헤어처럼 유전적 다양성을 가진 종이 유전적 결함이 적어 더 오래 산다고 알려져 있고, 그 외에도 아메리칸쇼트헤어, 노르웨이숲, 메인쿤, 시베리안 등이 비교적 수명이 길다고 합니다. 하지만 유전 소인에 따른 개체 차이가 존재한다 해도 그보다는 무엇을 먹고 어떤 환경에서 지내는지가 수명에 더 큰 영향을 미친다는 사실을 기억하세요. 코숏 고양이가 똑같이 질병과 사고 없이 산다고 가정해도 집고양이는 20년, 길고양이는 10년 남짓 산다는 점을 고려하면 환경적인 요인을 결코 무시할 수 없습니다.

나이
환산법

내 고양이
얼마나
오래 살까?

길냥이의
평균 수명은
얼마나 될까?

노화의 신호

고양이는 사람보다 빠른 시간을 살고 있습니다. 고양이의 노화 속도는 사람의 다섯 배가 넘어요. 극단적으로 말하면 고양이는 우리보다 5배 빨리 죽어가고 있는 것입니다. 노화가 찾아오면 고양이의 행동이나 외형에도 변화가 일어납니다. 이런 고양이 노화의 신호들은 다음과 같습니다.

활동성 저하

자는 시간은 점점 길어지고 활동성은 점점 떨어집니다. 하루에 20시간 가까이 자기도 해요. 시간이 길어질 뿐만 아니라 깊이 잡니다. 예전에는 작은 소리에도 민감하게 일어나 반응했지만 깨워도 잘 일어나지 않고, 갑자기 깨우면 정신을 못 차리고 상황 파악에 시간이 걸립니다. 젊을 때처럼 활발하게 움직이는 일이 적어지고, 전처럼 집사와 함께하는 사냥 놀이에 잘 반응하지 않고 놀이 자체에 관심도 적어집니다. 혹 놀이를 하더라도 사냥물과 집사에게 집중하기 어려워하고 노는 시간도 서서히 줄어듭니다. 그러니 고양이가 우리에게 열심히 반응하고 잘 움직이며 놀 때 많이 놀아주세요. 그 시기는 생각보다 금방 지나가니까요. 언제나 명심하세요. 고양이는 우리보다 5~6배 빠른 시간을 살아가는 동물이라는 사실을요.

시니어기에 들어서면 고양이의 행동은 더욱 느려지고 일어서거나 걸을 때도 시간이 오래 걸려요. 관절이 아파서 움직임 하나하나 더 신경 쓰게 되니 되도록 잠자리, 먹이 그릇, 화장실 등은 가까이 해주는 것이 좋아요. 높은 곳에 잘 올라가지 않고 잠이 느는 등 활동성이 저하되면 관절염이 의심되니 꼭 병원에 데려가세요.

그루밍 감소

고양이도 사람도 노령기에 접어들면 신진대사가 떨어져 털이 빠지고 윤기가 사라지며 푸석거리고 숱이 없어집니다. 관절염 등으로 인해 몸을 구부리기 불편해지고 유연성도 떨어져 그루밍을 덜하게 되어 털이 뭉치고 엉키거나 죽은 털을 제때 솎아주지 못해 피부병도 잘 걸립니다. 피부도 얇아져 탄력이 떨어지고 얼굴 특히 코와 입 주변에 군데군데 흰 털이 관찰되며 짙었던 털도 색이 옅어집니다. 스스로 그루밍하지 못해 피부 상태가 급격히 나빠질 수 있으니 신경 써서 자주 빗겨주어 피모의 건강을 유지해주세요.

체온 조절 능력 저하

나이가 들면 근육이 손실되며 몸이 말라갑니다. 혈액순환 및 신진대사 기능이 저하되며 활동량도 줄어들어 전보다 추위를 많이 타게 되지요. 심한 추위는 에너지를 많이 사용하게 만들고 온도를 유지하기 위해 에너지와 혈류가 소모되어 뇌의 혈류량이 줄어듭니다. 이는 치매 같은 질환을 급격히 발현시킬 수 있으므로 겨울에는 탕파나 전기요 등을 준비하여 고양이의 몸을 더욱 따뜻하게 유지해주세요.

눈의 변화

10세가 넘어 시니어기에 접어들면 고양이 눈도 변화를 일으킵니다. 홍채나 수정체에 변화가 생기는데, 고양이 눈 색을 담당하는 홍채는 눈에 들어가는 빛을 조절하는 일종의 조리개입니다. 나이가 들면 홍채가 위축되면서 얇아지고 구멍이나 갈색 얼룩이 생기거나 가장자리가 불규칙해지거나 경화되어 홍채가 열린 채 닫히지 않는 노령성 홍채 위축증이 생기기도 합니다. 특별한 치료법은 없고, 너무 밝으면 눈이 부셔서 아파하니 집 안을 약간 어둡게 해주세요.

렌즈라고 불리는 수정체 역시 노령으로 변화를 겪습니다. 눈이 약간 하얗게 보이는 수정체 경화증, 즉 백내장 증상입니다. 사람이나 개에게 많이 나타나는 수정체 경화증은 다행히 고양이에서는 아주 드문 편이며 대부분은 노안이라 불리는 수정체 혼탁증입니다. 노령기에 오는 자연스러운 현상이라 볼 수 있어요. 또한 그루밍이 소홀해지므로 눈곱이 잘 끼기도 합니다.

🐾 백내장에 걸린 고양이 눈

감각기능 저하

고양이의 감각기관인 시각, 청각, 후각, 미각, 촉각은 나이가 들면서 서서히 저하되고 지각하는 데에도 시간이 걸립니다. 대체로 청력이 떨어지기 시작하여 예전처럼 보호자의 목소리에 잘 반응하지 못하고 반응도 느려집니다. 자기 목소리조차 잘 듣지 못하게 되므로 불안한 마음에 울음소리는 더 커집니다. 시력이 저하되면 기민하게 반응하지 못하고 후각과 미각 기능이 떨어져 예전처럼 츄르 같은 맛난 먹을거리에 잘 반응하지 않으며 음식 자체에 흥미를 많이 잃어버립니다. 캔 같은 습식 사료를 따뜻하게 데워 후각 기능을 자극해줄 필요가 있습니다. 촉각의 저하로 온도에 대한 민감도가 상실되어 겨울철 전기장판 같은 곳에 오래 누워 있다가 저온 화상을 입기도 합니다. 노령 동물에게 전기장판이나 핫팩을 사용할 때는 이를 염두에 두어 온도를 너무 높게 설정하면 안 됩니다.

후각과 미각 기능의 손실은 뇌의 자극을 급속히 떨어뜨려 인지기능장애 즉 치매로 이어질 위험이 있어요. 뇌는 항시 자극에 노출되어야 활동하고 유지되는 장기입니다. 항시 시력, 청력, 후각, 미각을 자극해야 뇌가 자극받아 치매가 오지 않도록 해주세요.

발톱 관리의 어려움

고양이의 발톱은 켜켜이 양파 같은 구조로 껍질 층이 몇 겹으로 이루어져 있습니다. 그래서 발톱을 갈면 수명을 다한 바깥쪽 층이 벗겨지고 날카롭고 깨끗한 안쪽 발톱 층이 새롭게 드러나지요. 하지만 고양이가 나이 들면 관절이 뻣뻣해져서 스크래치를 하며 스스로 발톱을 잘 벗겨내지 못해요. 그러면 바깥쪽 껍질 층이 벗겨지지 않아 발톱이 둥글게 말리며 자라서 발바닥을 찌릅니다. 관리가 안된 발톱이 너무 자라면 카펫이나 이불, 수건에 수시로 걸리기도 하고, 걷다가 미끄러지는 바람에 넘어져 다칠 수 있어요. 고양이가 나이 들었다면 스스로 발톱을 관리하지 못한다는 의미이니 더 자주 발톱을 다듬고 잘라주세요.

근육량 감소로 인한 관절염

고양이가 10세가 넘으면 근육량이 급격히 줄어드는데, 특히 관절이 좋지 않으면 엉덩이와 뒷다리 근육이 크게 손실됩니다. 이는 반드시 통증을 동반한 관절질환이 있다는 의미이니 메타캄 같은 관절용 소염진통제를 급여하고 체중을 조절해주며 캣타워도 조금 낮춰주고 뛰어오르고 내리는 곳에 카펫을 깔아주세요.

노화의
7가지
신호

노화의
징후
part 1

노화의
징후
part 2

5

치매

인지기능장애증후군, 즉 치매는 사람이나 동물에게나 정말 슬프고 힘든 질환입니다. 세상에서 가장 사랑하는 가족, 보호자와의 추억도 모두 잊어버리고 사랑하는 이를 알아보지 못하는 참으로 슬프고 안타까운 병이지요. 고양이도 치매에 걸립니다. 고양이 치매는 어떤 병이고 어떤 증상을 보이며 관리와 예방법은 무엇인지 알아봅시다.

고양이의 치매는 사람의 알츠하이머성 치매와 증상이 비슷해요. 11세 이상의 노령묘 30%, 15세 이상에서는 50% 정도가 초기 치매 증상을 보인다는 통계가 있을 만큼, 생각보다 흔하고 무서운 병입니다. 이 시기에 보호자가 잘 대처하기만 해도 증상을 많이 완화하거나 심각하게 발전하는 것을 막을 수 있어요.

치매 초기 증상 체크리스트

체크 항목	체크
목적 없이 울면서 자주 배회한다.	
활동력이 갑자기 감소한다.	
이름을 부르거나 밥 먹자는 언어에 반응이 늦어지기 시작한다.	
우울증에 걸린 듯한 모습을 보인다.	
때때로 벽을 멍하고 바라본다.	
불러도 어디서 들리는지 소리의 위치를 잘 모르고 혼란스러워한다.	
익숙한 장소와 사람을 알아보지 못한다.	
문의 방향을 못 찾거나, 반대쪽에 서 있기도 한다.	
화장실 가는 길을 헤매기도 한다.	
보호자의 귀가에도 평소보다 늦게 반응한다.	
만사를 귀찮아하고 쉽게 짜증낸다.	
인사 같은 보호자와의 상호작용에 반응이 줄어든다.	
구석에 숨는 등 불안해하고 때로 공격성을 보인다.	
총 수면 시간이 급격하게 늘어난다.	
낮에 자는 시간이 늘고 밤에는 안 자고 돌아다닌다.	
밤낮의 구분이 사라지며 특히 밤에 울면서 배회하기 시작한다.	
배변 실수가 증가한다.	
식욕이 현저하게 늘거나 줄어든다.	
그루밍을 잘 하지 않아 털이 지저분해진다.	

치매
체크리스트

초기 증상

초기 치매의 증상은 생각보다 다양합니다. 드라마에서처럼 갑자기 우리를 못 알아보거나 공격적으로 행동하거나 하루 종일 울어댄다면 이미 매우 심각하게 진행된 상태이고, 초기 치매의 증상은 다음과 같습니다.

11세 이상의 노령묘가 위에 언급한 증상 중 3가지를 갑자기 보인다면 병원에 데려가 건강검진을 받으세요. 검진 결과 간이나 신장 등의 장기에 건강상 문제가 없다면 머리의 문제인 치매를 의심해야 합니다.

노화는 한 번에 오지 않고 단계를 거쳐 서서히 진행됩니다. 노령묘가 평소와 다른 이상행동을 보인다면 치매 때문인지, 스트레스로 인한 일시적 증상인지 아니면 몸이 아파서인지를 빠르게 동물병원에서 확인하고 적극적으로 대처해야 증상의 진행을 막을 수 있어요

치료

고양이 치매 치료의 목적은 증상을 완화하고 진행을 늦추어 삶의 질을 유지하는 데 초점을 맞춰야 합니다.

약물요법 | 치매 증상을 보인다면 가까운 동물병원에 데려가 도움을 받는 편이 좋아요. 치매는 뇌에 아밀로이드 베타가 축적되어 주변 뇌세포를 괴사시켜 결과적으로 뇌 전체를 위축시키는 질환으로, 한번 발생하면 절대 되돌릴 수 없습니다. 동물병원에서 치매에 주로 처방하는 셀레제닌 같은 약물을 사용해서 뇌신경을 적극 보호하면 진행을 많이 늦출 수 있어요. 실제 이 약물의 사용 여부에 따라 수명도 많은 차이를 보인다는 연구 결과도 있습니다. 혹시라도 치매가 의심된다면 적극적으로 약물을 처방받아 증상을 완화시켜 주어야 합니다. 또한 위의 증상 중 하나라도 발견된다면 곧바로 고양이용 오메가3가 충분히 포함된 항산화제를 급여해주세요.

규칙적인 운동과 놀이 활동 | 규칙적인 운동, 놀이 활동을 통해 뇌를 지속적으로 자극해주세요. 산책을 통해 계속 바뀌는 주변 사물들을 인식하고 적절한 운동으로 혈액순환을 원활히 하여 뇌 건강을 유도합니다. 고양이와 더 적극적으로 놀아주세요. 콩 같은 기능성 장난감으로 계속 움직이게 하고, 사냥 본능을 잃지 않도록 낚싯대나 오뎅꼬치로 격렬하게 자주 놀아주면 치매 예방에 도움이 됩니다. 자주 만져주고 마사지하여 혈액순환을 도와주세요. 낮에 일조량을 늘리고 햇빛을 충분히 받게 하고 밤에는 인공광의 노출을 줄일 수 있도록 불을 일찍 꺼주세요.

단백질 위주의 균형식 급여 │ 노령묘는 근육 손실이 일어나면 회복이 어렵습니다. 근육량 유지를 위해 단백질 위주의 식사를 주로 캔으로 급여하여 소화와 흡수를 돕고 수분을 충분히 공급해주세요. 노화와 치매가 진행된다면 만성탈수도 동반하는 경우가 대부분이라는 사실을 명심하고, 물을 충분히 마시도록 유도해야 합니다. 탈수는 노화와 치매를 급격히 촉진합니다.

중쇄지방산을 함께 급여하면 좋아요. MCT 오일로 알려진 중쇄지방산은 일반 식품에서는 거의 찾아볼 수 없지만 특이하게 코코넛오일과 유제품에 풍부하게 함유되어 있습니다. 소화력이 떨어지는 노령묘에게 추천하며, 뇌에서 직접 사용되는 에너지원으로 작용해 치매 진행을 늦추는 효과가 있다고 합니다. 권장량은 하루 1/4티스푼으로 아주 적은 양만 급여해주세요. 처음에는 한 방울 정도만 사료나 맛난 음식에 섞어주고, 잘 먹으면 1/4티스푼까지 서서히 용량을 늘려주세요.

윤쌤 TIP 고양이가 나이 들어서 병에 걸리는 것은 단지 늙어서가 아니라 병들어서임을 인식하고 마지막까지 최선을 다해 적극적으로 내 고양이 삶의 질을 유지하기 위해 최선을 다해야 합니다. 노령성 인지기능장애 증후군인 치매는 고양이가 오래 살았다는, 고양이 삶의 훈장과도 같습니다. 고양이가 삶의 마지막 단계를 평온하게 보낼 수 있도록 최대한 배려해주세요.

치매의
징후

치매
예방과
증상 완화

우울증처럼
보이는
노령묘의 질환

이별은
끝이 아니다

1

만약 더 해줄 것이 없다면, 안락사에 관하여

영원히 내 곁에 있을 것 같은 고양이도 언젠가는 세상을 떠납니다. 우리가 그것을 막을 수는 없지만, 사랑하는 친구의 마지막이 좀더 편안하게 아름답도록 도울 수 있습니다. 안락사는 라틴 어원대로 '편안한 죽음'을 뜻합니다. 고통으로부터 벗어나게 해주는 보호자로서의 '마지막 의무'라 생각하는 사람도 있지만 '엄연한 살해'로 여기고 반대하는 사람도 있습니다. 가치관이나 종교적 신념에 따라 표현도 생각도 결론도 다를 수 있지만, 고통받고 있는 내 가족이 마지막으로 좀 더 편안히 가기를 소망하는 마음은 다르지 않을 것입니다.

사랑하는 고양이의 안락사를 결정해야 하는 순간이 온다면 매우 고통스럽고 힘들겠지요. 안락사의 필요를 확신하더라도 죄책감과 책임감으로 인해 매 순간 심한 갈등을 겪을 수밖에 없습니다.

고양이가 계속 고통에 시달리고 힘든 치료에도 좋아지지 않으면 어떻게 해야 할까요? 더는 가망이 없고 고양이는 통증을 호소하면 우리는 어떻게 해줘야 할까요? 수의사로서 저는 안락사로 고통을 덜어주는 방법이 인도적이며, 고양이의 집사이자 친구이며 가족으로 해줄 수 있는 마지막 의무라고 생각합니다. 하지만 저는 고양이의 상태를 객관적으로 설명해줄 수 있을 뿐, 최종 결정은 온전히 가족인 여러분의 몫입니다. 수의사인 저는 병원에서 현재 상태를 잠시 볼 뿐이지만 집에서 고양이의 삶의 질은 어떤지, 각종 약물과 방법으로 통증이 다스려지고 있는지 아닌지는 오직 보호자인 여러분만 알고 있습니다.

생의 마지막에서 이제는 치료가 아닌 호스피스 케어를 받는 고양이의 현재 삶의 질을 평가할 수 있는 7가지 항목을 살펴봅시다. 내 고양이의 현 상태가 어떤지, 그저 그런지 조금 불편한지 아니면 심하게 고통스러운지를 알아보아 호스피스 케어를 계속 진행해야 할지 안락사를 고려해야 할지 지속할지 평가합니다.

마지막 순간 집사가 해줄 수 있는 것

고양이의 고통이 멈추지 않는 상황이라면 그 고통을 끝낼 수 있는 결정을 내릴 사람은 오직 여러분뿐입니다. 보호자는 고통 때문에 힘들고 지친 고양이에게 가족으로서 의무를 수행하여 계속 최선을 다해 돌보고, 최선을 다해 마지막까지 고통을 줄이는 치료를 해줄 수도 있고, 당장 고통에서 벗어나도록 편안한 마지막을 줄 수도 있습니다. 다만 어떤 경우에도 아무 결정을 내리지 않고 지켜보기만 하는 방관자로 있지 않기를 간절히 바랍니다. 혹시라도 만약 고양이 삶의 질이 고통으로 인해 심각하게 저하되었고 개선의 여지가 없다는 소견에 안락사를 결정했다면, 고양이가 불안해하지 않도록 울거나 흥분하지 말고 그저 고양이를 꼭 안아주세요. 보호자가 속상해하고 슬퍼하고 흥분하면 고양이도 불안해합니다. 마지막까지 부드럽게 쓰다듬으며 안정감을 느끼게 해주세요.

현재 삶의 질을 평가하는 7가지 항목

7가지 항목마다 0~10점으로 점수를 매겨 총 70점이 만점이며, 30점 이하라면 고양이는 불편을 넘어 고통스러운 상태이므로 수의사와 상담하여 안락사를 고려하기를 권합니다.

① 고통 | 먼저 '고통을 완화해줄 수 있는지' 판단해야 합니다. 고양이가 느끼는 극심한 통증을 줄여주는 것은 삶의 질을 유지하는 데 가장 중요한 요소입니다. 병의 진행 정도와 통증의 크기에 맞추어 수의사에게 적절한 진통제를 처방받아 통증을 제대로 관리해야만 합니다. 고양이의 상태에 주의를 기울이고 통증의 신호를 보이지 않는지 계속 관찰하세요.

> **10점** 통증이 거의 없고 호흡이 양호하다.
> **5점** 간혹 통증을 호소하면서 호흡이 가쁘다.
> **0점** 지속적으로 비명을 지르고 몸을 떨며 호흡이 가쁘고 매우 힘들어한다.

② 배고픔 | 고양이가 식욕을 유지하며 충분한 에너지를 섭취하는지 평가합니다. 적절한 에너지를 섭취하지 못하는 고양이는 결국 쇠약해집니다. 시간이 걸려도 숟가락이나 손가락을 사용해 사료를 조금씩 먹이거나 습식사료를 작은 경단 모양으로 만들어 입 옆에서 혀 아래 깊숙이 밀어 넣어주세요. 먹을 수 있는 상태라면 고양이가 먹고 싶어 하는 음식이나 먹을 수 있는 것을 원하는 만큼 급여합니다.

> **10점** 식욕이 좋으며 양껏 충분히 먹는다.
> **5점** 맛있는 것을 만들어주거나 손으로 먹여주면 어느 정도 먹는 편이다.
> **0점** 식욕이 없어 며칠째 아무것도 먹지 않았다.

③ 수분 공급 | 고양이가 수분을 충분히 섭취하는지 알아봅니다. 고양이가 질병으로 인해 스스로 물을 충분히 섭취하지 못하면 입 쪽으로 물을 갖다대거나 주사기를 이용해서 조금씩 마시게 해야만 합니다. 충분한 물을 마시지 못하면 고양이는 탈수에 시달리고, 탈수는 질병을 급속도로 악화시킵니다. 강제로 급여해도 필요 수분량을 채우지 못한다면, 집에서 피하수액 등의 방법을 사용해서라도 수분을 공급해야 합니다.

> **10점** 정상적으로 충분히 물을 먹고 배뇨한다.
> **5점** 물 먹는 양이 많지 않아 배뇨가 줄었으며 피부 탄력이 저하되었다.
> **0점** 물을 거의 먹지 않아 눈이 움푹 들어가고 소변을 거의 보지 않는다.

④ **활동성** | 고양이가 스스로 움직일 수 있는지, 사람의 도움을 받아서라도 움직일 수 있는지 평가합니다. 가령 화장실에서 서 있는 것을 힘들어한다면 고양이 허리를 손으로 받쳐주거나 걸을 때 수건을 배 아래에 둘러 배를 받쳐주어 걷기 편하게 도와주거나 보행 보조 하네스를 사용하여 걷는 것을 도와주세요.

- **10점** 자유로이 집 안을 산책하고 움직인다.
- **5점** 어느 정도 움직일 수 있으나 주위의 도움이 필요하다.
- **0점** 스스로 전혀 움직이지 못하며 발작을 보이기도 한다.

---

⑤ **행복감** | 몸을 거의 움직이지 못하더라도 보호자와 눈을 맞추려 하거나, 주변에서 일어나는 일에 흥미를 보이는지 확인합니다. 고양이의 잠자리는 가족의 시선이 닿는 곳에 두고, 잘 움직이지 못하더라도 장난감을 보여주거나 말을 걸어주어 고양이가 외롭지 않도록 항시 자극을 주고 배려해주세요.

- **10점** 가족과 즐겁게 지내고 장난감을 잘 가지고 놀며 사교적이다.
- **5점** 주위 자극에 어느 정도 반응하고 간혹 우울해하는 증상이 있다.
- **0점** 가족이나 주위 자극에 전혀 반응하지 않으며 구석에서 침울해한다.

---

⑥ **위생 상태** | 스스로 움직여 화장실에 갈 수 있다면 화장실을 가까운 데로 옮기고 입구가 낮은 것으로 바꿔주세요. 움직이기 어렵다면 따뜻하고 부드러운 보금자리를 마련하고 강아지용 배변 패드를 그 위에 깔아 오염 시 즉시 교체합니다. 자력으로 배변이 어려운 경우 복부를 압박하여 배뇨시켜야 할 수 있으므로 동물병원에서 방법을 교육받아야 합니다. 입, 눈, 귀, 얼굴은 미온수를 적신 거즈로 닦고, 몸은 따뜻한 물수건으로 자주 닦아주세요. 움직이지 못할 경우에는 자세를 자주 바꿔 욕창을 예방합니다..

- **10점** 전신이 매우 깨끗하며 냄새가 거의 나지 않는다.
- **5점** 이전보다 위생 상태가 좋지 않아 냄새가 나는 편이다.
- **0점** 오래 누워 있어 욕창이 생기고 상처 부위에서 삼출물이 나오며 냄새가 심하다.

---

⑦ **기력** | 일주일 중 상태가 좋은 날이 많은지 나쁜 날이 더 많은지 평가합니다. 처음엔 좋은 날이 더 많았어도 곧 나쁜 날이 늘어날 거예요. 이처럼 모든 고양이의 말기 상태는 좋았다가 나빴다를 반복하면서 점점 더 안 좋아집니다.

- **10점** 기력이 매우 좋아 정상적인 생활이 가능하다.
- **5점** 일주일 중 3~5일은 기력이 좋지 않아서 힘들어 보인다.
- **0점** 일주일 내내 기력이 매우 나빠서 정상 생활이 불가능하다.

더는
해줄 것이
없다면

삶의 질을
결정하는
7가지 항목

마지막
준비하기

반려동물 안락사에 관한 오해와 진실

많은 노령묘들이 한계 수명에 임박하거나 고통받는 여러 질병으로 병원에 찾아옵니다. 물론 수의사인 저도 보호자도 최선을 다해 고양이 삶의 질을 유지하고 생명을 연장하려고 노력하지요. 하지만 우리는 신과의 주사위 게임에서 이길 수 없습니다. 1~2번은 수의사가 죽음을 피하게 도와줄 수도 있지만 삶과 죽음은 결국 우리가 질 수밖에 없는 불공평한 게임이니까요. 무겁고 슬픈 결정의 순간은 언젠가 닥쳐오고 그때마다 저는 여러 죽음의 방법을 말씀드립니다. 이 과정에서 잘 이해하는 사람도 있지만 화내고 오해하는 사람도 있어요.

"자연스럽게 떠나는 게 더 낫다"
➲ 오해1

일부 보호자들은 안락사가 자연스럽지 않다는 이유로 반대하면서 자연스럽게 죽도록 두고 싶다고 합니다. 혹은 종교적인 신념으로 안락사를 반대하기도 하지요. 그런데 만약 그 자연스러운 상황 혹은 여러분의 종교적인 신념이 일종의 방치라면요? 그 과정이 참기 힘든 통증을 포함하고 있다면요? 이는 중요한 사실을 간과한 주장입니다. 우리는 이미 아픈 고양이에게 치료, 수술, 투약 등의 형태로 삶의 질을 개선하려 하고 인위적으로 수명을 아주 많이 늘려놓았습니다. 사실 안락사는 인위적으로 연장한 고통스러운 삶을 중단하는 시점을 결정하는 행위라고 생각합니다.

"안락사는 이기적인 결정이다"
➲ 오해2

안락사가 인간의 이기적인 책임감 없는 판단이라고 생각하는 사람도 있습니다. 안락사 후에 많은 분들이 느끼는 가장 흔한 죄책감 중 하나가 너무 빨리 시킨 것은 아닌지, 혹은 다른 방법을 더 시도해보지 못하고 안락사를 결정했다는 생각입니다. 사실 더 노력했어야 했다고 후회하는 보호자 대부분은 이미 반려동물을 치료하고 그들 삶의 질을 유지하고 고통을 줄여주려고 충분히 노력했습니다. 여러분의 욕심에 가족의 고통을 단순히 연장시키는 것이 훨씬 더 위험한 이기심일 수 있어요. 여러분은 이미 충분히 노력했습니다.

"고양이가 시기를 알려줄 것이다"
➲ 오해3

마치 영화처럼 내 고양이가 막연하게 "이제 됐어" 하며 시점을 알려주리라 믿는 사람도 있고 너무 자연스럽게 내 고양이가 잠자듯이 편안한 최후를 맞을 거라고 믿는 사람도 있습니다. 하지만 삶의 끝은 영화처럼 흘러가지는 않습니다. 반려동물이 '지금이야' 하고 떠날 시기를 알려주리라 믿고 그저 기다리기보다는, 또한 고양이가 무작정 편안하게 죽을 시기를 기다리기보다는 여러분의 고양이를 오랜 시간 함께 돌봐왔던 주치의와 상의하여 삶의 질이 저하되고 통증이 견디기 힘든 시점이 명확하게 왔는지 파악하고 결정을 내려주어야 합니다. 즉 현재의 상태가 단지 불편한 상황인지 심하게 고통스러운 상황인지를 빠르게 파악하고 결정해야 한다는 말이에요. 그래야 내 고양이의 고통을 너무 늦게까지 연장했다는, 너무 늦게 결정했다는 죄책감에 시달리는 후유증을 막을 수 있습니다.

우리가 내리는 결정은 "언제까지 고통을 견디게 할 것인가"
➲ 진실

고통스러운 진실은, 내 고양이가 말기 단계의 질환으로 아프고 고통받는다면 보호자가 내려야 하는 결정은 아이의 삶을 유지할지 끝낼지가 아닙니다. 불편을 넘어선 고통을 언제까지 내가 유지시킬 것인지입니다. 부디 고양이의 죽음 후에 무엇이 가장 덜 후회하는 선택일지 스스로 질문하고 후회 없는 선택을 하길 바랍니다.

안락사에
대한
오해와 진실

자연사와 안락사,
어디까지가
사랑일까?

마지막을 준비하는 방법

보통은 고양이의 죽음을 예감하면 저는 그 이후의 여러 장례 방법들을 설명하고자 노력하는 편입니다. 다가올 상황을 미리 알려드려 충격을 완화해주려고요. 막상 그 상황이 닥치면 슬픔과 충격으로 어찌할 바를 몰라 아무것도 못 하고 당황하는 경우를 너무 많이 봤기 때문입니다. 그저 수의사의 권유에 기계적으로 반응하여 장례 절차나 시신을 처리하고 훗날 후회하는 사례도 종종 있습니다.

이제 내 고양이의 마지막을, 최후를 준비해야 한다고 느낀다면 죽음 이후의 방법들을 생각하기를 바랍니다. 장례란 죽은 아이를 위한 의식이라기보다는 남은 우리의 슬픔을 달래고 마음을 정리하는 의식이라고 생각합니다.

땅에 묻기(불법)

우리나라에서는 현행법상 동물의 사체를 땅에 묻는 것이 불법입니다. 감염병 방지를 위해서이지요. 그래서 자기 소유의 땅이나 마당에도 고양이를 묻을 수 없습니다.

화장

요즘은 거의 대부분 화장을 선택합니다. 장례 이후 고양이나 강아지가 좋아했던 장소에 뿌려주거나 유골함에 담아 보관하기도 하지요. 고양이의 죽음이 얼마 남지 않았다면 미리 화장 업체나 묘지를 알아볼 것을 권합니다. 개인적으로는, 화장 이후 유골을 단지에 담아 집에 보관하다가 어느 정도 마음이 안정되면 이후에 가족들과 함께 좋은 곳에 묻거나 뿌려주기를 추천합니다.

유골을 압축하여 보석 형태로 제작해 영구 보존할 수 있게 해주는 방법도 있지만 별로 권하지는 않습니다. 슬픈 기억은 어느 순간 놔주어서 그 감정이 희미해져야 하는데 이 경우에는 오히려 좋지 않을 수 있기 때문입니다. 납골 시설을 갖추어 고양이 유골함을 둘 수 있는 납골장을 운영하는 화장장도 있지만 역시 권하지 않습니다. 대부분 도시 외곽에 위치해서 접근성이 좋지 않아 바쁜 일상에 자주 방문하기 어렵고, 나중에 슬픔이 옅어지면 잘 가지 않게 되며, 그러면 마음 한구석에 미안함과 죄책감이 남습니다. 이별을 충분히 슬퍼하는 것이 가장 좋아요. 최대한 빨리 좋은 기억만 남기고 보내주는 편이 더욱 좋습니다.

대부분의 화장 업체는 픽업 서비스를 제공합니다. 동물병원으로 시신을 픽업해 장례 과정과 화장을 진행하며 집으로 방문하기도 합니다. 화장장을 직접 방문해 모든 과정을 참관하며 함께 슬퍼할 수도 있습니다. 만약 가족 중 누군가가 상실감과 슬픔으로 일상생활이 힘들 만큼 고통스러워한다면, 장례나 화장의 전 과정을 직접 참관하기를 권유합니다. 경험상 떠나는 고양이의 마지막 모습을 보면 마음의 클로징 과정, 슬픔을 덜어내는 과정이 더 수월하게 이루어집니다.

윤샘 TIP 사랑했던 고양이의 모습은 결코 빠르게 사라지지 않습니다. 항상 아주 느리고 희미하게 사라집니다. 어느 순간 슬프고 힘든 감정 대신 즐겁고 좋은 기억만 남을 거예요. 저 역시 20년 동안 여러 사연으로 들어온 많은 아이들을 돌보면서 8마리의 고양이와 2마리의 강아지를 보냈습니다. 경험상 우리 아이들은 항상 마지막에는 웃는 모습으로 사라집니다. 지금은 힘들어도 제 말을 꼭 기억하세요.

장례의
절차와
방법

떠나기 전에 알았으면 좋았을 것들

살아 있는 모든 것은 죽고, 모든 시작에는 끝이 있습니다. 고양이를 가족으로 맞이하는 순간부터 우리는 언젠가 마주할 헤어짐을 준비해야 할지도 모릅니다. 15년 혹은 20년 남짓을 함께하며 잊지 말아야 할 것들을 살펴봅시다.

해줄 일을 미루지 않기

처음 고양이를 입양할 때 가장 큰 걱정은 '그 이별의 순간을 견딜 수 있을까'일 것입니다. 그러다 함께하는 생활이 익숙해지면 어느덧 이 행복이 영원할 것 같아 조금씩 무심해집니다. 당연히 해줘야 할 일들을 내일로 미루기 시작하는 것이지요.

처음에는 맛있는 간식이나 새 장난감 사주기, 화장실 모래 바꿔주기 같은 사소한 것부터 미룹니다. 그러다 점점 더 중요한 일도 미루게 됩니다. 건강하다는 이유로 검진과 예방접종, 스케일링을 미루기도 하죠. 하지만 건강검진은 건강할 때 해주는 것입니다. 이미 아플 때 하는 것은 '치료'이지 '검진'이 아니니까요. 내일의 행복을 위해 오늘 해줘야 할 일을 미루지 마세요.

우리만의 버킷 리스트 만들기

고양이가 나이 들어간다면 함께하고 싶은 일들을 하나하나 실천해보세요. 나중에 아이가 떠나고 나서 "이걸 해볼걸" 하는 후회를 남기지 않기 위해서입니다.

그렇다고 무서워하는 고양이를 데리고 여행을 다니라는 뜻은 아닙니다. 보호자와 고양이가 함께 즐거워할 만한 일을 찾으라는 말입니다. 가끔은 건강식 대신 정말 맛있는 간식을 주고, 큰맘 먹고 캣타워 같은 공간을 만들어줄 수도 있겠죠. 함께 사진을 찍으며 SNS 계정을 운영해보는 것도 좋습니다. 매일 다양한 장난감으로 열성적으로 놀아주세요. 먹이 퍼즐, 낚싯대, 상자 등 고양이가 좋아하는 방식을 찾아보세요. 하나하나 체크하며 버킷리스트를 완성해가는 과정 자체가 보호자에게도 큰 행복이 될 것입니다.

죽음이라는 종착역을 부정하지 않기

고양이의 수명은 우리보다 짧습니다. 죽음은 보호자가 잘못 보살펴서 발생하는 사고나 실패가 아닙니다. 모든 일에 끝이 있듯 그저 내 고양이의 삶이 마무리되는 것입니다.

기차를 타고 목적지에 도착하는 것과 같습니다. 우리의 삶도, 이 작은 아이의 삶도 기나긴 여행이며 그 끝은 결국 종착역입니다. 우리는 인생이라는 여행을 계속하고 있지만, 나와 함께했던 고양이는 먼저 목적지에 도착해 여정을 마쳤을 뿐입니다. 그동안 함께 여행해서 즐거웠고 위로받았으니 불행이나 절망은 아닙니다. 모든 삶에는 끝이 있음을 담담히 받아들여야 슬픔을 딛고 추억을 떠올리며 나아갈 수 있습니다. 이별에 대한 걱정 때문에 지금 이 순간의 행복이 방해받지 않기를 바랍니다.

이별이 너무 두렵다면 미리 준비하기

고양이가 떠난 후 새로운 고양이를 들여 상실감을 위로받는 것도 방법입니다. 하지만 마음이 정리되지 않은 상태라면 새로 온 아이가 떠난 고양이의 '대체재'로 전락할 수 있습니다. "그 아이는 안 그랬는데 너는 왜 그러니?"라며 비교하게 된다면 보호자에게도 고양이에게도 좋지 않습니다.

이 과정이 너무 고통스러울 것 같다면, 첫째 고양이가 10세 무렵이 되었을 때 새로운 고양이를 입양하는 것을 권합니다. 나이 든 고양이가 떠나더라도 남은 아이가 곁에서 든든히 지지하며 마음에 위안을 줄 테니까요. 인생이라는 긴 여행길에 동행하는 친구가 여럿이라면 혼자 남겨지는 것보다 덜 외로울 것입니다. 여행은 언제든 헤어지거나 끝날 수 있다고 생각하면 마음이 조금은 편안해지지 않을까요?

떠나기 전에
알았으면
좋았을 것들

죽기 전에
보내는 10가지
이별 신호

슬픔에 빠진 고양이 위로하기

경험상 고양이들도 같이 살던 동물이나 가족이 죽으면 상실감을 느끼고 슬퍼하는 것 같습니다. 함께 있던 고양이나 강아지가 죽은 후 우울증 증세를 보이며 활력도 떨어지고 식욕을 잃은 아이들을 저는 정말 많이 봤습니다.

가족의 죽음은 남은 사람과 고양이 모두를 깊은 슬픔에 빠뜨립니다. 삶을 송두리째 흔들어놓아 다시 예전의 일상으로 돌아가려면 엄청난 노력과 시간이 필요할 수도 있습니다. 고양이도 가족 구성원 혹은 동료의 죽음을 깊이 슬퍼하고 상실감을 느낍니다. 더구나 이들은 슬픔으로 인해 평소와 다른 우리의 행동과 모습을 이해하지 못해서 더욱 혼란스러운 이중고에 빠지게 됩니다.

고양이의 상실감 이해하기

갑자기 친구나 가족을 잃은 고양이는 그가 어디로 사라졌는지 이해하지 못해요. 그런데다 보호자는 매우 낯설게 행동하기 시작해요. 갑자기 지나치게 안거나 슬픔을 공유하려 하고 우울한 목소리로 말을 겁니다. 이런 것들이 고양이를 혼란스럽고 고통스럽게 만들어요. 갑자기 사라진 친구, 갑자기 변한 보호자, 고양이는 세상이 뒤집힌 것 같고 홀로 남겨졌다고 느끼며 스트레스를 받습니다. 이런 생경한 두려움이야말로 고양이의 상실감을 대표합니다.

고양이가 보일 수 있는 행동들

남아 있는 고양이들은 친구를 찾아다니거나 평소 그가 좋아했던 장소 근처에 머물며 슬퍼하기도 합니다. 많이 울거나 음식을 거부하는 등 스트레스로 인한 이상행동들이 나타나기 시작합니다. 그루밍을 심하게 하거나, 집사의 관심을 지나치게 요구하고, 구석에 숨으며 더 많이 자기도 합니다. 이럴 때 보호자가 할 일은 평소처럼 말 걸어주기, 캣닢 파티, 사냥 놀이 시간 늘리기, 캔 푸드 더 많이 따주기, 더 오랜 시간 같이 있기 정도입니다. 그저 평소처럼, 조금 더 많이 놀아주고 즐겁게 해주려고 노력하고 기다려야 합니다.

보호자가 지켜야 할 태도

보호자의 감정 변화는 남은 고양이들에게 곧장 전달되고, 그들이 느끼는 놀라움과 공포는 더욱 커진다는 사실을 명심해야 합니다. 우리가 흔히 하는 실수가 슬픈 감정을 가지고 남은 아이들 더 자주 안아주는 것입니다. 보호자의 미묘한 감정의 차이에 예민한 고양이에게 슬픔과 상실감이 바로 전달되고 이것이 고양이를 더 힘들게 합니다. 그러니 남은 고양이를 위해 평소처럼 안아주고 평소와 같은 어투로 말하며, 평소처럼 상호작용 놀이도 해주세요.

보통 고양이의 죽음 이후 집사들은 집을 어둡게 하고, 그간 못 해준 걸 생각하며 많이 울고 남은 고양이를 더 챙겨주고 더 안아주며 더 신경 씁니다. 이 모든 것이 남은 고양이의 우울감을 증대시킵니다. 평소처럼 먹이고, 평소처럼 놀아주고, 평소처럼 행동하여 세상이 뒤바뀌지 않았으며 똑같은 일상이라고 알려주세요. 갑작스러운 동료의 부재에도 세상은 그대로임을 보호자가 먼저 알려주지 않으면, 남은 아이들은 상당히 오랫동안 슬픔과 우울감을 극복하지 못할 수 있습니다. 사랑하는 고양이의 죽음을 겪은 보호자도 힘들겠지만, 그래도 남은 아이들을 위해 가능한 평소의 태도와 모습을 유지해야 합니다.

 **윤쌤 TIP** 시간이 대부분 해결해주지만, 고양이의 우울감이 너무 길어지고 식욕이 떨어지는 등의 심한 증상을 보인다면 약물을 사용한 치료가 필요할 수 있으니 병원을 방문해 상담을 받으세요.

상실감을 위로하는 방법 우울증 어떻게 해줘야 할까?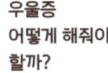

펫로스, 깊은 상실감에 관하여

저도 많은 고양이를 잃었습니다. 다들 10년, 20년을 키운 아이들이고 정해진 수명이라는 틀 안에서 심장병으로, 종양으로 수의사인 저조차 어쩔 수 없는 여러 사연을 가지고 떠났지요. 그래도 마음이 아픕니다. 살아 있는 모든 것은 수명이란 한계를 갖고 그 안에서 살다가 결국 죽음을 맞습니다. 그리고 시간과 삶을 공유한 우리는 남아서 그들을 그리워하고 추억하며 홀로 시간을 보냅니다. 우리를 힘들게 하는 대표적인 상실감 중 하나인 펫로스증후군pet loss syndrome을 살펴봅시다.

슬픔과 상실감은 정상적인 반응이다

반려동물을 잃은 슬프고 힘든 감정은 지극히 정상이며 통계적으로 70%가 넘는 사람이 이로 인해 인간관계와 사회생활에 한동안 어려움을 겪는다고 합니다. 고양이의 죽음으로 느끼는 갑작스러운 상실감은 자신과 의사에 대한 분노와 절망, 죄책감, 함께 행복했던 기억 등이 뒤죽박죽 섞인 수많은 복잡한 감정으로 한동안 우리를 괴롭힐 것입니다.

처음 한동안은 충격으로 무감각해집니다. 본인 스스로 정말 아무렇지 않다고 느낍니다. 그러다 어느 순간 여러 감정이 뒤엉켜 이해할 수 없는 기분이 덮쳐옵니다. 조금 더 지나면 후회와 죄책감이 몰려듭니다. '왜 건강검진을 안 받았을까' '그때 다른 병원을 갔어야 했는데' '맛있는 거 많이 줄걸' '아픈 걸 왜 몰랐을까' '난 집사 자격도 없어…' 수의사인 저조차도 여러 번 던졌던 이런 의문들로 괴로워질 거예요. 이전에 비슷한 상실을 경험했다면, 이미 잊었던 오래된 상실감의 기억까지 같이 떠오르며 더욱 힘들어집니다.

하지만 상실감과 깊은 슬픔은 사랑하는 대상을 잃었을 때 피할 수 없는 정상적인 반응이에요. 역설적으로 이런 힘든 감정은 우리 자신을 보호하고 삶을 지속하기 위한 정상적이고 건강한 반응이라는 사실입니다.

사람마다 슬퍼하는 방식이나 기간이 다르다

슬픔을 느끼고 표현하는 방법은 사람에 따라 천차만별입니다. 이를 극복하려면 시간이 걸리고 사람에 따라 몇 주, 몇 개월 혹은 몇 년이 걸리기도 합니다. 모든 사람은 각기 다른 삶의 경험과 기질을 가지고 있고 고양이와의 관계도 다양한 차이가 있기 때문입니다. 이러한 개개인의 차이와 고양이와의 관계의 깊이가 상실을 표현하는 기간과 방식을 결정합니다. 하루이틀 슬퍼하다가 원래대로 돌아와 지극히 정상적인 생활을 하는 사람도 있고, 아주 오랫동안 힘들어하는 사람도 있습니다.

무엇이든 상실에 따른 다양한 반응은 모두 정상입니다. 사람마다 깊은 상실감을 느끼고 표현하는 방식이 다른 이유는 각기 과거 삶의 경험이 다르고, 떠나간 고양이와의 관계가 다르며, 성별, 문화, 종교, 죽음 당시의 상황, 현재 주변 상황이 다르기 때문입니다. 문제가 생길 정도로 기본적인 일상생활을 할 수 없는 경우가 아니라면, 우리가 느끼는 상실감은 정상입니다.

어떻게 극복해야 할까?

사랑하는 고양이의 죽음은 보호자를 다양한 감정의 소용돌이 속에 던져버립니다. 슬픔, 후회, 분노… 수많은 감정이 교차하며 일어났다가 사라지길 반복할 겁니다.

사후 비판 멈추기
우선 합리적이지 않은 사후 비판을 해서는 안 됩니다. 이랬어야 했는데, 저걸 해줬어야 했는데. 그러지 말아야 했는데… 등 이미 지나버린 그리고 결과를 알 수 없는 비판이나 비난은 자제해야 합니다. 대신 여러분이 고양이를 얼마나 사랑했는지, 얼마나 고양이를 위해 헌신하고 노력했는지 생각하세요.

충분히 울고, 슬퍼하기
갑자기 슬픔이 몰아친다면 그냥 슬퍼하세요. 슬픔은 감정의 폭주를 정리하고 상처받은 마음을 달래기 위한 우리의 자정작용이고 치유작용입니다. 힘들게 참지 말고 어디서든 충분히 슬퍼하세요.

생활 루틴 유지하기
반려동물을 잃고 받은 슬픔과 상실감은 극심한 스트레스를 유발하고 여러분의 일상 중 많은 것을 빼앗아가기도 합니다. 그러니 심신의 건강을 유지하도록 열심히 노력하셔야 합니다. 매끼 규칙적으로 식사하고 같은 시간에 잠을 자려고 노력하는 등 생활 루틴을 정해 최대한 그대로 생활하는 것이 좋아요. 사회생활이나 대인관계가 힘들다면 휴가를 내고 한동안 휴식을 취하는 것도 도움이 됩니다.

시간은 결국 우리의 슬픔을 치유하고 추억이라는 좋은 기억만을 남겨줄 것입니다. 그사이 몸과 마음의 건강이 나빠지지 않도록 노력을 기울여야 합니다.

공유할 사람 선택하기

이 깊은 슬픔과 상실의 감정을 공유할 사람을 신중하게 선택하여 슬픔을 함께 나누세요. 당신을 사랑하고 존중하는 사람들과 함께 슬픔을 나누는 것보다 유익한 일은 없습니다. 당신의 슬픔을 이해하는 사람들과 함께하세요. 하지만 생각보다 많은 사람들이 고양이를 가족의 일원이라고 생각하진 않기 때문에 이런 슬픔을 이해하지 못한다는 사실을 기억해야 합니다. "고양이 하나 죽었다고 그렇게까지 해?" "새로 하나 데려오면 되잖아?" 같은 무신경한 말로 오히려 더 힘들어질 수도 있어요. 고양이와 삶을 공유한 적 없는 사람은 이런 상실감이 사람 가족을 잃은 슬픔과 같다는 사실을 이해하지 못합니다. 아직도 동물을 돈만 내면 언제든지 구입할 수 있는 물건으로 생각하는 사람들도 많답니다. 그러니 반드시 내가 느끼는 깊은 슬픔과 상실감을 이해할 수 있는 사람들하고만 감정을 공유하세요. 비슷한 경험을 가진 사람들과 온라인에서 슬픔을 나누는 것도 괜찮습니다. 페이스북이나 인스타그램에서 고양이를 키우는 SNS 친구들이 많다면 거기서 지지와 위로를 받는 것도 좋아요. 비슷한 슬픔을 경험한 온라인 지인들의 지지도 정말 큰 힘이 됩니다.

전문가의 도움받기

슬픔과 상실이 심각할 만큼 힘들어서 일상생활을 하는 데 오랫동안 어려움을 겪는다면 망설이지 말고 적극적으로 정신과 의사나 심리 관련 전문가와 상담하며 한동안 치료를 받아야 할 수도 있습니다.

복제가
가능할까?

펫로스,
슬픔을
극복하는 방법

고양이를 조금 더 이해하게 된다면

이 책의 마지막 장을 읽고 계신 여러분께 감사의 인사를 전합니다. 긴 글을 끝까지 읽어주셨다는 것은 그만큼 고양이와의 삶을 진지하게 생각하고 있다는 뜻일 것입니다. 그 마음만으로도 이미 좋은 집사라고 저는 생각합니다.

책을 쓰는 동안 여러 번 떠올렸던 생각이 있습니다. 고양이를 이해한다는 것은 한 번에 끝나는 일이 아니라는 점입니다. 고양이는 저마다 성격도 다르고, 살아온 시간도 다릅니다. 같은 행동을 해도 이유가 다르고, 같은 환경에서도 전혀 다른 반응을 보이기도 하지요.

고양이는 말을 하지 않지만 많은 신호를 보내는 동물입니다. 눈빛, 꼬리의 움직임, 작은 행동의 변화 속에는 생각보다 많은 이야기가 담겨 있습니다. 우리는 그 신호를 하나씩 알아가며 고양이와 조금씩 더 가까워집니다. 고양이를 이해하는 일은 결국 그렇게 곁에서 오래 지켜보고 조금씩 알아가는 과정에 가깝습니다.

고양이와 함께하는 시간은 생각보다 빠르게 흐릅니다. 그래서 저는 보호자분들께 종종 이런 말씀을 드립니다. 지금 함께 보내는 평범한 하루가 사실은 가장 소중한 시간일지도 모른다고요. 함께 밥을 먹고, 잠을 자고, 장난감을 쫓아다니고, 같은 공간에서 시간을 보내는 그 모든 순간이 말입니다.

이 책이 고양이와 함께 살아가는 동안 필요할 때마다 다시 펼쳐볼 수 있는 작은 길잡이가 되었으면 합니다. 그리고 무엇보다, 책보다 더 많은 것을 가르쳐주는 존재는 언제나 여러분 곁에 있는 고양이라는 사실을 기억해주셨으면 합니다.

이 책을 덮는 순간, 곁에 있는 고양이를 한번 바라보게 될지도 모르겠습니다. 그때 그 작은 눈빛과 몸짓 속에서 이전에는 미처 보지 못했던 이야기가 조금 더 보인다면 좋겠습니다.

수의사 윤샘 드림

윤샘의 추천 유튜브 영상

 윤샘이 키우는
고양이 이야기

 시간을 어떻게
인지할까?

 고양이 구경하고 가세요
_NG 모음집

 고양이를
편하게 안는 법

 윤샘의 우당탕탕
첫 영상

 먹을 수 있는
식재료

 고양이가 귀여운
과학적인 이유

 고양이를 위한
수제 간식 만들기

 키운다면 알아야 할
법률 상식

 집사라면 반드시 사야 하는
필수템 1

 어떤 눈으로
세상을 볼까?

 집사라면 반드시 사야 하는
필수템 2

 얼마나 오래
기억할까?

 삶의 질을 높여주는
10가지 신박한 아이템